清华大学化学类教材

现代化学基础

（第3版）

李强　崔爱莉　寇会忠　沈光球　编著

清华大学出版社
北　京

内 容 简 介

本书是大学化学(或普通化学)公共基础课教材。

全书共 12 章,介绍了化学基本原理。内容包括溶液,化学热力学及化学平衡,化学动力学,酸碱平衡和沉淀溶解平衡,电化学基础,原子结构、分子结构和配合物化学,元素化学;还介绍了与化学密切相关的学科内容——材料科学,能源科学和信息科学。

本书可用作高等学校大学化学或普通化学课程的教材或教学参考书。

版权所有,侵权必究。举报: 010-62782989,beiqinquan@tup.tsinghua.edu.cn。

图书在版编目(CIP)数据

现代化学基础/李强等编著. —3 版. —北京: 清华大学出版社,2018(2023.12重印)
(清华大学化学类教材)
ISBN 978-7-302-50979-0

Ⅰ. ①现… Ⅱ. ①李… Ⅲ. ①化学—高等学校—教材 Ⅳ. ①O6

中国版本图书馆 CIP 数据核字(2018)第 201468 号

责任编辑: 柳　萍
封面设计: 何凤霞
责任校对: 刘玉霞
责任印制: 曹婉颖

出版发行:	清华大学出版社
网　　址:	https://www.tup.com.cn, https://www.wqxuetang.com
地　　址:	北京清华大学学研大厦 A 座　邮　编: 100084
社 总 机:	010-83470000　邮　购: 010-62786544
投稿与读者服务:	010-62776969, c-service@tup.tsinghua.edu.cn
质量反馈:	010-62772015, zhiliang@tup.tsinghua.edu.cn

印 装 者: 三河市铭诚印务有限公司
经　　销: 全国新华书店
开　　本: 185mm×260mm　印　张: 19　字　数: 461千字
版　　次: 1999 年 9 月第 1 版　2018 年 9 月第 3 版　印　次: 2023 年 12 月第 8 次印刷
定　　价: 58.00 元

产品编号: 078779-03

第 3 版前言

光阴荏苒，《现代化学基础》自 1989 年第 1 版和 2008 年第 2 版面世以来，获得了校内外师生的高度认可。特别是第 2 版发行后的近十年中，读者针对本书内容和使用中的切身体会，给编者反馈了许多非常宝贵的建议和意见，在此对大家的热情支持表示衷心的感谢。

为更好地适应高等学校大学化学和普通化学的教学改革工作，在不断总结自身教学实践体会的基础上，编者通过广泛收集读者的反馈意见，经过反复研讨，决定对原有版本中大家比较关心的相关问题进行进一步完善和规范梳理。

修订后的第 3 版基本保留了第 2 版中设立的化学反应规律、物质结构和化学应用三个有机部分。同时，在巩固前述版本基本构架的基础上，重点对晶体结构、热力学基本概念、原子结构和化学键等部分内容进行了强化。并参照 IUPAC 倡议的相关规则，对量纲和部分物理量的描述作了进一步规范。参考近年来国内高等学校对大学化学和普通化学课程教学大纲和教学目标的具体要求，综合考虑专业涉及面和教学时长，本次修订删除了第 2 版中原单独设立的第 12 章化学分析和仪器分析简介，第 13 章生命元素与生物化学基础和第 14 章环境化学基础等章节，其相关内容以不同方式体现在修订后的其他章节中。

修订后的《现代化学基础》第 3 版的篇幅精简到 12 章，内容涵盖物质形态与结构、溶液性质、化学热力学基础、化学平衡原理、化学动力学基础、经典化学的四大平衡、原子结构与元素周期律、分子结构与化学键、配位化学基础和元素化学概论等现代化学知识的主线，同时保留并强化了化学与现代科学的章节，以更好地展现化学与现代科学三大支柱学科——材料科学、能源科学和信息科学的学科交叉知识，帮助读者了解化学在自然科学发展中的历史地位和在国家现代化建设中的重要作用。

本书可作为高等学校非化学、化工类本科生大学化学和普通化学的主干教材，标注"＊"内容为本书的知识拓展部分，可供高校教师、研究生、高年级本科生和广大科研人员选读参考。

虽然本书经编者多次审校和修改，但由于水平有限，书中缺点和错误仍在所难免，敬请读者批评指正。

本书的出版得到了清华大学出版社的大力支持，出版社为本书的如期出版和发行推广，做了大量深入细致的工作，在此深表谢意！

编 者
2018 年 6 月于清华园
qiangli@mail.tsinghua.edu.cn

目 录

第1章 物质的聚集状态 ⋯⋯⋯⋯⋯⋯⋯⋯⋯⋯⋯⋯⋯⋯⋯⋯⋯⋯⋯⋯⋯⋯⋯⋯⋯⋯⋯ 1
  1.1 气体 ⋯⋯⋯⋯⋯⋯⋯⋯⋯⋯⋯⋯⋯⋯⋯⋯⋯⋯⋯⋯⋯⋯⋯⋯⋯⋯⋯⋯⋯⋯⋯⋯ 1
    1.1.1 理想气体与实际气体 ⋯⋯⋯⋯⋯⋯⋯⋯⋯⋯⋯⋯⋯⋯⋯⋯⋯⋯⋯⋯⋯⋯ 1
    1.1.2 理想气体定律 ⋯⋯⋯⋯⋯⋯⋯⋯⋯⋯⋯⋯⋯⋯⋯⋯⋯⋯⋯⋯⋯⋯⋯⋯⋯ 1
    1.1.3 实际气体的状态方程式 ⋯⋯⋯⋯⋯⋯⋯⋯⋯⋯⋯⋯⋯⋯⋯⋯⋯⋯⋯⋯⋯ 3
  1.2 液体 ⋯⋯⋯⋯⋯⋯⋯⋯⋯⋯⋯⋯⋯⋯⋯⋯⋯⋯⋯⋯⋯⋯⋯⋯⋯⋯⋯⋯⋯⋯⋯⋯ 5
    1.2.1 液体的蒸发和蒸气压 ⋯⋯⋯⋯⋯⋯⋯⋯⋯⋯⋯⋯⋯⋯⋯⋯⋯⋯⋯⋯⋯⋯ 5
    1.2.2 液体的沸腾和沸点 ⋯⋯⋯⋯⋯⋯⋯⋯⋯⋯⋯⋯⋯⋯⋯⋯⋯⋯⋯⋯⋯⋯⋯ 6
    1.2.3 气体的液化——临界现象 ⋯⋯⋯⋯⋯⋯⋯⋯⋯⋯⋯⋯⋯⋯⋯⋯⋯⋯⋯⋯ 6
    1.2.4 相图 ⋯⋯⋯⋯⋯⋯⋯⋯⋯⋯⋯⋯⋯⋯⋯⋯⋯⋯⋯⋯⋯⋯⋯⋯⋯⋯⋯⋯⋯ 7
  1.3 固体 ⋯⋯⋯⋯⋯⋯⋯⋯⋯⋯⋯⋯⋯⋯⋯⋯⋯⋯⋯⋯⋯⋯⋯⋯⋯⋯⋯⋯⋯⋯⋯⋯ 8
    1.3.1 晶体的一般特性 ⋯⋯⋯⋯⋯⋯⋯⋯⋯⋯⋯⋯⋯⋯⋯⋯⋯⋯⋯⋯⋯⋯⋯⋯ 8
    1.3.2 晶格和晶格的分类 ⋯⋯⋯⋯⋯⋯⋯⋯⋯⋯⋯⋯⋯⋯⋯⋯⋯⋯⋯⋯⋯⋯⋯ 10
  *1.4 液晶态和等离子态 ⋯⋯⋯⋯⋯⋯⋯⋯⋯⋯⋯⋯⋯⋯⋯⋯⋯⋯⋯⋯⋯⋯⋯⋯⋯⋯ 12
    1.4.1 液晶态 ⋯⋯⋯⋯⋯⋯⋯⋯⋯⋯⋯⋯⋯⋯⋯⋯⋯⋯⋯⋯⋯⋯⋯⋯⋯⋯⋯⋯ 12
    1.4.2 等离子态 ⋯⋯⋯⋯⋯⋯⋯⋯⋯⋯⋯⋯⋯⋯⋯⋯⋯⋯⋯⋯⋯⋯⋯⋯⋯⋯⋯ 13
  本章小结 ⋯⋯⋯⋯⋯⋯⋯⋯⋯⋯⋯⋯⋯⋯⋯⋯⋯⋯⋯⋯⋯⋯⋯⋯⋯⋯⋯⋯⋯⋯⋯⋯ 14
  问题与习题 ⋯⋯⋯⋯⋯⋯⋯⋯⋯⋯⋯⋯⋯⋯⋯⋯⋯⋯⋯⋯⋯⋯⋯⋯⋯⋯⋯⋯⋯⋯⋯ 15

第2章 溶液 ⋯⋯⋯⋯⋯⋯⋯⋯⋯⋯⋯⋯⋯⋯⋯⋯⋯⋯⋯⋯⋯⋯⋯⋯⋯⋯⋯⋯⋯⋯⋯⋯⋯ 18
  2.1 溶液及其浓度表示法 ⋯⋯⋯⋯⋯⋯⋯⋯⋯⋯⋯⋯⋯⋯⋯⋯⋯⋯⋯⋯⋯⋯⋯⋯⋯ 18
    2.1.1 溶液的一般概念和分类 ⋯⋯⋯⋯⋯⋯⋯⋯⋯⋯⋯⋯⋯⋯⋯⋯⋯⋯⋯⋯⋯ 18
    2.1.2 溶液浓度的表示法 ⋯⋯⋯⋯⋯⋯⋯⋯⋯⋯⋯⋯⋯⋯⋯⋯⋯⋯⋯⋯⋯⋯⋯ 18
  2.2 溶解度 ⋯⋯⋯⋯⋯⋯⋯⋯⋯⋯⋯⋯⋯⋯⋯⋯⋯⋯⋯⋯⋯⋯⋯⋯⋯⋯⋯⋯⋯⋯⋯ 20
    2.2.1 气体、液体和固体在液体中的溶解 ⋯⋯⋯⋯⋯⋯⋯⋯⋯⋯⋯⋯⋯⋯⋯⋯ 20
    2.2.2 相似相溶原理 ⋯⋯⋯⋯⋯⋯⋯⋯⋯⋯⋯⋯⋯⋯⋯⋯⋯⋯⋯⋯⋯⋯⋯⋯⋯ 21
  2.3 非电解质稀溶液的依数性 ⋯⋯⋯⋯⋯⋯⋯⋯⋯⋯⋯⋯⋯⋯⋯⋯⋯⋯⋯⋯⋯⋯⋯ 22
    2.3.1 蒸气压降低 ⋯⋯⋯⋯⋯⋯⋯⋯⋯⋯⋯⋯⋯⋯⋯⋯⋯⋯⋯⋯⋯⋯⋯⋯⋯⋯ 22
    2.3.2 溶液的沸点升高 ⋯⋯⋯⋯⋯⋯⋯⋯⋯⋯⋯⋯⋯⋯⋯⋯⋯⋯⋯⋯⋯⋯⋯⋯ 23
    2.3.3 溶液的凝固点降低 ⋯⋯⋯⋯⋯⋯⋯⋯⋯⋯⋯⋯⋯⋯⋯⋯⋯⋯⋯⋯⋯⋯⋯ 24
    2.3.4 溶液的渗透压与反渗透技术 ⋯⋯⋯⋯⋯⋯⋯⋯⋯⋯⋯⋯⋯⋯⋯⋯⋯⋯⋯ 25
  本章小结 ⋯⋯⋯⋯⋯⋯⋯⋯⋯⋯⋯⋯⋯⋯⋯⋯⋯⋯⋯⋯⋯⋯⋯⋯⋯⋯⋯⋯⋯⋯⋯⋯ 28
  问题与习题 ⋯⋯⋯⋯⋯⋯⋯⋯⋯⋯⋯⋯⋯⋯⋯⋯⋯⋯⋯⋯⋯⋯⋯⋯⋯⋯⋯⋯⋯⋯⋯ 29

第3章 化学热力学初步 ·· 31
3.1 化学反应中的能量变化 ·· 31
3.1.1 化学热力学的基本概念 ·· 31
3.1.2 热力学第一定律 ··· 32
3.1.3 反应进度 ·· 33
3.1.4 化学反应的能量变化 ·· 34
3.1.5 恒容热效应的测量 ·· 37
3.1.6 盖斯定律和化学反应热效应的计算 ······································ 38
3.2 化学反应的方向 ··· 43
3.2.1 自发过程 ·· 43
3.2.2 熵与热力学第二定律 ·· 43
3.2.3 吉布斯自由能变与化学反应自发方向判据 ······························· 46
本章小结 ·· 49
问题与习题 ·· 51

第4章 化学平衡 ·· 56
4.1 可逆反应与化学平衡 ··· 56
4.2 平衡常数 ·· 56
4.2.1 实验平衡常数 ··· 56
4.2.2 标准平衡常数($K^{\ominus}$) ··· 58
4.2.3 多重平衡规则 ··· 59
4.3 化学反应等温方程式 ··· 59
4.4 化学平衡的移动 ·· 61
4.4.1 浓度对化学平衡的影响 ··· 61
4.4.2 压强对化学平衡的影响 ··· 61
4.4.3 温度对化学平衡的影响 ··· 62
*4.5 合成氨反应机理 ··· 63
本章小结 ·· 64
问题与习题 ·· 65

第5章 化学动力学基础 ·· 67
5.1 化学反应速率 ··· 67
5.1.1 反应速率的表示方法 ·· 67
5.1.2 反应速率的测量 ··· 68
5.2 浓度对反应速率的影响——速率方程 ·· 69
5.2.1 反应速率方程(微分式) ··· 69
5.2.2 浓度与时间的关系——反应速率方程(积分式) ························· 71
5.3 温度对反应速率的影响 ·· 76

5.4 浓度和温度对反应速率影响的解释 ································· 78
    5.4.1 碰撞理论 ··· 78
    5.4.2 过渡态理论 ·· 79
5.5 催化剂对反应速率的影响 ··· 81
本章小结 ··· 82
问题与习题 ··· 84

第6章 酸碱平衡和沉淀溶解平衡 ··· 88
6.1 酸碱平衡 ··· 88
    6.1.1 酸碱理论 ··· 88
    6.1.2 水的离解平衡与 pH 标度 ··· 90
    6.1.3 弱酸、弱碱的离解平衡 ·· 91
    *6.1.4 盐的水解平衡 ·· 97
    6.1.5 缓冲溶液 ··· 99
    6.1.6 配离子的离解平衡 ··· 103
6.2 沉淀溶解平衡 ·· 104
    6.2.1 溶度积常数 ·· 105
    6.2.2 溶解度与溶度积的关系 ··· 105
    6.2.3 溶度积规则 ·· 106
本章小结 ··· 109
问题与习题 ··· 110

第7章 氧化还原反应与电化学 ·· 115
7.1 氧化还原反应方程式配平 ··· 115
    7.1.1 氧化数 ··· 115
    7.1.2 氧化还原反应方程式的配平 ·································· 116
7.2 原电池与电极电势 ··· 117
    7.2.1 原电池 ··· 117
    7.2.2 电极电势 ·· 119
7.3 影响电极电势的因素——Nernst 公式 ··························· 121
    7.3.1 浓度或分压对电池电动势的影响 ··························· 121
    7.3.2 浓度或分压对电极电势的影响 ······························ 122
    7.3.3 生成沉淀或生成配离子对电极电势的影响 ············ 124
7.4 电极电势的应用 ··· 125
    7.4.1 判断氧化还原反应进行的方向 ······························ 125
    7.4.2 判断氧化剂和还原剂的相对强弱 ··························· 127
    7.4.3 判断氧化还原反应进行的程度 ······························ 127
    7.4.4 E-pH 图 ·· 128
    7.4.5 元素电势图及其应用 ·· 130

*7.5 电化学技术的应用 ································· 132
   7.5.1 腐蚀与防护 ································· 132
   7.5.2 电解 ······································· 136
   7.5.3 化学电源 ··································· 137
*7.6 极化与超电势 ····································· 141
本章小结 ·· 142
问题与习题 ·· 143

第 8 章 原子结构与元素周期律 ······················· 147

8.1 原子核外电子运动的特点 ··························· 147
   8.1.1 玻尔模型 ··································· 147
   8.1.2 微观粒子的运动特点——波粒二象性 ············ 148
8.2 单电子原子（离子）体系中电子运动的描述 ············ 151
   8.2.1 薛定谔方程 ································· 151
   8.2.2 薛定谔方程的解 ····························· 152
   8.2.3 4 个量子数的概念与物理意义 ·················· 152
8.3 波函数和电子云 ··································· 154
   8.3.1 波函数 ····································· 154
   8.3.2 电子云 ····································· 156
8.4 核外电子排布 ····································· 157
   8.4.1 多电子原子中电子运动的描述和近似能级图 ······ 158
   8.4.2 原子核外电子的排布 ························· 160
8.5 元素周期律 ······································· 162
   8.5.1 原子的电子层结构和元素周期表 ················ 162
   8.5.2 元素性质的周期性 ··························· 164
本章小结 ·· 166
问题与习题 ·· 167

第 9 章 分子结构与化学键理论 ······················· 169

9.1 离子键 ··· 169
9.2 共价键理论 ······································· 170
   9.2.1 经典路易斯理论 ····························· 171
   9.2.2 现代价键理论 ······························· 171
9.3 杂化轨道理论 ····································· 174
   9.3.1 杂化轨道理论基本要点 ······················· 174
   9.3.2 杂化轨道类型 ······························· 175

目　录

9.4　价层电子对互斥理论 ·· 177
9.4.1　价层电子对互斥理论基本要点 ··· 177
9.4.2　VSEPR 理论判断分子或离子的几何构型 ······························· 178
9.4.3　预测分子结构的实例 ··· 180
9.5　分子轨道理论 ··· 181
9.5.1　分子轨道理论基本要点 ··· 182
9.5.2　原子轨道线性组合 3 原则 ··· 183
9.5.3　分子轨道能级图 ··· 184
*9.6　金属键理论 ··· 186
9.7　分子间作用力 ··· 187
9.7.1　分子的极性 ·· 187
9.7.2　分子间作用力 ·· 187
9.7.3　氢键 ·· 188
本章小结 ··· 191
问题与习题 ··· 191

第 10 章　配位化学基础 ··· 193
10.1　配合物的基本特征 ··· 193
10.1.1　配合物及其命名 ··· 193
10.1.2　配合物的异构现象 ··· 195
10.2　配合物的化学键理论 ··· 198
10.2.1　价键理论 ·· 198
10.2.2　晶体场理论简介 ··· 200
*10.3　非经典配合物分子 ··· 203
10.3.1　夹心配合物 ·· 203
10.3.2　小分子配合物 ··· 204
10.3.3　簇状配合物 ·· 205
10.3.4　冠醚配合物 ·· 205
10.3.5　球烯（C_{60} 家族）的配合物 ··· 206
10.3.6　超分子 ·· 207
10.4　配合物的应用 ··· 208
10.4.1　在分析分离中的应用 ··· 209
10.4.2　在冶金中的应用 ··· 210
10.4.3　在电镀中的应用 ··· 210
10.4.4　在石油化工及配位催化中的应用 ··· 211
10.4.5　在生物与医学方面的应用 ··· 211
本章小结 ··· 214
问题与习题 ··· 214

第 11 章　元素化学概论 217

11.1　s 区元素 217
　　11.1.1　s 区元素的性质 217
　　11.1.2　s 区元素化合物的性质 218

11.2　p 区元素 222
　　11.2.1　p 区元素的氧化还原性 222
　　11.2.2　p 区元素的氧化物和含氧酸 223

11.3　d 区及 ds 区元素 226
　　11.3.1　d 区及 ds 区元素的性质 226
　　11.3.2　部分 d 区及 ds 区元素化合物的性质 228

*11.4　f 区元素 231
　　11.4.1　镧系元素 231
　　11.4.2　锕系元素 233

本章小结 234
问题与习题 234

第 12 章　化学与现代科学 236

12.1　化学与材料科学 236
　　12.1.1　固体物质的结构 238
　　12.1.2　典型材料的组分、结构与性能的关系 254

12.2　化学与能源科学 263
　　12.2.1　廉价能源的"收集器"——太阳能电池 263
　　12.2.2　清洁能源的希望——燃料电池 264
　　12.2.3　电能的"高效存储器"——锂离子二次电池 266

12.3　化学与信息科学 267
　　12.3.1　半导体加工的"钥匙"——光刻胶 267
　　12.3.2　叹为观止的"折射率设计和工程"——光导纤维 268

本章小结 269
问题与习题 269

参考文献 271

附录 272
　　附录 1　标准热力学数据(298.15K) 272
　　附录 2　一些有机物的标准摩尔燃烧热(298.15K) 277
　　附录 3　标准摩尔键能(298.15K) 278
　　附录 4　一些溶剂的 K_b 和 K_f 278
　　附录 5　一些化学反应的活化能 279
　　附录 6　弱酸弱碱的离解常数 279

附录 7　配离子不稳定常数的负对数值 …………………………………… 280
附录 8　溶度积常数 $K_{sp}^{\ominus}$(298.15K) ……………………………………… 281
附录 9　标准电极电势(298.15K) …………………………………………… 283
附录 10　原子共价半径 r …………………………………………………… 285
附录 11　元素的第一电离能 I_1 …………………………………………… 286
附录 12　元素周期表 ………………………………………………………… 287

习题答案 ……………………………………………………………………… 288

第1章 物质的聚集状态

自然界中常见的物质聚集状态除了气态、液态和固态外,还有液晶态和等离子态。物质处于什么样的状态与外界的温度、压强等条件有关。

1.1 气 体

气体的基本特性是它的无限膨胀性和无限掺混性。不管容器的大小以及气体量的多少,气体都能充满整个容器,而且不同气体能以任意的比例互相混合。此外,气体的体积随体系的温度和压强的改变而改变,因此研究温度和压强对气体的影响是十分重要的。

1.1.1 理想气体与实际气体

如果我们把气体中的分子看成是几何上的一个点,它只有位置而无体积,同时假定气体分子间没有相互作用力,那么这样的气体称为理想气体。事实上,一切气体分子本身都占有一定的体积,而且分子间存在相互作用力,所以理想气体只不过是一种抽象,是实际气体的一种极限情况。研究理想气体是为了把问题简化,在对理想气体认识的基础上,有时进行必要的修正即可用于实际气体。因此理想气体的概念对于我们研究实际气体是十分有用的。

当气体的体积很大(压强很小),而且大大超过气体分子本身的体积时,分子本身的体积可以忽略不计;当气体分子与分子之间的距离较大时,分子与分子之间的相互吸引力与气体分子本身的能量相比,亦可忽略不计。因此,这种情况下的实际气体可看成为理想气体。经验告诉我们,低压、高温下的实际气体的性质非常接近于理想气体。

1.1.2 理想气体定律

1. 理想气体状态方程式

对于一定物质的量的理想气体,温度、压强和体积之间存在如下关系:

$$pV = nRT \tag{1-1}$$

式中,n——气体物质的量;

R——摩尔气体常数(也称普适气体恒量);

V——气体体积;

T——气体温度;

p——气体压强。

以上公式各物理量的单位与 R 的数值见表 1-1。

表 1-1　各物理量的单位与 R 的值

物理量	p	V	T	n	R
单　位	Pa	m³	K	mol	8.314 Pa·m³·mol⁻¹·K⁻¹
	kPa	L	K	mol	8.314 kPa·L·mol⁻¹·K⁻¹

理想气体状态方程式也可表示为另外一种形式：

$$pV = \frac{m}{M}RT \tag{1-2}$$

式中，m——气体的质量；

　　　M——气体的摩尔质量。

例 1-1　已知淡蓝色氧气钢瓶容积为 50L，在 20℃ 时，当它的压强为 1000kPa 时，估算钢瓶内所剩氧气的质量。

解：由式(1-2)得

$$m = \frac{MpV}{RT} = \frac{32 \times 1000 \times 50}{8.314 \times (273+20)} = 656.8(\text{g})$$

答：钢瓶内所剩氧气为 656.8g。

2. 理想气体的分压定律与分体积定律

分压指混合气体中某一种气体在与混合气体处于相同温度下时，单独占有整个容积时所呈现的压强。混合气体的总压等于各种气体分压的代数和：

$$p_{总} = p_1 + p_2 + p_3 + \cdots = \sum_i p_i \tag{1-3}$$

上述式子是由道尔顿(J. Dalton)在 1801 年提出的，所以也称为道尔顿分压定律。

又因为　　$p_1 V = n_1 RT$，　$p_2 V = n_2 RT$，$\cdots$

所以　　　$p_{总} V = (p_1 + p_2 + p_3 + \cdots)V = (n_1 + n_2 + n_3 + \cdots)RT$

即　　　　$p_{总} V = n_{总} RT \tag{1-4}$

由上可得　　$\dfrac{p_1}{p_{总}} = \dfrac{n_1}{n_{总}}$，　$\dfrac{p_2}{p_{总}} = \dfrac{n_2}{n_{总}}$，　$\cdots$

令 $\dfrac{n_i}{n_{总}} = x_i$（x_i 称为 i 组分的摩尔分数），则

$$p_i = x_i p_{总} \tag{1-5}$$

分体积是指混合气体中任一气体在与混合气体处于相同温度下，保持与混合气体总压相同时所占有的体积。混合气体的总体积等于各种气体的分体积的代数和：

$$V_{总} = V_1 + V_2 + V_3 + \cdots = \sum_i V_i \tag{1-6}$$

上述式子是由阿马格(Amagat)在 1880 年提出的，所以也称为阿马格分容定律。同样可得

$$V_i = x_i V_{总} \tag{1-7}$$

由式(1-5)和式(1-7)可得

$$\frac{p_i}{p_{总}} = \frac{V_i}{V_{总}} \tag{1-8}$$

式(1-8)可以方便我们计算在恒温条件下,混合气体中各组分的分压与分体积的相对大小。

例 1-2 实验室用 $KClO_3$ 分解制取氧气时,在 25℃,101.0kPa 压强下,用排水取气法收集到氧气 2.45×10^{-1} L(收集时瓶内外水面相齐)。已知 25℃时水的饱和蒸气压为 3.17kPa,求在 0℃及 101.3kPa 时干燥氧气的体积。

解:令 $T_1 = 298K, V_1 = 2.45 \times 10^{-1} L$,

$$p_1 = p(O_2) = p_{湿} - p(H_2O) = 101.0 - 3.17 = 97.83 (kPa)$$

令 $T_2 = 273K, p_2 = 101.3kPa$,则由理想气体状态方程可得

$$\frac{p_2 V_2}{T_2} = \frac{p_1 V_1}{T_1}$$

$$V_2 = \frac{p_1 V_1 T_2}{T_1 p_2} = \frac{97.83 \times 2.45 \times 10^{-1} \times 273}{298 \times 101.3} = 2.17 \times 10^{-1} (L)$$

答:在 0℃及 101.3kPa 条件下得干燥氧气的体积为 0.217L。

1.1.3 实际气体的状态方程式

实际气体与理想气体相比总有一定的偏差,偏差的大小除与气体本身性质有关外,还与温度、压强有关。当压强较低、温度较高时,实际气体可近似看成理想气体。一般在常温常压下的实际气体与理想气体的偏差较小(在 5% 之内)。

对于理想气体有一基本假设:分子间引力可忽略不计。但实际上气体分子间不可能没有引力,所以这种情况下气体分子碰撞器壁时所表现出来的压强要比认为无分子间引力时略小,即

$$p_{实际} < p_{理想}$$

对于理想气体的另一条基本假设是不考虑分子本身体积。但是,实际气体分子不可能没有体积,这样使得实际气体的体积大于不考虑气体分子体积时的体积,即

$$V_{实际} > V_{理想}$$

由上述分析可知,若对实际气体的压强($p_{实际}$)与体积($V_{实际}$)各引入一个修正项,则理想气体状态方程式便可适用于实际气体。荷兰物理学家范德华(J. van der Waals*)对理想气体状态方程进行了如下修正。

对 1mol 气体:

$$\left(p + \frac{a}{V^2}\right)(V - b) = RT \tag{1-9}$$

对 n mol 气体:

$$\left(p + \frac{a}{(V/n)^2}\right)(V - nb) = nRT \tag{1-10}$$

---

* J. van der Waals(1837—1923)提出分子间力和实际气体方程,获 1910 年诺贝尔物理学奖。

上式称范德华(van der Waals)方程。a,b 称范德华常数。常见气体的 a 和 b 的值见表 1-2。

表 1-2 一些气体的范德华常数

气体	$a/(m^6 \cdot Pa \cdot mol^{-2})$	$b \times 10^3/(m^3 \cdot mol^{-1})$	气体	$a/(m^6 \cdot Pa \cdot mol^{-2})$	$b \times 10^3/(m^3 \cdot mol^{-1})$
He	0.0034	0.0237	HCl	0.372	0.0408
H_2	0.0274	0.0266	NH_3	0.423	0.0371
NO	0.136	0.0279	C_2H_4	0.453	0.0571
O_2	0.138	0.0318	NO_2	0.535	0.0442
N_2	0.141	0.0391	H_2O	0.554	0.0305
CO	0.151	0.0399	C_2H_6	0.556	0.0638
CH_4	0.228	0.0428	Cl_2	0.658	0.0562
CO_2	0.364	0.0427	SO_2	0.680	0.0564

例 1-3 1.00mol CO_2 气体在 0℃体积分别为(1)22.4L；(2)0.200L；(3)0.0500L 时，用理想气体状态方程和用范德华方程分别计算其压强，并加以比较。

解：(1) $p = \dfrac{nRT}{V} = \dfrac{1.00 \times 8.314 \times 273}{22.4} = 101(kPa)$

查得范德华常数：

$$a = 0.364 m^6 \cdot Pa \cdot mol^{-2}, \quad b = 0.0427 \times 10^{-3} m^3 \cdot mol^{-1}$$

代入范德华方程：

$$\left(p + \dfrac{0.364}{(22.4 \times 10^{-3})^2}\right)(22.4 \times 10^{-3} - 0.0427 \times 10^{-3}) = 8.314 \times 273$$

$$p = 1.01 \times 10^5 (Pa) = 101(kPa)$$

由此可见，在常温常压下由理想气体状态方程与由范德华方程得到计算结果是相同的。

(2) 由理想气体状态方程：

$$p = \dfrac{nRT}{V} = \dfrac{1.00 \times 8.314 \times 273}{0.200} = 1.13 \times 10^4(kPa)$$

由范德华方程：

$$\left(p + \dfrac{0.364}{(0.2 \times 10^{-3})^2}\right)(0.2 \times 10^{-3} - 0.0427 \times 10^{-3}) = 8.314 \times 273$$

解得

$$p = 5.33 \times 10^6 (Pa) = 5.33 \times 10^3(kPa)$$

由此可见，随 CO_2 气体体积的变小(压强增加)由范德华方程计算出压强小于由理想气体状态方程计算的结果。这是因为在此条件下 CO_2 分子间有较强的作用力的缘故。

(3) 由理想气体状态方程：

$$p = \dfrac{nRT}{V} = \dfrac{1.00 \times 8.314 \times 273}{0.0500} = 4.54 \times 10^4(kPa)$$

由范德华方程：

$$\left(p+\frac{0.364}{(0.0500\times10^{-3})^2}\right)(0.0500\times10^{-3}-0.0427\times10^{-3})=8.314\times273$$

解得
$$p=1.65\times10^8(\text{Pa})=1.65\times10^5(\text{kPa})$$

由计算可见,当 CO_2 气体体积进一步变小(压强增大)时,由范德华方程计算出压强要大于由理想气体状态方程计算出的压强。这是因为在很高压强下, CO_2 气体分子占有的体积所引起的。

从上述例题看出,分子间的引力(引力效应)和分子本身体积(体积效应)对分子运动产生压强的影响是相反的。随着压强的增大,一种效应会远大于另一种效应。

范德华方程是一个半经验方程,用其对实际气体进行计算,优于用理想气体状态方程计算的结果。由于实际气体与理想气体有偏差,所以在解决实际问题时应引起重视。

1.2 液 体

1.2.1 液体的蒸发和蒸气压

液体的汽化有两种方式:蒸发和沸腾。这两种现象有区别也有联系。现在我们首先讨论液体的蒸发。

1. 蒸发过程

蒸发是常见的物理现象。一杯水敞口放置一段时间,杯中的水减少。洗过的衣服经晾置一段时间以后,衣服变干,等等。

液体分子也与气体一样在不停地运动,当运动速度足够大时,分子就可以克服分子间的引力,逸出液面而汽化。这种在液体表面汽化的现象叫蒸发,而在液面以上的气态分子叫蒸气。液体的蒸发是吸热过程,吸收的热量用蒸发焓来表示,在一定温度下液体的蒸发焓参看表1-3。

表1-3 一些液体在298K时的蒸发焓 $\Delta H_{蒸发}$

液 体	$\Delta H_{蒸发}/(\text{kJ}\cdot\text{mol}^{-1})$
乙醚($(C_2H_5)_2O$)	29.1
甲醇(CH_3OH)	38.0
乙醇(CH_3CH_2OH)	42.6
水(H_2O)	44.0

气体(或蒸气)冷凝成液体叫凝结。凝结是蒸发的逆过程,所以
$$\Delta H_{凝结}=-\Delta H_{蒸发}$$
蒸发是一个吸热过程,所以凝结是放热过程, $\Delta H_{凝结}<0$。

2. 蒸气压

液体从周围环境吸收热量,液体可持续蒸发。液体不停地蒸发,又不断地从环境吸收热量,直到在敞口容器中的液体全部蒸发完为止。若将液体装在密闭的容器中,情况就大不相

同。在恒定温度下,液体蒸发出一部分分子成为蒸气,但处于密闭容器中的蒸气分子在相互碰撞过程中又有重新回到液面的可能。当蒸发速度与凝结速度相等时,体系达到平衡:

$$\text{液体} \underset{\text{凝结}}{\overset{\text{蒸发}}{\rightleftharpoons}} \text{蒸气}$$

这种平衡称为相平衡。我们把在一定温度下液体与其蒸气处于动态平衡的这种气体称为饱和蒸气,它的压强称为饱和蒸气压,简称蒸气压,一般可用 p_V 来表示。

液体的蒸气压是液体的重要性质,它与液体本性和温度有关。同一温度下,不同液体有不同的蒸气压;同一种液体,温度不同时蒸气压也不同。因为蒸发是吸热过程,所以升高温度有利于液体的蒸发,即蒸气压随温度的升高而变大。表 1-4 列出水在不同温度下的蒸气压数据。

表 1-4 水的蒸气压

$t/℃$	p_V/kPa	$t/℃$	p_V/kPa	$t/℃$	p_V/kPa
10.0	1.228	60.0	19.92	110.0	143.3
20.0	2.338	70.0	31.16	120.0	198.6
30.0	4.243	80.0	47.34	130.0	270.2
40.0	7.376	90.0	70.10	140.0	361.5
50.0	12.33	100.0	101.325	150.0	476.2

1.2.2 液体的沸腾和沸点

升高温度,液体蒸气压增大。当液体蒸气压与外界压强相等时,称为沸腾。在沸腾时,液体的气化是在整个液体中进行的,与蒸发在液体表面进行是有区别的。液体的沸腾温度与外界压强密切相关。外界压强增大,沸腾温度升高;外压减小,沸腾温度降低。我们把外压等于一个标准大气压(101.325kPa)时液体的沸腾温度称做正常沸点,简称沸点(t_b)。水的沸腾温度,随外界压强(p)的变化见表 1-5。

表 1-5 各种压强下水的沸腾温度

p/kPa	$t_b/℃$	p/kPa	$t_b/℃$	p/kPa	$t_b/℃$
47.34	80	270.2	130	792.3	170
71.00	90	361.5	140	1004	180
101.325	100	476.2	150	1554	200
198.6	120	618.3	160	3978	250

利用液体沸腾温度随外界压强而变化的特性,我们可以通过减压或在真空下使液体沸腾的方法来分离和提纯那些在正常沸点下会分解或正常沸点很高的物质。工业上及实验室中所使用的减压(或真空)蒸馏操作就是基于这一原理。

1.2.3 气体的液化——临界现象

在描述沸点时,我们做了一个重要的限制:沸腾是液体暴露在大气条件下的敞口容器中发生的。如果液体在密闭容器中加热,在沸点时沸腾并不发生。这是因为蒸气压随温度连续上升,压强可达到若干个大气压。通过实验发现,在密闭容器中加热液体,随着温度的升高,液体的密度不断减小,蒸气的密度逐渐增加,直到二者密度相等。此外,液体的表面张力逐渐变为零,液体和蒸气之间的界面逐渐消失。

我们将液体和蒸气变为不可区分的状态叫临界现象。发生临界现象时的温度叫临界温度,T_c;此时的压强叫临界压强,p_c。临界温度和临界压强代表液体能够存在的最高温度和最高蒸气压,一些物质的临界温度 T_c 和临界压强 p_c 列于表 1-6。

表 1-6 一些物质的临界温度 T_c 和临界压强 p_c

物 质		$T_c/℃$	$p_c/100\text{kPa}$
室温不可液化气体	H_2	−240.2	12.9
	N_2	−146.9	34.0
	CO	−140.2	35.0
	O_2	−118.4	50.8
	CH_4	−82.6	46.0
室温可液化的气体	CO_2	31.0	73.8
	HCl	51.5	83.2
	NH_3	132.4	112.8
	Cl_2	144.0	79.1
	SO_2	157.9	78.2
	Br_2	311.0	103.4
	H_2O	374.2	221.2

当温度低于临界温度时,气体才可能被液化。如果临界温度低于室温,则在室温时,增加多大的压强气体也不能被液化,这叫做室温不可液化气体。如表 1-6 中的 H_2,N_2,O_2 等;如果临界温度高于室温,则在室温时,只要压强足够高,气体是可以液化的,这叫室温可液化气体。如表 1-6 中的 CO_2,NH_3,Cl_2,H_2O 等。

1.2.4 相图

对于纯物质,温度和压强对物质状态的影响,用图形表示出它们间的关系,叫单一组分相图。

我们可以预测,当温度较高,压强较低时,物质的原子、离子或分子运动加剧,呈气态;当温度较低,压强较高时,物质的原子、离子或分子排列更规则,呈固态;当温度、压强在上述两者之间时,呈液态。相图中的每一点都存在对应的温度和压强。下面以碘的相图为例介绍相图的有关知识。

碘的相图如图 1-1 所示。图中 OC 线是液体碘的蒸气压曲线,也叫汽化曲线。这条曲线表示液体碘和气体碘的平衡。我们知道,若在恒温下对此两相平衡系统加压,或在恒压下,使其降温,都可以使气体碘凝结成液体碘。反之,在恒温下减压或在恒压下升温,则可使液体碘变为气体碘。故图中 OC 线以上区域为液相区,OC 线以下区域为气相区。OC 线上端终止于临界点 C。图 1-1 中 OB 线是固体碘的饱和蒸气压曲线,也叫升华曲线。这条线表示固体碘和气体碘的平衡。同样可知,OB 线以上的区域为固相区,OB 线以下区域为气相区。图中近乎垂直的 OD 线表示压强对碘的凝固点的影响,也叫熔化曲线。

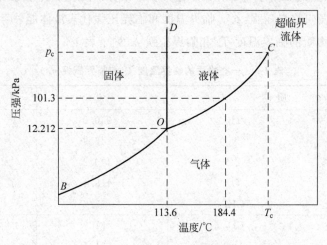

图 1-1 碘的相图

图 1-1 中 OC,OB,OD 3 条线将图分成 3 个区域,这是 3 个不同的单相区。每个单相区表示一个双变量系统,温度和压强可以在一定范围内独立改变而无新相产生。

3 条两相平衡线(OC,OB,OD)表示 3 个单变量系统。这类系统中的温度和压强中只有一个是能独立改变的。如图中 OC 线上任一点表示气液平衡状态。若指定两相平衡的温度,两相平衡的压强即确定了,反之亦然。

图 1-1 中 O 点具有特殊的意义,O 点是碘的气、液、固三相共存的点,称为三相点,它是个无变量系统。系统的温度(113.6℃)、压强(12.212kPa)均不能改变。

液体碘的沸点是 184.4℃,由 OD 线可见压强对熔点几乎不影响,通常熔点与三相点的温度几乎相等,为 113.6℃。

1.3 固 体

我们将气体降低温度,它会凝结成液体。如果将液体降低温度,液体会凝固成固体,这个过程称为液体的凝固。相反的过程称熔化。凝固是放热过程,熔化则是吸热过程。

自然界中大多数固体物质都是晶体,本节简要讨论晶体的基本类型及其一般特性。

1.3.1 晶体的一般特性

1. 有一定的几何外形

自然界的许多晶体都有规则的几何外形,如图 1-2 所示。发育完整的食盐是立方体,水晶(即石英晶体——SiO_2)是六角棱柱,方解石($CaCO_3$)晶体是菱形体(也称三方晶体)。

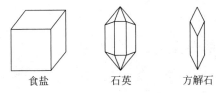

图1-2 几种晶体的外形

不过,有一些物质,在形成晶体时由于受到外界条件的影响,并不具备规则的外形,却具有晶体的性质。如很多矿石和土壤的外形不像水晶那样有规则,但它们基本上属于结晶形态的物质。大多数无机化合物和有机化合物,甚至植物的纤维和动物的蛋白质都可以以结晶形态存在。非晶体如玻璃、松香、石蜡、动物胶和沥青等,无一定的几何外形,所以常称为无定形态。可见,几何外形并不是晶体与非晶体的本质区别。

2. 有固定的熔点

在一定的外界压力下,将晶体加热到某一温度(熔点)时,晶体开始熔化。在全部熔化之前,继续加热,温度不会升高,直到晶体全部熔化。然后,继续加热,体系温度才会升高。这一事实说明晶体具有固定的熔点。而非晶体则不同,加热时非晶体首先软化(塑化),继续加热,黏度变小,最后成为流动性的熔体。从开始软化到全熔化的过程中温度不断升高,没有固定的熔点。我们把非晶体开始软化时的温度叫软化点。

3. 某些性质各向异性

晶体的某些性质(如光学性质、力学性质和电学性质等)具有各向异性。如云母呈片状分裂,石墨晶体的电导率沿石墨层方向比垂直层方向大得多。非晶体是各向同性的。

4. 有一定的对称性

通过一定的操作,晶体的结构能完全复原,我们把这一性质称为对称性。若晶体绕某直线旋转一定的角度($360°/n$,n为正整数)使晶体复原,则晶体具有轴对称性,此直线为n重旋转轴(也叫n重对称轴),记为C_n;若绕直线旋转$180°$后使晶体复原,则为二重旋转轴,记为C_2;若旋转$120°$后使晶体复原,则为三重旋转轴记为C_3,等等。若晶体和它在镜中的像完全相同,且没有像左右手那样的差别,则晶体具有平面对称性,此镜面为对称面,用m表示。若晶体中任一原子(或离子)与晶体中某一点连一直线,将此线延长,在和此点等距离的另一侧有相同的另一原子(或离子),那么晶体具有中心对称性,此点叫对称中心,用$\bar{I}$表示,此外,还有其他的对称性。总之,晶体可有一种或几种对称性,而非晶体则没有。

5. 面角守恒

晶体内部的有规则的平面称为晶面。对于特定的晶体来说,它的晶面与晶面之间夹角(晶面角)是特定的。对于某一确定物质的晶体来说,不论是完整的晶体,还是外形不规则的晶体,其晶面角总是不变的。如果把晶体破坏,甚至碾成粉末,最后所得的每一颗粒仍具有相同的晶面角。因此,只要我们能测出晶面间的夹角,即知晶轴的夹角,也就可能推测出任一晶体所属的晶系种类。

1.3.2 晶格和晶格的分类

1. 晶格

为了便于研究晶体的几何结构,将晶体中的微粒(原子、离子或分子)抽象地看成几何上的点(称为结点)。这些点的总和就称为晶格(或点阵)。事实证明,不同类型的晶体微粒在空间排列的规律性(即晶格类型)是不同的。对于同一类型的晶体,这种规律性是相同的。

2. 晶胞

组成晶体的微粒位于空间晶格的结点上,并呈现有规律的周期性排列。在晶格中划出一个最小的结构单元——平行六面体,它能表现出晶体结构的一切特性,同时它在三维空间无限的重复能形成宏观的晶体。我们把这样的最小结构单元叫晶胞。所以,通过研究晶胞便可获知整个晶体的情况。

3. 晶格(或晶胞)的分类

晶胞是平行六面体,可以用 3 条互不平行的棱 a,b,c 和各棱之间的夹角 α(b 与 c 夹角)、β(a 与 c 夹角)、γ(a 与 b 夹角)来表示,如图 1-3 所示。a,b,c 及 α,β,γ 称为晶胞常数(也称点阵常数)。

各种晶胞的边长关系有 3 种 $a=b=c,a=b\neq c$ 和 $a\neq b\neq c$。根据 a,b,c 和 α,β,γ 之间的关系可分为 7 种晶系(见表 1-7 所示)。而部分晶系又可能有简单、体心、面心和底心之分,如立方晶系有简单立方、体心立方和面心立方 3 种,这样共有 14 种晶格,见图 1-4。

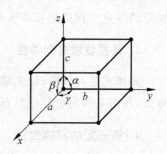

图 1-3 晶体的晶胞常数

表 1-7 晶胞常数与 7 种晶系

边　　长	角　　度	晶　系
$a=b=c$	$\alpha=\beta=\gamma=90°$	立方晶系
$a=b\neq c$	$\alpha=\beta=\gamma=90°$	四方晶系
$a=b\neq c$	$\alpha=\beta=90°,\gamma=120°$	六方晶系
$a=b=c$	$\alpha=\beta=\gamma\neq 90°(<120°)$	三方晶系
$a\neq b\neq c$	$\alpha=\beta=\gamma=90°$	正交晶系
$a\neq b\neq c$	$\alpha=\gamma=90°,\beta\neq 90°$	单斜晶系
$a\neq b\neq c$	$\alpha\neq\beta\neq\gamma\neq 90°$	三斜晶系

晶系	晶格			
	P（简单）	I（体心）	F（面心）	C（底心）
立方	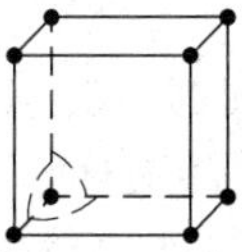	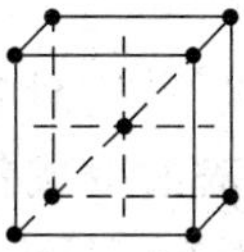	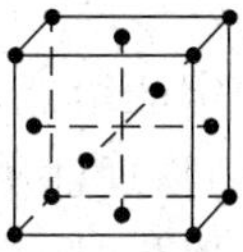	
四方	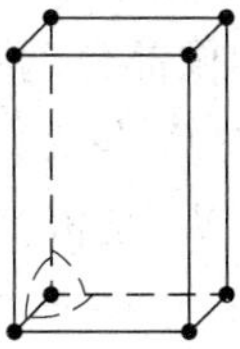	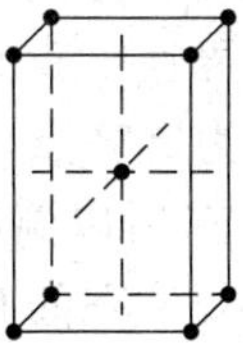		
正交	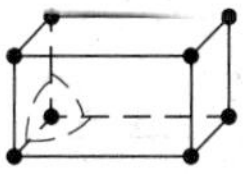	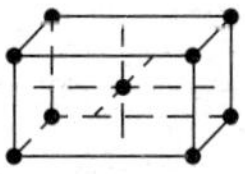	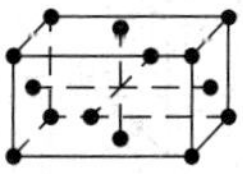	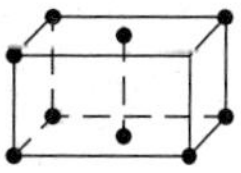
六方	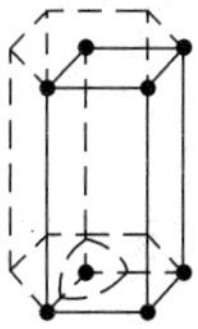			
三方	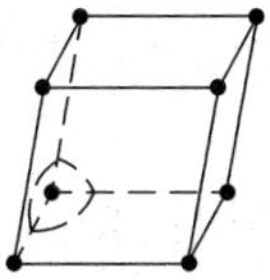			
单斜	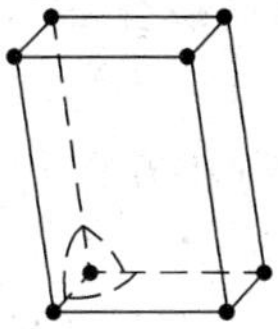			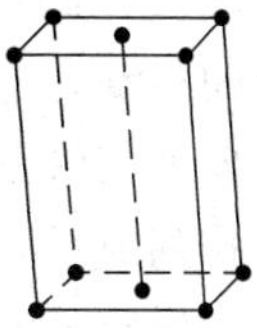
三斜	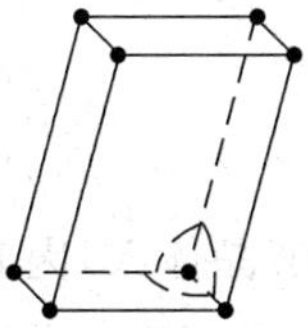			

图 1-4 7 种晶系和 14 种晶格

*1.4 液晶态和等离子态

1.4.1 液晶态

普通的晶体具有固定的熔点,在熔点以下,这种物质呈固态,熔点以上呈液态。在固态时,晶体具有各向异性的物理性质,而在液态时变成各向同性的液体。

某些有机物晶体在熔化时,并不是从固态直接变为各向同性的液体,而是经过一系列的"中介相",处在中介相状态的物质,一方面具有像液体一样的流动性和连续性,另一方面它又具有像晶体一样的某种物理性质的各向异性。我们把这种像晶体(指各向异性)的液体叫液晶,见图 1-5。图中 T_1 为熔点(mp),T_2 为清亮点(cp)。在 T_1 与 T_2 之间为液晶相区间。即温度在 T_1 以下为固态,在 T_2 以上为液态,所以温度 T_1 与 T_2 是液晶态的两个重要参数,处于这个温度区间的流体表现出有别于常规液态的有序状态。

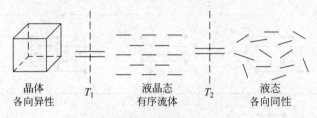

图 1-5 液晶物质的相态变化

根据液晶形成的条件和组成,液晶可以分为两大类,即热致液晶和溶致液晶。

1. 热致液晶

热致液晶的液晶相是由温度变化引起的,并且只能在一定温度范围内存在,一般是单一组分。

热致液晶根据其分子排列的特点可分成近晶相、向列相和胆甾相,如图 1-6 所示。近晶相液晶常由棒状或条状分子组成,分子排列成层,层内分子长轴互相平行,其方向可以垂直于层面,也可与层面成倾斜角度。这种液晶分子在层内可以前后或左右滑动,但不能在上下层之间移动。它具有较高的有序性,因而黏度较大。

向列相液晶中的棒状(或条状)分子在分子长轴方向上保持相互平行或近乎平行,但分子不排列成层,它能上下、左右、前后滑动。

胆甾相液晶分子呈扁平形状,排列成层,层内分子相互平行,分子长轴平行于层平面,不同层的分子长轴方向稍有变化,沿层的法线方向排列成螺旋结构。

2. 溶致液晶

溶致液晶是由符合一定结构要求的化合物与溶剂组成的液晶体系,因此常由两种或两种以上的化合物组成。一种是水(或其他极性溶剂),另一种是分子中包含极性的亲水基团和非极性的亲油基(也叫疏水基团),即所谓的"双亲"分子。双亲分子中的极性基团亲水形成亲水层,而非极性的疏水基团靠范德华力缔合形成非极性的碳氢层,位于双层的内部,水(或其他极

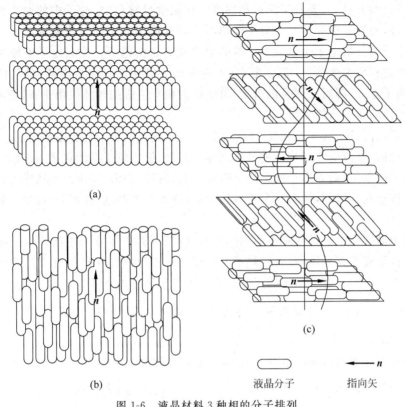

图 1-6　液晶材料 3 种相的分子排列
(a) 近晶相；(b) 向列相；(c) 胆甾相

性溶剂)在两个亲水层的中间,这就形成溶致液晶的层状结构(或称层状相),如图 1-7 所示。

"双亲"分子除了可构成双层结构外,在某些情况下还可以形成球形结构或者圆柱形结构,见图 1-8。

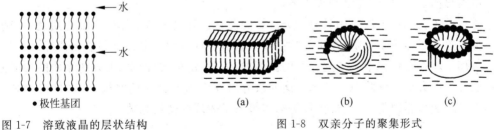

图 1-7　溶致液晶的层状结构

图 1-8　双亲分子的聚集形式
(a) 双层结构；(b) 球形结构；(c) 圆柱形结构

由于液晶具有特殊的结构与性质,因此在信息科学、材料科学以及生命科学中获得了重要的应用。液晶,尤其是高分子液晶,可制成多种具有特殊性能的功能材料。生命过程(新陈代谢、发育)、人体组织、疾病、衰老过程以及生物膜结构和功能等,很多也与溶致液晶有密切关系。

1.4.2　等离子态

宏观物质在一定的压强下随温度升高由固态变成液态,再变为气态(有的直接变成气态)。当温度继续升高,气态分子热运动加剧。在温度足够高时,分子中的原子由于获得了足够大的动能,便开始彼此分离。分子受热时分裂成原子状态的过程称为离解。若进一步提高温度,原子的外层电子会摆脱原子核的束缚成为自由电子。失去电子的原子变成带电的离子,这个过程称为电离[*]。发生电离(无论是部分电离还是完全电离)的气体称为等离子体(或等离子态)。等离子体是由带正、负电荷的粒子组成的气体。由于正、负电荷总数相等,故等离子体的净电荷等于零。

等离子态与固、液、气三态相比,无论在组成上还是在性质上均有本质区别。首先,气体通常是不导电的,等离子体则是一种导电流体。其次,组成粒子间的作用力不同。气体分子间不存在净的电磁力,而等离子体中的带电粒子间存在库仑力,并由此导致带电粒子群的种种特有的集体运动。另外,作为一个带电粒子系,等离子体的运动行为明显地受到电磁场的影响和约束。

根据离子温度与电子温度是否达到热平衡,可把等离子体分为平衡等离子体和非平衡等离子体。在平衡等离子体中,各种粒子的温度几乎相等。在非平衡等离子体中电子温度与离子温度相差很大。电子温度的高低反映了等离子体中电子平均动能的大小,它们之间的关系是:$E=\frac{3}{2}kT$,式中 k 是玻耳兹曼常数(1.38×10^{-23} J·K^{-1}),T 是电子温度(K),E 是电子的平均动能(J)。

若电子在电场中获得的能量 $W=1$eV,电子的电荷为 1.60×10^{-19}C,电场电压为 1V,因而得到 1eV$=1.60\times10^{-19}$C$\times$1V$=1.60\times10^{-19}$J。由 $E=\frac{3}{2}kT$ 可得

$$T=\frac{2E}{3k}=\frac{2W}{3k}=\frac{2\times1.60\times10^{-19}}{3\times1.38\times10^{-23}}=7729(K)$$

即 1eV 能量的电子,其温度相当于 7729K。电子温度可高达 $10^4\sim10^5$K,但离子温度只不过几百度乃至接近室温。

通常我们把电离度较小的气体称为弱电离气体,也称低温等离子体;电离度较大的称为强电离等离子体,也称高温等离子体。

等离子体在工业上的应用具有十分广阔的前景。高温等离子体的重要应用是受控核聚变。低温等离子体用于切割、焊接和喷涂以及制造各种新型的电光源与显示器等。

等离子体在自然界中是普遍存在的。例如,太阳、恒星、银河系、河外星系中的大部分星际物质都处于等离子体状态。地球上南北极有时发生的五颜六色的极光、夏日雷雨时出现的闪电和绚丽多彩的霓虹灯、日光灯等都与等离子体现象密切相关。

本 章 小 结

1. 物质的气、液、固三态的基本特性,等离子态与气态的区别与联系以及液晶态与固态(晶态)和液态的区别与联系。
2. 通常把常温、常压下的实际气体当成理想气体来处理。但在压强较高、温度较低时,

---

[*] 除了加热能使原子电离(热电离)外,还可通过吸收光子能量发生电离(光电离),或者使带电粒子在电场中加速获得能量与气体原子碰撞发生能量交换,从而使气体电离(碰撞电离)。

实际气体与理想气体偏差较大,用范德华方程来处理:

$$\left(p + \frac{a}{(V/n)^2}\right)(V - nb) = nRT$$

3. 道尔顿(Dolton)分压定律和分体积定律是处理混合气体的重要定律:

$$p_\text{总} = \sum_i p_i, \quad V_\text{总} = \sum_i V_i$$

$$\frac{p_i}{p_\text{总}} = \frac{V_i}{V_\text{总}} = x_i$$

4. 液体汽化的两个基本过程:蒸发与沸腾之间的区别与联系。在一定温度下,液体和它的蒸气平衡时,蒸气的压强称为蒸气压。当液体在敞开容器中加热,它的蒸气压等于101.325kPa 时的温度称为沸点。液体的蒸气压随温度升高而变大,液体沸腾温度随外压增大而升高。

5. 液体的临界现象,在临界点时,液体和气体变成不可区分。气体液化必须在临界温度以下。根据临界温度比室温高或低可将气体分成室温可液化和室温不可液化的气体。

6. 7 种晶系中晶胞常数的变化规律。

7. 在物质的相图中,可分为单相区(固、液、气)、两相平衡线和三相点。在单相区中有温度和压强两个独立变量;在两相平衡线上,只有一个(温度或压强)独立变量;在三相点处温度和压强均不改变。三相点的温度近似等于固体的熔点(或凝固点)。

8. 热致液晶中近晶相、向列相和胆甾相的分子排列特点。

9. 溶致液晶中所含的"双亲"分子的作用。

10. 等离子体是发生电离的气体。由于它含有带电粒子,因此它具有气体所没有的性质。如它受到电磁场的影响和约束。根据电离度的大小可将等离子体分成低温等离子体和高温等离子体。

问题与习题

1-1 物质的气、液、固 3 种状态各具哪些特性?

1-2 一般在什么温度和压强下,可使用理想气体状态方程?

1-3 为什么在实际气体的范德华方程中,压强需加上一个修正项,而体积要减去一个修正项?

1-4 测定低压气体时,有时为了使测量方便,将气体压缩成较小体积后再测量。某真空系统中的空气在 25℃ 时,体积由 20L 压缩到 0.2L。此时测得压强为 3.10kPa,问真空系统中空气起始压强为多少?

1-5 某黑色的高压钢瓶(装 N_2 钢瓶为黑色),容积为 30L,能承受压强为 2.00×10^3 kPa。试估计在 298K 时,可装入多少千克 N_2 而不致发生危险?

1-6 根据理想气体状态方程,可测定气体物质的分子量。现于 300℃、100kPa 时,测得单质气态磷的密度为 $2.64 g \cdot L^{-1}$,求它的分子式。

1-7 在 27℃ 恒温条件下,将下列 3 种气体装入 10L 的真空瓶中。求混合气体物质的量分数、总压及分压。

Ne：	50kPa	2L
O_2：	75kPa	5L
CO_2：	125kPa	8L

1-8 含丙烷和丁烷的混合气体，在20℃时，压强为100kPa。已知混合气体中含丙烷与丁烷质量相等。求它们的分压。

1-9 在20℃时，用排水取气法收集到压强为100kPa的氢气300mL。问去除水蒸气后干燥的氢气体积有多大？（20℃时水的蒸气压为2.338kPa）。

1-10 由于气体分子间的相互作用力，使得实际气体的压强比其被看成为理想气体时的压强大还是小？

1-11 由于实际气体分子体积不是零，所以实际气体的体积比其被看成为理想气体时的体积大还是小？

1-12 已知液体氧的体积为 $0.026 L \cdot mol^{-1}$，计算将25℃时 1mol O_2 气压缩至液体氧体积的两倍时，所需的压强：

（1）用理想气体状态方程；

（2）用实际气体的范德华方程（已知：$a = 138 kPa \cdot L^2 \cdot mol^{-2}$, $b = 3.2 \times 10^{-2} L \cdot mol^{-1}$）并比较计算结果。

1-13 什么叫蒸气压，什么叫沸点？温度对液体蒸气压有何影响，外压对液体沸点有何影响？

1-14 解释：水在101.3kPa、120℃下是气体，而处于120℃的密闭容器中的水蒸气，当被加压大于202.6kPa（是120℃水的蒸气压）时，有液态水生成。

1-15 利用下列数据，定性地画出乙烯（C_2H_4）的相图，问 $C_2H_4(s)$ 和 $C_2H_4(l)$ 哪个密度大？

熔点 mp	−169.16℃
沸点 bp	−103.7℃
临界点	9.9℃和50.5atm
三相点	−169.17℃和 1.2×10^{-3} atm

1-16 利用下列数据粗略画出 H_2 的相图。在5.1kPa时 H_2 升华吗？为什么？

熔点 mp：	13.96K
沸点 bp：	20.39K
三相点	13.95K 和 7.10kPa
临界点	33.2K 和 1320kPa

在10K时，固体氢的蒸气压：0.10kPa。

1-17 图1-9是磷的相图。

（1）指出图1-9中(?)区域内存在的相。

（2）固体红磷暴露在大气中加热不能熔化，为什么？

（3）在温度一定，样品上的压强从 A 到 B 逐渐减小，问发生了什么相变化。

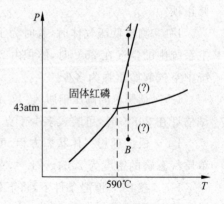

图1-9 磷的相图

1-18　已知在 CO_2 的相图中,三相点温度为 $-56.7℃$,压强为 5.1atm。当压强为 1atm 在升华曲线上对应的温度为 $-78.5℃$。问 $-78.5℃$ 是 CO_2 的凝固点(1atm 下)吗? 在 20℃ 大气中,干冰(固体 CO_2)变成气体 CO_2,为什么?

1-19　什么叫临界温度? 是否所有气体在室温下加压都可以液化? 举例说明。

1-20　晶体与非晶体在宏观性质上有何不同?

1-21　晶体中的晶胞是平行六面体。用哪些因素来描述晶胞? 在 7 种晶系中,晶格常数有何不同。

1-22　由于晶胞在三维空间无限的重复形成晶体,因此,晶胞结点上的微粒有可能分属于几个相邻的晶胞。试分析在简单立方、体心立方和面心立方中一个晶胞含有几个结点。

1-23　什么是液晶? 液晶分哪两类? 每类液晶分子结构有何特点?

1-24　热致液晶根据分子排列特点可分成哪几相? 各有何特点?

1-25　溶致液晶中的"双亲"分子在空间可构成几种结构?

1-26　什么是等离子体? 等离子体的组成和特性是什么?

1-27　等离子体中温度的微观定义是什么? 电子温度(T_e)和离子温度(T_i)是否是同一回事?

1-28　何谓低温等离子体? 何谓高温等离子体? 各有何应用?

第 2 章 溶 液

2.1 溶液及其浓度表示法

2.1.1 溶液的一般概念和分类

溶液是由两种或多种组分组成的均匀体系。所有溶液都是由溶质和溶剂组成,溶剂是一种介质,在其中均匀地分布着溶质的分子或离子。

溶质和溶剂只有相对的意义。通常将溶解时状态不变的组分称做溶剂,而状态改变的称溶质。如糖溶于水时,糖是溶质,水是溶剂。若组成溶液的两种组分在溶解前后的状态皆相同,则将含量较多的组分称为溶剂。如在 100mL 水中加入 10mL 的酒精组成溶液,水是溶剂。若体积调换一下,则酒精为溶剂。有时两种组分的量差不多,此时可将任一种组分看作是溶剂。

所有溶液都具有下列特性:①均匀性;②无沉淀;③组分皆以分子或离子状态存在。

物质在溶解时往往有热量的变化和体积的变化,有时还有颜色的变化。例如,硫酸溶于水放出大量的热,而硝酸铵溶于水则吸收热量。酒精溶于水体积缩小。无水硫酸铜是无色的,它的水溶液却是蓝色的。这些都表示在溶解过程中溶质和溶剂间有某种化学作用(溶剂化作用)发生。但溶液中的组分还会在一定程度上保留原有物质的性质,所以溶解过程既不完全是化学过程,也不单纯是物理过程,而是一个复杂的物理化学过程。

溶液有许多不同种类。将一种气体溶解在另外一种气体中可形成气体溶液,如空气。也可以将一种或几种固体溶解在另外一种固体之中形成固体溶液。如各种合金钢是少量碳、镍、铬和锰等溶于铁中而形成的固体溶液,通常所说的 12 开金是等量的金与银形成的固体溶液。通常化学工作者所考虑的溶液是气体(如 HCl)、液体(如 C_2H_5OH)或固体(如 NaCl)等溶于液体溶剂中形成的液体溶液。

固体溶液中的反应速度一般很慢(至少在室温下如此),气体间的反应快慢又难以控制。液体溶液则不同,液体溶液中的原子、离子和分子可自由地运动,因而其反应速率通常比固体溶液中的反应快得多,却又很少像气体反应那样难于控制。基于这种原因液体溶液,尤其是水为溶剂的水溶液在化学上占有重要地位。

2.1.2 溶液浓度的表示法

在研究溶液性质时,除了对溶液中存在的组分作定性的描述外,还必须详细说明各组分的数量。溶液的性质在很大程度上取决于溶质与溶剂的相对含量。因此,在任何涉及溶液的定量工作中都必须指明浓度,即指出溶质与溶剂的相对含量,或指出溶液中某组分含量与溶液总量(质量或体积)的相对关系。下面着重介绍几种浓度表示方法。

1. 摩尔分数（x）

用溶质的物质的量占全部溶液的物质的量的分数表示的溶液浓度叫做摩尔分数，用 x 表示。若其溶液是由 A 和 B 两种组分组成的，它们在溶液中的物质的量分别为 n_A 和 n_B，则

组分 A 的摩尔分数 $\qquad x_A = \dfrac{n_A}{n_A + n_B} = \dfrac{n_A}{n_总}$

组分 B 的摩尔分数 $\qquad x_B = \dfrac{n_B}{n_A + n_B} = \dfrac{n_B}{n_总}$

溶液各组分的摩尔分数之和等于 1，即 $\sum\limits_{i} x_i = 1$。

当需要着重描述某些性质与溶质及溶剂分子相对数量关系时，常用此浓度表示。

2. 质量摩尔浓度（b）

用每千克质量溶剂中所含溶质的物质的量表示的溶液浓度叫做质量摩尔浓度，用符号 b 表示，即

$$b = \frac{n(溶质)}{m(\text{kg }溶剂)}$$

m 是溶剂的质量，用 kg 作单位，n 是溶质的物质的量（mol），所以质量摩尔浓度的单位是 $\text{mol} \cdot \text{kg}^{-1}$。

质量摩尔浓度常用于溶液的凝固点和沸点的计算。该浓度表示法的优点在于不受温度变化的影响。若溶液在加热过程中溶剂与溶质均无损失，则在 20℃ 时配制的溶液加热至 80℃ 时，其质量摩尔浓度并无变化。但是，由于液体溶剂不易称量，所以对一般实验室工作来说使用起来不太方便。

3. 物质的量浓度（c）

用一升溶液中所含某溶质的物质的量表示的溶液浓度叫做该溶质的物质的量浓度，也称该物质的浓度，用符号 c 表示，即

$$c = \frac{n(溶质)}{V(\text{L }溶液)}$$

n 是溶质的物质的量（mol），V 为溶液的体积，用升（L）作单位，所以物质的量浓度单位是 $\text{mol} \cdot \text{L}^{-1}$。

实验室配制该浓度的溶液十分方便，但是因为溶液的体积与温度有关，所以用该浓度表示的溶液浓度与温度有关。这是摩尔分数和质量摩尔浓度所没有的缺点。

思考题：对于稀的水溶液，溶液的质量摩尔浓度与它的物质的量浓度数值近似相等（$b \approx c$）；而对于稀的非水溶液，它的质量摩尔浓度与它的物质的量浓度数值是否相等？

4. 用分压来表示

对于气相混合物，除了用上述方法表示某组分的含量，也可以用它的分压来表示。由

$$pV = nRT$$

$$p = \frac{n}{V}RT = cRT \tag{2-1}$$

式中,p——某组分的分压,kPa;

R——摩尔气体常数,$R=8.314\text{kPa}\cdot\text{L}\cdot\text{mol}^{-1}\cdot\text{K}^{-1}$;

T——热力学温度,K。

式(2-1)表示某组分的分压与它的物质的量浓度之间的关系。

5. ppm,ppb 和 ppt

当溶液中组分质量(或体积)百分数很小时,过去常用其他方法来表示浓度。

(1) ppm:百万分之一,即 $1/10^6$。例如,0.001g 溶质/1000g 溶液,表示成 1ppm。

(2) ppb:十亿分之一,即 $1/10^9$。例如,1.0g 溶质/10^9g 溶液,表示成 1ppb。

(3) ppt:万亿分之一,即 $1/10^{12}$。例如,1.0g 溶质/10^{12}g 溶液,表示成 1ppt。

并不推荐使用这类浓度单位。

例 2-1 将 2.50g NaCl 溶于 497.5g 水中配制成溶液,此溶液的密度为 $1.002\text{g}\cdot\text{mL}^{-1}$,求 NaCl 溶液的质量摩尔浓度、物质的量浓度和摩尔分数。

解:(1) $n(\text{NaCl})=\dfrac{2.50}{58.44}=0.0428(\text{mol})$

所以

$$b(\text{NaCl})=\dfrac{0.0428}{497.5\times 10^{-3}}=0.0860(\text{mol}\cdot\text{kg}^{-1})$$

(2) $V(\text{溶液})=\dfrac{497.5+2.5}{1.002}=499(\text{mL})=0.499(\text{L})$

所以

$$c(\text{NaCl})=\dfrac{0.0428}{0.499}=0.0858(\text{mol}\cdot\text{L}^{-1})$$

可见数值上 $c\approx b$。

(3) $n(\text{H}_2\text{O})=\dfrac{497.5}{18.02}=27.61(\text{mol})$

所以

$$x(\text{NaCl})=\dfrac{0.0428}{27.61+0.0428}=1.55\times 10^{-3}$$

2.2 溶 解 度

在一定的温度和压强下,一定量饱和溶液中溶质的含量称溶解度。习惯上用 100g 溶剂中所能溶解溶质的最大克数来表示溶解度,也可用溶解后溶液的浓度来表示。

2.2.1 气体、液体和固体在液体中的溶解

1. 气体在液体中的溶解

气体在液体中溶解度的大小除与气体和溶剂的本性有关外,还与温度和压强有关。

气体在液体中的溶解度随这种气体的分压增加而增大。亨利(Henry)总结了这方面的事实,提出:"在中等压强下,气体在液体中的溶解度与液体上方气相中该气体的分压成正比。"这称为亨利定律(Henry's Law)。

$$S_{气体} = kp_{气体} \tag{2-2}$$

式中,$S_{气体}$——在特定温度下,气体在某溶剂中的溶解度;

$p_{气体}$——在溶液上面的气体分压;

k——比例常数。

由亨利定律可知,当某气体分压为 100kPa,在 1L 水中溶解 1g 时,那么该气体在分压为 150kPa 时,在 1L 水中则溶解 1.5g。但当气体与液体发生化学反应时,气体在该液体中的溶解度并不服从亨利定律。

由于气体在液体中溶解是放热过程,所以气体在液体中溶解度随温度升高而降低。利用这一特点,我们可以把水煮沸,以赶走溶解在水中的气体。气体溶解度随温度升高而降低也是造成热污染的一个重要原因。如热电厂锅炉用水的排出,使得周围池塘水温升高,这样水中溶解氧减少,有机物就易被厌氧微生物分解,从而发生腐败现象。

2. 固体和液体在液体中的溶解

一般固体溶于水多为吸热过程,所以升高温度,固体的溶解度增大。工业上常用此特点在较高温度下制成饱和溶液,当降低温度时,固体物质溶解度减小而结晶出来,以达到分离纯化的目的。温度对液体溶质的溶解度影响较小,由于固体和液体的不可压缩性,所以压强对固体和液体溶质的溶解度几乎无影响。

2.2.2 相似相溶原理

关于溶解度的规律性至今尚无完整的理论,因此无法准确预测气体、液体和固体在液体中的溶解度。但在归纳了大量实验事实的基础上,人们总结出了以下的经验规律——相似相溶原理。这里"相似"是指溶质与溶剂在结构上相似;"相溶"是指溶质与溶剂彼此互溶。例如,水分子间有较强的氢键(有关氢键的内容参看第 9 章),水分子既可以为生成氢键提供氢原子,又因其中氧原子上有孤对电子能接受其他分子提供的氢原子,氢键是水分子间的主要结合力。所以,凡能为生成氢键提供氢或接受氢的溶质分子,均和水"结构相似"。如 ROH(醇)、RCOOH(羧酸)、$R_2C=O$(酮)、$RCONH_2$(酰胺)等,均可通过氢键与水结合,在水中有相当的溶解度。当然上述物质中 R 基团的结构与大小对其在水中的溶解度也有影响。如醇:R—OH,随 R 基团的增大,分子中非极性的部分增大,这样与水(极性分子)结构差异增大,所以在水中的溶解度也逐渐下降(见表 2-1)。

表 2-1 醇在水中和己烷中的溶解度(20℃)

分 子 式	在水中溶解度/[mol·kg^{-1}(溶剂)]	在己烷中溶解度/[mol·kg^{-1}(溶剂)]
CH_3OH	无限混溶	1.2
CH_3CH_2OH	无限混溶	无限混溶
$CH_3(CH_2)_2OH$	无限混溶	无限混溶
$CH_3(CH_2)_3OH$	1.1	无限混溶
$CH_3(CH_2)_4OH$	0.30	无限混溶
$CH_3(CH_2)_5OH$	0.058	无限混溶

对于气体和固体溶质来说,"相似相溶"也适用。对于结构相似的一类气体,沸点越高,它的分子间力越大,就越接近于液体,因此在液体中的溶解度也越大。如 O_2 的沸点(90K)高于 H_2 的沸点(20K),所以 O_2 在水中的溶解度大于 H_2 的溶解度。

对于结构相似的一类固体溶质,其熔点越低,则其分子间作用力越小,也就越接近于液体,因此在液体中的溶解度也越大。

2.3 非电解质稀溶液的依数性

溶液的某些性质仅取决于所含溶质的浓度,而与溶质自身性质无关,溶液的这种性质称为依数性。本节仅讨论非电解质稀溶液的依数性。

2.3.1 蒸气压降低

由第1章我们已知某一纯液体的蒸气压只与温度有关。当一种难挥发的非电解质溶解于某液体(溶剂)后,由于非电解质溶质分子占据了一部分液面,故减小了溶剂分子进入气相的速率,但并不影响气相中溶剂分子凝结成液体的速率,其结果是溶剂的蒸气压小于没有加入非电解质时的纯溶剂的蒸气压。由于溶质是不挥发的,溶液的蒸气压等于溶剂的蒸气压,所以溶液的蒸气压降低。降低的数值与溶解的非电解质的量有关,而与非电解的种类无关。

拉乌尔定律(Raoult's Law):在一定温度下,难挥发的非电解质稀溶液的蒸气压降低值与溶解在溶剂中溶质的摩尔分数成正比,即

$$\Delta p = p^{\ominus}_{溶剂} x_{溶质} \tag{2-3}$$

式中,Δp——溶液蒸气压降低;

$p^{\ominus}_{溶剂}$——纯溶剂的蒸气压;

$x_{溶质}$——溶质的摩尔分数。

由于
$$x_{溶质} + x_{溶剂} = 1$$

所以
$$x_{溶质} = 1 - x_{溶剂}$$

又
$$\Delta p = p^{\ominus}_{溶剂} - p_{溶液}$$

代入式(2-3)得

$$p_{溶液} = p^{\ominus}_{溶剂} x_{溶剂} \tag{2-4}$$

这是拉乌尔定律的另一表达形式。

例 2-2 50℃时,10.0mL 甘油($C_3H_8O_3$)溶解在 500mL 水中,求溶液蒸气压降低 Δp。已知 50℃水的蒸气压 $p^{\ominus}$ = 12.33kPa,水的密度为 0.989g·mL^{-1},甘油的密度为 1.26g·mL^{-1}。

解: $m_{甘油}$ = 92.09,10.0mL 甘油的物质的量

$$n_{甘油} = 1.26 \times 10/92.09 = 0.137(\text{mol})$$

500mL 水的物质的量

$$n_{水} = 0.989 \times 500/18.02 = 27.4(\text{mol})$$

甘油的物质的量分数

$$x_{甘油} = \frac{0.137}{0.137 + 27.4} = 0.00498$$

溶液蒸气压降低

$$\Delta p = p_{水}^{\ominus} x_{甘油} = 12.33 \times 0.00498 = 0.0614(kPa)$$

例 2-3 含有等物质的量的苯(C_6H_6)和甲苯(C_7H_8)的溶液,已知在 25℃时,$p_{苯}^{\ominus} = 12.68kPa$,$p_{甲苯}^{\ominus} = 3.79kPa$,求此溶液苯的蒸气压和甲苯的蒸气压以及总蒸气压,并求蒸气中苯和甲苯的摩尔分数。

解:

$$x_{苯} = x_{甲苯} = 0.500$$

由拉乌尔定律:

$$p_{苯} = p_{苯}^{\ominus} x_{苯} = 12.68 \times 0.500 = 6.34(kPa)$$

$$p_{甲苯} = p_{甲苯}^{\ominus} x_{甲苯} = 3.79 \times 0.500 = 1.90(kPa)$$

$$p_{总} = p_{苯} + p_{甲苯} = 6.34 + 1.90 = 8.24(kPa)$$

由计算可见,由于苯的存在而降低了甲苯的蒸气压;同样,由于甲苯的存在,也降低了苯的蒸气压。溶液的蒸气压比苯的蒸气压要小,但比甲苯的蒸气压要大。

蒸气中苯和甲苯的摩尔分数:

$$x'_{苯} = \frac{n_{苯}}{n_{总}} = \frac{p_{苯} V/RT}{p_{总} V/RT} = \frac{p_{苯}}{p_{总}}$$

$$= \frac{6.34}{6.34 + 1.90} = \frac{6.34}{8.24} = 0.769$$

$$x'_{甲苯} = \frac{p_{甲苯}}{p_{总}} = \frac{1.90}{6.34 + 1.90} = \frac{1.90}{8.24} = 0.231$$

可见,蒸气的组成与溶液的组成有很大差别。我们得到更易挥发的组分(苯),它在蒸气中占有更高的份额。由 $x_{苯} : x_{甲苯} = 0.5 : 0.5$ 的苯-甲苯溶液产生的蒸气为 $x'_{苯} : x'_{甲苯} = 0.77 : 0.23$。如将此蒸气冷凝成液体,得到的液体组成为 0.77 : 0.23,与此溶液呈平衡的蒸气中苯的含量会更高(>0.77),而甲苯的含量会更低(<0.23),经过多次蒸发、冷凝,在蒸气相可得到很纯的苯。从上还可以看出,0.50 : 0.50 苯-甲苯溶液,经过一次气液平衡后,液相的组成中苯的含量降低(<0.50),甲苯的含量升高(>0.50),若将此液相再经过一次气液平衡,液相中的苯的含量会更低,而甲苯的含量会更高。将得到的液相经多次气液平衡后,液相一定为很纯的甲苯。以上过程称为分馏过程。它可用来分离挥发性组分的混合物。需要说明的是,苯-甲苯混合物是理想溶液,在整个浓度范围内均遵循拉乌尔定律,这种理想溶液是极少的。绝大多数二组分完全互溶液态混合物是非理想溶液,在整个浓度范围内使用拉乌尔定律产生明显的偏差,只有很稀的溶液才近似遵循拉乌尔定律。

2.3.2 溶液的沸点升高

我们将液体暴露在大气中加热时,当液体的蒸气压等于外界压强时,液体就沸腾了。当外压等于 101.325kPa 时的沸腾温度,就叫该液体的沸点。如水的沸点是 100℃,乙醇的沸点是 78.5℃。当外压增大,液体的沸腾温度升高;反之,外压减小,液体的沸腾温度降低。

思考题:若将水放在密闭的容器中加热,问 100℃时,水能否沸腾?

对于非电解质溶液来说,由于难挥发溶质的加入降低了溶剂的蒸气压,因此该溶液的蒸气压等于外压(101.325kPa)时的温度(即沸点)必然高于纯溶剂的沸点。

对于难挥发的非电解质稀溶液,沸点升高的数值正比于该溶液的质量摩尔浓度,其数学表达式为

$$\Delta T_b = K_b b \tag{2-5}$$

式中,ΔT_b——溶液沸点升高,℃;

K_b——溶剂的沸点升高常数,℃·kg·mol^{-1};

b——溶质的质量摩尔浓度,mol·kg^{-1}。

2.3.3 溶液的凝固点降低

凝固点(或熔点)是在外压等于101.325kPa时,固相与液相呈平衡(此时固相的蒸气压等于液相的蒸气压)时的温度。当水中溶入不挥发的溶质后,由于溶液的蒸气压下降,0℃时水溶液的蒸气压低于冰的蒸气压,此时冰与水溶液不呈平衡,冰会融化成水,所以水溶液的凝固点不是0℃,而在0℃以下(见图2-1)。

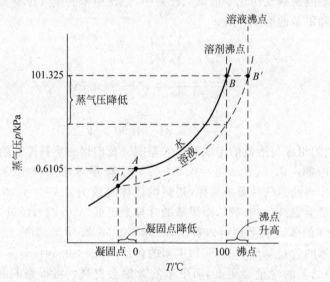

图 2-1 水、冰和溶液的蒸气压曲线

与沸点升高类似,稀溶液的凝固点降低可由下式表示:

$$\Delta T_f = K_f b \tag{2-6}$$

式中,ΔT_f——溶液凝固点降低,℃;

K_f——溶剂的凝固点降低常数,℃·kg·mol^{-1};

b——溶质的质量摩尔浓度,mol·kg^{-1}。

常见溶剂的 K_b 和 K_f 列于表2-2。

溶液的沸点升高与凝固点降低也可以从水、冰和溶液的蒸气压曲线得到解释。图2-1中 AB 是纯水的气液平衡曲线,即在 AB 上每一点对应的温度和对应的蒸气压强下,水和水蒸气呈平衡。AA'为冰和水蒸气呈平衡的曲线,即冰的升华曲线。A 点为三相点(固体冰、液体水和气体水三相平衡),水的三相点温度为0.01℃,近似等于水的凝固点(0℃)。我们

表 2-2　常见溶剂的 K_b 和 K_f

溶　剂	沸点/℃	K_b/(℃·kg·mol^{-1})	凝固点/℃	K_f/(℃·kg·mol^{-1})
水	100	0.52	0	1.86
乙酸	118	2.93	17	3.90
苯	80.15	2.53	5.5	5.10
环乙烷	81	2.79	6.5	20.2
三氯甲烷	60.19	3.82	—	—
樟脑	208	5.95	178	40.0
苯酚	181.2	3.6	41	7.3
氯仿	61.26	3.63	−63.5	4.68
硝基苯	210.9	5.24	5.67	8.1

将三相点的温度看成凝固点。$A'B'$ 是溶液(溶质不挥发)的气液平衡曲线。从图上明显看出,100℃时水溶液的蒸气压低于外界大气压(101.325kPa),因此,其沸点高于100℃;从图上还可看出,0℃时水溶液的蒸气压低于冰的蒸气压,因此水溶液的凝固点低于0℃。

应用凝固点下降原理,可制备许多低熔点合金,具有很大的实用价值。合金通常是由两种或两种以上金属构成的,也可以由一种金属和某种非金属性较差的元素如 C,Si,N,P 或 As 等组成。大多数情况下,当其他金属(或非金属)溶解在一种金属中时,它的熔点往往会降低。如33%的铅(Pb 的熔点 327.5℃)与 67%的锡(Sn 的熔点 232℃)组成的焊锡,熔点为180℃,用于焊接时不会导致焊件的过热。用作保险丝、自动灭火设备和蒸汽锅炉装置的武德合金,熔点为70℃。其组成为:Bi 50%,Pb 25%,Sn 12.5%,Cd 12.5%。在此合金中再添加占合金质量18%的 In,则合金熔点可降至 47℃。

2.3.4　溶液的渗透压与反渗透技术

1. 溶液的渗透现象

有许多人造或天然的膜对于物质的透过有选择性。例如亚铁氰化铜膜只允许水而不允许水中糖透过;有些动物膜如膀胱膜等,可以使水透过,却不能使摩尔质量大的溶质和胶体粒子透过。这种膜称为半透膜。

在一定温度下,用只能使溶剂分子通过而不让溶质分子通过的半透膜把一种溶液和它的纯溶剂分隔开时,纯溶剂将通过半透膜扩散到溶液中从而使溶液的液面升高,这种现象称渗透。实际上,溶剂是同时沿着两个方向通过半透膜。由于纯溶剂的蒸气压比溶液的蒸气压大,所以纯溶剂向溶液的渗透速率要比向相反方向的渗透速率大。

图 2-2 中,用半透膜将溶液(糖水)与溶剂(纯水)隔开。由于渗透作用,水将扩散进入糖水溶液,因而液面上升。随着液柱的升高,压强增大,使糖水中水分子通过半透膜进入纯水这边的速率增大。当液面升高到一定高度时,液柱不再升高,体系达到平衡。此时两边液柱差产生的压强就叫渗透压。若在糖水上方加一外压,可以使得糖水和水的液面高度保持不变,此时所加的阻止糖水液面上升的最小压强叫做该糖水的渗透压。在拉乌尔发现溶液蒸气压与纯溶剂蒸气压之间关系的同一年,范特霍夫(J. van't Hoff)发现了稀溶液的渗透压(Π)服从如下方程:

$$\varPi = \frac{nRT}{V} = cRT \tag{2-7}$$

式中，$\varPi$——渗透压，kPa；
R——气体常数（$R=8.314\text{kPa}\cdot\text{L}\cdot\text{mol}^{-1}\cdot\text{K}^{-1}$）；
c——溶质的物质的量浓度，$\text{mol}\cdot\text{L}^{-1}$；
T——热力学温度，K。

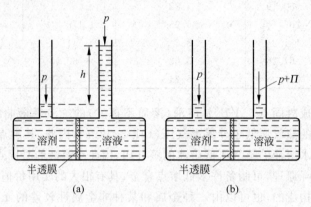

图 2-2 渗透平衡示意图

值得注意的是，从形式上看，溶液的渗透压与理想气体状态方程十分相似，但两种压强（$\varPi$ 和 p）产生的原因和测定方法完全不同。渗透压（$\varPi$）只有在半透膜两侧分别存在溶液和溶剂（或两边浓度不同的溶液）时才能表现出来。

生命的存在与渗透平衡有极为密切的关系，因此渗透现象很早就引起生物学家的注意。动植物通常是由无数细胞所组成的，细胞膜均具有特殊的半透膜功能。细胞膜是一种很容易透水而几乎不能透过溶解于细胞液中的物质的薄膜。例如，若将红细胞放进纯水，在显微镜下将会看到水穿过细胞壁而使细胞慢慢肿胀，直至最后胀裂；若将细胞放入浓糖水溶液时，水就向相反方向运动，细胞因此渐渐萎缩、干瘪。又如，人们在游泳池或河水中游泳时，睁开眼睛，很快就会感到疼痛，这是因为眼睛组织的细胞由于渗透而扩张所引起的；而在海水中游泳，却没有不适之感，这是因为海水的浓度很接近眼睛组织的细胞液浓度。正是因为海水和淡水的渗透压不同，海水鱼和淡水鱼才不能交换生活环境，否则，将会引起鱼体细胞的肿胀或萎缩而使其难以生存。

除细胞膜外，人体组织内许多膜，如红细胞的膜、毛细管壁等也都具有半透膜的性质，因而人体的体液如血液、细胞液和组织液等也具有一定的渗透压。因此对人体静脉输液或注射时，必须使用与人体体液渗透压相等的等渗溶液，如临床常用的是 0.9% 生理食盐水或 5% 葡萄糖溶液，否则由于渗透将会引起红细胞肿胀或萎缩而导致严重的后果。

由于同样的道理，渗透压与植物也是休戚相关的。浸入糖溶液或盐溶液的花卉，将因渗透压的作用而脱水枯萎，若再将它插入纯水，花卉将因水重返细胞又会像原有那样的鲜艳美丽。

值得注意的是，稀溶液的渗透压是相当大的。例如，25℃ 时，$0.1\text{mol}\cdot\text{L}^{-1}$ 溶液的渗透压为

$$\varPi = cRT = 0.1 \times 8.314 \times 298 = 248(\text{kPa})$$

这相当于约 25m 高水柱产生的压强,可见渗透压是十分可观的。一般植物细胞液的渗透压大约可达 2000kPa。正因为有如此巨大的推动力,自然界才有高达几十米甚至更高的参天大树。

实际工作中常用渗透压法、沸点升高法和凝固点下降法来测定物质的相对分子质量。由于直接测定渗透压相当困难,因此对一般不挥发的非电解质的测定,常用沸点上升和凝固点下降法。但对高分子化合物相对分子质量的测定,因为其相对分子质量很大,所以配成溶液的浓度很小,这时用渗透压法有其独特的优点。

例 2-4 将血红素 1.00g 溶于适量水中,配成 100mL 溶液,此溶液的渗透压为 0.366kPa(20℃时)。求:(1)溶液的物质的量浓度;(2)血红素的相对分子质量;(3)此溶液沸点升高和凝固点降低值。

解:(1) 由式(2-7)

$$c = \frac{\Pi}{RT} = \frac{0.366}{8.314 \times 293} = 1.50 \times 10^{-4} (\text{mol} \cdot \text{L}^{-1})$$

(2) 设血红素的摩尔质量为 M,则

$$\frac{1.00/M}{100 \times 10^{-3}} = 1.50 \times 10^{-4}$$

$$M = 6.7 \times 10^4 (\text{g} \cdot \text{mol}^{-1})$$

血红素的相对分子质量为 6.7×10^4。

(3) $\Delta T_b = K_b b \approx K_b c = 0.52 \times 1.50 \times 10^{-4} = 7.8 \times 10^{-5} (\text{℃})$

$\Delta T_f = K_f b \approx K_f c = 1.86 \times 1.50 \times 10^{-4} = 2.79 \times 10^{-4} (\text{℃})$

由计算可见 ΔT_b, ΔT_f 数值很小,测量起来很困难。所以对相对分子质量很大的物质用渗透压法测量相对分子质量比较合适。

2. 反渗透

用半透膜将溶液与纯溶剂隔开后就产生渗透现象。若在溶液一侧外加一个大于渗透压的压强时,溶剂不仅不从纯溶剂向溶液中渗透,反而从溶液向纯溶剂中渗透,这种现象称反渗透(图 2-3)。利用反渗透可以从海水中提取淡水,也可以用于处理被可溶物污染的废水。研究表明,用反渗透技术淡化海水所需的能量仅为蒸馏法所需能量的 30% 左右,所以这种方法很有发展前途。

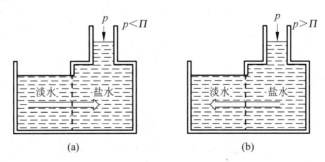

图 2-3 反渗透法净化水

(a) 正常渗透系统;(b) 反渗透系统

反渗透技术的主要问题在于寻找一种高强度的耐高压半透膜,因为绝大多数的细胞膜或各种较大的植物或动物膜都是易碎的,经受不住很高的压强。为了解决这一问题,近年来研制了具有高强度和耐久性的半透膜用于反渗透装置。有些国家使用这种装置的脱盐工厂已经成为居民和城市日常供水的主要来源。

应当指出,只要是不挥发溶质的溶液,都有蒸气压降低、沸点升高、凝固点降低、渗透等现象。但是,上述表明这些依数性与溶液浓度的定量关系不适用于浓溶液和电解质溶液。因为在浓溶液中,溶质浓度很大,溶质粒子间以及溶质与溶剂间的相互影响大大增强,因而溶液中情况变得复杂,以致使简单的依数性的定量关系不能适用(稀溶液中也有互相影响,只是忽略不计)。另外,在电解质溶液中,由于溶质发生离解,使溶液中的溶质粒子数增多,所以相同浓度的电解质比相同浓度的非电解质依数性要大(即蒸气压降低得多,沸点升高、凝固点降低、渗透压均大),但由于离子在溶液中有相互作用,故上述依数性的定量关系也不太适用。

本 章 小 结

1. 由于在液体中进行的化学反应便于控制反应速率,所以液体常被用作溶剂。溶剂可分成极性和非极性两种。相似相溶原理是:极性化合物易溶于极性溶剂中,非极性化合物易溶于非极性溶剂中。

2. 溶液浓度表示方法。

$$物质的量浓度\ c = \frac{溶质的物质的量(\text{mol})}{溶液的体积(\text{L})}$$

$$质量摩尔浓度\ b = \frac{溶质的物质的量(\text{mol})}{溶剂的质量(\text{kg})}$$

$$摩尔分数(物质的量分数) = \frac{溶质物质的量(\text{mol})}{溶液物质的量(\text{mol})}$$

$$= \frac{溶质物质的量(\text{mol})}{溶质物质的量(\text{mol}) + 溶剂物质的量(\text{mol})}$$

对于气体混合物除了用上述方法来表示浓度,还可用分压来表示系统中各组分的相对含量。利用理想气体状态方程:

$$p_i = \frac{n_i}{V}RT = c_i RT$$

$$x_i = \frac{n_i}{n_{总}} = \frac{p_i V/RT}{p_{总} V/RT} = \frac{p_i}{p_{总}}$$

3. 非电解(不挥发)稀溶液的依数性。

蒸气压降低:

$$拉乌尔定律:\Delta p = p_{溶剂}^{\ominus} x_{溶质}$$

$$p_{溶液} = p_{溶剂} = p_{溶剂}^{\ominus} x_{溶剂}$$

沸点升高:$\Delta T_b = K_b(溶剂) b$

凝固点降低:$\Delta T_f = K_f(溶剂) b$

溶液的渗透压 $\Pi V_{溶液} = n_{溶质} RT$

$$\Pi = cRT$$

4. 电解质溶液的依数性大于相同浓度时的非电解质溶液的依数性。

问题与习题

2-1 溶液浓度常用的表示方法有哪几种？它们之间如何换算的？

2-2 什么叫"相似相溶"原理？

2-3 解释为什么 I_2 能溶于 CCl_4 而不溶于水，而 $KMnO_4$ 可溶于水但不溶于 CCl_4？

2-4 直链羧酸通式为 $CH_3(CH_2)_n COOH$，分子中含有非极性尾：CH_3—CH_2…和极性头：…$COOH$。当 n 值增大时，羧酸在极性溶剂水中的溶解度将发生什么样的变化？n 值的大小又如何影响羧酸在非极性溶剂如 CCl_4 中的溶解度？

2-5 哪些因素影响气体在液体中的溶解度？为什么加热使气体在液体中的溶解度变小而通常使固体在液体中的溶解度变大？

2-6 什么是亨利定律？真空冶炼的金属的"砂眼"情况比常压时好得多，为什么？

2-7 为什么鱼类不易在热水中生存，海鱼不易在淡水中生存？

2-8 什么是拉乌尔定律？

2-9 解释为什么溶液的蒸气压随着溶解的溶质(不挥发)的增加而降低。

2-10 在两只开口容量瓶中分别装上水和食盐水，在相同温度下，观察哪一瓶蒸发得快？为什么？

2-11 在两只烧杯中分别装上纯水和糖水，并用钟罩将其罩住，发现在装有纯水烧杯中的纯水逐渐减少，而装有糖水的烧杯中水逐渐增加，为什么？

2-12 什么是渗透现象？人体输液用的生理盐水及葡萄糖溶液的浓度是否可以任意改变？为什么？

2-13 浓盐酸含 HCl 37.0%(质量)，密度为 $1.19\text{g} \cdot \text{mL}^{-1}$。计算：

(1) 盐酸的物质的量浓度；

(2) 质量摩尔浓度；

(3) HCl 和 H_2O 的摩尔分数。

2-14 计算质量摩尔浓度为 $2.1\text{mol} \cdot \text{kg}^{-1}$ 的水溶液的溶质和溶剂的摩尔分数。

2-15 在 100g 溶液中含有 10g NaCl，溶液的密度为 $1.071\text{g} \cdot \text{mL}^{-1}$。求溶液的质量摩尔浓度和物质的量浓度。

2-16 已知乙醇水溶液中乙醇的摩尔分数是 0.05。求此溶液的质量摩尔浓度和物质的量浓度(已知溶液的密度为 $0.997\text{g} \cdot \text{mL}^{-1}$)。

2-17 计算 20℃ 时非电解质尿素 $[CO(NH_2)_2]$ 在甲醇 (CH_3OH) 中的饱和溶液的蒸气压。已知此饱和溶液是 17g(尿素)/100mL(甲醇)，甲醇的密度是 $0.792\text{g} \cdot \text{mL}^{-1}$，在 20℃ 时甲醇的蒸气压是 12.76kPa。

2-18 某苯-甲苯溶液，在 25℃ 时，平衡体系的气相中含有 62.0%(摩尔分数)的苯。求此苯-甲苯溶液起始的 $x_\text{苯}$(苯和甲苯的蒸气压利用例 2-3 中的数据)。

2-19 有一苯-甲苯溶液，苯含量为 $x(苯)=0.300$，已知此溶液的沸点是 98.6℃，又知 98.6℃ 时甲苯的蒸气压是 71.06kPa。求 98.6℃ 时苯的蒸气压(假设此溶液符合拉乌尔定律)。

2-20 由于食盐对草地有损伤,因此有人建议用化肥如硝酸铵或硫酸铵代替食盐来融化人行道旁的冰雪。下列化合物各100g分别溶于1kg水中,预测哪一种冰点下降最多?若各0.1mol分别溶于1kg水中,又问哪一种冰点下降最多?
(1) $NaCl$;(2) NH_4NO_3;(3) $(NH_4)_2SO_4$。

2-21 在1.0L水中溶解68g过氧化氢,问此溶液的凝固点是多少?

2-22 将300g蔗糖($C_{12}H_{22}O_{11}$)溶于1590mL水中,问所得溶液的凝固点是多少?

2-23 把0.324g硫溶解于4.00g苯中,使苯的沸点升高了0.81℃,问在此溶液中的单质硫是由几个硫原子组成的?

2-24 在45.6g水中溶解1.00g咖啡碱($C_8H_{10}O_2N_4 \cdot H_2O$),求其水溶液的凝固点。

2-25 将3.62g的尼古丁溶解于73.4g水中,其凝固点降低了0.563℃。求尼古丁的相对分子质量。

2-26 把10.0g的P_4溶于25.0g CS_2中,求所得溶液的沸点(已知CS_2的沸点为46.23℃,$K_b = 2.35℃ \cdot kg \cdot mol^{-1}$)。

2-27 把6.8g的某物质溶于400mL水中,所得溶液的凝固点为$-0.93℃$。求此物质的相对分子质量。

2-28 在1L水中加入多少克的乙二醇($C_2H_6O_2$)才能防止在$-10℃$结冰?

2-29 5%的葡萄糖水溶液在20℃时的渗透压为676.9kPa。求葡萄糖的相对分子质量。若葡萄糖分子中C,H,O原子个数之比为1:2:1。求葡萄糖的分子式。

2-30 樟脑的熔点为178℃。把0.014g某有机物晶体与0.20g樟脑熔融混合后,测定其熔点为162℃,问此有机物的相对分子质量为多少?

2-31 将10.0g溶质溶于120g苯,该溶液的凝固点比纯苯的凝固点低4.10℃,计算该溶质的相对分子质量。

2-32 在10L溶液中含7.5mol非电解质,在0℃时此溶液的渗透压是多少?

2-33 人的体温为37℃时,血液的渗透压约为780kPa。设血液中的溶质为非电解质,试估计它们的总浓度(c)。

2-34 1.00g胰岛素溶于100g水所配成的溶液在25℃时渗透压为4.32kPa,计算胰岛素的相对分子质量(假设c与b的数值相等)。

2-35 在25℃时,将2g某化合物溶于1kg水中的渗透压与在25℃将0.8g葡萄糖($C_6H_{12}O_6$)和1.2g蔗糖($C_{12}H_{22}O_{11}$)溶于1kg水中的渗透压相同。求:
(1) 此化合物的相对分子质量;
(2) 此化合物溶液的凝固点;
(3) 此化合物溶液的蒸气压下降。
(25℃时水的饱和蒸气压为3.17kPa,假设c与b的数值相等。)

2-36 树干内部树汁上升是由于渗透作用所致(研究发现也与形成氢键有关,此处不考虑)。设树汁是浓度为$0.20mol \cdot L^{-1}$的溶液,在树汁的半透膜外部水中含非电解质浓度为$0.01mol \cdot L^{-1}$,试估计在25℃时,树汁能够上升的高度。

第 3 章 化学热力学初步

热力学是 19 世纪早期,随着英国工业革命蒸汽动力的出现而形成的。第一台实用的蒸汽发动机是 1782 年瓦特(J. Watt)建造的。蒸汽机烧煤把水加热,产生蒸汽压力推动活塞或转动涡轮桨叶。但是为了计算一台发动机的最大效率,就必须了解这台机械涉及的全部理论,这一学科就是热力学,它来源于希腊语,意思是热的运动。

用热力学的理论和方法研究化学,产生了化学热力学。化学热力学可以解决化学反应中能量变化以及化学反应方向和进行的限度等问题。这些都是化学工作者极其关注的问题。

化学热力学在讨论物质的变化时,着眼于宏观性质的变化,不需涉及物质的微观结构,即可得到许多有用的结论。

本章介绍化学热力学最基本的概念、原理和简单应用。首先介绍化学反应中的能量变化,然后介绍化学反应自发性的判据。

3.1 化学反应中的能量变化

3.1.1 化学热力学的基本概念

1. 系统与环境

系统:作为研究对象而有目的地划分出来的一部分物质及空间称为系统(系统也称体系)。

环境:系统以外与其密切相关的其他部分称为环境(环境也称外界)。

例如,研究杯中的水,选水是系统,水面以上空气、盛水的杯子,乃至放杯子的桌子等都是环境。按照系统与环境之间的物质和能量的交换关系,通常将系统分为 3 类:

(1) 敞开系统——既有能量交换,又有物质交换;
(2) 封闭系统——只有能量交换,没有物质交换;
(3) 孤立系统——既无物质交换,又无能量交换。

例如,一个敞开并盛有热水的瓶子。选液体水为系统,此时是一个敞开系统;若加上一个盖子,选加盖的瓶子为系统,则为封闭系统。若将瓶子换成杜瓦瓶(保温瓶),选杜瓦瓶为系统,则变成孤立系统,也叫隔离系统。

对于化学反应,当我们选反应物和产物为系统时,则为封闭系统,本书中若未特别指明,所讨论的均为封闭系统。系统中物理性质和化学性质完全相同的部分称为相。

2. 状态与状态函数

状态:系统的一切物理和化学性质的综合表现。通常用质量、体积、温度、压强等宏观物理量来描述状态。

状态函数：确定系统状态的物理量称为状态函数。

系统的状态一定，描述系统的状态函数就一定。系统的状态发生变化，描述系统的状态函数也发生变化。反之亦然。系统一旦恢复原状，状态函数恢复原值。系统中状态函数的变化值只与系统的始态和终态有关，而与系统变化的途径无关。系统中的各个状态函数之间是相互联系、相互制约的，其中可以独立变化的状态函数的数目是一定的。有些状态函数，如体积、质量、热容等与系统中物质的量成正比具有加和性，称系统的广度性质；有些状态函数，如温度、压强、密度、黏度等，仅决定于系统本身的特性，与系统中物质的量多少无关，不具有加和性，称系统的强度性质。

3. 过程与途径

过程：系统的状态发生任何变化称为过程。

途径：实现过程的具体步骤称为途径。

过程是系统状态的改变，并不考虑改变的具体方式，而是只注重状态改变的始态和终态，以及改变的某些条件，例如，等温过程、等压过程、等容过程、循环过程等。

而途径是指实现改变的具体步骤，例如将298K的水升温至308K，和将298K的水先降温到288K再升温到308K，这两个过程因为始态和终态是一样的，所以状态函数的改变也是一样的，而途径是不同的，它们使用了不同的步骤。可见一个过程可以由多种不同的路径来实现。状态函数的改变量取决于过程的始态和终态，与采取哪种途径来完成这个过程无关。

4. 热力学标准态

出于理论研究的需要，化学热力学规定了物质的标准状态（简称标准态）：标准压强规定为 $p^{\ominus}=100\text{kPa}$。

气体物质的标准态：在标准压强下表现出理想气体性质的状态；

溶液中溶质的标准态：在标准压强及 $b^{\ominus}=1\text{mol}\cdot\text{kg}^{-1}$ 下具有理想稀溶液性质的状态；

液体和固体的标准态：处于标准压强下的纯液体、纯固体。

物质的标准态并未规定温度，为研究方便，通常选取298.15K。

热力学中的标准态与讨论气体时经常使用的标准状况是不一样的。以往的气体标准态压强曾长期定为 $p^{\ominus}=1\text{atm}=101.325\text{kPa}$，然而此数值使用时总感不便，为此国际纯粹与应用化学联合会（IUPAC）在1992年建议把标准压强由101.325kPa改为100kPa（或1bar），以便更方便地采用SI单位。

3.1.2 热力学第一定律

热力学第一定律即能量守恒定律。简单地说，能量既不能创生，也不能消灭，能量可以从一种形式转变成另一种形式，总能量不变。

对于一个封闭系统，系统的热力学能（也叫内能）为 U_1，系统从环境吸收了热量 Q，同时又从环境得到功 W，这时系统的热力学能变为 U_2，根据能量守恒定律得到：

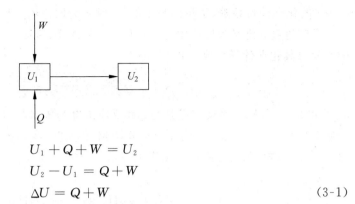

$$U_1 + Q + W = U_2$$
$$U_2 - U_1 = Q + W$$
$$\Delta U = Q + W \tag{3-1}$$

这是封闭系统热力学第一定律的数学表达式。这里规定：系统吸收热量 Q 为正值，系统放出热量 Q 为负值；系统得到功 W 为正值，系统对外做功 W 为负值。

热力学能 U 是指系统除整体势能和动能以外，内部所有粒子能量的总和。它包括系统内部各物质分子的动能、分子间相互作用的势能及分子内部的能量（包括分子内部所有微粒运动的能量与粒子之间相互作用能量及核能等）。由于粒子运动方式及相互作用极其复杂，人们对此尚无完整的认识，所以系统热力学能的绝对数值无法测量。但热力学能是系统自身的性质，只决定于系统的状态。系统状态确定之后热力学能就确定了，因而热力学能是状态函数。它具有状态函数的特点：①状态一定，其值一定；②殊途同归，值变相等；③周而复始，值变为零。热量 Q 与功 W 是非状态函数，它不仅与系统始态和终态有关，还与系统从始态变化到终态的过程有关，因此，功和热也称为过程函数。我们不能说系统具有多少功和具有多少热，只能说系统与环境交换多少功和多少热。

对于绝热过程，$Q=0$，式(3-1)变为
$$\Delta U = W$$
对于孤立系，$Q=0$，$W=0$，式(3-1)变为
$$\Delta U = 0$$
即孤立系统内能不变。

对于一个循环过程，终态与始态相同，所以热力学能不变，$\Delta U=0$。由式(3-1)得
$$Q = -W$$
此式说明，任何循环过程，系统对环境做 W 的功，那么系统必须从环境得到相同数量的热量 Q。这说明，第一类永动机是不可能的。

3.1.3 反应进度

化学反应的反应进度是用来描述和表征化学反应进行程度的物理量，用 ξ 表示，其 SI 单位为 mol。

对于一般的化学反应
$$\nu_A A + \nu_B B = \nu_G G + \nu_D D$$
或写成
$$0 = \sum_I \nu_I I$$

ν_I 为 I 的化学计量系数,是量纲为 1 的量,对产物取正值,对反应物取负值。

反应进度 ξ 定义为反应中任一物质 I(I 为 A,B,G 或 D)在反应某一时刻它的物质的量的改变与其化学计量系数 ν_I 的比,即

$$\xi = \frac{n_I(\xi) - n_I(0)}{\nu_I} = \frac{\Delta n_I}{\nu_I} \tag{3-2}$$

$n_I(\xi)$ 和 $n_I(0)$ 分别代表反应进度为 ξ 和反应进度为零(即反应未开始或达到平衡)时反应中物质 I 的物质的量。Δn_I 即为反应从开始到反应进度为 ξ 时,物质 I 的物质的量的变化值。由式(3-2)可知,用反应中任一物质来表示反应进度,在同一时刻所得的 ξ 值完全相同。

对于化学反应:

$$N_2(g) + 3H_2(g) \longrightarrow 2NH_3(g)$$

如果反应进度 $\xi = 1\text{mol}$,由反应进度定义可得:

$$\xi = 1\text{mol} = \frac{\Delta n_{N_2}}{\nu_{N_2}} = \frac{-1\text{mol}}{-1}$$

说明 N_2 减少 1mol。

$$\xi = 1\text{mol} = \frac{\Delta n_{H_2}}{\nu_{H_2}} = \frac{-3\text{mol}}{-3}$$

说明 H_2 减少 3mol。

$$\xi = 1\text{mol} = \frac{\Delta n_{NH_3}}{\nu_{NH_3}} = \frac{2\text{mol}}{2}$$

说明 NH_3 生成 2mol。

可见,对于任一化学反应,当反应进度 $\xi = 1\text{mol}$ 时,表示各反应物均减少了其化学计量系数摩尔而各产物均生成了其化学计量系数摩尔。

思考题:对于反应

$$\frac{1}{2}N_2(g) + \frac{3}{2}H_2(g) \longrightarrow NH_3(g)$$

当反应进度 $\xi = 1\text{mol}$ 时,反应物 N_2 和 H_2 各减少多少摩尔?产物 NH_3 生成多少摩尔?

由上可见,同为合成氨反应,虽然反应进度相同($\xi = 1\text{mol}$),但反应配平的计量系数不同,得到不同的结果。所以,反应进度 ξ 与反应方程式是紧密联系的。

3.1.4 化学反应的能量变化

1. 体积功——$W_体$

我们把热力学第一定律的功 W 分解成体积功 $W_体$(即由于体积变化而引起的功)和非体积功 W'(除了体积功以外的其他所有的功,如电功等)。对于一般的化学反应,不存在非体积功 W',即 W' 等于零。这时式(3-1)变成

$$\Delta U = Q + W = Q + W_体 \tag{3-3}$$

在恒定外压时(图 3-1),体积功:

$$W_体 = -p_外(V_终 - V_始) = -p_外 \Delta V \tag{3-4}$$

式中,$p_外$——恒定外压,kPa;

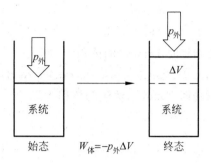

图 3-1 体积功

$\Delta V = V_终 - V_始$——系统体积变化,dm^3(L);

$W_体$——系统做的体积功,J($1kPa \cdot L = 1J$)。

对于等压化学反应(一般在敞口容器中进行的化学反应可看成是等压反应),反应开始的压强等于终了的压强,等于外压:

$$p_始 = p_终 = p_外 = p$$

则等压化学反应的体积功为

$$W_体 = -p_外 \Delta V = -p\Delta V \tag{3-5}$$

对于有气体参加的等温($T_始 = T_终 = T$)等压的化学反应,由于液体、固体体积变化很小,可以忽略其体积的变化,则化学反应中体积变化可近似为气体体积的变化:

$$\Delta V \approx \Delta V_气 = V_产(g) - V_反(g)$$

对于理想气体,

$$\Delta V_气 = \frac{n_产(g)RT}{p} - \frac{n_反(g)RT}{p} = \frac{n_产(g) - n_反(g)}{p}RT = \frac{\Delta n_g RT}{p}$$

$$W_体 = -p\Delta V \approx -p\Delta V_气 = -p\frac{\Delta n_g RT}{p}$$

即有气体参加的等温等压化学反应的体积功:

$$W_体 \approx -\Delta n_g RT \tag{3-6}$$

式中,Δn_g——化学反应方程式中气体化学计量系数的变化;

R——普适气体常数($R = 8.314 \times 10^{-3} kJ \cdot mol^{-1} \cdot K^{-1} = 8.314 kPa \cdot L \cdot mol^{-1} \cdot K^{-1}$);

T——热力学温度,K;

$W_体$——体积功,$kJ \cdot mol^{-1}$。

例 3-1 在 100℃ 和 101.3kPa 压强下,求反应:$2H_2(g) + O_2(g) = 2H_2O(g)$,$\xi = 1mol$ 的体积功。

解: $W_体 = -\Delta n_g RT = -(2-2-1) \times 8.314 \times 10^{-3} \times 373.15 = 3.102(kJ \cdot mol^{-1})$

此反应的体积功为正值,说明环境对系统做 $3.102 kJ \cdot mol^{-1}$ 的功。在以后的讨论中,对于化学反应,如不特别说明,都是指 $\xi = 1mol$ 的反应。

例 3-2 在 100℃ 和 101.3kPa 压强下,使 1mol 水变成 1mol 水蒸气。在 100℃ 时,水的密度为 $0.958 g \cdot cm^{-3}$,求此过程的体积功。

解: $$H_2O(l) \xrightarrow[101.3kPa]{100℃} H_2O(g)$$

忽略水的体积时，

$$W_{体} = -\Delta n_g RT = -(1-0) \times 8.314 \times 10^{-3} \times 373.15 = -3.102(\text{kJ} \cdot \text{mol}^{-1})$$

不忽略水的体积时，在 100℃时 1mol 水的体积为

$$V(\text{l}) = 18.02/0.958 = 18.81(\text{mL}) = 0.01881(\text{L})$$

在 100℃和 101.3kPa 压强时，1mol 水蒸气的体积为

$$V(\text{g}) = \frac{nRT}{p} = \frac{1 \times 8.314 \times 373.15}{101.3} = 30.62556(\text{L})$$

$$\Delta V = V(\text{g}) - V(\text{l}) = 30.62556 - 0.01881 = 30.60675(\text{L})$$

$$W_{体} = -p\Delta V = 101.3 \times 30.60675 = -3100(\text{J} \cdot \text{mol}^{-1}) = -3.100(\text{kJ} \cdot \text{mol}^{-1})$$

由计算可见，忽略与不忽略水的体积时的体积功 $W_{体}$，相差不到千分之一，因此，在有气体参加的化学反应计算体积功时，可以不考虑液体、固体物质的体积，直接用 $W_{体} = -\Delta n_g RT$ 计算即可。

2. 等压热效应与焓

化学反应热效应（也称反应热）是指反应在等温情况下吸收或放出的热量。对于等温等压不做非体积功的化学反应：

$$\Delta U = Q + W = Q + W_{体} = Q_p - p\Delta V$$

式中，Q_p——反应等压热效应，$\text{kJ} \cdot \text{mol}^{-1}$。

由上式得

$$Q_p = \Delta U + p\Delta V$$

由于

$$p_1 = p_2 = p$$

所以

$$Q_p = (U_2 - U_1) + p(V_2 - V_1) = (U_2 - U_1) + (p_2 V_2 - p_1 V_1)$$
$$= (U_2 + p_2 V_2) - (U_1 + p_1 V_1) = \Delta(U + pV)$$

令

$$H = U + pV \tag{3-7}$$

则

$$Q_p = \Delta H \tag{3-8}$$

即化学反应的等压热效应等于体系焓的变化。而

$$\Delta H = H_{终态} - H_{始态} = H_{产物} - H_{反应物}$$

吸热反应和放热反应焓的变化如图 3-2 所示。

图 3-2 吸热反应和放热反应焓变

焓 H 与热力学能 U 一样都是状态函数,且均具有加和性,即焓 H 与热力学能 U 一样与体系所含物质的量有关。焓 H 的绝对数值目前也无法测得,但它的变化值 ΔH 是可测量的。

对于等温等压的化学反应,将式(3-6)和式(3-8)代入热力学第一定律表达式(3-3)得

$$\Delta U = \Delta H - \Delta n_g RT \tag{3-9}$$

3. 等容热效应与热力学能

对于等温等容不做非体积功的化学反应,$V_1 = V_2 = V$,$\Delta V = 0$,体积功 $W_{体} = 0$,由热力学第一定律表达式(3-3)可得

$$\Delta U = Q_V \tag{3-10}$$

式中,Q_V——反应的等容热效应,$kJ \cdot mol^{-1}$。

上式说明等容反应热效应等于系统热力学能的变化。

将式(3-10)和式(3-8)代入式(3-9)得

$$Q_p \approx Q_V + \Delta n_g RT \tag{3-11}$$

此式表明了反应的等压热效应与等容热效应之间的关系,值得说明的是式(3-11),只有对于理想气体反应才严格成立,否则只是近似相等(此处不作说明)。

例 3-3 在 79℃ 和 101.3kPa 压强下,将 1mol 乙醇气化,求此过程的 Q_p,ΔH,$W_{体}$ 和 ΔU,已知乙醇的汽化热为 $\Delta H_{汽} = 43.5 kJ \cdot mol^{-1}$。

解: $C_2H_5OH(l) \xrightarrow[101.3kPa]{79℃} C_2H_5OH(g)$

$Q_p = \Delta H_{汽} = 43.5 kJ \cdot mol^{-1} = \Delta H$

$W_{体} = -\Delta n_g RT = -1 \times 8.314 \times 10^{-3} \times (273.15 + 79) = -2.93 (kJ \cdot mol^{-1})$

$\Delta U = Q_V = Q_p + W_{体} = 43.5 - 2.93 = 40.6 (kJ \cdot mol^{-1})$

4. 化学反应的标准摩尔焓变

对于一个化学反应,反应的焓变用 $\Delta_r H$ 表示,下标"r"代表化学反应。若化学反应进度 ξ 为 1mol 时,反应的焓变用 $\Delta_r H_m$ 表示,称为摩尔反应焓变。同样,摩尔反应热力学能变用 $\Delta_r U_m$ 表示。

在标准态下化学反应的摩尔焓变称为化学反应标准摩尔焓变,用 $\Delta_r H_m^\ominus$ 表示,上标"$\ominus$"表示标准状态。由于许多数据都是在 298.15K 测定的,故常用 298.15K 下的标准摩尔焓变,记为 $\Delta_r H_{m,298.15K}^\ominus$,单位为 $J \cdot mol^{-1}$ 或 $kJ \cdot mol^{-1}$。

3.1.5 恒容热效应的测量

许多化学反应的热效应可以通过一定方法直接测量。测量热效应的装置叫量热计。这里介绍一种精确测量恒容热效应的装置——弹式量热计,如图 3-3 所示。在弹式量热计中,有一个用高强度钢制成的"钢弹"。钢弹放在装有一定量水(或其他液体)的绝热的恒温浴中,在钢弹中装有反应物和加热用的炉丝,通电加热便可引发反应。如果所测的是放热反应,则放出的热量完全被水和量热计吸收,因而温度从 T_1 升高到 T_2。假定反应放出的热量

为 Q，水吸收的热量为 $Q_水$，弹式量热计吸收的热量为 $Q_弹$，则

$$Q = -(Q_水 + Q_弹)$$
$$Q_水 = cm\Delta T$$
$$Q_弹 = C\Delta T$$
$$\Delta T = T_2 - T_1$$

式中，c——水的比热容（质量热容），$c = 4.184 \text{ J} \cdot \text{g}^{-1} \cdot \text{K}^{-1}$；

m——水的质量，g；

C——弹式量热计的热容（预先已测好），$\text{J} \cdot \text{K}^{-1}$。

只要准确测出水的质量 m 和反应前后的温度，就可以计算出该反应在恒容条件下所放出（或吸收）的热量，这就是恒容反应的热效应。由于恒容热效应在数值上等于体系热力学能的变化，因此尽管反应物和产物热力学能的绝对值无法测定，但是反应前后热力学能的变化值可以用这个方法测定出来。

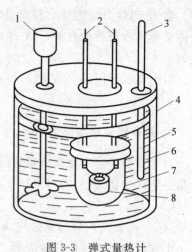

图 3-3 弹式量热计
1. 搅拌器；2. 点火电线；3. 温度计；4. 绝热外套；5. 钢容器；6. 水；7. 钢弹；8. 样品盘

反应等压热效应可以通过"保温杯式量热计"来测量。但由于测量结果精确度不高，所以常常测量反应的等容热效应（如上法），再经由式(3-11)转换得等压热效应。然而，在多数情况下，反应的等压热效应 ΔH 只比等容热效应 ΔU 大 0.5%，而辛烷的燃烧反应 ΔH 比 ΔU 仅小 0.2%。

3.1.6 盖斯定律和化学反应热效应的计算

1. 盖斯定律

用"量热计"可以测量化学反应的热效应，但许多反应的测量是很困难的，甚至不可能。例如，有些反应是复杂的生物化学过程的一部分，或者它只发生在极端的外界条件（如温度、压强等），或者它在发生时需要改变反应的条件等。这些反应虽然不能直接测得其热效应，但求得其焓的变化仍然是可能的。焓是状态函数，利用状态函数的性质可以成功地求得任一化学反应的焓变（等压热效应）。

1840 年瑞士裔化学家盖斯（G. Hess）在总结大量实验事实的基础上提出："一个化学反应不管是一步完成的，还是多步完成的，其热效应总是相同的。"这叫盖斯定律。就是说一个总反应的焓变等于各个独立反应焓变的代数和。

下面举例说明如何应用盖斯定律来求化学反应的焓变。

例 3-4 工业上制备硫酸用的 $SO_3(g)$，不能利用 S 和 O_2 一步生成，已知 1mol 单质硫氧化生成 $SO_2(g)$ 的 $\Delta H_1 = -297.04 \text{ kJ} \cdot \text{mol}^{-1}$；2mol $SO_2(g)$ 和 1mol $O_2(g)$ 生成 2mol $SO_3(g)$ 的反应的 $\Delta H_2 = -197.36 \text{ kJ} \cdot \text{mol}^{-1}$，求 S 氧化生成 $SO_3(g)$ 的 ΔH_3。

解：(1) $S(s) + O_2(g) = SO_2(g)$ $\Delta H_1 = -297.04 \text{ kJ} \cdot \text{mol}^{-1}$

(2) $2SO_2(g) + O_2(g) = 2SO_3(g)$ $\Delta H_2 = -197.36 \text{ kJ} \cdot \text{mol}^{-1}$

(3) $S(s) + \frac{3}{2}O_2(g) = SO_3(g)$ $\quad\quad \Delta H_3 = ?$

利用盖斯定律：

$$(1) + \frac{1}{2}(2) = (3)$$

$$\Delta H_3 = \Delta H_1 + \frac{1}{2}\Delta H_2 = -297.04 + \frac{1}{2}(-197.36) = -395.72(\text{kJ}\cdot\text{mol}^{-1})$$

例 3-5 C(石墨)与 $O_2(g)$ 反应生成 CO(g)的焓变难以测量，但可用其他反应的焓变，利用盖斯定律求得。

已知：(1) C(石墨) + $O_2(g)$ = $CO_2(g)$ $\quad\quad \Delta H_1 = -393.5\text{kJ}\cdot\text{mol}^{-1}$

(2) $CO(g) + \frac{1}{2}O_2(g) = CO_2(g)$ $\quad\quad \Delta H_2 = -283.0\text{kJ}\cdot\text{mol}^{-1}$

(3) C(石墨) + $\frac{1}{2}O_2(g)$ = CO(g) $\quad\quad \Delta H_3 = ?$

解：(1) - (2) = (3)

$\Delta H_3 = \Delta H_1 - \Delta H_2 = -393.5 - (-283.0) = -110.5(\text{kJ}\cdot\text{mol}^{-1})$

2. 由标准摩尔生成焓计算标准摩尔热效应

热力学规定：在给定温度(通常 298.15K)和标准压强下，由热力学稳定单质生成单位物质的量某物质时的焓变，称为该物质的标准摩尔生成焓(也叫标准摩尔生成热，单位为 $\text{kJ}\cdot\text{mol}^{-1}$)，用符号 $\Delta_f H_m^\ominus$ 表示。下标"f"表示生成(formation)。

附录 1 列出温度为 298.15K 时各种物质的标准生成焓，例如，

$$H_2(g) + \frac{1}{2}O_2(g) = H_2O(l)$$

$$\Delta_f H_m^\ominus(H_2O, l) = -285.83\text{kJ}\cdot\text{mol}^{-1}$$

$$Na(s) + \frac{1}{2}Cl_2(g) = NaCl(s)$$

$$\Delta_f H_m^\ominus(NaCl, s) = -411.65\text{kJ}\cdot\text{mol}^{-1}$$

$$2C(石墨) + 3H_2(g) + \frac{1}{2}O_2(g) = C_2H_5OH(l)$$

$$\Delta_f H_m^\ominus(C_2H_5OH, l) = -277.98\text{kJ}\cdot\text{mol}^{-1}$$

关于附录 1 中数据需指出两点：

(1) 热力学稳定单质的标准摩尔生成焓为 0。如 Na(s)，Al(s)，$O_2(g)$，$N_2(g)$ 等均为热力学稳定单质，它们的标准摩尔生成焓为 0。又如，$\Delta_f H_m^\ominus$(石墨) = 0，而 $\Delta_f H_m^\ominus$(金刚石) = $1.897\text{kJ}\cdot\text{mol}^{-1}$，说明石墨是热力学稳定单质，而金刚石不是。$\Delta_f H_m^\ominus(Br_2, l) = 0$，而 $\Delta_f H_m^\ominus(Br_2, g) = 30.91\text{kJ}\cdot\text{mol}^{-1}$，说明溴在液态时是热力学稳定单质，而气态溴不是。

(2) 多数化合物的 $\Delta_f H_m^\ominus$ 为负值，说明由热力学稳定单质在标准态下生成化合物的反应是放热的，而化合物分解成单质是吸热的。

对于任何等温等压的化学反应，都可以将其途径设计成：

$$反应物 \longrightarrow 热力学稳定单质 \longrightarrow 产物$$

如下图所示：

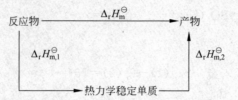

根据盖斯定律，所求反应焓变

$$\Delta_r H_m^\ominus = \Delta_r H_{m,1}^\ominus + \Delta_r H_{m,2}^\ominus$$

$$\Delta_r H_{m,1}^\ominus = -\sum n_{反} \cdot \Delta_f H_m^\ominus(反应物)$$

$$\Delta_r H_{m,2}^\ominus = \sum n_{产} \cdot \Delta_f H_m^\ominus(产物)$$

所以

$$\Delta_r H_m^\ominus = \sum n_{产} \cdot \Delta_f H_m^\ominus(产物) - \sum n_{反} \cdot \Delta_f H_m^\ominus(反应物) \tag{3-12}$$

式中，$\Delta_f H_m^\ominus$（产物）——各种产物的标准摩尔生成焓，$kJ \cdot mol^{-1}$；

$\Delta_f H_m^\ominus$（反应物）——各种反应物的标准摩尔生成焓，$kJ \cdot mol^{-1}$；

$n_{产}, n_{反}$——分别为各种产物和各种反应物的化学反应计量系数；

$\Delta_r H_m^\ominus$——反应标准摩尔焓变（即反应恒压热效应），$kJ \cdot mol^{-1}$。

例 3-6 利用附录 1 数据，求以下反应的标准摩尔焓变 $\Delta_r H_{m,298.15K}^\ominus$。

$$Ag_2O(s) + 2HCl(g) \xrightarrow{298.15K} 2AgCl(s) + H_2O(l)$$

解：由式（3-12）得

$$\begin{aligned}
\Delta_r H_{m,298.15}^\ominus &= \sum n_{产} \cdot \Delta_f H_{m,298.15K}^\ominus(产物) - \sum n_{反} \cdot \Delta_f H_{m,298.15K}^\ominus(反应物) \\
&= [2\Delta_f H_{m,298.15K}^\ominus(AgCl,s) + \Delta_f H_{m,298.15K}^\ominus(H_2O,l)] - \\
&\quad [\Delta_f H_{m,298.15K}^\ominus(Ag_2O,s) + 2\Delta_f H_{m,298.15K}^\ominus(HCl,g)] \\
&= [2 \times (-127.07) + (-285.83)] - [(-31.05) + 2 \times (-92.31)] \\
&= -254.14 - 285.83 + 31.05 + 184.62 \\
&= -324.3 (kJ \cdot mol^{-1})
\end{aligned}$$

3. 由标准摩尔燃烧热计算反应标准摩尔热效应

许多无机化合物的生成热可以直接通过实验测定出来，而有机化合物的分子常比较庞大和复杂，很难由元素的稳定单质直接合成，其生成热的数据也不易获得（只能通过间接计算得到）。但几乎所有的有机化合物都容易燃烧生成 CO_2 和 H_2O，其燃烧热是可以直接测定的。因此，利用燃烧热的数据计算有机化学反应的热效应就显得特别方便。

在给定温度下，单位物质的量的有机物和氧气各自在标准压强下发生完全氧化反应（燃烧反应），生成各自在标准压强下的规定的燃烧产物时的焓变，称为该物质的标准摩尔燃烧热，用符号 $\Delta_c H_m^\ominus$ 表示，下标"c"表示燃烧（combustion），单位为 $kJ \cdot mol^{-1}$。附录 2 列出一些有机物在 298.15K 时的标准摩尔燃烧热的数据。规定，在有机物中 C 被氧化成 $CO_2(g)$，H 被氧化成 $H_2O(l)$，S 被氧化成 $SO_2(g)$，N 被氧化成 $N_2(g)$ 等。根据燃烧热的定义，$O_2(g)$ 和燃烧产物 $CO_2(g), H_2O(l)$ 等的燃烧热均等于零。

利用燃烧热计算反应的热效应,可设计如下途径:

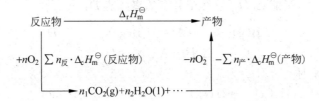

由盖斯定律得

$$\Delta_r H_m^{\ominus} = \sum n_{反} \cdot \Delta_c H_m^{\ominus}(反应物) - \sum n_{产} \cdot \Delta_c H_m^{\ominus}(产物) \quad (3\text{-}13)$$

例 3-7 已知草酸((COOH)$_2$,s)、草酸二甲酯((COOCH$_3$)$_2$,l)和甲醇(l)的标准燃烧热 $\Delta_c H_m^{\ominus}$(298.15K)分别为 $-246\text{kJ}\cdot\text{mol}^{-1}$、$-1678\text{kJ}\cdot\text{mol}^{-1}$ 和 $-726.6\text{kJ}\cdot\text{mol}^{-1}$。求以下反应的标准摩尔焓变 $\Delta_r H_m^{\ominus}$(298.15K):

$$(COOH)_2(s) + 2CH_3OH(l) \rightleftharpoons (COOCH_3)_2(l) + 2H_2O(l)$$

解:由式(3-13)

$$\begin{aligned}\Delta_r H_m^{\ominus} &= \sum n_{反} \cdot \Delta_c H_m^{\ominus}(反应物) - \sum n_{产} \cdot \Delta_c H_m^{\ominus}(产物) \\ &= [-246 + 2(-726.6)] - [(-1678) + 0] \\ &= -246 - 1453.2 + 1678 \\ &= -21.2(\text{kJ}\cdot\text{mol}^{-1})\end{aligned}$$

例 3-8 已知乙醇(l)的标准摩尔燃烧热为 $-1366.7\text{kJ}\cdot\text{mol}^{-1}$,利用附录1的数据求乙醇的标准摩尔生成焓 $\Delta_f H_m^{\ominus}(C_2H_5OH,l)$。

解:乙醇燃烧反应:

$$C_2H_5OH(l) + 3O_2(g) \rightleftharpoons 2CO_2(g) + 3H_2O(l)$$

$\Delta_f H_m^{\ominus}/\text{kJ}\cdot\text{mol}^{-1}$?   0 -393.51 -285.83

由式(3-12)

$$\begin{aligned}\Delta_r H_m^{\ominus} &= \sum n_{产}\cdot\Delta_f H_m^{\ominus}(产物) - \sum n_{反}\cdot\Delta_f H_m^{\ominus}(反应物) \\ -1366.7 &= [2(-393.51) + 3(-285.83)] - [\Delta_f H_m^{\ominus}(C_2H_5OH,l) + 0] \\ \Delta_f H_m^{\ominus}(C_2H_5OH,l) &= [2(-393.51) + 3(-285.83)] + 1366.7 \\ &= -277.81(\text{kJ}\cdot\text{mol}^{-1})\end{aligned}$$

由例3-7可见,一般有机物的标准摩尔燃烧热较大(指绝对值),而有机化学反应的热效应(焓变)往往较小,由式(3-13)计算出热效应可能产生较大误差。对于有机化合物一般不能直接由C,H,O等单质直接反应生成,它们的标准生成焓可以从有机物的燃烧热求得。

4. 由键能法计算标准摩尔热效应

一切化学反应过程实际上都是原子或原子团的重新排列组合的过程。在化学反应的过程中,反应物分子中的化学键要被破坏,同时形成产物分子中的化学键。破坏化学键需要吸收能量,形成化学键则要释放能量,化学反应的热效应主要就是来源于这种化学键改组过程中能量的变化。

在标准压强下,气态分子断开单位物质的量的化学键变成气态原子时的焓变,称为标准摩尔键能(也叫键焓,单位为 $\text{kJ}\cdot\text{mol}^{-1}$),用 $\Delta_b H_m^{\ominus}$ 表示,下标"b"表示键(bond)。附录3列出了一些化学键在 298.15K 时的键能。

对于双原子分子,键能 $\Delta_b H_m^\ominus$ 就等于分子的离解能 D:

$$AB(g) \xrightarrow{100kPa} A(g) + B(g) \qquad D$$

即
$$\Delta_b H_m^\ominus(A-B) = D$$

例如,298.15K 时
$$H_2(g) \longrightarrow 2H(g) \qquad D = 435.9 kJ \cdot mol^{-1}$$

所以
$$\Delta_b H_m^\ominus(H-H) = 435.9 kJ \cdot mol^{-1}$$

对于多原子分子,键能和离解能在概念上是有区别的。例如,NH_3 分子有 3 个等价的 N—H 键,每个键的离解能是不一样的:

$$NH_3(g) \longrightarrow NH_2(g) + H(g) \qquad D_1 = 435.1 kJ \cdot mol^{-1}$$
$$NH_2(g) \longrightarrow NH(g) + H(g) \qquad D_2 = 397.5 kJ \cdot mol^{-1}$$
$$+)\ NH(g) \longrightarrow N(g) + H(g) \qquad D_3 = 338.9 kJ \cdot mol^{-1}$$
$$\overline{NH_3(g) \longrightarrow N(g) + 3H(g) \qquad D_{总} = D_1 + D_2 + D_3}$$
$$= 1171.5 kJ \cdot mol^{-1}$$

NH_3 分子中 N—H 键的键能取上述 3 个离解能的平均值:

$$\Delta_b H_m^\ominus(N-H) = \frac{D_1 + D_2 + D_3}{3} = \frac{1171.5}{3} = 390.5 (kJ \cdot mol^{-1})$$

利用键能计算反应热效应时,可设计如下途径:

$$反应物(g) \longrightarrow 原子(g) \longrightarrow 产物(g)$$

如下图所示:

$$反应物(g) \xrightarrow{\Delta_r H_m^\ominus} 产物(g)$$
$$\sum n_{反} \cdot \Delta_b H_m^\ominus(反应物) \qquad -\sum n_{产} \cdot \Delta_b H_m^\ominus(产物)$$
$$原子(g)$$

图中 $n_{反}, n_{产}$ 分别为反应物和产物中各化学键的物质的量(量纲为1)。

根据盖斯定律:

$$\Delta_r H_m^\ominus = \sum n_{反} \cdot \Delta_b H_m^\ominus(反应物) - \sum n_{产} \cdot \Delta_b H_m^\ominus(产物) \qquad (3-14)$$

例 3-9 根据键能的数据计算下列反应的 $\Delta_r H_m^\ominus$:

$$C_2H_4(g) + H_2O(g) \rightarrow C_2H_5OH(g)$$

解:用分子结构式写出反应式:

$$\underset{H}{\overset{H}{C}}=\underset{H}{\overset{H}{C}}(g) + H\underset{}{\overset{}{O}}H(g) \longrightarrow H-\underset{H}{\overset{H}{C}}-\underset{H}{\overset{H}{C}}-O-H(g)$$

由式(3-14)

$$\Delta_r H_m^\ominus = \sum n_{反} \cdot \Delta_b H_m^\ominus(反应物) - \sum n_{产} \cdot \Delta_b H_m^\ominus(产物)$$
$$= [\Delta_b H_m^\ominus(C=C) + 4\Delta_b H_m^\ominus(C-H) + 2\Delta_b H_m^\ominus(O-H)] -$$
$$[\Delta_b H_m^\ominus(C-C) + 5\Delta_b H_m^\ominus(C-H) + \Delta_b H_m^\ominus(C-O) + \Delta_b H_m^\ominus(O-H)]$$

查附录3并代入得

$$\Delta_r H_m^\ominus = (610.0 + 4 \times 413.0 + 2 \times 462.8) - (345.6 + 5 \times 413.0 + 357.7 + 462.8)$$
$$= -43.5 (\text{kJ} \cdot \text{mol}^{-1})$$

此反应放出 43.5 kJ·mol^{-1} 的热量。

用键能来计算反应热效应时，为了简化起见，也可以不考虑反应中没有变化的化学键。如上例题中，反应物中有 4 个 C—H 键、一个 O—H 键没有发生变化：

$$\Delta_r H_m = [\Delta_b H_m^\ominus(C=C) + \Delta_b H_m^\ominus(O-H)] -$$
$$[\Delta_b H_m^\ominus(C-C) + \Delta_b H_m^\ominus(C-H) + \Delta_b H_m^\ominus(C-O)]$$
$$= (610.0 + 462.8) - (345.6 + 413.0 + 357.7) = -43.5 (\text{kJ} \cdot \text{mol}^{-1})$$

值得注意的是，若参与反应的有关物质的生成热数据均可得到时，实际上很少用键能来计算 ΔH，因为有关键能的数据既不全，也不够准确。但是，若缺乏有关物质的生成热数据时，用这种方法估算反应热还是有效的（键能法只适用于气相化学反应）。

在进行热化学计算时，有几个问题值得注意：

(1) 由于热力学能 (U) 和焓 (H) 与物质的量成正比，所以必须依据配平的化学方程式来计算 ΔU 和 ΔH。

(2) 化学反应方程式中必须注明反应物和产物的状态 (g, l, s)，对于同质异晶物质，还必须注明什么晶型（如石墨、金刚石、球烯等）。

(3) 正反应的 ΔH, ΔU 与其逆反应的 ΔH, ΔU 数值相等而符号相反。

(4) 化学反应的 ΔH 一般随温度 (T) 而变化，但变化不大。因此在温度变化不是很大的情况下，可以不考虑温度对 ΔH 的影响：

$$\Delta_r H_m^\ominus(T) \approx \Delta_r H_m^\ominus(298.15 \text{K}) \tag{3-15}$$

3.2 化学反应的方向

自然界一切过程都服从热力学第一定律，即能量守恒定律。但热力学第一定律不能提供一个过程能否自发进行的判据。热力学第二定律可以解决一个过程在特定的条件下（如等温等压的化学反应）能否自发进行的问题。

3.2.1 自发过程

自然界中发生的实际过程，都有一定的方向性。如热自发地由高温物体传给低温物体，直至二者的温度相等；水从高处自发地流向低处，直至两者水位相等；气体从压强高的状态自发地变化到压强低的状态，直至压强相等。这种不需外界帮助（指非体积功）就能自动进行的过程称为自发过程。自发过程的逆过程叫非自发过程。非自发过程即是外界不给帮助就不能自动进行的过程，或者说，只有外界帮助下才能进行的过程，如制冷机利用电能可以将热从低温物体传给高温物体。

3.2.2 熵与热力学第二定律

1. 熵

19 世纪，科学家对熵进行了大量的研究，1872 年奥地利科学家玻耳兹曼（L.

Boltzmann)对熵给予微观的解释。他认为,大量微粒(分子、原子、离子等)所组成的系统中,熵代表这些微粒无规排列的程度,或者说熵代表系统的混乱程度。系统的混乱程度越大,其熵值也越大;系统的混乱程度越小,其熵值也越小。可见熵是用来描述系统状态的函数,用符号 S 表示,单位为 $J \cdot mol^{-1} \cdot K^{-1}$。从系统混乱程度的观点,得到影响熵值的因素如下:

(1) 对于给定物质,温度升高熵值增大,S(高温)$>S$(低温)。如金属铜的熵

T/K	273	295	298
$S^{\ominus}/(J \cdot mol^{-1} \cdot K^{-1})$	31.0	32.9	33.2

(2) 同一物质,不同聚集状态时,气态的熵大于液态的熵,液态的熵大于固态的熵 $S(g) > S(l) > S(s)$,如在 298.15K 时,$S(H_2O, g) = 188.7 J \cdot mol^{-1} \cdot K^{-1} > S(H_2O, l) = 69.9 J \cdot mol^{-1} \cdot K^{-1}$。

(3) 固体或液体溶解后,熵值增加,$S(aq) > S(s)$,$S(aq) > S(l)$。如在 298.15K 时,$S(NaCl, aq) = 115.5 J \cdot mol^{-1} \cdot K^{-1} > S(NaCl, s) = 72.1 J \cdot mol^{-1} \cdot K^{-1}$;$S(CH_3OH, aq) = 132 J \cdot mol^{-1} \cdot K^{-1} > S(CH_3OH, l) = 127 J \cdot mol^{-1} \cdot K^{-1}$。

(4) 气体溶解在固体或液体中,由于混乱程度减小,所以熵值也减小;但当气体溶解在其他气体中,由于混乱程度增加,所以熵值增加。

(5) 原子的尺寸或者分子的复杂性对熵值也有影响。原子越大或分子越复杂熵值越大。如第 I 主族 Li—Na—K—Rb—Cs,原子尺寸越来越大,其熵值也越大。又如 $CH_4(g)$—$C_2H_6(g)$—$C_3H_8(g)$—$C_4H_{10}(g)$ 分子越来越复杂,其熵值也越来越大。

2. 熵增加原理——热力学第二定律

系统从状态 1 等温变化到状态 2,若始态、终态确定,则此过程的熵变 ΔS 也确定,克劳修斯研究发现,此过程的熵变 ΔS 等于从状态 1 通过可逆过程变化到状态 2 时,系统的热量变化除以温度,而大于从状态 1 通过不可逆变化到状态 2 时,系统的热量变化除以温度,这就是著名的克劳修斯不等式(此处不做推导)。

$$\begin{cases} \Delta S = \dfrac{Q}{T} & Q = Q_{可逆} \\ \Delta S > \dfrac{Q}{T} & Q = Q_{不可逆} \end{cases} \tag{3-16}$$

可逆过程是指推动力无限小的过程,是无限缓慢的过程,即无限接近平衡的过程。不可逆过程是指推动力不是无限小的过程。

克劳修斯不等式表明:不可逆过程的熵变 ΔS 大于不可逆过程的热温商 Q/T。因此,要想求不可逆过程的熵变,绝不能用该过程的实际热温商计算,而应该设计一条可逆途径,求算可逆过程的热温商才是该过程的熵变。

当在绝热情况下,即 $Q=0$,由式(3-16)得 $\Delta S \geqslant 0$,即在绝热情况下,系统发生不可逆过

程时,其熵值增大;系统发生可逆过程时,其熵值不变。将封闭系统与此封闭系统的环境合到一起就能形成一个孤立系统,孤立系统与外界当然是绝热的。所以孤立系统只能发生熵增加的过程,而不可能发生熵减小的过程,这就是熵增加原理。表示成

$$\Delta S_{孤} = \Delta S_{体} + \Delta S_{环} \begin{cases} > 0 & 不可逆 \\ = 0 & 可逆 \end{cases} \quad (3\text{-}17)$$

用孤立系统熵变情况判据系统内发生的过程是不可逆(由于孤立系统没有功的交换,所以不可逆即为自发)还是可逆(即平衡)的。式(3-17)又称熵判据。

思考题:孤立体系不可逆过程就是自发过程,而对于绝热过程而言,不可逆过程能肯定是自发过程吗?

熵增加原理,也是热力学第二定律的一种表述。热力学第二定律还有其他一些表述,如克劳修斯说法:"不可能把热从低温物体传到高温物体,而不留下其他变化。"但不管如何表述,热力学第二定律都是与过程自发进行方向相关的。

3. 标准摩尔熵与热力学第三定律

熵和焓都是状态函数。系统焓的绝对数值不能测定,这是因为没有容易测量的起点,或者说没有物质焓的基线。因此,只能测量焓的变化值。但是,可以测量系统熵的绝对数值,这里需要利用热力学第三定律。

热力学第三定律叙述如下:0K 时,任何纯物质完美晶体的熵等于零,即

$$S(0\text{K},纯物质完美晶体) = 0 \quad (3\text{-}18)$$

将某 1mol 纯物质的完美晶体从 0K(由于绝对零度不能达到,所以只能接近 0K),加热到温度 T(如 298.15K)时,其熵值的增加:$\Delta S = S_T - S_0 = S_T$,即为 1mol 物质在温度 T 时的熵值。称该物质在温度 T 时摩尔规定熵(也叫绝对熵)。用符号 S_m 表示。而在标准状态下,温度 T 时的摩尔规定熵,称为该物质在温度 T 时的标准摩尔熵,用符号 $S_m^{\ominus}$ 表示。各种物质的标准摩尔熵列于附录 1。

由标准摩尔熵的定义可见,任何物质(不在 0K 时)标准摩尔熵均为正值(特殊规定除外)。

4. 化学反应标准摩尔熵变的计算

在 298.15K 和标准状态下发生的化学反应,其标准摩尔熵变 $\Delta_r S_m^{\ominus}$ 为

$$\Delta_r S_m^{\ominus} = \sum n_{产} \cdot S_m^{\ominus}(产物) - \sum n_{反} \cdot S_m^{\ominus}(反应物) \quad (3\text{-}19)$$

例 3-10 计算反应 $CaCO_3(s) = CaO(s) + CO_2(g)$ 在 298.15K 时的标准摩尔熵变 $\Delta_r S_m^{\ominus}$。

解:查附录 1 　　　　　　　　$CaCO_3(s) = CaO(s) + CO_2(g)$

$S_m^{\ominus}(298.15\text{K})/(\text{J} \cdot \text{mol}^{-1} \cdot \text{K}^{-1})$　　　92.88　　　39.75　　213.64

$$\begin{aligned} \Delta_r S_m^{\ominus} &= \sum n_{产} \cdot S_m^{\ominus}(产物) - \sum n_{反} \cdot S_m^{\ominus}(反应物) \\ &= S_m^{\ominus}(CaO,s) + S_m^{\ominus}(CO_2,g) - S_m^{\ominus}(CaCO_3,s) \\ &= (39.75 + 213.64) - 92.88 \\ &= 160.51(\text{J} \cdot \text{mol}^{-1} \cdot \text{K}^{-1}) \end{aligned}$$

当反应中有气体参加时,由于气体的熵值较大,所以

$$\Delta n_g > 0, \quad \Delta_r S_m^{\ominus} > 0$$

$$\Delta n_g < 0, \quad \Delta_r S_m^\ominus < 0$$

物质的熵也随温度变化,但许多情况下,由于反应物与产物均随温度变化,熵值变化相差不多,所以反应的熵变随温度无明显变化。若温度变化不大时,可近似看成反应熵变不随温度而变,即

$$\Delta_r S_m^\ominus(T) \approx \Delta_r S_m^\ominus(298.15K) \tag{3-20}$$

3.2.3 吉布斯自由能变与化学反应自发方向判据

1. 吉布斯自由能判据

由熵增加原理可知,孤立体系自发过程的熵变大于0,即

$$\Delta S_{孤} = \Delta S_{体} + \Delta S_{环} \geqslant 0$$

环境通常由大量的不发生化学变化和相变化的物质组成,它处于热力学的平衡状态,所以环境的熵变等于体系与环境交换的热量 Q 的负值与环境温度的商。

$$\Delta S_{环} = \frac{-Q}{T_{环}}$$

若等温等压时,$T_{环} = T_{体} = T$,$Q = \Delta H$

$$\Delta S_{环} = \frac{-\Delta H}{T} \tag{3-21}$$

代入式(3-17)得

所以
$$\Delta S - \frac{\Delta H}{T} \geqslant 0$$

$$\Delta H - T\Delta S \leqslant 0$$

$$(H_2 - H_1) - T(S_2 - S_1) \leqslant 0$$

$$(H_2 - T_2 S_2) - (H_1 - T_1 S_1) \leqslant 0$$

令
$$G = H - TS \tag{3-22}$$

式中 G 是吉布斯自由能,也叫吉布斯函数。吉布斯自由能 G 是状态函数,具有加和性。

$$G_2 - G_1 \leqslant 0$$

即

$$\Delta G \begin{cases} < 0 & \text{自发} \\ = 0 & \text{平衡} \\ > 0 & \text{非自发} \end{cases} \tag{3-23}$$

等温等压不做非体积功的化学反应自发性判据即吉布斯自由能判据。

2. 化学反应标准摩尔吉布斯自由能变 $\Delta_r G_m^\ominus$ 的计算

在一定温度和标准压强下,由热力学稳定单质生成单位物质的量某物质的吉布斯自由能变化,称为该物质的标准摩尔生成吉布斯自由能,符号为 $\Delta_f G_m^\ominus$,单位为 $kJ \cdot mol^{-1}$。298.15K 时的 $\Delta_f G_m^\ominus$ 列于附录1。

热力学稳定单质的标准摩尔生成吉布斯自由能为0。

由物质的标准摩尔生成吉布斯自由能,可求得化学反应标准摩尔吉布斯自由能的变化:

$$\Delta_r G_m^\ominus(298.15K) = \sum n_产 \Delta_f G_m^\ominus(产物, 298.15K) - \sum n_反 \Delta_f G_m^\ominus(反应物, 298.15K)$$
(3-24)

例 3-11 计算反应 $CaCO_3(s) = CaO(s) + CO_2(g)$ 在 298.15K 时标准摩尔吉布斯自由能的变化。

解:查附录 1 得 　　　　　　　　$CaCO_3(s) == CaO(s) + CO_2(g)$

$\Delta_f G_m^\ominus(298.15K)/kJ \cdot mol^{-1}$　　　　-1128.84　-604.04　-394.36

$$\begin{aligned}
\Delta_r G_m^\ominus(298.15K) &= \sum n_产 \Delta_f G_m^\ominus(产物) - \sum n_反 \Delta_f G_m^\ominus(反应物) \\
&= \Delta_f G_m^\ominus(CaO, s) + \Delta_f G_m^\ominus(CO_2, g) - \Delta_f G_m^\ominus(CaCO_3, s) \\
&= (-604.04 - 394.36) - (-1128.84) \\
&= 130.44 (kJ \cdot mol^{-1})
\end{aligned}$$

3. 温度对反应自发性的影响

由式(3-22),恒温时,两边取增量得

$$\Delta G = \Delta H - T\Delta S \tag{3-25}$$

此式称做吉布斯-亥姆霍兹(Gibbs-Helmholtz)方程。由(3-25)方程可见,放热反应($\Delta H < 0$)有利于自发进行,熵增加($\Delta S > 0$)的反应也有利于自发进行。

下面列出 $\Delta H, \Delta S$ 的符号与反应的自发性(ΔG)的关系:

ΔH	ΔS	$-T\Delta S$	ΔG	自发性
$-$	$+$	$-$	$-$	任何温度均自发
$+$	$-$	$+$	$+$	任何温度均非自发
$+$	$+$	$-$	$+$	温度低时非自发
			或 $-$	温度高时自发
$-$	$-$	$+$	$-$	温度低时自发
			或 $+$	温度高时非自发

从上可见,当 ΔH 与 ΔS 符号相同时,反应在某一温度是非自发($\Delta G > 0$),在另一温度时变为自发($\Delta G < 0$),反之亦然。转向温度,即 $\Delta G = 0$ 的温度是非常有用的。

由式(3-25)　　　　　　　　$\Delta G = \Delta H - T\Delta S = 0$

$$T = \frac{\Delta H}{\Delta S}$$

若反应在标准状态时,由吉布斯-亥姆霍兹方程:

$$\Delta G^\ominus = \Delta H^\ominus - T\Delta S^\ominus$$

求得转向温度

$$T = \frac{\Delta H^\ominus}{\Delta S^\ominus} \tag{3-26}$$

例 3-12 已知反应 $CaCO_3(s) = CaO(s) + CO_2(g)$ 的 $\Delta_r H_m^\ominus(298.15K) = 178.2 kJ \cdot mol^{-1}$, $\Delta_r S_m^\ominus(298.15K) = 160.8 J \cdot mol^{-1} \cdot K^{-1}$。求:

(1) 500K 时反应的 $\Delta_r G_m^\ominus$。

(2) 判断在标准状态下,500K 时,该等温等压反应能否自发进行?

(3) 估算 $CaCO_3$ 在标准状态下,开始分解的最低温度(转向温度)?

解:(1) 在标准态下,由吉布斯-亥姆霍兹方程:

$$\Delta_r G_m^\ominus(500K) = \Delta_r H_m^\ominus(298.15K) - T\Delta_r S_m^\ominus(298.15K)$$
$$= 178.2 - 500 \times 160.8 \times 10^{-3} = 97.8(kJ \cdot mol^{-1})$$

(2) 因 $\Delta_r G_m^\ominus(500K) > 0$,所以该反应在标准状态下、500K 时是非自发的。

(3) 在标准状态下,反应的转向温度

$$T = \frac{\Delta_r H_m^\ominus}{\Delta_r S_m^\ominus} = \frac{\Delta_r H_m^\ominus(298.15K)}{\Delta_r S_m^\ominus(298.15K)} = \frac{178.2}{160.8 \times 10^{-3}} = 1108(K)$$

温度高于 1108K 时,$CaCO_3$ 开始分解。

4. ΔG 与非体积功关系

等温等压的化学反应,当 $\Delta_r G_m < 0$ 时,反应是自发的,说明反应有做非体积功的能力。那么自发进行的反应,最多能做多大非体积功?

由热力学第一定律式(3-1)

$$\Delta U = Q + W = Q + W_体 + W'$$

等压时,$W_体 = -p\Delta V$,所以

$$\Delta U = Q_p - p\Delta V + W'$$

由克劳修斯不等式(3-16)

$$\Delta S \geqslant \frac{Q_p}{T} \quad (等温)$$
$$Q_p \leqslant T\Delta S$$

代入上式

$$\Delta U \leqslant T\Delta S - p\Delta V + W'$$
$$\Delta U + p\Delta V \leqslant T\Delta S + W'$$
$$\Delta H - T\Delta S \leqslant W'$$
$$\Delta G \leqslant W' \tag{3-27}$$

当 $\Delta_r G_m = -100 kJ \cdot mol^{-1} < 0$,反应自发。

$W' \geqslant \Delta G = -100 kJ \cdot mol^{-1}$,说明反应对环境最大可做 $100 kJ \cdot mol^{-1}$ 的非体积功(可逆情况下,做最大功;在不可逆情况下,对环境做功小于 $100 kJ \cdot mol^{-1}$)。

若反应 $\Delta_r G_m = 100 kJ \cdot mol^{-1} > 0$,反应非自发。要使反应能进行,环境需要对系统做非体积功。

$W' \geqslant \Delta_r G_m = 100 kJ \cdot mol^{-1}$,即环境至少向系统做 $100 kJ \cdot mol^{-1}$ 的非体积功,反应才能进行。

例如,已知反应

$$H_2O(l) = H_2(g) + \frac{1}{2}O_2(g), \quad \Delta_r G_m^\ominus(298.15K) = 237.18 kJ \cdot mol^{-1} > 0$$

可见此反应在标准状态,298.15K 时是非自发的,要使反应能够进行,环境向系统做非体积功,至少是 $237.18 kJ \cdot mol^{-1}$。我们知道可以通过电解的方法,使非自发反应得以进行。由温度对反应自发性影响可知,有些反应在某一温度下非自发,但可以通过改变反应温度使反

应变成自发。

5. 反应耦合

在研究多步进行的化学反应时,化学家发现,可以通过自发步骤的反应与非自发步骤的反应耦合使非自发步骤的反应得以进行。

例如:

(1) $Cu_2O(s) = 2Cu(s) + \frac{1}{2}O_2(g)$ $\Delta_r G_1^\ominus(673K) = 125 kJ \cdot mol^{-1} > 0$

非自发,然而,石墨氧化成 CO:

(2) $C(石墨) + \frac{1}{2}O_2(g) = CO(g)$ $\Delta_r G_2^\ominus(673K) = -175 kJ \cdot mol^{-1} < 0$

自发,上两式相加得:

(3) $Cu_2O(s) + C(石墨) = 2Cu(s) + CO(g)$

$\Delta_r G_3^\ominus(673K) = \Delta_r G_1^\ominus(673K) + \Delta_r G_2^\ominus(673K) = -50 kJ \cdot mol^{-1} < 0$

自发。

可见在 673K 时反应(1)是非自发的,而反应(2)是自发的。通过反应(2)与反应(1)耦合,使反应(3)自发,即通过反应耦合,使非自发反应(1)得以进行。

本 章 小 结

本章重点讲述了化学反应中的能量变化(即反应热效应)和化学反应自发进行的方向。

1. 热力学第一定律

封闭体系:$\Delta U = Q + W$

绝热过程:$Q = 0, \Delta U = W$

循环过程:$\Delta U = 0, Q = -W$

2. 体积功 $W_体$

$$W_体 \xrightarrow{恒外压} -p_外 \Delta V \xrightarrow{恒压} -p\Delta V$$

有气体参加的化学反应:

$$W_体 = -\Delta n_g RT$$

3. 化学反应中的能量变化(反应热效应)

(1) 恒容热效应数值上等于体系热力学能的变化:

$$Q_V = \Delta U$$

(2) 恒压热效应数值上等于体系焓的变化:

$$Q_p = \Delta H$$

(3) 恒压热效应与恒容热效应间关系:

$$Q_p \approx Q_V + \Delta n_g RT$$

4. 化学反应恒压热效应(焓变)的计算

利用盖斯定律或由下列各式计算:

$$\Delta_r H_{m,298.15}^\ominus = \sum n_产 \Delta_f H_{m,298.15}^\ominus(产物) - \sum n_反 \Delta_f H_{m,298.15}^\ominus(反应物)$$

$$\Delta_r H_{m,298.15}^{\ominus} = \sum n_{反} \Delta_c H_{m,298.15}^{\ominus}(反应物) - \sum n_{产} \Delta_c H_{m,298.15}^{\ominus}(产物)(适用于有机反应)$$

$$\Delta_r H_{m,298.15}^{\ominus} = \sum n_{反} \Delta_b H_{m,298.15}^{\ominus}(反应物) - \sum n_{产} \Delta_b H_{m,298.15}^{\ominus}(产物)(适用于气相反应)$$

5. 熵及熵变

熵的定义及其影响因素(温度、状态、分子大小及结构复杂性)

由标准摩尔熵($S_m^{\ominus}$)求反应的标准摩尔熵变($\Delta_r S_m^{\ominus}$):

$$\Delta_r S_m^{\ominus} = \sum n_{产} S_{m,298.15}^{\ominus}(产物) - \sum n_{反} S_{m,298.15}^{\ominus}(反应物)$$

化学反应的焓变与熵变近似认为不随温度而变化：

$$\Delta_r H_m^{\ominus}(T) \approx \Delta_r H_m^{\ominus}(298.15K)$$

$$\Delta_r S_m^{\ominus}(T) \approx \Delta_r S_m^{\ominus}(298.15K)$$

6. 自发性判据

(1) 熵判据：孤立体系熵增加原理(热力学第二定律)

$$\Delta S_{孤立} = \Delta S_{体} + \Delta S_{环} > 0 \quad 自发$$

$$\Delta S_{孤立} = \Delta S_{体} + \Delta S_{环} < 0 \quad 非自发$$

$$\Delta S_{孤立} = \Delta S_{体} + \Delta S_{环} = 0 \quad 平衡$$

(2) 吉布斯自由能判据：适用于封闭体系、等温等压不做非体积功的化学反应：

$$\Delta_r G_{m,T} < 0 \quad 自发$$

$$\Delta_r G_{m,T} = 0 \quad 平衡$$

$$\Delta_r G_{m,T} > 0 \quad 非自发$$

在标准状态下的封闭体系、等温等压不做非体积功的化学反应：

$$\Delta_r G_{m,T}^{\ominus} < 0 \quad 自发$$

$$\Delta_r G_{m,T}^{\ominus} = 0 \quad 平衡$$

$$\Delta_r G_{m,T}^{\ominus} > 0 \quad 非自发$$

7. 化学反应标准摩尔吉布斯自由能变的计算

(1) $\Delta_r G_{m,298.15}^{\ominus} = \sum n_{产} \Delta_f G_{m,298.15}^{\ominus}(产物) - \sum n_{反} \Delta_f G_{m,298.15}^{\ominus}(反应物)$

(2) $\Delta_r G_{m,T} = \Delta_r H_{m,298.15} - T\Delta_r S_{m,298.15}$ ⎫
(3) $\Delta_r G_{m,T}^{\ominus} = \Delta_r H_{m,298.15}^{\ominus} - T\Delta_r S_{m,298.15}^{\ominus}$ ⎭ 吉布斯-亥姆霍兹方程

8. 温度对反应自发性的影响

ΔH	ΔS	$-T\Delta S$	ΔG	自发性
−	+	−	−	任何温度均自发
+	−	+	+	任何温度均非自发
+	+	−		温度高时自发
−	−	+		温度低时自发

当 $\Delta H^{\ominus}$ 与 $\Delta S^{\ominus}$ 符号相同时，存在转向温度：

$$T = \frac{\Delta_r H_m^{\ominus}}{\Delta_r S_m^{\ominus}}$$

9. (1) 规定稳定单质的 $\Delta_f H_m^\ominus$ 和 $\Delta_f G_m^\ominus$ 为零。

(2) 0K,任何纯物质的完美晶体的 $S_m^\ominus$ 为零。

(3) 规定标准状态下,水合 H^+ 的 $\Delta_f H_m^\ominus$,$\Delta_f G_m^\ominus$ 和 $S_m^\ominus$ 为零,其他水合离子的热力学数据以此为标准得出。

问题与习题

3-1 解释下列各组中术语间差别:
(1) 系统与环境;(2) 热与功;(3) 吸热与放热;(4) 等容过程与等压过程。

3-2 敞口容器中进行的化学反应是等压过程还是等容过程?

3-3 简要说明下列概念或方法:
(1) 热力学第一定律;(2) 状态函数;(3) 弹式量热计;(4) 盖斯(Hess)定律。

3-4 说明下面有关体积功的公式的使用条件:
$$W_{体} = -p\Delta V \quad 及 \quad W_{体} = -\Delta n_g RT$$

3-5 下列反应中哪些反应 $\Delta H \approx \Delta U$:
(1) $2H_2(g) + O_2(g) \Longrightarrow 2H_2O(g)$
(2) $Pb(NO_3)_2(s) + 2KI(s) \Longrightarrow PbI_2(s) + 2KNO_3(s)$
(3) $HCl(aq) + NaOH(aq) = NaCl(aq) + H_2O(l)$
(4) $NaOH(s) + CO_2(g) = NaHCO_3(s)$

3-6 指出下列符号的意义:
$\Delta_f H_m^\ominus, \Delta_c H_m^\ominus, \Delta_r H_m^\ominus, S_m^\ominus, \Delta_r S_m^\ominus, \Delta_f G_m^\ominus, \Delta_r G_m^\ominus$。

3-7 (1) 为什么元素的热力学稳定单质 $\Delta_f H_m^\ominus = 0$,而其 $S_m^\ominus > 0$?
(2) 附录1中列出 $\Delta_f H_m^\ominus$ 的值,为什么不列出 $\Delta_f S_m^\ominus$ 的值?
(3) 为什么物质蒸发时的熵变大于其熔化时的熵变?
(4) 对吸热反应,环境的熵增加还是减少? 放热反应又如何?

3-8 什么叫自发过程?"熵判据"与"自由能判据"的使用条件是什么?

3-9 解释对于吸热、熵增加的反应,是温度高时更可能自发还是温度低时更可能自发?

3-10 已知 $\Delta G_{体系} = -T\Delta S_{孤立}$,如何用 $\Delta G_{体系}$ 的符号来判断反应的自发性? 并解释。

3-11 某等温等压化学反应,只有"高温"时自发,说明此反应 ΔH 和 ΔS 的符号。

3-12 求在下列过程中,系统热力学能的变化 ΔU:
(1) 系统吸收 60J 的热,并对环境做 60J 的功;
(2) 系统吸收 350J 的热,并对环境做 590J 的功;
(3) 系统放出 40J 的热,并从环境得到 170J 的功;
(4) 系统绝热,并对环境做 400J 的功。

3-13 一定量试样在弹式量热计中燃烧,放出 1250J 的热量,量热计的温度升高 4.18℃,计算此量热计的热容(J/K)。

3-14 用 1.183g 木糖($C_5H_{10}O_5$,s)在弹式量热计中燃烧,量热计升高 3.90℃,已知量热计的热容(包含水)为 4.728kJ/K,求:

(1) 每摩尔木糖燃烧放出多少热量？

(2) 写出木糖燃烧的方程式，并求反应的 $\Delta_r H_m^\ominus$（假设 $\Delta_r H_m^\ominus \approx \Delta_r U_m^\ominus$）。

3-15 在298K时，4.40×10^{-4}kg苯在弹式量热计中燃烧(已知，量热计热容（包含水）为10.5kJ/K)使量热计升高1.75K。计算：

(1) 1mol苯燃烧时 Q_V;

(2) 苯的标准摩尔燃烧热 $\Delta_c H_m^\ominus$;

(3) 苯的标准摩尔生成焓。

3-16 理论上 $B_5H_9(g)$ 是极好的火箭燃料，因为它燃烧时释放出巨大的能量：
$$2B_5H_9(g)+12O_2(g)=\!\!=\!\!=5B_2O_3(s)+9H_2O(l)$$
$0.100gB_5H_9(g)$与过量的氧气在弹式量热计中燃烧，使周围的852g水升高1.93℃(不考虑量热计本身温度升高所需的能量)。求：$1molB_5H_9(g)$在弹式量热计中燃烧所放出的能量（已知：水的比热容为$4.184J\cdot g^{-1}\cdot K^{-1}$）。

3-17 在298K下，甲醇的 $\Delta_c H_m^\ominus = -726.6kJ\cdot mol^{-1}$，$H_2O(l)$ 的 $\Delta_f H_m^\ominus = -285.8kJ\cdot mol^{-1}$，$CO_2(g)$ 的 $\Delta_f H_m^\ominus = -393.5kJ\cdot mol^{-1}$，求：$CH_3OH(l)$ 的 $\Delta_f H_{m,298}^\ominus$。

3-18 利用盖斯定律，求下列反应的 $\Delta_r H_m^\ominus$：
$$C_3H_4(g)+2H_2(g)=\!\!=\!\!=C_3H_8(g)$$
已知：

(1) $H_2(g)+\frac{1}{2}O_2(g)=\!\!=\!\!=H_2O(l)$ $\Delta H_1^\ominus = -285.8kJ\cdot mol^{-1}$

(2) $C_3H_4(g)+4O_2(g)=\!\!=\!\!=3CO_2(g)+2H_2O(l)$ $\Delta H_2^\ominus = -1937kJ\cdot mol^{-1}$

(3) $C_3H_8(g)+5O_2(g)=\!\!=\!\!=3CO_2(g)+4H_2O(l)$ $\Delta H_3^\ominus = -2219.1kJ\cdot mol^{-1}$

3-19 已知 $N_2H_4(l)$ 的标准摩尔燃烧热为 $\Delta_c H_m^\ominus(298K) = -622.2kJ\cdot mol^{-1}$，298K时 $H_2O_2(l)$ 和 $H_2O(l)$ 的标准摩尔生成焓分别为 $-187.8kJ\cdot mol^{-1}$ 和 $-285.8kJ\cdot mol^{-1}$，求：
$$N_2H_4(l)+2H_2O_2(l)=\!\!=\!\!=N_2(g)+4H_2O(l)$$
的 $\Delta_r H_m^\ominus(298K)$。

3-20 重要的化学溶剂 $CCl_4(l)$ 通过下面反应制备：
$$CS_2(l)+3Cl_2(g)=\!\!=\!\!=CCl_4(l)+S_2Cl_2(l)$$
求此反应的 $\Delta_r H_m^\ominus$。已知，298K 时 $CCl_4(l)$，$S_2Cl_2(l)$，$SO_2(g)$ 和 $CO_2(g)$ 的标准摩尔生成焓 ($\Delta_f H_m^\ominus$) 分别为 $-135.4kJ\cdot mol^{-1}$，$-58.2kJ\cdot mol^{-1}$，$-296.8kJ\cdot mol^{-1}$，$-393.5kJ\cdot mol^{-1}$；$CS_2(l)$ 的标准摩尔燃烧热 ($\Delta_c H_m^\ominus$) 为 $-1077kJ\cdot mol^{-1}$。

3-21 铝热剂可用于某些金属的熔焊，这是因为铝热剂反应能放出很多的热量：
$$Fe_2O_3(s)+2Al(s)=\!\!=\!\!=Al_2O_3(s)+2Fe(s) \quad \Delta_r H_m^\ominus(298K) = -852kJ\cdot mol^{-1}$$
1mol Fe_2O_3 和 2mol Al 混合物，在室温（25℃）被引发发生反应。已知产物比热容为 $0.8J\cdot g^{-1}\cdot K^{-1}$，若反应放出的热量全部留在产物中，计算说明反应释放的热量能否使Fe熔化？（已知Fe的熔点为1530℃）

3-22 298K 时，$C_6H_6(l)$ 的标准摩尔燃烧热为 $-3267.7kJ\cdot mol^{-1}$，$CO_2(g)$ 和 $H_2O(l)$ 的标准摩尔生成焓分别为 $-393.5kJ\cdot mol^{-1}$ 和 $-285.8kJ\cdot mol^{-1}$，求 $C_6H_6(l)$ 的标准摩尔生成焓。

3-23 已知298K时，$CO(g)$，$CO_2(g)$ 和 $H_2O(l)$ 的标准摩尔生成焓分别为 $-110.5kJ\cdot mol^{-1}$，

$-393.5kJ \cdot mol^{-1}$ 和 $-285.8kJ \cdot mol^{-1}$，$CH_3OH(l)$ 的标准摩尔燃烧热为 $-726.6kJ \cdot mol^{-1}$，求下列反应的 $\Delta_r H_{m,298}^{\ominus}$ 和 $\Delta_r U_{m,298}^{\ominus}$：

$$CO(g)+2H_2(g) = CH_3OH(l)$$

3-24 比较下列反应中 $\Delta_r H_m^{\ominus}$ 与 $\Delta_r U_m^{\ominus}$ 代数值的大小：

(1) 1mol 正丁醇($CH_3(CH_2)_3OH$, l)的完全燃烧反应；

(2) 1mol 葡萄糖($C_6H_{12}O_6$, s)的完全燃烧反应；

(3) 1mol $NH_4NO_3(s)$ 的分解反应(生成液体水和气体 N_2O)。

3-25 反应：$H_2(g)=2H(g)$，判断下列结果中哪些是正确的，并解释。

(1) $\Delta H<0$；(2) $\Delta S>0$；(3) $\Delta G<0$；(4) $\Delta S<0$。

3-26 判断下列反应是熵增加，熵减小还是基本不变？

(1) $H_2(g)+I_2(s) = 2HI(g)$

(2) $C_3H_8(g)+5O_2(g) = 3CO_2(g)+4H_2O(l)$

(3) $2NaOH(s)+CO_2(g) = Na_2CO_3(s)+H_2O(l)$

(4) $NH_3(g)+HBr(g) = NH_4Br(s)$

(5) $CO(g)+H_2O(g) = CO_2(g)+H_2(g)$

3-27 下列变化中的哪一个 $\Delta S<0$？

(1) 固体 NaCl 溶于水

(2) 水蒸发为水蒸气

(3) $Fe_3O_4(s)+4H_2(g) = 3Fe(s)+4H_2O(l)$

(4) $C(s)+\frac{1}{2}O_2(g) = CO(g)$

3-28 已知水的蒸发潜热 $\Delta H_v=40.7kJ \cdot mol^{-1}$，冰的熔化潜热为 $6.02kJ \cdot mol^{-1}$，求：下列相变化时的熵变。

(1) $H_2O(l) \xrightarrow[101.3kPa]{100℃} H_2O(g)$

(2) $H_2O(s) \xrightarrow[101.3kPa]{0℃} H_2O(l)$

3-29 在汽车发动机中，发生如下反应：

$$N_2(g)+O_2(g) = 2NO(g)$$

求：(1) 该反应的 $\Delta_r H_m^{\ominus}(298.15K)$ 和 $\Delta_r S_m^{\ominus}(298.15K)$；

(2) 假设 $\Delta_r H_m^{\ominus}$ 和 $\Delta_r S_m^{\ominus}$ 不随温度而变化，在 200℃，2500℃ 和 3500℃ 时的 $\Delta_r G_m^{\ominus}(T)$。

3-30 求：$Br_2(l) \rightleftharpoons Br_2(g)$ 的 $\Delta_r H_m^{\ominus}(298.15K)$ 和 $\Delta_r S_m^{\ominus}(298.15K)$，并求 $Br_2(l)$ 的沸点。

3-31 氢气燃烧生成无污染的 $H_2O(g)$，在燃料电池中，$H_2(g)$ 与 $O_2(g)$ 反应提供电能。

(1) 计算在 298.15K，每摩尔 $H_2(g)$ 发生反应时，$\Delta_r H_m^{\ominus}$，$\Delta_r S_m^{\ominus}$ 和 $\Delta_r G_m^{\ominus}$。

$$H_2(g)+\frac{1}{2}O_2(g) = H_2O(g)$$

(2) 反应自发进行方向与温度有关吗？为什么？

(3) 反应自发进行的最高温度是多少？

3-32 计算说明下列反应在 298.15K 和标准状态下所能做的最大有用功：

(1) $CH_4(g) + 2O_2(g) \Longrightarrow CO_2(g) + 2H_2O(l)$

(2) $C_{12}H_{22}O_{11}(s) + 12O_2(g) \Longrightarrow 12CO_2(g) + 11H_2O(l)$

(3) $Zn(s) + Cu^{2+}(aq) \Longrightarrow Zn^{2+}(aq) + Cu(s)$

(4) $2MnO_4^-(aq) + 5H_2O_2(aq) + 6H^+(aq) \Longrightarrow 2Mn^{2+}(aq) + 5O_2(g) + 8H_2O(l)$

3-33 已知反应：$2Na(s) + Cl_2(g) \Longrightarrow 2NaCl(s)$，求：

(1) $\Delta_r H_m^{\ominus}(298.15K)$ 和 $\Delta_r S_m^{\ominus}(298.15K)$；

(2) 利用(1)的结果求 $\Delta_r G_m^{\ominus}(298.15K)$；

(3) 说明 $\Delta_r S_m^{\ominus}(298.15K)$ 对反应自发是否有利？为什么？

3-34 计算下面反应的转向温度：

$$CaCO_3(s) \Longrightarrow CaO(s) + CO_2(g)$$

3-35 由铁矿石生产铁有两种可能的方法：

(1) $Fe_2O_3(s) + \frac{3}{2}C(s) \Longrightarrow 2Fe(s) + \frac{3}{2}CO_2(g)$

(2) $Fe_2O_3(s) + 3H_2(g) \Longrightarrow 2Fe(s) + 3H_2O(g)$

上述哪个反应转向温度低？

3-36 已知下列反应在 298K 时的标准摩尔吉布斯自由能变，求 $Fe_3O_4(s)$ 的 $\Delta_f G_m^{\ominus}(298K)$。

(1) $2Fe(s) + \frac{3}{2}O_2(g) \Longrightarrow Fe_2O_3(s)$ $\quad \Delta_r G_{m,1}^{\ominus} = -742.24 kJ \cdot mol^{-1}$

(2) $4Fe_2O_3(s) + Fe(s) \Longrightarrow 3Fe_3O_4(s)$ $\quad \Delta_r G_{m,2}^{\ominus} = -77.42 kJ \cdot mol^{-1}$

3-37 氮化硼(BN)是一种耐高温绝缘材料，已被广泛用于电子工业和耐火材料工业。求下列 3 种可能途径的 $\Delta_r G_m^{\ominus}(298K)$，并比较它们的优缺点：

(1) 单质硼在氮气流中反应：

$$B(s) + \frac{1}{2}N_2(g) \Longrightarrow BN(s)$$

(2) 三氯化硼与氨气反应：

$$BCl_3(g) + NH_3(g) \Longrightarrow BN(s) + 3HCl(g)$$

(3) 用硼酐(B_2O_3)与氨气反应：

$$B_2O_3(s) + 2NH_3(g) \Longrightarrow 2BN(s) + 3H_2O(g)$$

3-38 由于 MgO 具有高熔点，它可以用于制造耐火砖、坩埚以及炉子衬里等。

(1) 写出 $MgCO_3(s)$ 分解的化学反应方程式；

(2) 利用 $\Delta_r H_m^{\ominus}(298K)$ 和 $\Delta_r S_m^{\ominus}(298K)$ 值，求 $\Delta_r G_m^{\ominus}(298K)$；

(3) 假设 $\Delta_r H_m^{\ominus}$，$\Delta_r S_m^{\ominus}$ 不随温度而变，求 $MgCO_3(s)$ 分解反应自发进行的最低温度。

3-39 已知：

$2Fe_2O_3(s) \Longrightarrow 4Fe(s) + 3O_2(g)$ $\quad \Delta_r G_{m,1}^{\ominus}(298K) = 1484.48 kJ \cdot mol^{-1}$

C(石墨)+O$_2$(g)══CO$_2$(g) $\Delta_r G_{m,2}^{\ominus}$(298K)=-394.36kJ·mol^{-1}

(1) 2Fe$_2$O$_3$(s)+3C(石墨)══4Fe(s)+3CO$_2$(g)在298K时标准状态下,反应自发吗?

(2) 并求上述反应的 $\Delta_r H_m^{\ominus}$(298K),$\Delta_r S_m^{\ominus}$(298K),并说明反应高温自发还是低温自发?

(3) 反应的转向温度 T 是多少?

3-40 求:(1) 298K 时,C(金刚石)→C(石墨)的 $\Delta_r H_m^{\ominus}$,$\Delta_r S_m^{\ominus}$ 和 $\Delta_r G_m^{\ominus}$。

(2) 上述过程是否自发?并解释为什么广告语还说:"钻石永留传"呢?

第 4 章 化学平衡

前面已经介绍了如何判断化学反应的自发方向,解决了化学反应在指定条件下自发进行的方向性问题。但是,在某一条件下,化学反应能进行到什么程度?当化学反应达到某一条件下的极限时,体系中各物质的浓度如何,受哪些因素影响?这些问题下面做进一步的讨论。

4.1 可逆反应与化学平衡

在同一条件下,能同时向正、逆两个方向进行的化学反应为可逆反应。习惯上,把从左向右进行的反应称为正反应,反方向进行的反应称为逆反应。例如,合成氨反应就是一个可逆的化学反应:

$$N_2(g) + 3H_2(g) \rightleftharpoons 2NH_3(g)$$

在一定温度下,合成氨的可逆反应随着反应物不断消耗、生成物不断增加,正反应速率将不断减小,逆反应速率将不断增大,直至某时刻,当正反应速率和逆反应速率相等时,各反应物、生成物的浓度不再变化,即反应进行到了极限,这时体系所处的状态称为化学平衡状态,简称"化学平衡"。在平衡状态下,虽然反应物和生成物的浓度均不再发生变化,但反应却没有停止。

化学平衡具有以下特征:

(1) 化学平衡状态最主要特征是反应的正、逆反应速率相等即 $v_{正} = v_{逆}$。

(2) 化学平衡是一种动态平衡。反应达到平衡后,似乎是"终止"了,但实际上正反应和逆反应始终都在进行着,只是由于 $v_{正} = v_{逆}$。

(3) 单位时间内各物质的生成量和消耗量相等,所以,平衡系统中各物质的浓度不随时间而变。

(4) 化学平衡是有条件的,当外界条件改变时,平衡发生移动,在新的条件下建立新的平衡。

(5) 化学平衡规律适用一切平衡过程(酸碱平衡、沉淀溶解平衡、氧化还原平衡、配位平衡等)。

4.2 平衡常数

4.2.1 实验平衡常数

对于任一可逆反应

$$a\text{A} + b\text{B} \rightleftharpoons g\text{G} + h\text{H}$$

研究结果表明,在一定温度下,达到平衡时,体系中各物质的浓度间有如下关系:

$$\frac{[c(G)]^g \cdot [c(H)]^h}{[c(A)]^a \cdot [c(B)]^b} = K_c \tag{4-1}$$

式(4-1)中 c 表示平衡时各物质的物质的量浓度；K_c 称为化学反应实验平衡常数,即在一定温度下,可逆反应达到平衡时,生成物浓度的计量数为指数幂的乘积与反应物浓度的计量数为指数幂的乘积之比是一个常数。平衡常数是表明化学反应限度(亦即反应可能进行的最大程度)的一种特征值。在一定温度下,不同的反应各有其特定的平衡常数。平衡常数越大,表示正反应进行得越完全。

从 K_c 表达式可以看出,实验平衡常数 K_c 并非真正意义上的常数,一般是有单位的,通常如果化学反应是液相反应,平衡时各物质的浓度使用物质的量浓度表示；如果是气相反应,平衡常数既可以如上所述,用平衡时各物质的物质的量浓度表示,也可以用平衡时各物质的分压表示,如下面反应是气相反应：

$$a\mathrm{A(g)} + b\mathrm{B(g)} \rightleftharpoons g\mathrm{G(g)} + h\mathrm{H(g)}$$

达到平衡时,不仅各种物质的浓度不再改变,而且其分压也不再改变,则

$$K_c = \frac{[c(G)]^g \cdot [c(H)]^h}{[c(A)]^a \cdot [c(B)]^b}$$

或

$$K_p = \frac{[p_G]^g \cdot [p_H]^h}{[p_A]^a \cdot [p_B]^b}$$

p 表示平衡时各气体的分压；K_c,K_p 分别称为浓度实验平衡常数、压强实验平衡常数。

某一气相反应达到平衡,当然可以由平衡浓度计算出 K_c,也可以由平衡分压计算出 K_p。虽然 K_p 和 K_c 一般来说是不相等的,但它们所表示的却是同一个平衡状态,二者之间的数量关系,可以通过气体状态方程推出。因为

$$p = \left(\frac{n}{V}\right)RT = cRT$$

所以

$$K_c = K_p(RT)^{-\Delta n_g} \tag{4-2}$$

反应前后气体分子数的变化 $\Delta n_g = (g+h) - (a+b)$。

利用式(4-2)在进行 K_p 和 K_c 的计算时,必须注意各种物理量的单位。气体分压单位不同,K_p 值不同,换算成 K_c 时,R 的取值不同。当压强单位为千帕斯卡,R 的取值为 $8.31 \mathrm{kPa} \cdot \mathrm{L} \cdot \mathrm{mol}^{-1} \cdot \mathrm{K}^{-1}$。

实验平衡常数的表达式中,如果出现纯固体、纯液体以及稀溶液中的水,因为它们在反应过程中可以认为没有浓度变化,所以浓度可以认为 1。例如反应

$$\mathrm{CaCO_3(s)} \rightleftharpoons \mathrm{CaO(s)} + \mathrm{CO_2(g)}$$

其实验平衡常数可以表示为

$$K_p = p(\mathrm{CO_2})$$

如溶液反应

$$\mathrm{Cr_2O_7^{2-}(aq)} + \mathrm{H_2O(l)} \rightleftharpoons 2\mathrm{Cr_2O_4^{2-}(aq)} + 2\mathrm{H^+(aq)}$$

中的 $\mathrm{H_2O}$ 不出现在实验平衡常数的表达式中；但酯化反应

$$\mathrm{CH_3COOH} + \mathrm{C_2H_5OH} \rightleftharpoons \mathrm{CH_3COOC_2H_5} + \mathrm{H_2O}$$

中的少量产物水却要出现在实验平衡常数的表达式中。

K_c 和 K_p 由实验测得,因此它们均属实验平衡常数。它们的量纲一般是非"1"的,其数值和量纲随分压或浓度的单位不同而异。

对于同一个化学反应,由于浓度或压强单位的表示方法不同,导致实验平衡常数的值不同,这样给研究化学平衡及其变化规律带来很多麻烦。为了使化学平衡常数的量纲统一,提出标准平衡常数 $K^\ominus$。

4.2.2 标准平衡常数($K^\ominus$)

对于可逆反应

$$aA + bB \rightleftharpoons gG + hH$$

达到平衡时,体系中各组分浓度不再改变,标准平衡常数表达式定义为

$$K^\ominus = \frac{[c(G)/c^\ominus]^g \cdot [c(H)/c^\ominus]^h}{[c(A)/c^\ominus]^a \cdot [c(B)/c^\ominus]^b} \tag{4-3}$$

与实验平衡常数表达式相比,标准平衡常数的不同之处在于每种溶液的平衡浓度项均应除以标准态浓度($c^\ominus$),每种气体物质的平衡分压均应除以标准态压强($p^\ominus$)。对于有气、液同时参加的反应,$K^\ominus$ 的表达式中气体用相对分压,溶液用相对浓度。如反应

$$S^{2-}(aq) + 2H_2O(l) \rightleftharpoons H_2S(g) + 2OH^-(aq)$$

标准平衡常数($K^\ominus$)的表达式为

$$K^\ominus = \frac{[p(H_2S)/p^\ominus] \cdot [c(OH)/c^\ominus]^2}{[c(S^{2-})/c^\ominus]}$$

关于标准平衡常数说明如下:

(1) 按照传统说法,$K^\ominus$ 是无单位的,但按照新国标(GB—3102.8—93)的说法,$K^\ominus$ 的量纲为1。

(2) 标准态浓度 $c^\ominus = 1 \text{mol} \cdot \text{L}^{-1}$,标准态压力 $p^\ominus = 100 \text{kPa}$。

(3) 标准平衡常数只与温度有关,与起始浓度无关。

(4) 标准平衡常数既可以通过实验测定,也可以通过热力学理论计算。

例 4-1 某温度下反应:

$$A(g) \rightleftharpoons 2B(g)$$

达到平衡,已知 $p_A = p_B = 100 \text{kPa}$,求 $K^\ominus$。

解:

$$K^\ominus = \frac{\left(\frac{p_B}{p^\ominus}\right)^2}{\left(\frac{p_A}{p^\ominus}\right)} = \frac{\left(\frac{100\text{kPa}}{100\text{kPa}}\right)^2}{\left(\frac{100\text{kPa}}{100\text{kPa}}\right)} = 1$$

若采用 kPa 为单位的分压,则可求得实验平衡常数 K_p:

$$K_p = \frac{(100\text{kPa})^2}{100\text{kPa}} = 100\text{kPa}$$

K_p 与 $K^\ominus$ 不论数值还是量纲一般都不相等。在进行热力学的讨论和计算时,标准平衡常数 $K^\ominus$ 是非常重要的。

4.2.3 多重平衡规则

前面讨论的都是单一的化学平衡问题,但实际上化学过程往往有若干种平衡状态同时存在,一种物质同时参与几种平衡,这种现象叫做多重平衡。例如当 $C(s), O_2(g), CO_2(g), CO(g)$ 在一个反应器里共存时,会有如下反应:

(1) $C(s) + \frac{1}{2}O_2(g) \rightleftharpoons CO(g)$ $\qquad K_1^{\ominus} = \dfrac{p(CO)/p^{\ominus}}{[p(O_2)/p^{\ominus}]^{1/2}}$

(2) $CO(g) + \frac{1}{2}O_2(g) \rightleftharpoons CO_2(g)$ $\qquad K_2^{\ominus} = \dfrac{p(CO_2)/p^{\ominus}}{[p(CO)/p^{\ominus}] \cdot [p(O_2)/p^{\ominus}]^{1/2}}$

(3) $C(s) + O_2(g) \rightleftharpoons CO_2(g)$ $\qquad K_3^{\ominus} = \dfrac{p(CO_2)/p^{\ominus}}{p(O_2)/p^{\ominus}}$

由盖斯定律可知

$$\text{反应}(3) = \text{反应}(1) + \text{反应}(2)$$

由标准平衡常数可推出

$$\dfrac{p(CO_2)/p^{\ominus}}{p(O_2)/p^{\ominus}} = \dfrac{p(CO)/p^{\ominus}}{[p(O_2)/p^{\ominus}]^{1/2}} \times \dfrac{p(CO_2)/p^{\ominus}}{[p(CO)/p^{\ominus}] \cdot [p(O_2)/p^{\ominus}]^{1/2}}$$

即

$$K_3^{\ominus} = K_1^{\ominus} \times K_2^{\ominus}$$

由此可见,当几个反应式相加(或相减)得到另一反应式时,其平衡常数等于几个反应平衡常数之积(或商),此规则称为**多重平衡规则**。应用多重平衡规则,可以由若干个已知反应的平衡常数求得某个未知反应的平衡常数,而无须通过实验。

对于同一个化学反应,如果化学反应方程式中的计量数不同,平衡常数的表达式及其数值要有相应的变化,例如

$$N_2(g) + 3H_2(g) \rightleftharpoons 2NH_3(g) \qquad K_1^{\ominus} = \dfrac{[p(NH_3)/p^{\ominus}]^2}{[p(N_2)/p^{\ominus}] \cdot [p(H_2)/p^{\ominus}]^3}$$

$$\frac{1}{2}N_2(g) + \frac{3}{2}H_2(g) \rightleftharpoons NH_3(g) \qquad K_2^{\ominus} = \dfrac{p(NH_3)/p^{\ominus}}{[p(N_2)/p^{\ominus}]^{1/2} \cdot [p(H_2)/p^{\ominus}]^{3/2}}$$

显然,$K_1^{\ominus} = (K_2^{\ominus})^2$ 说明方程式中计量数扩大 n 倍时,反应标准平衡常数 $K^{\ominus}$ 将变成 $(K^{\ominus})^n$。

又如

$$2NH_3(g) \rightleftharpoons N_2(g) + 3H_2(g) \qquad K_3^{\ominus} = \dfrac{[p(N_2)/p^{\ominus}] \cdot [p(H_2)/p^{\ominus}]^3}{[p(NH_3)/p^{\ominus}]^2}$$

$K_1^{\ominus} = \dfrac{1}{K_3^{\ominus}}$,这说明化学反应的平衡常数与其逆反应的平衡常数互为倒数。

4.3 化学反应等温方程式

对于自发进行的化学反应($\Delta_r G_m < 0$),随着反应的进行,产物的浓度(或分压)增加,反应物的浓度(或分压)减小,$\Delta_r G_m$ 的代数值逐渐增大,当 $\Delta_r G_m$ 等于零时,反应宏观上不再进行,即达到平衡状态。用 $\Delta_r G_m^{\ominus}$ 只能判断反应体系中各种物质都处于标准状态时反应自发进行的方向。在非标准状态下,必须用 $\Delta_r G_m$ 判断反应自发进行的方向。在化学热力学中,

恒温恒压、任意状态下的 $\Delta_r G_m$ 可由化学反应等温式(Van't Hoff 等温式)计算：

$$\Delta_r G_m = \Delta_r G_m^\ominus + RT\ln Q \tag{4-4}$$

式中 R 为摩尔气体常数 $8.314\text{J}\cdot\text{K}^{-1}\cdot\text{mol}^{-1}$，$T$ 为热力学温度，Q 是体系在等温下处于任意状态时的反应商。对于反应

$$a\text{A} + b\text{B} \rightleftharpoons g\text{G} + h\text{H}$$

$$Q = \frac{[c(\text{G})/c^\ominus]^g \cdot [c(\text{H})/c^\ominus]^h}{[c(\text{A})/c^\ominus]^a \cdot [c(\text{B})/c^\ominus]^b}$$

Q 与 $K^\ominus$ 表达式相同，只是 Q 中浓度或压强分别是反应在任一时刻的相对浓度或者相对分压。

若体系处于平衡状态，则 $\Delta_r G_m = 0$，亦即 $Q = K^\ominus$，这时

$$\Delta_r G_m^\ominus = -RT\ln K^\ominus = -2.303RT\lg K^\ominus \tag{4-5}$$

将式(4-5)代入式(4-4)得

$$\Delta_r G_m = -RT\ln K^\ominus + RT\ln Q = RT\ln\frac{Q}{K^\ominus} \tag{4-6}$$

式(4-5)表示在等温下标准平衡常数 $K^\ominus$ 与 $\Delta_r G_m^\ominus$ 和 T 之间的关系，由此可以求算化学反应标准平衡常数。反应自发进行的方向除了用 $\Delta_r G_m$ 来判断外，亦可用某一时刻的反应商 Q 与相同温度时标准平衡常数 $K^\ominus$ 比较来进行判断，由式(4-6)可得

$$\begin{aligned}&\text{若 } Q < K^\ominus,\text{则 } \Delta_r G_m < 0 \quad \text{自发}\\ &\text{若 } Q = K^\ominus,\text{则 } \Delta_r G_m = 0 \quad \text{平衡}\\ &\text{若 } Q > K^\ominus,\text{则 } \Delta_r G_m > 0 \quad \text{非自发}\end{aligned} \tag{4-7}$$

例 4-2 设一反应体系中有 $H_2(g)$，$H_2O(g)$，$CO(g)$ 和 $CO_2(g)$。试通过计算说明在 298.15K 时，反应 $H_2(g) + CO_2(g) = H_2O(g) + CO(g)$ 将向哪个方向进行？

(1) 标准状态下；
(2) 某一状态下 $p_{H_2} = 4\times10^5\text{Pa}$，$p_{CO_2} = 5\times10^4\text{Pa}$，$p_{H_2O} = 2\times10^2\text{Pa}$，$p_{CO} = 5\times10^2\text{Pa}$。

解：查附表 1 得

$$\Delta_f G_m^\ominus(CO_2,g) = -394.4\text{kJ}\cdot\text{mol}^{-1}$$
$$\Delta_f G_m^\ominus(H_2O,g) = -228.6\text{kJ}\cdot\text{mol}^{-1}$$
$$\Delta_f G_m^\ominus(CO,g) = -137.2\text{kJ}\cdot\text{mol}^{-1}$$

(1) 根据

$$\Delta_r G_m^\ominus = \sum n_{\text{产物}}\Delta_f G_m^\ominus(\text{产物}) - \sum n_{\text{反应物}}\Delta_f G_m^\ominus(\text{反应物})$$

得

$$\Delta_r G_m^\ominus = 28.6(\text{kJ}\cdot\text{mol}^{-1}) > 0$$

标准状态下反应向逆反应方向进行。

(2)

$$Q = \frac{[p(H_2O)/p^\ominus]\cdot[p(CO)/p^\ominus]}{[p(H_2)/p^\ominus]\cdot[p(CO_2)/p^\ominus]} = \frac{(2\times10^2/10^5)(5\times10^2/10^5)}{(4\times10^5/10^5)(5\times10^4/10^5)} = 5\times10^{-6}$$

$$\begin{aligned}\Delta_r G_m &= \Delta_r G_m^\ominus + RT\ln Q = 28.6 + 8.314\times10^{-3}\times298.15\times\ln(5\times10^{-6})\\ &= -1.7(\text{kJ}\cdot\text{mol}^{-1})\end{aligned}$$

在标准状态，$\Delta_rG_m^\ominus>0$，正反应不能自发进行，而逆反应可以自发进行。在指定的状态下，$\Delta_rG_m<0$，正反应可以自发进行。

4.4 化学平衡的移动

1854年法国化学家勒夏特列(Le Chatelier)提出了著名的化学平衡移动原理：对于平衡状态的体系，如果改变影响平衡的一个外界条件(如浓度、压强、温度)，平衡就向能够减弱这种改变的方向移动。根据这一原理可以预测各种条件变化对于化学平衡的影响。在化学反应中，为寻求最佳条件提供了理论基础。如上所述，从质的变化角度，化学平衡是可逆反应的正、逆反应速率相等时的状态；从能量变化角度，可逆反应达平衡时 $\Delta_rG_m=0$。

4.4.1 浓度对化学平衡的影响

某一温度下，当某一化学反应达到平衡时，如果增加反应物的浓度或减少生成物的浓度，则此时 Q 减小，所以 $Q<K^\ominus$，由式(4-6)可见，反应向正方向移动。随着反应的进行 Q 增大，直至 Q 重新等于 $K^\ominus$，体系又建立起新的平衡。反之，如果减少反应物的浓度或增加生成物的浓度，则 $Q>K^\ominus$，平衡向逆方向移动。

4.4.2 压强对化学平衡的影响

对于有气态物质参加或生成的可逆反应，在恒温条件下，改变体系的压强，常常会引起化学平衡的移动。

(1) 对反应方程式两边气体分子总数不等的反应(亦即 $\Delta n_g\neq 0$)，压力对化学平衡的影响如表4-1所示。

表4-1 压强对化学平衡的影响

	$\Delta n_g>0$ (气体分子总数增加的反应)	$\Delta n_g<0$ (气体分子总数减少的反应)
压缩体积以增加 体系总压强	$Q>K^\ominus$ 平衡向逆反应方向移动	$Q<K^\ominus$ 平衡向正反应方向移动
	增加压强平衡向气体分子总数减少的方向移动(反之，相反)	

(2) 对反应方程式两边气体分子总数相等的反应($\Delta n_g=0$)，体系总压强的改变，同等程度地改变反应物和生成物的分压(降低或增加同等倍数)，Q 值不变(仍等于 $K^\ominus$)，故平衡不发生影响。

(3) 加入与反应体系无关的气体(指不参加反应的气体)，对化学平衡是否有影响，要视反应具体条件而定：恒温、恒容条件下，由于反应体系中各气体的分压不变，所以对化学平衡无影响；恒温、恒压条件下，无关气体的引入，反应体系体积的增大，造成各组分气体分压的减小，化学平衡向气体分子总数增加的方向移动。

4.4.3 温度对化学平衡的影响

对于化学反应,$\Delta_r H_m^\ominus$ 和 $\Delta_r S_m^\ominus$ 随温度变化不大,而 $\Delta_r G_m^\ominus$ 受温度影响比较大。由吉布斯-亥姆霍兹方程可知

$$\Delta_r G_m^\ominus = \Delta_r H_m^\ominus - T\Delta_r S_m^\ominus$$

而

$$\Delta_r G_m^\ominus = -RT\ln K^\ominus$$

所以

$$-RT\ln K^\ominus = \Delta_r H_m^\ominus - T\Delta_r S_m^\ominus$$

$$\ln K^\ominus(T) = \frac{\Delta_r S_m^\ominus(T)}{R} - \frac{\Delta_r H_m^\ominus(T)}{RT}$$

或者

$$\ln K^\ominus(T) \approx \frac{\Delta_r S_m^\ominus(298.15K)}{R} - \frac{\Delta_r H_m^\ominus(298.15K)}{RT} \tag{4-8}$$

式(4-8)说明 $\ln K^\ominus(T)$ 与 $1/T$ 呈线性关系。设某一可逆反应,在温度为 T_1,T_2 时,对应的平衡常数为 $K_1^\ominus$ 和 $K_2^\ominus$,代入上式中,即得

$$\ln K_1^\ominus \approx \frac{\Delta_r S_m^\ominus(298.15K)}{R} - \frac{\Delta_r H_m^\ominus(298.15K)}{RT_1}$$

或

$$\ln K_2^\ominus \approx \frac{\Delta_r S_m^\ominus(298.15K)}{R} - \frac{\Delta_r H_m^\ominus(298.15K)}{RT_2}$$

将上两式相减即得

$$\ln \frac{K_2^\ominus}{K_1^\ominus} = \frac{\Delta_r H_{m,298}^\ominus}{R}\left(\frac{T_2-T_1}{T_1 T_2}\right) \tag{4-9}$$

式(4-9)不仅更清楚地表示出 $K^\ominus$ 与 T 的变化关系,而且还可以看出其变化关系和反应焓变($\Delta_r H_m^\ominus$)有关,如表4-2所示。即升高温度平衡向吸热反应方向移动,降低温度平衡向放热反应方向移动。

表4-2 温度对化学平衡的影响

	$\Delta_r H_m^\ominus < 0$(放热)	$\Delta_r H_m^\ominus > 0$(吸热)
T 升高	$K^\ominus$ 变小,平衡向逆反应移动	$K^\ominus$ 增大,平衡向正反应移动
T 降低	$K^\ominus$ 增大,平衡向正反应移动	$K^\ominus$ 变小,平衡向逆反应移动

例 4-3 已知

$$N_2(g) + 3H_2(g) \Longleftrightarrow 2NH_3(g) \quad \Delta_r H_m^\ominus(298K) = -92.2 \text{kJ} \cdot \text{mol}^{-1}$$

$K^\ominus(298K) = 6.0 \times 10^5$。求合成氨反应在673K的标准平衡常数。

解:由公式有

$$\ln \frac{K^\ominus(673K)}{K^\ominus(298K)} = \ln \frac{K^\ominus(673K)}{6.0 \times 10^5} = \frac{-92200}{8.314}\left(\frac{673-298}{298 \times 673}\right) = -20.7$$

$$\frac{K^\ominus(673K)}{K^\ominus(298K)} = 9.9 \times 10^{-10}$$

$$K^\ominus(673K) = 5.9 \times 10^{-4}$$

*4.5　合成氨反应机理

瑞典皇家科学院诺贝尔奖委员会 2007 年 10 月 10 日宣布,将 2007 年度诺贝尔化学奖授予德国马普(Max-Planck)学会弗里茨-哈伯(Fritz-Haber)研究所格哈特·埃特尔(Gerhard Ertl)教授,以表彰他在固体表面化学过程研究领域获得的开拓性成就。理由是自第一次世界大战以来,人类就开始应用哈伯-博施(Harber-Bosch)法合成氨,但是没有人能解释合成过程的作用机理。埃特尔成功揭示了氢原子、氮原子与金属催化剂表面的作用过程,解答了这个遗留 60 多年的谜题。合成氨领域的研究已经催生了 3 位诺贝尔化学奖得主。1918 年,德国化学家弗里茨·哈伯因为发明合成
氨方法而获得诺贝尔化学奖。1931 年,卡尔·博施因改进合成氨方法获得诺贝尔化学奖。格哈德·埃特尔发现了哈伯-博施法合成氨的作用机理,并以此为开端推动了表面化学动力学的发展。这也是合成氨研究领域诞生的第三位诺贝尔奖得主。埃特尔开创的一系列研究方法,为催化反应和表面化学领域的研究者广泛使用,并创造了巨大的工业和经济效益。另外,埃特尔的另一个重要贡献是解释了一氧化碳在金属铂催化剂表面转化为二氧化碳的化学机理,该反应主要发生在汽车尾气的催化中以过滤汽车产生的废气。

$$N_2 + H_2 \xrightarrow{\text{铁催化剂}} NH_3$$

$$CO\text{、氮氧化物、烃类} \xrightarrow{\text{贵金属催化剂}} CO_2\text{、}H_2O\text{、}N_2$$

表面科学和合成氨反应机理

合成氨是一个可逆反应,并且是多相催化反应,在这个过程中,空气中的氮气被分离并转化为生产化肥所需要的氨。20 世纪初,合成氨催化剂的发现不仅启动了现代化学工业,也宣告了现代农业的到来。多年来相关的科学研究给出的最肯定的结论是合成氨反应的速控步骤是氮气在催化剂表面的化学吸附,而表面吸附氮物种是氮分子还是氮原子都没有定

论。埃特尔利用多种现代表面科学研究技术系统研究了哈伯-博施法合成氨过程的模型催化体系,通过光电子能谱证实了在洁净的铁表面存在 N 原子,并推断出表面上可能的 Fe-N 结构模型。在催化剂铁表面发现了氮原子,确定了合成氨反应第一步是 N_2 分子和 H_2 分子吸附在催化剂表面,吸附氮原子(N_{ad})和氢原子(H_{ad})是反应活性物种。但在当时最有争议的是 N_2 分子在催化剂表面能否解离,因为 N_2 分子的三重键键能很大

(946kJ/mol),很难想象表面原子的相互作用能够使 N_2 分子的三重键断裂,解离成氮原子。即使能量上是允许的,那也需要克服很大的能垒。埃特尔利用多种谱学技术鉴定了合成氨过程中全部的反应中间物种,并确定了合成氨过程中能量变化,如图 4-1 所示。

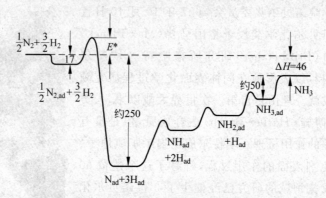

图 4-1 合成氨反应过程中的能量变化(单位:kJ/mol)

埃特尔提出并且用实验证明了合成氨催化反应机理,他认为氢气和氮气首先吸附在催化剂表面,然后解离成氢原子和氮原子,吸附在催化剂表面的氮原子和氢原子逐渐结合生成氨气,氨气再脱离催化剂表面。在通常条件下(温度≥400℃),吸附在铁表面的 NH_3 只需要获得很小的能量(<75kJ/mol)就足以脱附。反应机理如下:

$$N_2 \rightleftharpoons N_{2,吸附} \longrightarrow 2N_{吸附}$$
$$H_2 \rightleftharpoons 2H_{吸附}$$
$$N_{吸附} + H_{吸附} \rightleftharpoons NH_{吸附}$$
$$NH_{吸附} + H_{吸附} \rightleftharpoons NH_{2,吸附}$$
$$NH_{2,吸附} + H_{吸附} \rightleftharpoons NH_{3,吸附}$$
$$NH_{3,吸附} \rightleftharpoons NH_3$$

埃特尔教授也为我国表面化学和催化研究队伍的培养和发展做出了重要贡献。埃特尔教授分别从 1998 年和 1997 年开始担任中国催化基础国家重点实验室国际顾问和《催化学报》顾问,与大连化学物理研究所等单位长期保持着密切的学术联系。

本 章 小 结

本章重点讲述了化学平衡的基本概念和化学平衡原理,介绍了浓度平衡常数、压强平衡常数和标准平衡常数,以及化学反应等温方程式,浓度、压强及温度对平衡的影响和勒夏特列原理。

(1) 化学反应等温式:
$$\Delta_r G_m = \Delta_r G_m^\ominus + RT\ln Q$$

(2) $K^\ominus$ 与 $\Delta_r G_m^\ominus$ 的关系:
$$\Delta_r G_m^\ominus = -RT\ln K^\ominus$$

(3) 反应方向除用 $\Delta_r G_m$ 判断外,还可用反应商 Q 与标准平衡常数 $K^\ominus$ 比较来进行判断：

若 $Q<K^{\ominus}$，则 $\Delta_r G_m<0$　　自发

若 $Q=K^{\ominus}$，则 $\Delta_r G_m=0$　　平衡

若 $Q>K^{\ominus}$，则 $\Delta_r G_m>0$　　非自发

（4）温度对化学平衡常数的影响：

$$\ln\frac{K_2^{\ominus}}{K_1^{\ominus}}=\frac{\Delta_r H_{m,298}^{\ominus}}{R}\left(\frac{T_2-T_1}{T_1T_2}\right)$$

（5）合成氨的反应是多相催化反应，并且是可逆平衡反应过程。格哈特·埃特尔研究了合成氨反应过程中的能量变化，并且提出在催化剂表面的吸附氮原子（N_{ad}）和氢原子（H_{ad}）是反应活性物种，氮气在催化剂表面解离是催化反应速控步骤，吸附的氮原子逐步加氢最终生成氨分子。

问题与习题

4-1　简单叙述化学反应平衡状态及平衡特点。

4-2　什么是化学反应的实验平衡常数、标准平衡常数？两者在意义和用途上有何异同？对于有气相和液相同时参与的反应，标准平衡常数如何计算？

4-3　什么是化学反应等温式？如何由化学反应等温式推导出公式：

$$\Delta_r G_m^{\ominus}=-RT\ln K^{\ominus} \quad 和 \quad \Delta_r G_m=RT\ln\frac{Q}{K^{\ominus}}$$

4-4　反应物浓度和外界压力如何影响化学平衡？如何将体积对化学平衡的影响归结为浓度和压强的影响？

4-5　如何推导出温度与平衡常数关系的公式：

$$\ln\frac{K_2^{\ominus}}{K_1^{\ominus}}=\frac{\Delta_r H_m^{\ominus}}{R}\cdot\frac{T_2-T_1}{T_1T_2}$$

用该公式讨论温度对化学平衡的影响。

4-6　在某温度下，反应 $CO(g)+H_2O(g)\rightleftharpoons H_2(g)+CO_2(g)$ 的 $K_c=9$，若 CO 和 H_2O 的起始浓度皆为 $0.02\text{mol}\cdot L^{-1}$，求 CO 的平衡转化率。

4-7　某温度时，反应 $H_2(g)+I_2(g)\rightleftharpoons 2HI(g)$ 的 $K_p=500$，试求该温度时反应 $2HI(g)\rightleftharpoons H_2(g)+I_2(g)$ 的 K_p，并计算 HI 的离解率。

4-8　某温度下，反应 $H_2(g)+Br_2(g)\rightleftharpoons 2HBr(g)$ 的 $K^{\ominus}=8.10\times 10^3$，试求 $H_2(g)$ 和 $Br_2(g)$ 的起始浓度各为 $1.00\text{mol}\cdot L^{-1}$ 和 $H_2(g)$ 和 $Br_2(g)$ 的起始浓度分别为 $10.00\text{mol}\cdot L^{-1}$ 和 $1.00\text{mol}\cdot L^{-1}$ 时，Br_2 的转化率。

4-9　某温度下，反应 $N_2(g)+3H_2(g)\rightleftharpoons 2NH_3(g)$ 的 $K^{\ominus}=0.77$，试用计算结果判断，当 $c(N_2)=0.81\text{mol}\cdot L^{-1}$、$c(H_2)=0.32\text{mol}\cdot L^{-1}$、$c(NH_3)=0.15\text{mol}\cdot L^{-1}$ 时，反应进行的方向。

4-10　反应 $3H_2(g)+N_2(g)\rightleftharpoons 2NH_3(g)$ 在 200℃ 时的平衡常数 $K_1^{\ominus}=0.64$，在 400℃ 时的平衡常数 $K_2^{\ominus}=6.0\times 10^{-4}$，据此求该反应的标准摩尔反应热 $\Delta_r H_m^{\ominus}$ 和 $NH_3(g)$ 的标准摩

尔生成热 $\Delta_f H_m^\ominus$。

4-11 根据下列热力学数据计算 Br_2 的沸点：

	$Br_2(l)$	$Br_2(g)$
$\Delta_f H_m^\ominus/(kJ \cdot mol^{-1})$	0	30.907
$S_m^\ominus/(J \cdot mol^{-1} \cdot K^{-1})$	152.23	245.354

4-12 密闭容器中一定量的氯化铵受热分解
$$NH_4Cl(s) \rightleftharpoons NH_3(g) + HCl(g),$$
$$\Delta_r H_m^\ominus = 161 kJ \cdot mol^{-1},$$
$$\Delta_r S_m^\ominus = 250 J \cdot mol^{-1} \cdot K^{-1},$$
求在 700K 达到平衡时体系的总压。

4-13 反应 $2NaHCO_3(s) \rightleftharpoons Na_2CO_3(s) + CO_2(g) + H_2O(g)$ 的标准摩尔反应热为 $1.29 \times 10^2 kJ \cdot mol^{-1}$。若 303K 时 $K^\ominus = 1.66 \times 10^{-5}$，试计算 393K 的 $K^\ominus$。

4-14 $1.013 \times 10^5 Pa$ 时水的沸点为 373K，若水的汽化热为 $44.0 kJ \cdot mol^{-1}$，试给出水的饱和蒸气压 p 与热力学温度 T 的函数关系式。

4-15 在一定温度和压力下，一定量的 $PCl_5(g)$ 有 50% 解离为 $PCl_3(g)$ 和 $Cl_2(g)$ 时达到平衡，总体积为 1L。试判断下列条件下，$PCl_5(g)$ 的解离度是增大、减小还是不变：
(1) 减压使总体积变为 2L；
(2) 保持压强不变，加入氮气使体积增至 2L；
(3) 保持体积不变，加入氮气使压强增加 1 倍；
(4) 保持压强不变，加入氯气使体积变为 2L；
(5) 保持体积不变，加入氯气使压强增加 1 倍。

4-16 通过标准生成吉布斯自由能，计算 298K 温度下，过氧化氢分解反应的标准摩尔吉布斯自由能变化，并求 298K 时反应的标准平衡常数：
$$H_2O_2(l) \rightleftharpoons H_2O(l) + \frac{1}{2}O_2(g)$$

4-17 已知水在 101325Pa 下的沸点为 100.0℃，在 100.0℃ 时水的汽化热为 $41.0 kJ \cdot mol^{-1}$，求水在 100kPa(1bar) 压强下的沸点。

第 5 章 化学动力学基础

化学热力学成功地预测了化学反应自发进行的方向。如金属钾和水的反应：

$$2K(s) + 2H_2O(l) \rightleftharpoons 2K^+(aq) + 2OH^-(aq) + H_2(g)$$

$$\Delta_r G_m^\ominus = -404.82 \text{kJ} \cdot \text{mol}^{-1}$$

可见,在标准状态下此反应是自发的。事实上该反应不仅自发进行,而且反应进行得十分迅速剧烈,以至于钾在水中燃烧生成火焰。又如,炸药的爆炸、活泼金属与活泼的非金属的化合、溶液中酸与碱的中和以及溶液中的沉淀反应等,均为热力学上的自发反应,且几乎都是瞬时完成的。与此相反,有些反应,从热力学上看是自发的,但由于反应速率太慢,几乎观测不出反应的进行,如反应

$$H_2(g) + \frac{1}{2}O_2(g) \rightleftharpoons H_2O(g) \quad \Delta_r G_{m,298.15}^\ominus = -228.59 \text{kJ} \cdot \text{mol}^{-1}$$

$\Delta_r G_m^\ominus$ 为负值,表明此反应可自发进行。但当把氢气和氧气的混合物于常温常压下放置若干年也观测不出任何变化。又如,一些有机化合物的酯化和硝化反应、食物的腐败、钢铁的生锈以及岩石的风化等,均为反应速率较慢的反应。我们说这一类反应是动力学控制的反应,像前面那些反应是热力学控制的反应。

研究化学反应速率有着重要的实际意义。若炸药爆炸的速率不快,水泥的硬结速率很慢,那么它们就不会有现在这样大的用途了。相反,如果橡胶迅速老化变脆,钢铁很快被腐蚀,那么它们就失去了应用价值。研究反应速率对生产和人类生活都是十分重要的。通过这一研究工作,人们有可能控制反应速率以加速生产过程或延长产品的使用寿命。

本章首先介绍化学反应速率的表示,进而讨论浓度、温度和催化剂等对反应速率的影响。

5.1 化学反应速率

5.1.1 反应速率的表示方法

为了比较反应快慢,首先要明确怎样表示反应速率。在化学动力学中,某一时刻的反应速率 J 总是用单位时间内反应物或生成物的物质的量的改变量或浓度的改变量来表示的。其数学表达式为

$$J = \nu_i^{-1} \frac{dn_i}{dt} \tag{5-1}$$

J 为用单位时间内物质的量的改变量表示的反应速率;dn_i/dt 是组分 i 的物质的量随时间的变化率,对反应物此值是负值,对产物是正值;ν_i 为组分 i 的化学计量系数,对反应物 ν_i 取负值,对产物 ν_i 取正值。可见反应速率 J 均为正值,且与组分 i 的选择无关。

对于反应

$$aA + bB \longrightarrow eE + fF$$

其反应速率可表示成

$$J = \frac{1}{-a}\frac{dn_A}{dt} = \frac{1}{-b}\frac{dn_B}{dt} = \frac{1}{e}\frac{dn_E}{dt} = \frac{1}{f}\frac{dn_F}{dt}$$

也常用平均反应速率 $\bar{J}$ 来表示,即在单位时间内组分 i 的物质的量的变化:

$$\bar{J} = \nu_i^{-1}\frac{\Delta n_i}{\Delta t} \tag{5-2}$$

如果反应在恒定的体积 V 内进行,式(5-1)除以 V 可得

$$v = \frac{J}{V} = \nu_i^{-1}\frac{dn_i/V}{dt} = \nu_i^{-1}\frac{dc_i}{dt} \tag{5-3}$$

v 为用单位时间内物质的量浓度的改变量表示的反应速率;dc_i/dt 是组分 i 的浓度 c_i 随时间的变化率。其相应的平均反应速率为

$$\bar{v} = \nu_i^{-1}\frac{\Delta c_i}{\Delta t} \tag{5-4}$$

例如,在给定条件下,氢与氮在密闭容器中合成氨的反应:

		$N_2(g)$	$+3H_2(g)$	$\Longrightarrow 2NH_3(g)$
起始	$c_1/\text{mol}\cdot\text{L}^{-1}$	1.0	3.0	0
2h 后	$c_2/\text{mol}\cdot\text{L}^{-1}$	0.8	2.4	0.4
	$\Delta c/\text{mol}\cdot\text{L}^{-1}$	-0.2	-0.6	0.4
	ν_i	-1	-3	2
	$\Delta t/\text{h}$	2	2	2
	$\bar{v}/\text{mol}\cdot\text{L}^{-1}\cdot\text{h}^{-1}$	0.1	0.1	0.1

对于恒容下的气相反应,也可以用反应中某组分气体的分压随时间的变化率来表示。其平均反应速率表示成:

$$\overline{v'} = \nu_i^{-1}\frac{\Delta p_i}{\Delta t} \tag{5-5}$$

思考题:对于某恒容下的气相反应,分别用物质的量浓度随时间的变化和用分压随时间的变化来表示平均反应速率时,它们的数值是否相等?两者有何关系?

5.1.2 反应速率的测量

欲确定反应速率(v),需测量不同时刻某一反应物(或产物)的浓度,绘制浓度随时间的变化曲线,从中求出某一时刻曲线的斜率(dc_i/dt),此斜率再乘以 ν_i^{-1} 即为该反应在此时的反应速率。

反应速率的测量关键是测量反应物(或产物)的浓度。确定测量浓度的方法,必须考虑反应本身的快慢。例如,某反应在 1s(甚至 1ms)内反应就完成,若使用普通的浓度滴定的方法,就没有意义。对于那些快反应,常采用光谱法、超声法、闪光光解法和核磁共振法等。激光的采用已使观测的时间标度降至 1fs(10^{-15}s)。对于那些较慢的反应,传统的滴定方法

仍然非常有用。在一系列的时间间隔里,取出一定反应混合物,并迅速地加以稀释,使反应停下来(速度降到可以忽略不计),然后再用适当的滴定剂,对每个样品进行滴定。或者通过测量反应体系 pH 的变化来确定溶液中 H^+ 浓度的变化;通过测量溶液电导率来确定溶液中电解质离子产生或消失情况;通过测定体系压强(或体积)来确定气体变化情况等。总之,反应速率的测量要根据具体情况出发,采用合适的办法,才能得到满意的结果。

5.2 浓度对反应速率的影响——速率方程

反应速率取决于反应物的浓度(或分压)、温度、催化剂以及固体的分散情况等。

首先讨论反应物浓度对反应速率的影响,后面再讨论其他因素的影响。

5.2.1 反应速率方程(微分式)

1. 反应速率方程

物质在纯氧气中燃烧要比在空气中燃烧猛烈得多,这是因为,在相同温度下,纯氧的浓度约是空气中氧气浓度的 5 倍。那么,反应物的浓度究竟如何影响反应速率呢?我们用如下反应式进行讨论:

$$a\mathrm{A} + b\mathrm{B} + \cdots \longrightarrow e\mathrm{E} + f\mathrm{F} + \cdots$$

实践证明,反应速率与反应物浓度呈如下函数关系:

$$v = \nu_i^{-1}\frac{\mathrm{d}c_i}{\mathrm{d}t} = k[c(\mathrm{A})]^x[c(\mathrm{B})]^y\cdots \tag{5-6}$$

式中,k——反应速率常数;

x——反应物 A 的级数;

y——反应物 B 的级数;

$x+y+\cdots$——反应的(总)级数。

式(5-6)称为反应速率方程(微分式)。

指数 x,y 通常数值很小,可为正整数、分数、零或负数。一般 $x\neq a,y\neq b$,如果 $x=1$,我们说反应对 A 为一级反应;如果 $y=2$,则反应对 B 是二级反应等。如果 $x+y=3$,则反应是三级反应。k 称为反应速率常数,k 值的大小与反应有关,还与反应的温度,是否有催化剂等有关。k 的单位与反应的级数有关。

对于基元反应(即一步完成的简单反应),式(5-6)中 $x=a,y=b$,所以对于基元反应来说,可立即写出反应速率方程:

$$v = k[c(\mathrm{A})]^a[c(\mathrm{B})]^b\cdots \tag{5-7}$$

式(5-7)叫质量作用定律。质量作用定律只适用于基元反应。对于复杂反应(非基元反应)则需要通过实验测定 x 与 y 的值,来确定反应级数。

在式(5-6)中,当 $c(\mathrm{A})=c(\mathrm{B})=\cdots=1\mathrm{mol}\cdot\mathrm{L}^{-1}$ 时,

$$v = k$$

可见反应速率常数 k 数值上等于所有反应物均为单位浓度时的反应速率。反应速率常数 k 的单位与反应级数有关,见表 5-1。

表 5-1　反应速率常数 k 的单位

级数	速率方程	k 的单位	
零	$v=kc^0=k$	$mol \cdot L^{-1} \cdot s^{-1}$	浓度$^1 \cdot$时间$^{-1}$
一	$v=kc^1$	s^{-1}	浓度$^0 \cdot$时间$^{-1}$
二	$v=kc^2$	$(mol \cdot L^{-1})^{-1} \cdot s^{-1}$	浓度$^{-1} \cdot$时间$^{-1}$
三	$v=kc^3$	$(mol \cdot L^{-1})^{-2} \cdot s^{-1}$	浓度$^{-2} \cdot$时间$^{-1}$

2. 反应级数的实验测定——初始速率法

对一般的化学反应,反应速率与某物种浓度的关系,不能直接从化学反应的计量系数获得,通常由实验方法测定。最简单的方法是初始速率法,即通过配制不同的反应物浓度,测量它们刚刚开始时的反应速率的方法。由于反应刚刚开始,逆反应和其他副反应干扰较小,可以较真实地反映出反应物浓度对反应速率的影响。

例 5-1　对于一氧化氮与氯气反应生成亚硝酰氯的反应:

$$2NO(g) + Cl_2(g) \Longleftrightarrow 2NOCl(g)$$

测得数据如下:

实验编号	初始反应物浓度/(mol·L^{-1})		初始速率/(mol·L^{-1}·s^{-1})
	NO	Cl$_2$	
1	0.10	0.10	0.117
2	0.20	0.10	0.468
3	0.30	0.10	1.054
4	0.30	0.20	2.107
5	0.30	0.30	3.161

求:(1) 反应级数;

(2) 反应速率常数 k;

(3) $c(NO)=c(Cl_2)=0.50 mol \cdot L^{-1}$ 时反应速率。

解:(1) 由反应速率方程可写出

$$v = k[c(NO)]^x \cdot [c(Cl_2)]^y$$

如果比较实验 1 和实验 2,当 NO 浓度增加 1 倍对反应速率的影响,它们的反应速率之比为

$$\frac{v_2}{v_1} = \frac{k[c(NO)]_2^x \cdot [c(Cl_2)]_2^y}{k[c(NO)]_1^x \cdot [c(Cl_2)]_1^y}$$

即

$$\frac{0.468}{0.117} = \frac{(0.20)^x \cdot (0.10)^y}{(0.10)^x \cdot (0.10)^y}$$

$$2^x = 2^2$$

因此

$$x = 2$$

反应对 NO 为二级,即 NO 的浓度增大到 2 倍,反应速率增大到 4 倍。再比较实验 3 和实验 4:

$$\frac{v_4}{v_3} = \frac{k[c(NO)]_4^x \cdot [c(Cl_2)]_4^y}{k[c(NO)]_3^x \cdot [c(Cl_2)]_3^y}$$

$$\frac{2.107}{1.054} = \frac{(0.30)^x \cdot (0.20)^y}{(0.30)^x \cdot (0.10)^y}$$

$$2^y = 2$$

因此

$$y = 1$$

说明反应对 Cl_2 为一级,即 Cl_2 的浓度增大到 2 倍,反应速率也增大到 2 倍。

用实验 1 与实验 3 及实验 5 与实验 3 求得结果与上面一致,反应对 NO 为二级,对 Cl_2 为一级,总级数为三级。

(2) 将表中任一组数据代入反应速率方程,可得反应速率常数 k,如由实验 1:

$$v_1 = k[c(NO)]_1^2 \cdot [c(Cl_2)]_1^1$$

$$0.117 = k(0.10)^2 \cdot (0.10)^1$$

$$k = 117 (\text{mol} \cdot L^{-1})^{-2} \cdot s^{-1}$$

$$= 117 \text{mol}^{-2} \cdot L^2 \cdot s^{-1}$$

(3) 当 $c(NO) = c(Cl_2) = 0.50$ 时

$$v = 117 \cdot (0.50)^2 \cdot (0.50)^1 = 14.625 (\text{mol} \cdot L^{-1} \cdot s^{-1})$$

思考题:上例题表明,实验结果反应级数与化学反应方程式中化学计量系数相同,能否说上反应是简单反应(或基元反应)?

5.2.2 浓度与时间的关系——反应速率方程(积分式)

1. 零级反应

所谓零级反应就是反应速率与反应物浓度的零次方(即与反应物的浓度无关)成正比。零级反应较少。一些发生在固体表面上的反应属零级反应。如氨在钨(W)催化剂表面上分解反应:

$$NH_3(g) \xrightarrow{W\text{ 催化}} \frac{1}{2}N_2(g) + \frac{3}{2}H_2(g)$$

就是零级反应。

若对于一个(单一反应物)零级反应:

$$A \longrightarrow 产物$$

有

$$-\frac{dc(A)}{dt} = k[c(A)]^0 = k = 常数$$

$$dc(A) = -kdt$$

式中,k 为零级反应速率常数。

对上式两边积分:$t=0$ 时 $c(A) = c(A)_0$;时间为 t 时,$c(A) = c(A)_t$,得

$$c(A)_t = c(A)_0 - kt \tag{5-8}$$

可见,零级反应的反应物浓度 $c(A)_t$ 与时间 t 呈直线关系,直线的斜率为 $-k$。

当剩余反应物的浓度为起始浓度的一半时:$c(A)_t = \frac{1}{2}c(A)_0$,反应的时间为 $t_{1/2}$,称半衰期,由式(5-8)得

$$t_{1/2} = \frac{c(A)_0}{2k} \tag{5-9}$$

所以零级反应的半衰期与反应物的初始浓度成正比。

2. 一级反应

一级反应就是反应速率与反应物浓度的一次方成正比。大多数的放射性衰变、一般的热分解反应以及分子重排等，都是常见的一级反应，例如：

$$2N_2O_5(g) \longrightarrow 4NO_2(g) + O_2(g) \qquad v = kc(N_2O_5)$$

$$H_2O_2(aq) \longrightarrow H_2O(l) + \frac{1}{2}O_2(g) \qquad v = kc(H_2O_2)$$

对于一个（单一反应物）一级反应：

$$A \longrightarrow 产物$$

则

$$-\frac{dc(A)}{dt} = kc(A)$$

即

$$-\frac{dc(A)}{c(A)} = k\,dt$$

式中，k——一级反应速率常数。

两边积分：

$$-\int_{c(A)_0}^{c(A)_t} \frac{dc(A)}{c(A)} = \int_0^t k\,dt$$

得

$$\ln\frac{c(A)_t}{c^\ominus} = \ln\frac{c(A)_0}{c^\ominus} - kt$$

或

$$\begin{cases} \ln\dfrac{c(A)_t}{c(A)_0} = -kt \\ \lg\dfrac{c(A)_t}{c(A)_0} = -\dfrac{kt}{2.303} \end{cases} \tag{5-10}$$

可见，一级反应中，反应物浓度的对数与时间 t 呈直线关系。表 5-2 列出了典型一级反应的参数。

表 5-2　一些典型的一级反应的半衰期及速率常数

反　　应	半衰期 $t_{1/2}$	速率常数 k/s^{-1}
$^{238}_{92}\text{U}$ 的放射性衰变	4.51×10^9 a	4.87×10^{-18}
$^{14}_{6}\text{C}$ 的放射性衰变	5.73×10^3 a	3.83×10^{-12}
$^{32}_{15}\text{P}$ 的放射性衰变	14.3 d	5.61×10^{-7}
$C_{12}H_{22}O_{11}$（蔗糖，aq）$+ H_2O(l) \xrightarrow{15℃}$ $C_6H_{12}O_6$（葡萄糖，aq）$+ C_6H_{12}O_6$（果糖，aq）	8.4 h	2.3×10^{-5}
$(CH_2)_2O$（环氧乙烷，g）$\xrightarrow{415℃} CH_4(g) + CO(g)$	56.3 min	2.05×10^{-4}
$2N_2O_5 \xrightarrow[45℃]{CCl_4} 2N_2O_4 + O_2(g)$	18.6 min	6.21×10^{-4}
$CH_3COOH(aq) \longrightarrow H^+(aq) + CH_3COO^-(aq)$	8.9×10^{-7} s	7.8×10^5

说明：数据摘自 Ralph H. Petrucci et al. General Chemistry Principles and Modern Applications, Eighth Edition（影印版）.北京：高等教育出版社，2004。

若 A 为气体,由 $pV=nRT$ 可得 $c=\dfrac{n}{V}=\dfrac{p}{RT}$,代入式(5-10)得

$$\ln\dfrac{p(A)_t}{p(A)_0}=-kt \tag{5-11}$$

当反应物的浓度降到初始浓度的一半时:$c(A)_t=\dfrac{1}{2}c(A)_0$,所用时间 $t=t_{1/2}$,将其代入式(5-10)得

$$t_{1/2}=\dfrac{\ln 2}{k_1}=\dfrac{0.693}{k_1} \tag{5-12}$$

因此,一级反应的半衰期 $t_{1/2}$ 是一个常数,它与反应物的初始浓度无关。

例 5-2 过氧化氢分解成水和氧气的反应是一级反应:

$$H_2O_2(aq) \longrightarrow H_2O(l)+\dfrac{1}{2}O_2(g)$$

已知反应速率常数为 0.0410min^{-1},求:

(1) 若 $c(H_2O_2)_0=0.500 \text{mol} \cdot L^{-1}$,$10.0\text{min}$ 后,$c(H_2O_2)$ 是多少?

(2) H_2O_2 分解一半所需时间。

解:(1) 由式(5-10):

$$\ln\dfrac{c(A)_t}{c(A)_0}=-kt$$

将 $c(A)_0=c(H_2O_2)_0=0.500\text{mol} \cdot L^{-1}$,$t=10.0\text{min}$,$k=0.0410\text{min}^{-1}$ 代入上式得

$$\ln\dfrac{c(A)_{10}}{0.500}=-0.0410\times 10=-0.410$$

$$\dfrac{c(A)_{10}}{0.500}=0.6637$$

所以

$$c(A)_{10}=0.332(\text{mol} \cdot L^{-1})$$

即 $c(H_2O_2)$ 为 $0.332 \text{mol} \cdot L^{-1}$。

(2) 双氧水分解一半所需时间:

$$t_{1/2}=\dfrac{0.693}{k}=\dfrac{0.693}{0.0410}=16.9(\text{min})$$

例 5-3 ^{14}C 测定考古年代。如从古代王室的墓中取得一片木料,将其燃烧,分析燃烧产物 CO_2 中 $^{14}C/^{12}C$ 的比值为现有木材中 $^{14}C/^{12}C$ 比值的 0.738 倍。问此墓室距今多少年?已知 ^{14}C 的放射性衰变是一级反应,半衰期 $t_{1/2}=5.73\times 10^3 \text{a}$(认为 ^{12}C 不随 ^{14}C 的衰变而变化)。

解:

$$t_{1/2}=\dfrac{0.693}{k}$$

$$k=\dfrac{0.693}{t_{1/2}}=\dfrac{0.693}{5.73\times 10^3}=1.21\times 10^{-4}\text{a}^{-1}$$

已知:

$$(^{14}C/^{12}C)_{古} : (^{14}C/^{12}C)_{今} = 0.738:1$$

^{14}C 放射性衰变放出电子(β粒子)生成 ^{14}N,所以 ^{12}C 不随 ^{14}C 衰变而变化,即 $^{12}C_{古}=^{12}C_{今}$,得

$$^{14}C_{古} : {}^{14}C_{今} = 0.738 : 1$$

由一级速率方程：

$$\ln \frac{c(A)_t}{c(A)_0} = \ln \frac{{}^{14}C_{古}}{{}^{14}C_{今}} = -kt$$

即

$$\ln \frac{0.738}{1} = -1.21 \times 10^{-4} t$$

$$t = 2.51 \times 10^3 (a)$$

此方法测定考古年代能否成功，取决于如下因素：植物体内 $^{14}C/^{12}C$ 比值是否恒定。由于植物进行光合作用吸收了 CO_2，^{14}C 同位素进入了生物圈。动物吃了植物，在新陈代谢中，又以 CO_2 的形式呼出 ^{14}C，因而导致 ^{14}C 以多种形式参与了碳在自然界中的循环。放射性衰变减少了 ^{14}C 而又不断地被大气中新产生的 ^{14}C 补充。在衰变-补充过程中，建立了动态平衡，因此 $^{14}C/^{12}C$ 的比值在生物体内恒定。当动物或植物死亡后，^{14}C 不再得到补充，由于 ^{14}C 的衰变，所以在死亡的生物体内 ^{14}C 所占比例将减少。

其二，需精确地测定衰变速率。在活着的生命体中 $^{14}C/^{12}C$ 为 $1/10^{12}$，^{14}C 的量非常少，所以需特别灵敏的仪器进行测量。

1955 年美国化学家 W. F. Libby 提出用 ^{14}C 测定考古年代，他奠定了这一技术的基础，荣获 1960 年诺贝尔化学奖。

3. 二级反应

若一个二级反应（单一反应物）：

$$A \longrightarrow 产物$$

$$-\frac{dc(A)}{dt} = k[c(A)]^2$$

$$dc(A)/[c(A)]^2 = -k dt$$

两边积分

$$\frac{1}{c(A)_t} = \frac{1}{c(A)_0} + kt \tag{5-13}$$

可见，二级反应中，反应物浓度的倒数与时间呈直线关系，直线的斜率为 k，截距为 $\frac{1}{c(A)_0}$。

将 $c(A)_t = \frac{1}{2} c(A)_0$ 代入上式得

$$t_{1/2} = \frac{1}{kc(A)_0} \tag{5-14}$$

可见，二级反应半衰期 $t_{1/2}$ 与起始浓度的一次方呈反比，起始浓度越大，$t_{1/2}$ 越小。大多数反应是二级反应，如：

$$2NO(g) + O_2(g) \longrightarrow 2NO_2(g) \qquad v = kc(NO)c(O_2)$$
$$NO_2(g) + CO(g) \longrightarrow NO(g) + CO_2(g) \qquad v = kc(NO_2)c(CO)$$
$$CH_3COOC_2H_5 + H_2O \longrightarrow CH_3COOH + C_2H_5OH \qquad v = kc(CH_3COOC_2H_5)c(H_2O)$$
$$2NO_2(g) \longrightarrow 2NO(g) + O_2(g) \qquad v = k[c(NO_2)]^2$$

4. 用作图法求反应级数

假设，不知道反应的速率方程，也没有确定反应级数的初始速率数据，仍可利用反应物浓度与时间的关系，通过作图的方法得到反应级数。对于零级、一级和二级反应浓度与时间的关系如图 5-1 所示。

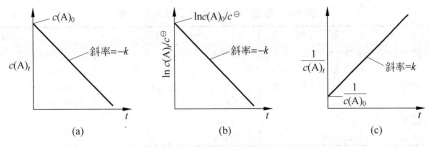

图 5-1　零级反应、一级反应和二级反应浓度与时间的关系图
(a) 零级反应；(b) 一级反应；(c) 二级反应

当 $c(A)_t$ 对时间作图为直线，则是零级反应；$\ln c(A)_t/c^{\ominus}$ 对时间作图为直线，则是一级反应；当 $1/c(A)_t$ 对时间作图为直线则是二级反应。

例 5-4　已知 N_2O_5 分解反应浓度随时间的变化数据如下：

时间/min	0	10	20	30	40	50	60
$c(N_2O_5)/(mol \cdot L^{-1})$	0.0165	0.0124	0.0093	0.0071	0.0053	0.0039	0.0029

用作图法求 N_2O_5 分解反应的反应级数。

解：分别计算在各种时刻的 $\ln c(N_2O_5)/c^{\ominus}$ 和 $1/c(N_2O_5)$，如下表：

时间/min	0	10	20	30	40	50	60
$c(N_2O_5)/(mol \cdot L^{-1})$	0.0165	0.0124	0.0093	0.0071	0.0053	0.0039	0.0029
$\ln c(N_2O_5)/c^{\ominus}$	−4.104	−4.390	−4.678	−4.948	−5.240	−5.547	−5.843
$1/c(N_2O_5)/(mol^{-1} \cdot L)$	60.6	80.6	1.1×10^2	1.4×10^2	1.9×10^2	2.6×10^2	3.4×10^2

分别绘制 c-t，$(\ln c/c^{\ominus})$-t，$1/c$-t 图，结果如图 5-2 所示。

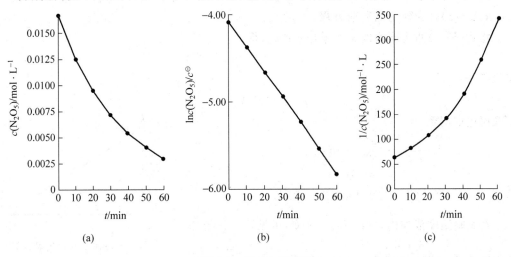

图 5-2　例 5-4 的结果

只有图 5-2(b)为直线,说明 N_2O_5 分解反应是一级反应。

有关零级、一级和二级反应的特征列于表 5-3。

表 5-3 零级、一级和简单二级反应总结

	零 级	一 级	二 级
速率方程(微分)	速率$=k$	速率$=kc(A)$	速率$=k[c(A)]^2$
k 的单位	$mol \cdot L^{-1} \cdot s^{-1}$	s^{-1}	$L \cdot mol^{-1} \cdot s^{-1}$
速率方程(积分)	$c(A)_t = c(A)_0 - kt$	$\ln c(A)_t/c^{\ominus} = \ln c(A)_0/c^{\ominus} - kt$	$1/c(A)_t = 1/c(A)_0 + kt$
直线关系	$c(A)_t$-t	$\ln c(A)_t/c^{\ominus}$-t	$1/c(A)_t$-t
直线斜率、截距	$-k, c(A)_0$	$-k, \ln c(A)_0/c^{\ominus}$	$k, 1/c(A)_0$
半衰期($t_{1/2}$)	$c(A)_0/2k$	$0.693/k$	$1/kc(A)_0$

5.3 温度对反应速率的影响

温度与化学反应速率有密切关系。大多数的反应速率随温度升高而加快。根据实践,范特霍夫归纳出了一个近似的经验规律:对一般反应,常温下温度每升高10℃,反应速率增快 2～4 倍,即

$$\frac{k_{t+10}}{k_t} = 2 \sim 4$$

1889 年瑞典科学家阿伦尼乌斯(S. Arrhenius)总结了大量的实验数据,得出了如下结论:反应速率常数 k 随温度的变化与标准平衡常数 $K^{\ominus}$ 随温度的变化有类似的规律性,即

$$k = A\exp\left(-\frac{E_a}{RT}\right) \tag{5-15}$$

式中,A——指前因子(也叫频率因子),与 k 有相同的单位;

E_a——反应的实验活化能(也叫阿氏活化能),简称活化能,$kJ \cdot mol^{-1}$;

R——摩尔气体常数,$8.314 kJ \cdot mol^{-1} \cdot K^{-1}$;

T——热力学温度,K。

E_a 与 A 是两个非常重要的动力学参量。由于 E_a 在指数位置,所以它对 k 的影响很大。

式(5-15)称为阿伦尼乌斯方程。

将式(5-15)两边同除以 k 的单位:$1[k]$,得

$$k/[k] = A/[k](e^{-E_a/RT})$$

因为$[k] = [A]$,所以

$$k/[k] = A/[A](e^{-E_a/RT})$$

上式两边取对数:

$$\ln \frac{k}{[k]} = -\frac{E_a}{RT} + \ln \frac{A}{[A]}$$

或

$$\lg \frac{k}{[k]} = -\frac{E_a}{2.303RT} + \lg \frac{A}{[A]} \tag{5-16}$$

在实验温度范围内,可认为 E_a 不变,可见,$\lg \frac{k}{[k]}$ 与 $\frac{1}{T}$ 呈直线关系,如图 5-3 所示。直线的斜率等于 $-\frac{E_a}{2.303R}$,直

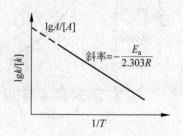

图 5-3 反应速率常数的对数值与温度的关系图

线截距等于 $\lg\dfrac{A}{[A]}$。

一般化学反应的活化能在 $40\sim400\text{kJ}\cdot\text{mol}^{-1}$ 范围之内,见表 5-4。

表 5-4 一些反应的活化能

反 应	溶 剂	$E_a/(\text{kJ}\cdot\text{mol}^{-1})$
$CH_3COOC_2H_5+NaOH$	水	47.3
$n\text{-}C_5H_{11}Cl+KI$	丙酮	77.0
$C_2H_5ONa+CH_3I$	乙醇	81.6
$C_2H_5Br+NaOH$	乙醇	89.5
$2HI\longrightarrow H_2+I_2$	气相	184.1
$H_2+I_2\longrightarrow 2HI$	气相	165.3
$N_2O_5\longrightarrow N_2O_4+\dfrac{1}{2}O_2$	气相	103.4
$CH_2-CH_2\longrightarrow CH_3CH=CH_2$ $\ \ \backslash\ /$ $\ \ CH_2$	气相	272.0

设 T_1 温度时反应速率常数为 k_1,T_2 温度时反应速率常数为 k_2,由式(5-16)可得

$$\ln\dfrac{k_1}{[k]}=-\dfrac{E_a}{RT_1}+\ln\dfrac{A}{[A]}$$

$$\ln\dfrac{k_2}{[k]}=-\dfrac{E_a}{RT_2}+\ln\dfrac{A}{[A]}$$

后式减去前式得

$$\ln\dfrac{k_2}{k_1}=\dfrac{E_a}{R}\left(\dfrac{1}{T_1}-\dfrac{1}{T_2}\right)=\dfrac{E_a}{R}\left(\dfrac{T_2-T_1}{T_1T_2}\right) \tag{5-17}$$

例 5-5 已知某酸在水溶液中发生分解反应。当温度为 10℃ 时,反应速率常数为 $1.08\times10^{-4}\text{s}^{-1}$;60℃ 时,反应速率常数为 $5.48\times10^{-2}\text{s}^{-1}$,试计算这个反应的活化能和 20℃ 时的反应速率常数。

解:将已知数据代入式(5-17)得

$$\ln\dfrac{5.48\times10^{-2}}{1.08\times10^{-4}}=\dfrac{E_a}{8.314\times10^{-3}}\left(\dfrac{333-283}{283\times333}\right)$$

解得

$$E_a=97.6(\text{kJ}\cdot\text{mol}^{-1})$$

将 E_a 和上述任一已知温度及其速率常数代入式(5-17),便求得 20℃ 时的反应速率常数:

$$\ln\dfrac{k_{293}}{k_{283}}=\dfrac{97.6}{8.314\times10^{-3}}\left(\dfrac{293-283}{283\times293}\right)$$

解得

$$\dfrac{k_{293}}{k_{283}}=4.12$$

$$k_{293}=4.12\times k_{283}=4.12\times1.08\times10^{-4}=4.45\times10^{-4}(\text{s}^{-1})$$

例 5-6 已知反应 $2N_2O_5 \longrightarrow 2N_2O_4 + O_2$ 的活化能为 $103.4 kJ \cdot mol^{-1}$，试求当温度从 $10℃$ 升高到 $20℃$ 时反应速率的变化。

解：由反应速率方程可得

$v_1/v_2 = k_1/k_2$，利用式(5-17)：

$$\ln\frac{v_{293}}{v_{283}} = \ln\frac{k_{293}}{k_{283}} = \frac{103.4}{8.314 \times 10^{-3}}\left(\frac{293-283}{283 \times 293}\right)$$

解得

$$\frac{v_{293}}{v_{283}} = 4.48$$

反应温度由 $283K$ 升高到 $293K$（升高 $10℃$）时，N_2O_5 的分解速率增大到原来的 4.48 倍（例 5-5 中，温度升高 $10℃$，反应速率增大到原来的 4.12 倍）。

阿伦尼乌斯方程是描述温度对反应速率常数影响的数学表达式。对其进一步分析可得：

(1) 由于活化能 E_a 处于负的指数项，它对反应速率常数影响显著。一般来说，在温度相同时，活化能 E_a 大的反应，其反应速率常数 k 值就小，即反应速率较小；反之相反。

(2) 对于同一反应，升高温度 T，指数项 $-\frac{E_a}{RT}$ 变大，由式(5-15)可见，反应速率常数 k 增大。若在不同的温度 T_1 时，升高相同的温度，即 $\Delta T = T_2 - T_1$ 一定，则由 $\frac{T_2 - T_1}{T_1 T_2}$ 可得，在高温区（T_1, T_2 较大）时，$\frac{T_2 - T_1}{T_1 T_2}$ 较小。由式(5-17)可得 k 值增加的倍数较小；若在低温区（T_1, T_2 较小）时，则 k 值增加的倍数较大。因此，对一些在较低温度下进行的反应，更适合采用升高温度的方法来提高反应速率。

(3) 由式(5-17)可见，对于 E_a 大的反应，比起 E_a 小的反应来说，升高温度提高反应速率前者更为有效。

从反应速率方程和阿伦尼乌斯方程可以看出，在一般情况下温度对反应速率的影响比浓度的影响更为显著。因此，常常通过改变温度来控制反应速率。

5.4 浓度和温度对反应速率影响的解释

上面讨论浓度对反应速率影响的速率方程以及温度对反应速率常数影响的阿伦尼乌斯方程，这些都是实验得到的结果。为什么反应级数与化学反应方程式中的化学计量系数不等？为什么活化能 E_a 对反应速率影响如此之大，E_a 的物理本质又是什么？本节简要介绍碰撞理论和过渡态理论对上述问题的解释。碰撞理论和过渡态理论都是以基元反应（即一步进行的简单反应）为研究对象的。

5.4.1 碰撞理论

对于 A,B 气相双分子基元反应：

$$A + B \longrightarrow 产物$$

碰撞理论认为：气体分子 A 与 B 必须碰撞才有可能发生反应，只有当碰撞的动能大于或等于某一临界值(E_c)的活化碰撞才能发生反应。

根据气体分子运动论,可以计算气体在单位时间的碰撞次数(即碰撞频率)。如在 25℃,101.3kPa 下,气体分子的碰撞频率大约是 $10^{30}\,s^{-1}\cdot L^{-1}$。如果每次碰撞都发生反应,那么反应速率大约在 $10^6\,mol\cdot L^{-1}\cdot s^{-1}$,可见反应在瞬间完成,这显然是不可能的。实际上,大多数碰撞并不发生反应,只有少数碰撞分子对的能量大于或等于 E_c 才能发生反应,E_c 也称为反应的临界能。E_c 与体系分子在此温度下的平均能量 $E_平$ 之差,$E_a = E_c - E_平$,可看作反应的活化能 E_a。当然,当气体的浓度越大,碰撞频率就越高,碰撞能发生反应的分子数也越多,反应速率也越大。

由气体分子运动论和活化碰撞概念可以导出 A+B 双分子气相反应的速率方程式为

$$反应速率 = kc(A)c(B)$$

由此可以看出对于基元反应的质量作用定律是碰撞理论的必然结果。

思考题:对于 A+B 双分子气相反应。若系统中含有:
①2 个 A 分子和 2 个 B 分子,②3 个 A 分子和 2 个 B 分子,③3 个 A 分子和 3 个 B 分子,3 种情况下 A 与 B 的碰撞次数是多少?由此说明速率方程中是 $c(A)$ 乘 $c(B)$ 而不是 $c(A)$ 加 $c(B)$。

除浓度对反应速率影响而外,反应的温度对反应速率也有影响。如何用碰撞理论来解释呢?由气体分子运动理论,当温度升高时气体运动速率加快,同时气体分子能量分布曲线也发生变化,如图 5-4 所示。

图 5-4 中阴影部分面积是在 T_1 或 T_2 温度下,动能大于或等于 E_c 的分子数。由图可见由温度 T_1 升高到温度 T_2,动能大于或等于 E_c 的分子数增加,所以反应速率加快。

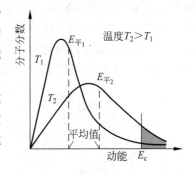

图 5-4 分子动能的分布

由图 5-4 可见,当温度 T 一定,活化能 E_a 越大,那么动能大于或等于 E_c 的分子数越少,反应速率降低。

尽管碰撞分子具有足够的能量,但有时碰撞也不能发生反应。分子与分子发生碰撞时还必须具有合适的方向,在这个方向上碰撞时有利于旧键的断裂和新键的生成,这样才能发生反应。

5.4.2 过渡态理论

碰撞理论说明只有分子碰撞动能大于临界能(E_c)才能起反应,并没有说明碰撞动能如何转化为分子内部的势能和怎样达到化学键新旧交换的活化状态,以及怎样翻越反应能峰等。过渡态理论较好地说明了上述问题。

过渡态理论认为:"反应物分子要变成产物,总要经过足够能量的碰撞,先生成高势能的活化配合物(也叫过渡态),此活化配合物可能分解成原始的反应物,也可能分解为产物。"

现在研究原子 A 与双原子分子 B—C 沿 B—C 连线方向碰撞(这是最合适的方向),生成分子 A—B 和原子 C 的过程。

当 A 与 B—C 分子沿 B—C 线方向以一定速度迎面接近 B 时,接近到一定程度,碰撞动能逐渐变为原子间的势能,使 B—C 键拉长而减弱。A 与 B 更接近时,A,B 间将成键而又未成键,B—C 间键更拉长,将断裂而又未断裂,这种势能更高的状态称过渡态。过渡态可以断开 B—C 键形成 A—B 键,生成产物,也可以回到反应物的状态,此时势能又转化为动能。上述过程简化为下面图示:

$$A + B—C \longrightarrow [A\text{---}B\text{---}C] \longrightarrow A—B + C$$
$\longrightarrow \quad \longleftarrow$
A 和 B 迎面运动　　过渡态　　AB 与 C 离开形成产物

在上述过程中,当 A,B,C 在一条直线上,则势能只是 A,B 间距离 r_{AB} 和 B,C 间距离 r_{BC} 的函数。量子力学能对具体的系统,计算出它们的势能数值。对于上述 A 与 B—C 反应,计算结果,整个势能面像一个马鞍形(好像两个斜坡上升的山谷,在 c 点(图 5-5)处交汇,谷底两侧是较高的山坡),如图 5-5 所示。

图中 a 点表示反应物原子 A 与稳定分子 B—C。若沿 ac 前进,A 与 B 靠近到某一程度时 r_{AB} 渐小,r_{BC} 渐大,势能逐渐升高;到达 c 点(马鞍点)形成过渡态(此时 B—C 键拉长即将断裂,A—B 键即将形成);反应若继续沿 acb 虚线方向前进,A,B 键逐渐形成,B—C 键逐渐断裂,最终形成产物 A—B 和 C。

由上看出,整个反应途径是沿着势能最低的虚线 acb 进行的,就是说,反应必须得到足够的势能,才能登上马鞍点,翻越能峰,生成产物,反应得以进行。

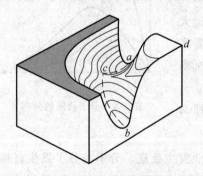

图 5-5　势能面的立体示意图

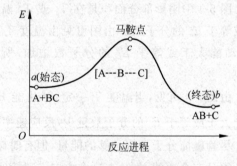

图 5-6　反应能峰示意图

思考题:由马鞍形的势能面图,分析为什么反应途径沿 a—c—b 是可能性最大的途径?

我们将反应途径 acb 投影到一个平面上,得到如图 5-6 所示的能峰示意图,显然过渡态(马鞍点 c)和始态(a)的势能差为正反应的活化能 $E_a(正)$;当然,逆反应的活化能 $E_a(逆)$ 等于过渡态与终态(b)之间的势能差:

$$\Delta_r U_m = E_{终} - E_{始} = (E_{过渡态} - E_{始}) - (E_{过渡态} - E_{终})$$
$$= E_a(正) - E_a(逆)$$

由于
$$\Delta_r H_m \approx \Delta_r U_m$$
所以
$$\Delta_r H_m = E_a(正) - E_a(逆) \tag{5-18}$$

当 $E_a(正) < E_a(逆)$,$\Delta_r H_m < 0$,为放热反应;$E_a(正) > E_a(逆)$,$\Delta_r H_m > 0$,为吸热反应。
例如,

$$NO(g) + Cl_2(g) \longrightarrow NOCl(g) + Cl(g) \quad \Delta_r H_m = 83 \text{kJ} \cdot \text{mol}^{-1}$$

由 $\Delta_f H_m^{\ominus}$ 计算该反应的 $\Delta_r H_m$ 与由活化能计算出来的 $\Delta_r H_m$ 基本相同。

5.5 催化剂对反应速率的影响

升高温度虽然能加快反应速率，但高温有时会给反应带来不利的影响。例如，有的反应在高温下会发生副反应，有的物质在高温下会分解等。而且高温反应设备投资大、技术复杂，能耗高。能否设法选择一条新的反应途径以达到降低反应的活化能，加快化学反应速率的目的呢？通过科学实验，人们已找到了一种行之有效的方法，就是使用催化剂。现在各种基本有机原料的合成、石油催化裂化、合成橡胶、合成纤维、合成塑料、医药生产以及无机化学工业中硫酸、硝酸和氨的生产都需要催化剂。生命的继续也与催化剂有极密切的关系，人体内许多复杂反应能在低温下进行就是酶的催化作用的结果。据统计，目前有 80%～85% 的化学工业生产中广泛使用催化剂，可见催化剂在现代化工中具有何等重要的地位和作用。

催化剂对反应速率影响很大。例如 30% 的过氧化氢溶液，在不滴加鲜血或不加 I^- 的情况下，是比较稳定的。但是当加入一滴鲜血或少量 I^- 时，或当放入一片铂金属，一片新鲜的芜菁或辣根（芜菁或辣根中包含过氧化氢分解酶）时，过氧化氢溶液便迅速分解。

催化剂为什么会加速反应速率呢？这是因为当把一种特定的催化剂加入某反应时，催化剂能改变反应历程（也叫反应机理），降低反应的活化能，因而使反应速率加快，如图 5-7 所示。过氧化氢分解反应的活化能与相对反应速率见表 5-5。

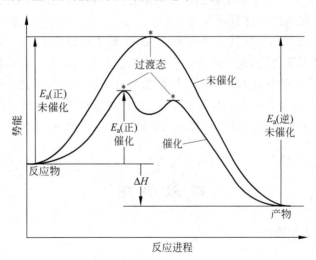

图 5-7 催化剂对活化能的影响

经过大量的研究，人们对催化剂的性质和作用有了进一步的认识，并总结出了催化剂的基本特征如下。

(1) 催化剂能够改变化学反应速率，而本身在反应前后，其质量、化学组成和化学性质等均保持不变。凡能加快反应速率的催化剂叫正催化剂；相反，能减慢反应速率的催化剂叫负催化剂。通常所说的催化剂一般均指的是正催化剂。

(2) 催化剂只能缩短体系达到平衡的时间，不能改变平衡常数的数值。

表 5-5　过氧化氢分解反应的活化能和相对反应速率

催化剂	$E_a/(kJ \cdot mol^{-1})$	相对反应速率
无	75.3	1
I^-	56.5	2.0×10^3
Pt	49.0	4.1×10^4
酶	8	6.3×10^{11}

(3) 催化剂有选择性,即一种催化剂往往只能对一特定的反应有催化作用。同样的反应物若能生成多种不同的产物时,选择不同的催化剂则会有利于某一产物的生成。例如,当给乙醇加热时,用不同的催化剂将得到不同的产物。

$$C_2H_5OH \begin{cases} \xrightarrow[Cu]{473\sim 523K} CH_3CHO + H_2 \\ \xrightarrow[Al_2O_3 \text{ 或 } ThO_2]{623\sim 633K} C_2H_4 + H_2O \\ \xrightarrow[H_2SO_4]{413.2K} (C_2H_5)_2O + H_2O \\ \xrightarrow[ZnO \cdot Cr_2O_3]{673.2\sim 773.2K} CH_2=CH-CH=CH_2 + H_2O + H_2 \end{cases}$$

(4) 催化剂对反应速率有显著影响,但不同的催化剂对反应速率的影响是不同的。通常采用催化反应的速率常数来衡量催化剂的催化能力,称为催化剂的活性。显然,催化反应的速率常数越大,催化剂的活性就越大。

许多催化剂在开始使用时,其活性从小到大,逐渐达到正常水平。活性稳定一段时期后,又下降直到衰老不能使用,这个活性稳定期称为催化剂的寿命。其长短随催化剂的种类和使用条件而异。衰老的催化剂有时可以用再生的方法使之重新活化。催化剂在活性稳定期间往往会因接触少量杂质而使活性显著下降,这种现象称为催化剂中毒。使催化剂丧失催化作用的物质,称为催化剂的毒物。若消除中毒因素后,活性仍能恢复,称为暂时性中毒,否则称为永久性中毒。

本 章 小 结

1. 反应速率的表示方法

$$J = \nu_i^{-1} \frac{dn_i}{dt}, \quad \bar{J} = \nu_i^{-1} \frac{\Delta n_i}{\Delta t}$$

$$v = \nu_i^{-1} \frac{dc_i}{dt}, \quad \bar{v} = \nu_i^{-1} \frac{\Delta c_i}{\Delta t}$$

2. 反应速率的影响因素

(1) 浓度对反应速率的影响——反应速率方程

$$aA + bB \longrightarrow eE + fF$$

$$v = k[c(A)]^x \cdot [c(B)]^y$$

反应级数 $= x + y$

当反应是基元反应时,根据质量作用定律:
$$v = k[c(A)]^a \cdot [c(B)]^b$$
$$x = a, y = b, 反应级数 = a+b$$

x 和 y 即为反应物 A 和 B 的化学计量系数。

当反应是多步完成时(复杂反应):
$$x \neq a, \quad y \neq b$$

x 和 y 数值由实验测得,常用初始速度法测其反应级数。

(2) 浓度随时间的变化——(积分)速率方程

零级反应:
$$c_t = c_0 - kt$$

$t_{1/2} = \dfrac{c_0}{2k}$,$k$ 的单位为 $mol \cdot L^{-1} \cdot s^{-1}$。

一级反应:
$$\ln \frac{c_t}{c_0} = -kt$$

$t_{1/2} = \dfrac{0.693}{k}$,$k$ 的单位为 s^{-1}。

二级反应:
$$\frac{1}{c_t} = kt + \frac{1}{c_0}$$

$t_{1/2} = \dfrac{1}{kc_0}$,$k$ 的单位为 $(mol \cdot L^{-1})^{-1} \cdot s^{-1}$。

用作图法(也称尝试法)求反应级数$\left(分别求 c_t\text{-}t, \ln \dfrac{c_t}{c^{\ominus}}\text{-}t, \dfrac{1}{c_t}\text{-}t 图\right)$。

3. 温度对反应速率常数的影响

阿伦尼乌斯方程:
$$k = A\exp(-E_a/RT)$$
$$\ln \frac{k}{[k]} = -\frac{E_a}{RT} + \ln \frac{A}{[A]}$$

由 $\ln \dfrac{k}{[k]}$ 对 $\dfrac{1}{T}$ 作图,由直线斜率可求 E_a,由直线截距可求 A。

$$\ln \frac{k_2}{k_1} = \frac{E_a}{R}\left(\frac{1}{T_1} - \frac{1}{T_2}\right)$$

4. 活化能的物理意义

5. 确定反应动力学参数(反应级数、速率常数 k 和活化能 E_a)示意图(以 A+B ⟶ 产物为例),见图 5-8。

图 5-8 确定反应动力学参数的示意图

6. 催化剂对反应速率的影响

一般说来,由于催化剂能降低反应的活化能,所以能加快反应速率。

问题与习题

5-1 举例说明什么叫热力学控制的反应,什么叫动力学控制的反应。

5-2 区分下列概念：

(1) 化学反应的瞬时速率与平均速率；

(2) 反应级数与化学计量系数；

(3) 反应速率方程与反应速率常数；

(4) 反应速率方程与质量作用定律；

(5) 活化能与活化分子；

(6) 基元反应与复杂反应；

(7) 过渡态与中间产物；

(8) 催化剂与催化作用。

5-3 比较零级、一级和二级反应速率方程(积分式)的差异。

5-4 由碰撞理论解释浓度和温度对反应速率的影响。

5-5 由过渡态理论,说明反应活化能的物理本质,并说明反应热效应($\Delta_r H_m$)与正、逆反应活化能间关系。

5-6 一级反应的半衰期与起始浓度无关是常数,零级反应和二级反应又如何？

5-7 随着反应的进行,反应物浓度逐渐减小,生成物浓度逐渐增大,是否所有反应的反应速率都随时间而变化？

5-8 试说明"初始速率法"如何来测量反应级数。

5-9 试说明如何测量反应速率常数 k,又如何实验测定反应活化能 E_a。

5-10 能否由反应速率常数的单位来推测反应级数？

5-11 已知下列反应及速率方程：

(1) $N_2O_5(g) + NO(g) \longrightarrow 3NO_2(g)$ $v = kc(N_2O_5)$

(2) $CHCl_3(g) + Cl_2(g) \longrightarrow CCl_4(g) + HCl(g)$ $v = kc(CHCl_3)[c(Cl_2)]^{1/2}$

(3) $2NO(g) + 2H_2(g) \longrightarrow N_2(g) + 2H_2O(g)$ $v = k[c(NO)]^2 c(H_2)$

(4) $5Br^-(aq) + BrO_3^-(aq) + 6H^+(aq) \longrightarrow 3Br_2(l) + 3H_2O(l)$ $v = kc(Br^-)c(BrO_3^-)[c(H^+)]^2$

(5) $2O_3(g) \longrightarrow 3O_2(g)$ $v = [kc(O_3)]^2[c(O_2)]^{-1}$

分别说明各反应对各种反应物的级数和反应总的级数。

5-12 某温度下,N_2O_5 的分解反应的实验数据如下：

$$2N_2O_5(g) \longrightarrow 4NO_2(g) + O_2(g)$$

时间 t/s	0	500	1000	1500	2000	2500	3000
$c(N_2O_5)/(mol \cdot L^{-1})$	5.00	3.52	2.48	1.75	1.23	0.87	0.61

(1) 求每个时间间隔的平均反应速率；

(2) 求 $t = 1000s$ 时的瞬时反应速率。

5-13 某温度时,反应:
$$A(g) + B(g) \longrightarrow 产物$$
的有关数据如下:

$c(A)_0/(mol \cdot L^{-1})$	$c(B)_0/(mol \cdot L^{-1})$	初始速率$/(mol \cdot L^{-1} \cdot s^{-1})$
0.500	0.400	6.00×10^{-3}
0.250	0.400	1.50×10^{-3}
0.250	0.800	3.00×10^{-3}

求:(1) 反应对 A 与 B 的级数及总的反应级数;

(2) 反应速率常数 k。

5-14 某温度时,反应
$$A(g) + B(g) + C(g) \longrightarrow D(g)$$
的有关数据如下:

实验序号	$c(A)_0/(mol \cdot L^{-1})$	$c(B)_0/(mol \cdot L^{-1})$	$c(C)_0/(mol \cdot L^{-1})$	初始速率$/(mol \cdot L^{-1} \cdot s^{-1})$
1	0.0500	0.0500	0.0100	6.25×10^{-3}
2	0.1000	0.0500	0.0100	1.25×10^{-2}
3	0.1000	0.1000	0.0100	5.00×10^{-2}
4	0.0500	0.0500	0.0200	6.25×10^{-3}

(1) 求反应对每种反应物的反应级数和总的反应级数;

(2) 计算速率常数 k。

5-15 有毒气体光气($COCl_2$)是由一氧化碳和氯气生成的:
$$CO(g) + Cl_2(g) \longrightarrow COCl_2(g)$$
对此反应动力学研究得到如下数据:

实验序号	$c(CO)_0/(mol \cdot L^{-1})$	$c(Cl_2)_0/(mol \cdot L^{-1})$	初始速率$/(mol \cdot L^{-1} \cdot s^{-1})$
1	1.00	0.100	1.29×10^{-29}
2	0.100	0.100	1.33×10^{-30}
3	0.100	1.00	1.30×10^{-29}
4	0.100	0.0100	1.32×10^{-31}

(1) 写出生成光气反应的速率方程;

(2) 计算速率常数的平均值。

5-16 对于 $AB(g) \longrightarrow A(g) + B(g)$ 的分解反应,已知 $v = k[c(AB)]^2$,$k = 0.2 L \cdot mol^{-1} \cdot s^{-1}$。若 $AB(g)$ 起始浓度为 $1.50 mol \cdot L^{-1}$,求:

(1) $c(AB)$ 变成起始浓度的 $\frac{1}{3}$ 时,需多少时间?

(2) 反应 10s 后,$c(AB)$ 为多少?

5-17 对于一级分解反应,已知 10.5min 反应物分解了 50.0%,求:

(1) 反应的速率常数 k;

(2) 多长时间,反应物分解了 75.0%。

5-18 已知某分解反应的速率常数 k 为 $0.0012 a^{-1}$,求:

(1) 反应的半衰期 $t_{1/2}$;

(2) 多长时间后,反应物浓度变成起始浓度的 12.5%。

5-19 某温度下,气体 A 的分解反应的数据如下:

时间 t/s	0	200	400	600	800
$c(A)/(mol \cdot L^{-1})$	1.64	1.45	1.28	1.13	1.00

(1) 求反应级数;

(2) 由图求反应速率常数 k;

(3) 应用反应速率方程求 $t=200s$ 时的反应速率,并与 0~400s 的平均速率进行比较。

5-20 已知 $N_2O(g)$ 分解反应的数据如下:

$$2N_2O(g) \longrightarrow 2N_2(g) + O_2(g)$$

时间 t/s	0	80	120	160	240	320	480
$c(N_2O)/(mol \cdot L^{-1})$	0.100	0.086	0.079	0.075	0.066	0.059	0.049

用尝试法求反应级数,并求反应速率常数 k。

5-21 三苯基磷(PPh_3)和四羰基镍反应放出一氧化碳气体:

$$Ni(CO)_4 + PPh_3 \longrightarrow Ph_3PNi(CO)_3 + CO$$

反应在 25℃ 时进行,反应速率与 PPh_3 浓度无关,已知如下数据:

时间 t/s	0	40	80	120	160	200
$c(Ni(CO)_4)/(mol \cdot L^{-1})$	10.0	8.6	5.8	4.4	3.3	2.5

用尝试法求反应对 $Ni(CO)_4$ 是一级还是二级反应,并求反应速率常数 k。

5-22 已知反应:

$$CH_3I(aq) + OH^-(aq) \longrightarrow CH_3OH(aq) + I^-(aq)$$

$CH_3I(aq)$ 与 $OH^-(aq)$ 反应级数分别为一级,反应总级数为二级。但是,当反应在缓冲溶液中(OH^- 浓度保持常数)进行时,反应速率方程为

$$-\frac{dc(CH_3I)}{dt} = kc(CH_3I)$$

如果这个反应在 $pH=10.0$ 缓冲溶液中的一级反应速率常数 $k=6.5\times10^{-9} s^{-1}$,求这个反应的半衰期。

5-23 对室温(25℃)下的许多反应来说,温度每升高 10℃,反应速率增加到原来的 2~4 倍。试问遵循这个规律的反应活化能 E_a 应在什么范围? 若有一个反应,当温度从 25℃ 升高到 35℃ 时,反应速率增加到原来的 2.5 倍,求其活化能 E_a。

5-24 已知反应: $CH_3I(aq) + OH^-(aq) \longrightarrow CH_3OH(aq) + I^-(aq)$ 的活化能 $E_a = 92.9 kJ \cdot mol^{-1}$,在 25℃ 时反应速率常数 $k_1 = 6.5\times10^{-5} mol^{-1} \cdot L \cdot s^{-1}$,求 75℃ 时反应的速率常数 k_2。

5-25 已知某反应在 195℃ 时的速率常数是 $4.50\times10^{-5} L \cdot mol^{-1} \cdot s^{-1}$,在 258℃ 时的

速率常数是 3.20×10^{-3} L·mol^{-1}·s^{-1}，求反应的活化能 E_a。

5-26 已知乙醛热分解反应：
$$CH_3CHO(g) \longrightarrow CH_4(g) + CO(g)$$
的 $E_a = 45.0$ kJ·mol^{-1}。在某一乙醛浓度下，700℃时反应速率 $v_1 = 0.0105$ mol·L^{-1}·s^{-1}，求 800℃时乙醛浓度不变时的反应速率 v_2。

5-27 已知反应：
$$CO(g) + NO_2(g) \longrightarrow CO_2(g) + NO(g)$$
的实验数据如下：

温度 T/K	600	650	700	750	800
$k/[k]$	0.028	0.22	1.3	6.0	23.0

用 $\ln k/[k]$ 对 $1/T$ 作图，求反应活化能 E_a。

*5-28 已知反应：
$$ABC + D \rightleftharpoons AB + CD \quad \Delta_r H_m^\ominus = -55 \text{ kJ·mol}^{-1}$$
$$E_a(\text{正}) = 215 \text{ kJ·mol}^{-1} \quad (\text{假设反应是基元反应})$$

(1) 画出能量对反应进程图；
(2) 求逆反应活化能 E_a(逆)；
(3) 若 ABC 是 V 形分子，画出过渡态简图。

*5-29 王水（一体积浓硝酸和三体积的浓盐酸），很早就用于溶解难溶解的金属（如金）。在溶解过程中产生橙色气体亚硝基氯（NOCl）。若 NOCl 的生成反应是基元反应：
$$NO(g) + Cl_2(g) \longrightarrow NOCl(g) + Cl(g) \quad \Delta_r H_m^\ominus = 83 \text{ kJ·mol}^{-1}$$

(1) E_a(正)为 86 kJ·mol^{-1}，画出能量对反应进程图；
(2) 计算 E_a(逆)；
(3) 画出过渡态的简图（亚硝基氯的原子间次序为 Cl—N—O）。

第 6 章 酸碱平衡和沉淀溶解平衡

酸、碱是常用的化工原料,在国民经济中起重要的作用。酸碱化学是无机化学重要的基础知识。溶液中进行的化学反应,多数均与酸、碱有关,所以学习酸、碱有关知识是很有必要的。人们在认识酸、碱的过程中,先后提出过多种理论。最有代表性的是瑞典化学家阿伦尼乌斯(S. Arrhenius)在1884年提出的电离学说。从此,人们开始从化学的观点来认识酸和碱。电离学说对化学学科的发展起到积极的推动作用,直到现在仍被广泛应用。此后,在1923年,丹麦的化学家布朗斯台德(J. Brønsted)和英国化学家劳莱(T. Lowry)提出酸碱质子理论。同年,美国化学家路易斯(G. Lewis)提出酸、碱电子理论。以及还有其他一些理论如软硬酸碱理论等。这些理论对近代化学的发展起到了促进作用。

由于大量的化学反应是在水溶液中进行的,所以本章主要讨论水溶液中的一些化学问题。首先介绍几种酸碱理论,进而讨论弱酸、弱碱的离解平衡、溶液的 pH 的计算和缓冲溶液的相关内容。本章除学习与酸、碱有关的内容外,还要学习另外一类重要的离子反应是难溶电解质的沉淀与溶解平衡,掌握溶解度的相关计算和溶度积规则的应用。

6.1 酸 碱 平 衡

6.1.1 酸碱理论

阿伦尼乌斯理论认为,酸是在水溶液中电离产生水合氢离子(H_3O^+)的物质;而碱是在水溶液中电离产生氢氧根(OH^-)的物质。酸、碱中和反应是 H_3O^+ 和 OH^- 结合生成 H_2O 的反应。在水溶液中发生全部离解的酸(或碱)叫强酸(或强碱),发生部分离解的叫弱酸(或弱碱)。常用的强酸、强碱列于表 6-1。

表 6-1 常用的强酸和强碱

强 酸		强 碱	
HCl	HNO_3	LiOH	
HBr	$HClO_4$	NaOH	$Ca(OH)_2$
HI	$HClO_3$	KOH	$Sr(OH)_2$
	H_2SO_4	CsOH	$Ba(OH)_2$

说明:H_2SO_4 是强酸只是它的一级离解。

1. 酸碱质子理论

1923年,丹麦化学家布朗斯台德和英国化学家劳莱分别提出他们的理论,认为:酸是质子给予体(proton donor),而碱是质子接受体(proton acceptor)。

酸失去一个质子后生成它的共轭碱,碱结合了一个质子后生成它的共轭酸。所以,酸与其共轭碱,碱与其共轭酸构成共轭酸碱对,即

$$A \longrightarrow B + H^+$$
$$\text{酸} \qquad \text{碱}$$

式中,B 是 A 的共轭碱,A 是 B 的共轭酸,A 与 B 称为共轭酸碱对。

用阿伦尼乌斯理论来解释氨(NH_3)是碱是困难的。但根据质子理论可以写成:

$$NH_3 + H_2O \longrightarrow NH_4^+ + OH^-$$
$$\text{碱} \qquad \text{酸}$$

上式,水给出质子,所以是酸,而 NH_3 接受质子,所以是碱。由于 NH_3 是弱碱,所以上式逆反应可以发生,即

$$NH_4^+ + OH^- \longrightarrow NH_3 + H_2O$$
$$\text{酸} \qquad \text{碱}$$

由质子理论可知,NH_4^+ 给出质子,所以是酸;而 OH^- 接受质子,所以是碱。以上两式合并得到

$$NH_3 + H_2O \rightleftharpoons OH^- + NH_4^+ \tag{6-1}$$
$$\text{碱1} \quad \text{酸2} \quad \text{碱2} \quad \text{酸1}$$

NH_3/NH_4^+ 这个共轭酸碱对称为1,H_2O/OH^- 这个共轭酸碱对称为2。

又如,氨与醋酸(HAc)的反应:

$$NH_3 + HAc \rightleftharpoons Ac^- + NH_4^+ \tag{6-2}$$
$$\text{碱1} \quad \text{酸2} \quad \text{碱2} \quad \text{酸1}$$

从上面反应可见,反应式酸2将质子给予碱1,生成酸1和碱2;逆反应是酸1将质子给予碱2,生成碱1和酸2。可见,酸、碱中和反应是质子转移反应,生成新的酸和碱。在此理论中,不再有盐的概念。

酸碱质子理论扩大了阿伦尼乌斯理论的范围,不仅适用于水溶液,同时适用于任何溶剂体系或无溶剂体系。

例如,在液氨中:

$$NH_4^+ + NH_2^- \rightleftharpoons NH_3 + NH_3$$
$$\text{酸1} \quad \text{碱2} \quad \text{酸2} \quad \text{碱1}$$

思考题:根据酸碱质子理论,指出下列各反应中的共轭酸碱对。

(1) $HOCl + H_2O \rightleftharpoons OCl^- + H_3O^+$

(2) $HCO_3^- + OH^- \rightleftharpoons CO_3^{2-} + H_2O$

(3) $HCl + H_2PO_4^- \rightleftharpoons Cl^- + H_3PO_4$

(4) $NH_3 + H_2PO_4^- \rightleftharpoons NH_4^+ + HPO_4^{2-}$

2. 酸碱电子理论

1923年美国化学家路易斯提出了一个更为广泛的酸碱理论——酸碱电子理论。路易斯提出:能接受电子对的物质是酸,能提供电子对的物质是碱。

由此可见，酸是电子对的接受体，必须具有接受电子的空轨道；而碱是电子对的给予体，必须具有未共享的孤对电子。酸碱反应实际上是电子对的授受反应，也即通过配价键形成酸碱加合物(或称配合物)，如：

$$A + :B \rightleftharpoons A:B \quad (或表示成 A \longleftarrow B)$$
$$酸 \quad 碱 \quad 酸碱加合物(配合物)$$

由于配价键的化合物很多，因此 Lewis 酸碱的使用范围十分广泛。在配合物中，凡是金属离子都是酸，凡是与金属离子配位的阴离子或中性分子等配体都是碱。

在含硼化合物中，由于硼原子周围常为 6 个电子，按照八隅规则它是缺电子化合物，能接受电子对表现为 Lewis 酸，如：

$$BBr_3 + :O(C_2H_5)_2 \rightleftharpoons Br_3B \longleftarrow O(C_2H_5)_2$$
$$酸 \quad 碱 \quad 酸碱加合物(配合物)$$

又如，硼酸 $B(OH)_3$，它在水中与水反应并不给出自身的质子，所以，它不是质子酸，但因硼酸中硼原子(有空的轨道)接受水中氧原子提供的孤对电子，可以形成 $B(OH)_4^-$ 酸碱加合物(配合物)。

因为 Lewis 电子理论不受溶剂的限制，也可不含 H^+ 等，它的适用范围比质子理论大得多。

6.1.2 水的离解平衡与 pH 标度

1. 水的离解平衡

对纯水电导测量结果表明，纯水中离子的浓度是非常小的。水的离解平衡如下：

$$H_2O(l) + H_2O(l) \rightleftharpoons H_3O^+(aq) + OH^-(aq)$$
$$酸 \quad 碱 \quad 酸 \quad 碱$$

上式为可逆反应，达到平衡时：

$$K^\ominus = \frac{[c(H_3O^+)/c^\ominus] \cdot [c(OH^-)/c^\ominus]}{[c(H_2O)/c^\ominus] \cdot [c(H_2O)/c^\ominus]}$$

因为水的电离很弱，所以 $c(H_2O)$ 可以取作常数并将其包含在离解常数($K^\ominus$)之中：

$$K_w^\ominus = [c(H_3O^+)/c^\ominus][c(OH^-)/c^\ominus] \tag{6-3}$$

$K_w^\ominus$ 叫水的离子积。在 25℃时：

$$K_w^\ominus = [c(H_3O^+)/c^\ominus][c(OH^-)/c^\ominus] = 1.0 \times 10^{-14}$$

$K_w^\ominus$ 是随温度变化的，不同温度时的 $K_w^\ominus$ 值列于表 6-2。

表 6-2 不同温度下水的离子积

温度/℃	20	30	60	70	80	90
$K_w^\ominus/10^{-14}$	0.681	1.47	9.61	15.8	25.1	38.0

温度一定时，水的离子积是常数。可见，在水溶液中加入酸，则 H_3O^+ 浓度增加，OH^- 浓度必然减少；反之，相反。对于各种水溶液(不必是纯水)式(6-3)都是适用的。

2. pH 与 pOH 标度

常温时,水的离子积 $K_w^\ominus$ 为 10^{-14},可见,纯水中 H_3O^+ 和 OH^- 的浓度都比较小。对于 H_3O^+(或 OH^-)浓度小于 $1.0 mol \cdot L^{-1}$ 的水溶液,为了使用方便,定义 pH(或 pOH):

$$pH = -\lg \frac{c(H_3O^+)}{c^\ominus}$$

$$pOH = -\lg \frac{c(OH^-)}{c^\ominus} \tag{6-4}$$

由水的离子积表达式可得:

$$pK_w^\ominus = pH + pOH$$

即 $pK_w^\ominus$ 为 $K_w^\ominus$ 的负的常用对数。

可见,25℃时

$$pK_w^\ominus = pH + pOH = 14 \tag{6-5}$$

当 $pH = pOH = 7$(即 $c(H_3O^+) = 10^{-7} mol \cdot L^{-1}$)时为中性,$pH < 7$(即 $c(H_3O^+) > 10^{-7} mol \cdot L^{-1}$)时是酸性;$pH > 7$(即 $c(H_3O^+) < 10^{-7} mol \cdot L^{-1}$)时是碱性。由 pH(或 pOH)的定义可知,当 $c(H_3O^+) = 10 mol \cdot L^{-1}$ 时,$pH = -1$,当 $c(OH^-) = 10 mol \cdot L^{-1}$ 时,$pH = 15.0$。通常,pH 的标度在 0~14 范围内,当在此范围以外时,一般就不用 pH 表示,可直接用 H_3O^+(或 OH^-)的浓度表示。

值得注意的是,$K_w^\ominus$ 随温度变化。如 70℃时,$K_w^\ominus = 15.8 \times 10^{-14}$,可得 $pK_w^\ominus = -\lg(15.8 \times 10^{-14}) = 12.8$,可见,此时 $pH = 6.4$ 该溶液为中性,$pH > 6.4$ 为碱性。

例 6-1 25℃时,实验室测得某氨水溶液 $pH = 10.30$,求溶液的 H_3O^+ 和 OH^- 的浓度。

解: $pH = -\lg \frac{c(H_3O^+)}{c^\ominus} = 10.30$

$$\frac{c(H_3O^+)}{c^\ominus} = 5.0 \times 10^{-11}$$

$$c(H_3O^+) = 5.0 \times 10^{-11} (mol \cdot L^{-1})$$

$$c(OH^-) = \frac{K_w^\ominus}{c(H_3O^+)} = \frac{10^{-14}}{5.0 \times 10^{-11}} = 2.0 \times 10^{-4} (mol \cdot L^{-1})$$

溶液的 pH 在科学研究和工业生产中是很重要的,为了得到某目标产物,常需要控制体系合适的 pH 值。pH 值在我们的日常生活中也很重要。例如,人体血液的 pH 值约 7.4,如果偏离过多,就有生命危险。通常的雨水 pH 在 6~7,当 pH 小于 5.6 时叫酸雨(常温下,空气中 CO_2 溶解在水中达到饱和时,pH 约为 5.6),酸雨对农作物和建筑物等有较大的破坏。又如,牛奶的 pH 约为 6.4,食用醋 pH 为 2.4~3.4,人的胃酸 pH 在 1.0~2.0。

溶液的酸碱性(或 pH 值的大小)可利用酸碱指示剂来判断,用 pH 试纸来测定溶液的 pH 值,还可用 pH 计(仪器)更精确地测得溶液的 pH 值。

6.1.3 弱酸、弱碱的离解平衡

化合物在水溶液中或熔融状态下发生全部离解的叫强电解质,少部分离解的叫弱电解质,不发生离解的叫非电解质。

1. 一元弱酸或一元弱碱的离解平衡

在一元弱酸或一元弱碱的水溶液中，只有一小部分离解成正、负离子，绝大部分仍然以未离解的分子状态存在。溶液中存在着离解产生的正、负离子和未离解的分子之间的平衡，称为离解平衡。常见的一元弱酸如氢氰酸（HCN）、次氯酸（HOCl）、乙酸（CH_3COOH，也叫醋酸，简写成 HAc）、苯甲酸（C_6H_5COOH）、氢氟酸（HF）等。常见的一元弱碱如氨（NH_3）、乙胺（$C_2H_5NH_2$）、苯胺（$C_6H_5NH_2$）、吡啶（C_5H_5N）等。

下面以一元弱酸：乙酸为例，讨论它的离解平衡。

$$HAc(aq) + H_2O(l) \rightleftharpoons H_3O^+(aq) + Ac^-(aq)$$

平衡时，HAc，H_3O^+，Ac^-，H_2O 的浓度存在如下关系：

$$K^\ominus = \frac{[c(H_3O^+)/c^\ominus] \cdot [c(Ac^-)/c^\ominus]}{[c(HAc)/c^\ominus] \cdot [c(H_2O)/c^\ominus]}$$

在温度一定时 $K^\ominus$ 为常数，由于 HAc 为弱酸，$c(H_2O)/c^\ominus$ 也认为是常数，所以，

$$K_a^\ominus = K^\ominus \cdot c(H_2O)/c^\ominus = \frac{[c(H_3O^+)/c^\ominus] \cdot [c(Ac^-)/c^\ominus]}{c(HAc)/c^\ominus}$$

常温时

$$K_a^\ominus = 1.8 \times 10^{-5}$$

当温度不变时，HAc 的离解常数 $K_a^\ominus$ 不变。同样，一元弱碱，如 NH_3 的离解：

$$NH_3(aq) + H_2O(l) \rightleftharpoons NH_4^+(aq) + OH^-(aq)$$

$$K_b^\ominus = \frac{[c(NH_4^+)/c^\ominus] \cdot [c(OH^-)/c^\ominus]}{c(NH_3)/c^\ominus}$$

常温时

$$K_b^\ominus = 1.8 \times 10^{-5}$$

$K_b^\ominus$ 是 NH_3 的离解常数。

对于不同的一元弱酸（或一元弱碱），$K_a^\ominus$（或 $K_b^\ominus$）表示它们的离解程度的大小，也表示在相同浓度时它们的酸性（或碱性）的强弱。

常见的一元弱酸和一元弱碱的离解常数，列于表 6-3。

表 6-3　常见一元弱酸与一元弱碱在 25℃ 时的离解常数

弱　酸	离解平衡方程式	离解常数
苯酚（C_6H_5OH）	$C_6H_5OH + H_2O \rightleftharpoons H_3O^+ + C_6H_5O^-$	1.0×10^{-10}
氢氰酸（HCN）	$HCN + H_2O \rightleftharpoons H_3O^+ + CN^-$	6.0×10^{-10}
次氯酸（HOCl）	$HOCl + H_2O \rightleftharpoons H_3O^+ + OCl^-$	2.9×10^{-8}
乙酸（CH_3COOH）	$CH_3COOH + H_2O \rightleftharpoons H_3O^+ + CH_3COO^-$	1.8×10^{-5}
叠氮酸（HN_3）	$HN_3 + H_2O \rightleftharpoons H_3O^+ + N_3^-$	1.9×10^{-5}
苯甲酸（C_6H_5COOH）	$C_6H_5COOH + H_2O \rightleftharpoons H_3O^+ + C_6H_5COO^-$	6.3×10^{-5}
蚁酸（HCOOH）（甲酸）	$HCOOH + H_2O \rightleftharpoons H_3O^+ + HCOO^-$	1.8×10^{-4}
氢氟酸（HF）	$HF + H_2O \rightleftharpoons H_3O^+ + F^-$	6.6×10^{-4}
亚硝酸（HNO_2）	$HNO_2 + H_2O \rightleftharpoons H_3O^+ + NO_2^-$	7.2×10^{-4}

续表

弱 碱	离解平衡方程式	离解常数
甲胺(CH_3NH_2)	$CH_3NH_2 + H_2O \rightleftharpoons CH_3NH_3^+ + OH^-$	4.2×10^{-4}
乙胺($C_2H_5NH_2$)	$C_2H_5NH_2 + H_2O \rightleftharpoons C_2H_5NH_3^+ + OH^-$	4.3×10^{-4}
氨(NH_3)	$NH_3 + H_2O \rightleftharpoons NH_4^+ + OH^-$	1.8×10^{-5}
联氨(N_2H_4)	$N_2H_4 + H_2O \rightleftharpoons N_2H_5^+ + OH^-$	9.8×10^{-7}
羟氨($HONH_2$)	$HONH_2 + H_2O \rightleftharpoons HONH_3^+ + OH^-$	9.1×10^{-9}
吡啶(C_5H_5N)	$C_5H_5N + H_2O \rightleftharpoons C_5H_5NH^+ + OH^-$	1.5×10^{-9}
苯胺($C_6H_5NH_2$)	$C_6H_5NH_2 + H_2O \rightleftharpoons C_6H_5NH_3^+ + OH^-$	7.4×10^{-10}

注：表中数据主要摘自 Ralph H. Petrucci et al. General Chemistry-Principles and Modern Applications, Eighth Edition(影印版). 北京：高等教育出版社, 2004。

现以 HAc 为例，计算溶液中氢离子浓度及 pH。若 HAc 起始浓度为 $c_a(mol \cdot L^{-1})$，离解平衡时，HAc 的离解度为 α（即离解平衡时已离解的 HAc 浓度占 HAc 起始浓度的百分数）。平衡时，氢离子的浓度和 Ac^- 的浓度均为 $x(mol \cdot L^{-1})$，或为 $c_a\alpha(mol \cdot L^{-1})$，即

$$HAc(aq) + H_2O(l) \rightleftharpoons H_3O^+ + Ac^-(aq)$$

起始浓度/$(mol \cdot L^{-1})$ c_a 0   0

平衡浓度/$(mol \cdot L^{-1})$ $c_a - x$ x x

或 $c_a - c_a\alpha$ $c_a\alpha$ $c_a\alpha$

则

$$K_a^\ominus = \frac{[c(H_3O^+)/c^\ominus] \cdot [c(Ac^-)/c^\ominus]}{c(HAc)/c^\ominus} = \frac{x \cdot x}{c_a - x}$$

当 $c_a/K_a^\ominus > 100$ 时，$c_a - x \approx c_a$（此时近似引起的误差小于百分之几是可以接受的），则

$$K_a^\ominus = \frac{x^2}{c_a}$$

$$x = \sqrt{c_a K_a^\ominus}$$

即

$$c(H_3O^+)/c^\ominus = \sqrt{c_a K_a^\ominus} \quad (c_a/K_a^\ominus > 100) \tag{6-6}$$

$$pH = -\lg[c(H_3O^+)/c^\ominus] = -\lg \sqrt{c_a K_a^\ominus}$$

由离解度 α，可得

$$K_a^\ominus = \frac{[c(H_3O^+)/c^\ominus] \cdot [c(Ac^-)/c^\ominus]}{c(HAc)/c^\ominus} = \frac{c_a\alpha \cdot c_a\alpha}{c_a - c_a\alpha} = \frac{c_a\alpha^2}{1-\alpha}$$

由于 α 很小，所以 $1-\alpha \approx 1$，得

$$\alpha = \sqrt{\frac{K_a^\ominus}{c_a}} \quad (c_a/K_a^\ominus > 100) \tag{6-7}$$

在一定温度下，$K_a^\ominus$ 保持不变，溶液被稀释时，α 增大。这就叫做稀释定律。

例 6-2 $0.10 mol \cdot L^{-1}$ 的 HAc 溶液中，求 H_3O^+，HAc 的浓度和 pH，以及 HAc 的离解度 α。已知 $K_a^\ominus(HAc) = 1.8 \times 10^{-5}$。

解： $HAc(aq) + H_2O(l) \rightleftharpoons H_3O^+(aq) + Ac^-(aq)$

起始浓度/$(mol \cdot L^{-1})$ 0.10   0   0

平衡浓度/$(mol \cdot L^{-1})$ $0.10 - x$ x x

$$K_a^\ominus = \frac{x \cdot x}{0.10 - x}$$

由于 $c_a/K_a^\ominus = 0.10/1.8 \times 10^{-5} = 5556 > 100$，所以 $0.10 - x \approx 0.10$，则

$$x = \sqrt{0.10 \times 1.8 \times 10^{-5}} = 1.34 \times 10^{-3}$$

$$c(H_3O^+) = 1.34 \times 10^{-3} \text{ mol} \cdot L^{-1}$$

$$c(HAc) \approx 0.10 \text{ mol} \cdot L^{-1}$$

$$pH = -\lg \frac{c(H_3O^+)}{c^\ominus} = -\lg(1.34 \times 10^{-3}) = 2.87$$

$$\alpha = \sqrt{\frac{K_a^\ominus}{c_a}} = \sqrt{\frac{1.8 \times 10^{-5}}{0.1}} = 1.3 \times 10^{-2} = 1.3\%$$

对于一元弱碱，如 NH_3 的离解：$NH_3(aq) + H_2O(l) \rightleftharpoons NH_4^+(aq) + OH^-(aq)$，同样可求得

$$c(OH^-)/c^\ominus = \sqrt{c_b K_b^\ominus} \tag{6-8}$$

$$\alpha = \sqrt{K_b^\ominus/c_b} \tag{6-9}$$

式中，c_b 为 NH_3 的起始浓度；$K_b^\ominus$ 为 NH_3 的离解常数。

离解常数 $K_a^\ominus$（或 $K_b^\ominus$）可由实验测得，也可以由离解平衡的标准自由能变化，利用公式 $\Delta_r G_m^\ominus = -RT\ln K^\ominus$ 计算得到。

例 6-3 已知 25℃ 下，$0.20 \text{ mol} \cdot L^{-1}$ 氨水溶液，其 pH 值为 11.27。求溶液中 OH^- 的浓度、氨的离解度 α 和离解常数 $K_b^\ominus$。

解：已知 $pH = 11.27$，$pOH = 2.73$，$c(OH^-) = 1.86 \times 10^{-3} \text{ mol} \cdot L^{-1}$

$$\alpha = \frac{1.86 \times 10^{-3}}{0.20} = 0.93\%$$

$$K_b^\ominus(NH_3) = \frac{[c(OH^-)/c^\ominus] \cdot [c(NH_4^+)]}{c(NH_3)/c^\ominus - c(OH^-)/c^\ominus} = \frac{(1.86 \times 10^{-3})^2}{0.20 - 1.86 \times 10^{-3}} = 1.7 \times 10^{-5}$$

思考题：HAc（或 NH_3）溶液中，除了存在 HAc（或 NH_3）的离解平衡以外，还存在什么离解平衡？它对溶液中 pH 值有无影响？

例 6-4 求 $0.0030 \text{ mol} \cdot L^{-1}$ 的乙胺（$C_2H_5NH_2$）溶液的 pH 值，已知 $K_b^\ominus = 4.3 \times 10^{-4}$。

解：
$$C_2H_5NH_2(aq) + H_2O(l) \rightleftharpoons C_2H_5NH_3^+(aq) + OH^-(aq)$$

起始浓度/$mol \cdot L^{-1}$　　0.0030　　　　　　　　　　0　　　　　0

平衡浓度/$mol \cdot L^{-1}$　　0.0030 − x　　　　　　　　x　　　　　x

$$K_b^\ominus = \frac{[c(C_2H_5NH_3^+)/c^\ominus] \cdot [c(OH^-)/c^\ominus]}{c(C_2H_5NH_2)/c^\ominus} = \frac{x \cdot x}{0.0030 - x} = 4.3 \times 10^{-4}$$

假设 $0.0030 - x \approx 0.0030$，则

$$\frac{x^2}{0.0030} = 4.3 \times 10^{-4}$$

$$x^2 = 1.29 \times 10^{-6}, \quad x = 1.14 \times 10^{-3}$$

$$c(OH^-) = 1.14 \times 10^{-3} \text{ (mol} \cdot L^{-1})$$

x 数值较大，$0.0030 - x$ 不能近似为 0.0030。可见上面的近似失败（由于 $c_b/K_b^\ominus = 0.0030/4.3 \times 10^{-4} = 7.0 < 100$，所以 $c_b - x \neq c_b$）。

解下列一元二次方程：

$$\frac{x^2}{0.0030-x} = 4.3 \times 10^{-4}$$

$$x^2 + 4.3 \times 10^{-4}x - 1.29 \times 10^{-6} = 0$$

$$x = 9.4 \times 10^{-4}$$

$$c(OH^-) = 9.4 \times 10^{-4} (\text{mol} \cdot \text{L}^{-1})$$

$$pOH = -\lg c(OH^-)/c^{\ominus} = -\lg(9.4 \times 10^{-4}) = 3.03$$

$$pH = 14 - 3.03 = 10.97$$

* **弱酸稀溶液（或弱碱稀溶液）pH 的计算**

在这种情况下，不仅要考虑弱酸（或弱碱）本身的离解，同时还应考虑水的离解：

$$HA(aq) + H_2O(l) \rightleftharpoons H_3O^+(aq) + A^-(aq)$$
$$c-x \qquad\qquad x+y \qquad x$$

$$H_2O(l) + H_2O(l) \rightleftharpoons H_3O^+(aq) + OH^-(aq)$$
$$x+y \qquad y$$

设溶液中 $c(H_3O^+)/c^{\ominus} = x+y = z$，必须同时满足离解常数表达式和水的离子积表达式：

$$K_a^{\ominus} = \left[\frac{c(H_3O^+)/c^{\ominus} \cdot [c(A)/c^{\ominus}]}{c(HA)/c^{\ominus}}\right] = \frac{(x+y) \cdot x}{c-x} \approx \frac{zx}{c} \qquad ①$$

$$K_w^{\ominus} = [c(H_3O^+)/c^{\ominus}] \cdot [c(OH^-)/c^{\ominus}] = (x+y)y = zy \qquad ②$$

由式②得 $y = \frac{K_w^{\ominus}}{z}$，又 $x+y=z$，所以 $x = z - y = z - \frac{K_w^{\ominus}}{z}$，代入式①得

$$K_a^{\ominus} = \frac{z\left(z - \frac{K_w^{\ominus}}{z}\right)}{c}$$

所以

$$cK_a^{\ominus} = z^2 - K_w^{\ominus}$$

$$z = \sqrt{cK_a^{\ominus} + K_w^{\ominus}}$$

得

$$c(H_3O^+) = \sqrt{cK_a^{\ominus} + K_w^{\ominus}} \qquad\qquad (6\text{-}10)$$

若 $K_w^{\ominus} \ll cK_a^{\ominus}$ 时，可以不考虑水的离解，此时式(6-10)与式(6-6)相同。

例 6-5 求 $0.00010 \text{mol} \cdot \text{L}^{-1}$ 的 HCN 溶液的 H^+ 离子浓度和 pH，已知：$K_a^{\ominus}(HCN) = 4.0 \times 10^{-10}$。

解： $c(HCN)K_a^{\ominus} = 1.0 \times 10^{-4} \times 4.0 \times 10^{-10} = 4.0 \times 10^{-14}$

与 $K_w^{\ominus}$ 接近，所以

$$c(H_3O^+) = \sqrt{cK_a^{\ominus} + K_w^{\ominus}} = \sqrt{4.0 \times 10^{-14} + 1.0 \times 10^{-14}}$$
$$= 2.24 \times 10^{-7} (\text{mol} \cdot \text{L}^{-1})$$

$$pH = -\lg \frac{c(H_3O^+)}{c^{\ominus}} = -\lg(2.24 \times 10^{-7}) = 6.65$$

2. 多元弱酸的离解平衡

多元弱酸的离解与一元弱酸不同，前者是分步离解，存在多个离解平衡。例如，碳酸存

在如下两个离解平衡:

一级离解 $\quad H_2CO_3(aq) + H_2O(l) \rightleftharpoons H_3O^+(aq) + HCO_3^-(aq)$

$$K_{a1}^{\ominus} = \frac{[c(H_3O^+)/c^{\ominus}] \cdot [c(HCO_3^-)/c^{\ominus}]}{c(H_2CO_3)/c^{\ominus}} = 4.2 \times 10^{-7}$$

二级离解 $\quad HCO_3^-(aq) + H_2O(l) \rightleftharpoons H_3O^+(aq) + CO_3^{2-}(aq)$

$$K_{a2}^{\ominus} = \frac{[c(H_3O^+)/c^{\ominus}] \cdot [c(CO_3^{2-})/c^{\ominus}]}{c(HCO_3^-)/c^{\ominus}} = 4.8 \times 10^{-11}$$

相同物种(如 H_3O^+, HCO_3^-)在两个平衡常数表达式中的浓度是相同的。由于 $K_{a2}^{\ominus} \ll K_{a1}^{\ominus}$(一般的二元弱酸均能满足),所以二级离解产生的 H_3O^+ 可以忽略,溶液中水合氢离子只考虑由一级离解产生。其溶液 $c(H_3O^+)$ 类似一元弱酸的计算。同样,溶液中 HCO_3^- 浓度也可以忽略二级离解减少部分,只考虑由一级离解产生的。

例 6-6 计算 $0.010\,mol \cdot L^{-1}$ 的 H_2CO_3 溶液中 H_3O^+, H_2CO_3, HCO_3^-, CO_3^{2-} 和 OH^- 的浓度。

解: $\quad H_2CO_3(aq) + H_2O(l) \rightleftharpoons H_3O^+(aq) + HCO_3^-$

平衡浓度/$mol \cdot L^{-1}$ $\quad 0.010 - x \qquad\qquad\qquad x \qquad x$

$$K_{a1}^{\ominus} = \frac{[c(H_3O^+)/c^{\ominus}] \cdot [c(HCO_3^-)/c^{\ominus}]}{c(H_2CO_3)/c^{\ominus}} = \frac{x^2}{0.010 - x} = K_{a1}^{\ominus} = 4.2 \times 10^{-7}$$

$0.010 - x \approx 0.010$

所以 $\quad x = c(H_3O^+)/c^{\ominus} = \sqrt{0.010 \times 4.2 \times 10^{-7}} = 6.5 \times 10^{-5}$

$c(H_3O^+) = 6.5 \times 10^{-5}\,mol \cdot L^{-1}$

$c(HCO_3^-) = c(H_3O^+) = 6.5 \times 10^{-5}\,(mol \cdot L^{-1})$

$c(H_2CO_3) \approx 0.010\,mol \cdot L^{-1}$

$c(OH^-) = \dfrac{K_w^{\ominus}}{c(H_3O^+)} = \dfrac{1.0 \times 10^{-14}}{6.5 \times 10^{-5}} = 1.5 \times 10^{-10}\,(mol \cdot L^{-1})$

$HCO_3^-(aq) + H_2O(l) \rightleftharpoons H_3O^+(aq) + CO_3^{2-}(aq)$

平衡浓度 $\quad 6.5 \times 10^{-5} - y \qquad\qquad 6.5 \times 10^{-5} + y \quad y$

$$K_{a2}^{\ominus} = \frac{[c(H_3O^+)/c^{\ominus}] \cdot [c(CO_3^{2-})/c^{\ominus}]}{c(HCO_3^-)/c^{\ominus}} = c(CO_3^{2-})/c^{\ominus} = 4.8 \times 10^{-11}$$

所以 $\quad c(CO_3^{2-}) = K_{a2}^{\ominus} = 4.8 \times 10^{-11}\,(mol \cdot L^{-1})$

思考题:二元弱酸 H_2A,当 $K_{a2}^{\ominus} \ll K_{a1}^{\ominus}$ 时,溶液的酸性由哪一级离解决定?酸根(A^{2-})浓度与 $K_{a2}^{\ominus}$ 有何关系?

例 6-7 $0.10\,mol \cdot L^{-1}$ 的 H_2SO_3 溶液的 pH 为 1.52,SO_3^{2-} 离子浓度为 $5.6 \times 10^{-8}\,mol \cdot L^{-1}$,求 H_2SO_3 的 $K_{a1}^{\ominus}$ 和 $K_{a2}^{\ominus}$。

解: pH = 1.52,所以

$c(H_3O^+) = 3.0 \times 10^{-2}\,(mol \cdot L^{-1})$

$H_2SO_3(aq) + H_2O(l) \rightleftharpoons H_3O^+(aq) + HSO_3^-(aq)$

$0.10 - 3.0 \times 10^{-2} \qquad\qquad 3.0 \times 10^{-2} \quad 3.0 \times 10^{-2}$

$$K_{a1}^\ominus = \frac{[c(H_3O^+)/c^\ominus] \cdot [c(HSO_3^-)/c^\ominus]}{c(H_2SO_3)/c^\ominus} = \frac{3.0 \times 10^{-2} \times 3.0 \times 10^{-2}}{0.10 - 3.0 \times 10^{-2}} = 1.3 \times 10^{-2}$$

$$HSO_3^-(aq) + H_2O(l) \rightleftharpoons H_3O^+(aq) + SO_3^{2-}(aq)$$

$$K_{a2}^\ominus = \frac{[c(H_3O^+)/c^\ominus] \cdot [c(SO_3^{2-})/c^\ominus]}{c(HSO_3^-)/c^\ominus} = c(SO_3^{2-})/c^\ominus = 5.6 \times 10^{-8}$$

思考题：若有一个三元弱酸 H_3A，其 $K_{a1}^\ominus \gg K_{a2}^\ominus \gg K_{a3}^\ominus$，问：

(1) 溶液中氢离子主要由哪一级离解产生？

(2) 溶液中的 HA^{2-} 的浓度等于多少？

*6.1.4 盐的水解平衡

强酸强碱组成的盐（如 NaCl）在水溶液中不发生水解反应，溶液为中性，pH=7（室温）。对于强碱弱酸组成的盐（如 NaAc），由于水解生成强碱（NaOH）和弱酸（HAc），故溶液呈碱性。强酸弱碱组成的盐（如 NH_4Cl），水解生成强酸（HCl）和弱碱（NH_3），故溶液呈酸性。对于一元弱酸和一元弱碱组成的盐（如 NH_4Ac，NH_4F 等），由于水解生成弱酸和弱碱，溶液的酸碱性比较复杂。多元弱酸盐（如 Na_2CO_3）在水溶液中分级水解。

1. 强碱弱酸盐

例 6-8 求 $0.10\,mol \cdot L^{-1}$ 次氯酸钠 NaOCl 水溶液的 pH 值。已知 HOCl 的 $K_a^\ominus = 2.9 \times 10^{-8}$。

解：由于 NaOCl 在水溶液中全部离解成 Na^+ 和 OCl^- 离子，生成的 Na^+ 不发生水解，而 OCl^- 发生水解：

$$OCl^-(aq) + H_2O(l) \rightleftharpoons HOCl(aq) + OH^-(aq)$$

平衡浓度/$mol \cdot L^{-1}$　　$0.10-x$　　　　　x　　　　x

水解常数 $K_h^\ominus$：

$$K_h^\ominus = \frac{[c(HOCl)/c^\ominus] \cdot [c(OH^-)/c^\ominus]}{c(OCl^-)/c^\ominus} \times \frac{c(H_3O^+)/c^\ominus}{c(H_3O^+)/c^\ominus} = \frac{K_w^\ominus}{K_a^\ominus(HOCl)}$$

$$= \frac{1.0 \times 10^{-14}}{2.9 \times 10^{-8}} = 3.45 \times 10^{-7} = \frac{x^2}{0.10-x}$$

$0.10 - x \approx 0.10$

$x = c(OH^-)/c^\ominus = \sqrt{0.10 \times 3.45 \times 10^{-7}} = 1.86 \times 10^{-4}$

所以　　$pOH = -\lg \frac{c(OH^-)}{c^\ominus} = -\lg(1.86 \times 10^{-4}) = 3.73$

$pH = 14 - 3.73 = 10.27$

同样方法可求其他强碱弱酸盐如 C_6H_5COONa，$NaNO_2$，NaAc 等溶液的 pH。可见强碱弱酸盐的水溶液呈碱性。

2. 强酸弱碱盐

例 6-9 求 $0.10\,mol \cdot L^{-1}\,NH_4Cl$ 水溶液的 pH 和 NH_4^+ 的水解度。

解：由于 NH_4Cl 在水溶液中全部离解，生成的 Cl^- 不水解，NH_4^+ 水解如下：

$$NH_4^+(aq) + H_2O(l) \rightleftharpoons NH_3(aq) + H_3O^+(aq)$$

平衡浓度/mol·L^{-1}　　0.10$-x$　　　　　　　　x　　　　x

水解常数 K_h：

$$K_h^\ominus = \frac{[c(NH_3)/c^\ominus] \cdot [c(H_3O^+)/c^\ominus]}{c(NH_4^+)/c^\ominus} \times \frac{c(OH^-)/c^\ominus}{c(OH^-)/c^\ominus} = \frac{K_w^\ominus}{K_b^\ominus(NH_3)}$$

$$= \frac{1 \times 10^{-14}}{1.8 \times 10^{-5}} = 5.6 \times 10^{-10} = \frac{x^2}{0.10-x}$$

$$0.10 - x \approx 0.10$$

所以

$$x = c(H_3O^+)/c^\ominus = \sqrt{0.10 \times 5.6 \times 10^{-10}} = 7.5 \times 10^{-6}$$

$$pH = -\lg c(H_3O^+)/c^\ominus = -\lg(7.5 \times 10^{-6}) = 5.12$$

NH_4^+ 的水解度：

$$\alpha = \frac{c(NH_3)}{c(NH_4^+)} = \frac{7.5 \times 10^{-6}}{0.10} = 7.5 \times 10^{-5} = 0.0075\%$$

可见水解度很小。

同样可求其他强酸弱碱盐如 $C_2H_5NH_3Cl, C_6H_5NH_3NO_3$ 等水溶液的 pH。可见强酸弱碱盐的水溶液呈酸性。

3. 多元弱酸盐

例 6-10　求 $1.0\,mol \cdot L^{-1} Na_2CO_3$ 溶液的 pH 值。

解：
$$CO_3^{2-}(aq) + H_2O(l) \rightleftharpoons HCO_3^-(aq) + OH^-(aq)$$

平衡浓度/mol·L^{-1}　　1.0$-x$　　　　　　　　x　　　　x

一级水解常数：

$$K_{h1}^\ominus = \frac{[c(HCO_3^-)/c^\ominus] \cdot [c(OH^-)/c^\ominus]}{c(CO_3^{2-})/c^\ominus} \times \frac{c(H_3O^+)/c^\ominus}{c(H_3O^+)/c^\ominus} = \frac{K_w^\ominus}{K_{a2}^\ominus(H_2CO_3)}$$

$$= \frac{1 \times 10^{-14}}{4.8 \times 10^{-11}} = 2.1 \times 10^{-4}$$

HCO_3^- 还可以发生二级水解：

$$HCO_3^-(aq) + H_2O(l) \rightleftharpoons H_2CO_3(aq) + OH^-(aq)$$

二级水解常数：

$$K_{h2}^\ominus = \frac{c(H_2CO_3)/c^\ominus \cdot c(OH^-)/c^\ominus}{c(HCO_3^-)} \times \frac{c(H_3O^+)/c^\ominus}{c(H_3O^+)/c^\ominus} = \frac{K_w^\ominus}{K_{a1}^\ominus(H_2CO_3)}$$

$$= \frac{1 \times 10^{-14}}{4.2 \times 10^{-7}} = 2.4 \times 10^{-8}$$

由于 $K_{a2}^\ominus \ll K_{a1}^\ominus$，所以 $K_{h2}^\ominus \ll K_{h1}^\ominus$，这说明 CO_3^{2-} 一级水解是主要的，二级水解可以忽略。

因为

$$K_{h1}^\ominus = \frac{K_w^\ominus}{K_{a2}^\ominus(H_2CO_3)} = 2.1 \times 10^{-4} = \frac{x^2}{1.0-x} \approx \frac{x^2}{1.0}$$

$$x = c(OH^-)/c^\ominus = \sqrt{1.0 \times 2.1 \times 10^{-4}} = 1.4 \times 10^{-2}　　所以 pH = 1.9$$

例 6-11　求 $0.10\,mol \cdot L^{-1} Na_2S$ 溶液的 pH 值。已知 H_2S 的 $K_{a1}^\ominus = 1.0 \times 10^{-7}, K_{a2}^\ominus = 1.0 \times 10^{-19}$。

解:Na_2S 的二级水解常数 $K_{h2}^{\ominus}$ 比一级水解常数 $K_{h1}^{\ominus}$ 小得多,可以忽略 S^{2-} 的二级水解。Na_2S 的水解如下:

$$S^{2-}(aq) + H_2O(l) \rightleftharpoons HS^-(aq) + OH^-(aq)$$

平衡浓度/$mol \cdot L^{-1}$ $0.10-x$ x x

$$K_{h1}^{\ominus} = \frac{K_w^{\ominus}}{K_{a2}^{\ominus}(H_2S)} = \frac{1 \times 10^{-14}}{1 \times 10^{-19}} = 1 \times 10^5$$

$$\frac{x \cdot x}{0.10-x} = K_{h1}^{\ominus} = 1 \times 10^5$$

$$x \approx 0.10$$

S^{2-} 近似全部水解成 HS^- 和 OH^-,说明 S^{2-} 在水溶液中不能稳定存在。

$$c(OH^-) = 0.10 \text{mol} \cdot L^{-1} \quad pOH = 1.00, \quad pH = 13.00$$

4. 酸式盐和弱酸弱碱盐

酸式盐(如 $NaHCO_3$)溶液中,阴离子(如 HCO_3^-)既可以离解产生 $H_3O^+(aq)$,又可以水解产生 $OH^-(aq)$。若酸式盐的阴离子的离解常数大于其水解常数,则此酸式盐溶液呈酸性,如 NaH_2PO_4 溶液。若酸式盐的阴离子的离解常数小于其水解常数,则此酸式盐溶液呈碱性,如 $NaHCO_3$,Na_2HPO_4 等溶液。

对于弱酸弱碱盐,水解同时生成弱酸和弱碱,水解度较大。但溶液的酸碱性要看生成的弱酸与弱碱的 $K_a^{\ominus}$ 和 $K_b^{\ominus}$ 的相对大小。若 $K_a^{\ominus}$ 大于 $K_b^{\ominus}$ 则呈酸性,如 NH_4F,NH_4NO_2 等;若 $K_a^{\ominus}$ 小于 $K_b^{\ominus}$ 则呈碱性,如 NH_4CN;若 $K_a^{\ominus}$ 等于 $K_b^{\ominus}$ 则呈中性,如 NH_4Ac。

思考题:总结盐的水解常数如何用已知常数来表示。

6.1.5 缓冲溶液

1. 同离子效应

在弱酸(或弱碱)溶液中,加入与弱酸(或弱碱)含有相同离子的强电解质弱酸强碱盐(或弱碱强酸盐),如 HAc 与 $NaAc$ 或 NH_3 与 NH_4Cl。在 HAc 溶液中加入 $NaAc$ 时,由于 $NaAc$ 与 HAc 离解产生相同的 Ac^- 离子,使得 HAc 的离解平衡向左移动,H_3O^+ 浓度降低,HAc 的离解度变小:

$$HAc(aq) + H_2O(l) \rightleftharpoons Ac^-(aq) + H_3O^+(aq)$$
$$\Longleftarrow$$
$$NaAc(aq) \longrightarrow Ac^-(aq) + Na^+(aq)$$

这种在弱电解质溶液中,加入与弱电解质具有相同离子的强电解质使得弱电解质解离平衡向左移动的现象叫同离子效应。同样 NH_3 与 NH_4Cl 也产生同离子效应。

思考题:在 HAc 溶液中加入少量 HCl,或在 NH_3 水溶液中加入少量 $NaOH$ 是否也存在同离子效应?

2. 缓冲溶液

(1) 缓冲原理

在弱酸及其强碱盐(或弱碱及其强酸盐)的混合溶液中,能抵抗外加少量的强酸或强碱而使溶液的 pH 值保持基本不变,这种溶液叫缓冲溶液。当然,这也是缓冲溶液的特性。

缓冲溶液为什么能抵抗外加少量的强酸或强碱而使溶液的 pH 值保持基本不变呢? 下面我们分析缓冲溶液中各种物质的浓度及加入少量强酸或强碱后,发生什么变化? 例如,在 HAc-NaAC 体系中,由于 NaAC 全部离解生成 Ac^- 的浓度较大,同时由于 HAc 本身为弱酸,溶液中主要以 HAc 分子存在,又由于 Ac^- 的同离子效应,使 HAc 的离解度降低,所以溶液中 HAc 的浓度也较大。当外加少量的强酸,由于溶液中 Ac^- 大量存在,加入的 H_3O^+ 与大量存在的 Ac^- 结合生成 HAc 而使溶液的 H_3O^+ 浓度没有什么变化,即保持溶液的 pH 值基本不变。若在 HAc-NaAc 体系中加入少量的强碱,加入的 OH^- 与溶液中 H_3O^+ 结合生成 H_2O,由于溶液中 HAc 是大量的,所以 HAc 进一步离解产生 H_3O^+ 来补充被 OH^- 结合掉的 H_3O^+,即加入的 OH^- 与大量存在的 HAc 中和反应,致使溶液的 H_3O^+ 浓度没有什么变化,即保持溶液的 pH 值基本不变。缓冲溶液的缓冲作用原理如下:

HAc 大量　　$HAc(aq) + H_2O(l) \rightleftharpoons H_3O^+(aq) + Ac^-(aq)$　　Ac^- 大量(因有 NaAc)

（加入少量的碱）　$OH^-(aq)$　　$H_3O^+(aq)$　（加入少量的酸）

$2H_2O(l)$　　$HAc(aq) + H_2O(l)$

（HAc 离解补充 H_3O^+）　　（Ac^- 结合外加 H_3O^+）

思考题: ①从组成上满足什么条件的溶液称为缓冲溶液? 如在大量 HAc 溶液中加入少量的 NaOH,或在大量 NH_3 水溶液中加入少量的 HCl,是否可组成缓冲溶液? ②以 NH_3 与 NH_4Cl 水溶液为例,分析它的缓冲原理。

常用的缓冲溶液列于表 6-4。

表 6-4　常用缓冲溶液

缓冲溶液	$pK_a^\ominus$	pH 缓冲范围
邻苯二甲酸-邻苯二甲酸氢钾 ($C_6H_4(COOH)_2$-$C_6H_4COOHCOOK$)	2.9	1.9~3.9
醋酸-醋酸钠 (HAc-NaAc)	4.7	3.7~5.7
六次甲基四胺-六次甲基四胺盐 (($CH_2)_6N_4$-$(CH_2)_6N_4H^+$)	8.8($pK_b^\ominus$)	4.2~6.2
磷酸二氢钠-磷酸氢二钠 (NaH_2PO_4-Na_2HPO_4)	7.2	6.2~8.2
氨水-氯化铵 (NH_3-NH_4Cl)	4.7($pK_b^\ominus$)	8.3~10.3
碳酸氢钠-碳酸钠 ($NaHCO_3$-Na_2CO_3)	10.3	9.3~11.3
磷酸氢二钠-磷酸钠 (Na_2HPO_4-Na_3PO_4)	12.4	11.4~13.4

(2) 缓冲溶液 pH 值的计算

例 6-12　$0.10 mol \cdot L^{-1}$ HAc 溶液中,等体积加入 $0.15 mol \cdot L^{-1}$ NaAc 溶液,求该溶液的 pH 值。

解：
$$HAc(aq) + H_2O(l) \rightleftharpoons H_3O^+(aq) + Ac^-(aq)$$

起始浓度/mol·L^{-1} c_a 0 $c_{盐}$

平衡浓度/mol·L^{-1} $c_a - x$ x $c_{盐} + x$

$$K_a^\ominus = \frac{[c(H_3O^+)/c^\ominus] \cdot [c(Ac^-)/c^\ominus]}{c(HAc)/c^\ominus} = \frac{x(c_{盐} + x)}{c_a - x}$$

$$c_{盐} + x \approx c_{盐}, \quad c_a - x \approx c_a$$

$$K_a^\ominus = \frac{x c_{盐}}{c_a} \tag{6-11}$$

$$\frac{c(H_3O^+)}{c^\ominus} = K_a^\ominus \cdot \frac{c_a}{c_{盐}} = 1.8 \times 10^{-5} \times \frac{0.10/2}{0.15/2} = 1.2 \times 10^{-5}$$

$$pH = -\lg \frac{c(H_3O^+)}{c^\ominus} = -\lg(1.2 \times 10^{-5}) = 4.92$$

由

$$\frac{c(H_3O^+)}{c^\ominus} = K_a^\ominus \cdot \frac{c_a}{c_{盐}} = K_a^\ominus \cdot \frac{n_a/V}{n_{盐}/V} = K_a^\ominus \frac{n_a}{n_{盐}}$$

$$\frac{c(H_3O^+)}{c^\ominus} = K_a^\ominus \frac{n_a}{n_{盐}} \tag{6-12}$$

可见缓冲溶液能抵抗外加少量水，使溶液的 pH 值保持基本不变。

例 6-13 在 50mL 0.20mol·L^{-1} 的 NH$_3$ 水溶液中，加入 20mL 0.20mol·L^{-1} 的 HCl，求溶液的 pH 值。

解： 加入 HCl 和 NH$_3$ 发生等物质量的中和反应

$$NH_3(aq) + H_3O^+(aq) \rightleftharpoons NH_4^+(aq) + H_2O(l)$$

起始物质的量/mmol 50×0.20 20×0.20 0

反应消耗物质的量/mmol -4 -4

反应后物质的量/mmol   6   0   4

所以 NH$_3$ 的浓度为

$$\frac{6 \text{mmol}}{(50+20)\text{mL}} = \frac{6}{70} \text{mol·L}^{-1}$$

NH$_4^+$ 的浓度为

$$\frac{4 \text{mmol}}{(50+20)\text{mL}} = \frac{4}{70} \text{mol·L}^{-1}$$

反应后剩余的 NH$_3$ 和生成的 NH$_4^+$ 组成缓冲溶液：

$$NH_3(aq) + H_2O(l) \rightleftharpoons NH_4^+(aq) + OH^-(aq)$$

起始浓度/mol·L^{-1} $\frac{6}{70}$ $\frac{4}{70}$

平衡浓度/mol·L^{-1} $\frac{6}{70} - x$ $\frac{4}{70} + x$ x

所以

$$K_b^\ominus = \frac{\left(\frac{4}{70} + x\right)x}{\frac{6}{70} - x} \approx \frac{4x/70}{6/70} = \frac{2}{3}x$$

$$x = c(\text{OH}^-)/c^\ominus = \frac{3}{2} \cdot K_b^\ominus = \frac{3}{2} \times 1.8 \times 10^{-5} = 2.7 \times 10^{-5}$$

$$\text{pOH} = -\lg c(\text{OH}^-)/c^\ominus = -\lg(2.7 \times 10^{-5}) = 4.57$$

$$\text{pH} = 14 - 4.57 = 9.43$$

(3) 缓冲溶液的选择

由前计算知道缓冲溶液：

$$c(\text{H}_3\text{O}^+)/c^\ominus = K_a^\ominus \cdot \frac{c_a}{c_{\text{盐}}}$$

或

$$c(\text{OH}^-)/c^\ominus = K_b^\ominus \cdot \frac{c_b}{c_{\text{盐}}}$$

缓冲溶液的 pH（或 pOH）与 $c_a/c_{\text{盐}}$（或 $c_b/c_{\text{盐}}$）比值有关。c_a 与 $c_{\text{盐}}$ 不能相差太大（如果相差太大，就意味着某一浓度过小，从缓冲原理分析中可知，它的缓冲能力就小）。当 c_a 与 $c_{\text{盐}}$（或 c_b 与 $c_{\text{盐}}$）比值在 0.1~10 时，此缓冲溶液具有合适的缓冲能力（当然，c_a 与 $c_{\text{盐}}$ 或 c_b 与 $c_{\text{盐}}$ 均不能太小），这样的缓冲溶液的 pH 值范围或 pOH 值范围为

$$\text{pH} = pK_a^\ominus \pm 1$$

或

$$\text{pOH} = pK_b^\ominus \pm 1 \tag{6-13}$$

上式称缓冲溶液的缓冲范围。

如 HAc-NaAc 缓冲溶液

$$pK_a^\ominus = -\lg(1.8 \times 10^{-5}) = 4.74$$

因为 $\text{pH} = pK_a^\ominus \pm 1$，HAc-NaAc 的 pH 缓冲范围为 3.74~5.74。

同样，$\text{NH}_3\text{-NH}_4\text{Cl}$ 缓冲溶液

$$pK_b^\ominus = -\lg(1.8 \times 10^{-5}) = 4.74$$

因为 $\text{pOH} = pK_b^\ominus \pm 1$，所以 pOH 缓冲范围为 3.74~5.74，pH 缓冲范围为 8.26~10.26。

我们在选择缓冲溶液时，所需溶液的 pH 值（或 pOH 值）要在所选择的缓冲溶液的缓冲范围内，同时还不能与缓冲体系发生反应。

例 6-14 用 $0.10\text{mol} \cdot \text{L}^{-1} \text{NH}_3$ 和 $0.15\text{mol} \cdot \text{L}^{-1} \text{NH}_4\text{Cl}$ 溶液配成 1L pH 为 9.20 的缓冲溶液。问 NH_3 和 NH_4Cl 各取多少毫升？

解：设需要 NH_3 x mL，则 NH_4Cl 为 $(1000-x)$ mL

$$\text{pH} = 9.20, \quad \text{pOH} = 14 - 9.20 = 4.80$$

$$c(\text{OH}^-)/c^\ominus = 1.58 \times 10^{-5}$$

	$\text{NH}_3(\text{aq}) + \text{H}_2\text{O}(\text{l}) \rightleftharpoons$	$\text{NH}_4^+(\text{aq})$	$+ \text{OH}^-(\text{aq})$
起始浓度/mol·L^{-1}	$\dfrac{0.10x}{1000}$	$\dfrac{0.15(1000-x)}{1000}$	0
平衡浓度/mol·L^{-1}	$\dfrac{0.10x}{1000} - 1.58 \times 10^{-5}$	$\dfrac{0.15(1000-x)}{1000} + 1.58 \times 10^{-5}$	1.58×10^{-5}
	$\approx \dfrac{0.10x}{1000}$	$\approx \dfrac{0.15(1000-x)}{1000}$	

$$K_b^\ominus = \frac{[c(NH_4^+)/c^\ominus] \cdot [c(OH^-)/c^\ominus]}{c(NH_3)/c^\ominus} \approx \frac{\frac{0.15(1000-x)}{1000} \times 1.58 \times 10^{-5}}{\frac{0.10x}{1000}}$$

$$= \frac{0.15(1000-x) \times 1.58 \times 10^{-5}}{0.10x} = 1.8 \times 10^{-5}$$

解得

$$\begin{cases} x = 568\text{mL}(NH_3) \\ 1000-x = 432\text{mL}(NH_4Cl) \end{cases}$$

思考题：在 NaAc 溶液中，加入适量的 HCl；在 NH_4Cl 溶液中，加入适量的 NaOH，能否组成缓冲溶液？

例 6-15 求 $0.10\text{mol} \cdot L^{-1} NaHCO_3$ 和 $0.15\text{mol} \cdot L^{-1}$ 的 Na_2CO_3 混合溶液的 pH 值。

解： $HCO_3^-(aq) + H_2O(l) \rightleftharpoons H_3O^+(aq) + CO_3^{2-}(aq)$

起始浓度/mol·L^{-1} 0.10   0   0.15
平衡浓度/mol·L^{-1} 0.10−x   x   0.15+x

$$K_{a2}^\ominus = \frac{[c(H_3O^+)/c^\ominus] \cdot [c(CO_3^{2-})/c^\ominus]}{c(HCO_3^-)/c^\ominus} = \frac{x(0.15+x)}{(0.10-x)} \approx \frac{0.15x}{0.10} = 4.8 \times 10^{-11}$$

所以 $x = c(H_3O^+)/c^\ominus = 3.2 \times 10^{-11}$

$$pH = -\lg c(H_3O^+)/c^\ominus = -\lg(3.2 \times 10^{-11}) = 10.49$$

思考题：H_3PO_4-NaH_2PO_4，NaH_2PO_4-Na_2HPO_4，Na_2HPO_4-Na_3PO_4 是否具有缓冲溶液的特性？

缓冲溶液在很多方面具有重要用途。例如，人体血液的酸度必须维持在 pH=7.40±0.05 的范围内。pH 偏低，会引起中枢神经系统的抑郁症；pH 偏高，会导致兴奋；pH 值小于 6.8 或是大于 8.0，会有生命危险。人体维持血液正常的 pH 值是靠 H_2CO_3-HCO_3^- 和 $H_2PO_4^-$-HPO_4^{2-} 等缓冲体系。pH 值在工业制备和科学研究中也很重要，常需要选择合适的缓冲溶液体系，控制溶液的 pH 值。

6.1.6 配离子的离解平衡

配位化合物（又称配合物）是一类数量很大的重要化合物。近年来，人们对配合物进行了广泛的研究，使配位化学得到迅速的发展。目前，它已成为化学学科的一个重要分支。有关配合物的结构、性质和应用等留在第 10 章讨论。

本节重点介绍配离子的离解平衡，以便了解配离子的稳定性。

$$[Ag(NH_3)_2]^+(aq) \rightleftharpoons [Ag(NH_3)]^+(aq) + NH_3(aq)$$

$$K_{\text{不稳}1}^\ominus = \frac{[c(Ag(NH_3)^+)/c^\ominus] \cdot [c(NH_3)/c^\ominus]}{c(Ag(NH_3)_2^+)/c^\ominus}$$

$$[Ag(NH_3)]^+(aq) \rightleftharpoons Ag^+(aq) + NH_3(aq)$$

$$K_{\text{不稳}2}^\ominus = \frac{[c(Ag^+)/c^\ominus] \cdot [c(NH_3)/c^\ominus]}{c(Ag(NH_3)^+)/c^\ominus}$$

上面两式相加，得

$$[Ag(NH_3)_2]^+(aq) \rightleftharpoons Ag^+(aq) + 2NH_3(aq)$$

$$K_{\text{不稳}}^{\ominus} = K_{\text{不稳}1}^{\ominus} \cdot K_{\text{不稳}2}^{\ominus} = \frac{[c(Ag^+)/c^{\ominus}] \cdot [c(NH_3)/c^{\ominus}]^2}{c(Ag(NH_3)_2^+)/c^{\ominus}}$$

由上可见，$K_{\text{不稳}}^{\ominus}$ 越大，说明配离子越易离解，越不稳定。所以，$K_{\text{不稳}}^{\ominus}$ 叫不稳定常数，也叫配离子的离解常数。离解反应的逆反应，称配离子的生成反应。其生成反应的平衡常数为

$$K_{\text{生成}}^{\ominus} = \frac{c(Ag(NH_3)_2^+)/c^{\ominus}}{c(Ag^+)/c^{\ominus} \cdot [c(NH_3)_2/c^{\ominus}]^2}$$

可见 $K_{\text{生成}}^{\ominus}$ 越大，配离子就越稳定，所以 $K_{\text{生成}}^{\ominus}$ 也叫稳定常数，用 $K_{\text{稳}}^{\ominus}$ 表示。

$$K_{\text{生成}}^{\ominus} = K_{\text{稳}}^{\ominus} = \frac{1}{K_{\text{不稳}}^{\ominus}}$$

由于总的离解由各步离解组成，总的离解常数（$K_{\text{不稳}}^{\ominus}$）也常叫累计离解常数。配合离子的 $K_{\text{不稳}}^{\ominus}$ 列于附录 7。

由于配离子是分步离解的，体系中存在多个离解平衡，所以要精确计算各组成的浓度是比较麻烦的。但当配离子比较稳定（即 $K_{\text{不稳}}^{\ominus}$ 较小），且体系中配位体的浓度较大时，可做一些近似处理，使问题简化。

例 6-16 将 0.010mol 的固体 $CuSO_4$ 溶于 1.0L 3.0mol·L^{-1} 的氨水中。计算该溶液中 Cu^{2+}，NH_3 和配离子 $[Cu(NH_3)_4]^{2+}$ 的浓度。已知 $K_{\text{不稳}}^{\ominus}([Cu(NH_3)_4]^{2+}) = 4.8 \times 10^{-14}$。

解：加入固体，近似认为溶液体积不变，Cu^{2+} 的起始浓度为 0.010mol·L^{-1}，由于形成 $[Cu(NH_3)_4]^{2+}$ 离子时，$c(NH_3):c(Cu^{2+}) = 4:1$，所以氨水有较大的过剩。又由于 $[Cu(NH_3)_4]^{2+}$ 的 $K_{\text{不稳}}^{\ominus}$ 很小，可认为 0.010mol·L^{-1} 的 Cu^{2+} 全部变成 0.010mol·L^{-1} 的 $[Cu(NH_3)_4]^{2+}$ 配离子：

$$Cu^{2+}(aq) + 4NH_3(aq) \rightleftharpoons [Cu(NH_3)_4]^{2+}$$

起始浓度/mol·L^{-1}	0.010	3.0	
反应后浓度/mol·L^{-1}	0	$3.0 - 0.010 \times 4$	0.010
平衡浓度/mol·L^{-1}	x	≈ 2.96	≈ 0.010

$$K_{\text{不稳}}^{\ominus} = \frac{[c(Cu^{2+})/c^{\ominus}] \cdot [c(NH_3)/c^{\ominus}]^4}{c(Cu(NH_3)_4^{2+})/c^{\ominus}} \approx \frac{x(2.96^4)}{0.010} = 4.8 \times 10^{-14}$$

$x = 6.3 \times 10^{-18}$

$c(Cu^{2+}) = 6.3 \times 10^{-18}$ mol·L^{-1}

$c(NH_3) = 2.96$ mol·L^{-1}

$c(Cu(NH_3)_4^{2+}) = 0.010$ mol·L^{-1}

6.2 沉淀溶解平衡

水溶液中的酸、碱平衡是均相反应，除此之外，还有一类重要的离子反应是难溶电解质在水中的溶解。即在含有难溶电解质固体的饱和溶液中，存在着该电解质与它溶解产生的离子之间的平衡，称沉淀溶解平衡，也称多相离解平衡。在讨论沉淀的溶解平衡之前，首先介绍常见的无机化合物在水中的溶解情况。

碱金属的氢氧化物是可溶的。几乎所有的硝酸盐，以及碱金属的盐也是可溶的。氯化

物除 $PbCl_2$(微溶),$AgCl$ 和 Hg_2Cl_2(难溶)以外,大多可溶。硫酸盐,除 $CaSO_4$,Ag_2SO_4,$HgSO_4$(微溶)和 $SrSO_4$,$BaSO_4$,$PbSO_4$(难溶)外,大多为可溶的。除ⅠA、ⅡA 和 NH_4^+ 的硫化物以外,大多数硫化物是难溶的。多数碳酸盐、磷酸盐和亚硫酸盐也是难溶的。

6.2.1 溶度积常数

以硫酸钡为例:

$$BaSO_4(s) \rightleftharpoons Ba^{2+}(aq) + SO_4^{2-}(aq)$$

在平衡常数表达式中,纯固体为1,用符号 $K_{sp}^{\ominus}$ 来表示沉淀溶解平衡的平衡常数:

$$K_{sp}^{\ominus} = [c(Ba^{2+})/c^{\ominus}] \cdot [c(SO_4^{2-})/c^{\ominus}] = 1.1 \times 10^{-10}$$

式中,$c(Ba^{2+})$,$c(SO_4^{2-})$ 均为溶解平衡时的浓度。

同样,可以写出 CaF_2,Ag_2CrO_4,$Mg(OH)_2$ 等 $K_{sp}^{\ominus}$ 的表达式:

$$K_{sp}^{\ominus}(CaF_2) = [c(Ca^{2+})/c^{\ominus}] \cdot [c(F^-)/c^{\ominus}]^2$$
$$K_{sp}^{\ominus}(Ag_2CrO_4) = [c(Ag^+)/c^{\ominus}]^2 \cdot [c(CrO_4^{2-})/c^{\ominus}]$$
$$K_{sp}^{\ominus}(Mg(OH)_2) = [c(Mg^{2+})/c^{\ominus}] \cdot [c(OH^-)/c^{\ominus}]^2$$

在书写 $K_{sp}^{\ominus}$ 表达式时,各离子的浓度均为溶解平衡时的浓度,浓度的方次等于沉淀溶解平衡式中各离子的化学计量数。常温下,常见难溶化合物的 $K_{sp}^{\ominus}$ 列于附录8。

例 6-17 写出 CuS 的溶度积常数表达式。

解:由例 6-11 可知,S^{2-} 在水溶液中发生强烈水解:

$$S^{2-}(aq) + H_2O(l) \rightleftharpoons HS^-(aq) + OH^-(aq)$$

即 S^{2-} 不能稳定存在,它水解成 HS^- 和 OH^-,所以 CuS(s) 的溶解平衡写成:

$$CuS(s) + H_2O(l) \rightleftharpoons Cu^{2+}(aq) + HS^-(aq) + OH^-(aq)$$

不能写成:$CuS(s) \rightleftharpoons Cu^{2+}(aq) + S^{2-}(aq)$

$$K_{sp}^{\ominus}(CuS) = [c(Cu^{2+})/c^{\ominus}] \cdot [c(HS^-)/c^{\ominus}] \cdot [c(OH^-)/c^{\ominus}]$$

6.2.2 溶解度与溶度积的关系

溶解度可用每100g水中溶解某物质的克数来表示,也可用每升溶液中溶解该物质的物质的量来表示。本教材采用后者。

例 6-18 求常温下 $BaSO_4$ 的溶解度。已知 $K_{sp}^{\ominus}(BaSO_4) = 1.1 \times 10^{-10}$。

解: $$BaSO_4(s) \rightleftharpoons Ba^{2+}(aq) + SO_4^{2-}(aq)$$
平衡浓度/(mol·L^{-1}) x x
$$x \cdot x = K_{sp}^{\ominus} = 1.1 \times 10^{-10}$$
$$x = 1.0 \times 10^{-5}$$

$BaSO_4$ 的溶解度为 1.0×10^{-5} mol·L^{-1}。

我们知道,$BaSO_4$ 可以吸收 X 射线,在医学上 $BaSO_4$ 与 Na_2SO_4 混合物用来作"钡餐",Ba^{2+} 是有毒的,但由于 $BaSO_4$ 的溶解度很小,所以它对人体没有危害。

例 6-19 求常温下 CaF_2 的溶解度。已知 $K_{sp}^{\ominus}(CaF_2) = 5.3 \times 10^{-9}$。

解：在由 $K_{sp}^{\ominus}$ 来计算溶解度时，由于少量溶解的固体分子全部离解，所以生成 1 个 Ca^{2+} 就生成 2 个 F^-：

$$CaF_2(s) \rightleftharpoons Ca^{2+}(aq) + 2F^-(aq)$$

平衡浓度/mol·L^{-1} x $2x$

$$x(2x)^2 = K_{sp}^{\ominus}(CaF_2) = 5.3 \times 10^{-9}$$

$$x = 1.1 \times 10^{-3}$$

CaF_2 的溶解度为 1.1×10^{-3} mol·L^{-1}。

例 6-20 若在 CaF_2 的饱和溶液中，加入 NaF，使 $c(F^-) = 0.010$ mol·L^{-1}，求 CaF_2 的溶解度。

解：加入的 NaF 与 CaF_2 溶解平衡产生的 F^- 相同，由同离子效应可知，CaF_2 的溶解度降低：

$$CaF_2(s) \rightleftharpoons Ca^{2+}(aq) + 2F^-(aq)$$

起始浓度/mol·L^{-1} 0   0.010
平衡浓度/mol·L^{-1} x $0.010 + 2x$

$$K_{sp}^{\ominus} = c(Ca^{2+})/c^{\ominus} \cdot [c(F^-)/c^{\ominus}]^2 = x(0.010+2x)^2 \approx (0.010)^2 x = 5.3 \times 10^{-9}$$

$$x = 5.3 \times 10^{-5}$$

CaF_2 在 0.010 mol·L^{-1} NaF 溶液中的溶解度为 5.3×10^{-5} mol·L^{-1}，明显小于 CaF_2 在纯水中的溶解度。

例 6-21 求 AgCl(s) 在 1.0 mol·L^{-1} NH_3 水溶液中的溶解度。

解：
$$AgCl(s) + 2NH_3(aq) \rightleftharpoons [Ag(NH_3)_2]^+(aq) + Cl^-(aq)$$

平衡浓度/mol·L^{-1} $1.0-2x$ x x

$$K^{\ominus} = \frac{[c(Ag(NH_3)_2^+)/c^{\ominus}] \cdot [c(Cl^-)/c^{\ominus}]}{[c(NH_3)/c^{\ominus}]^2} \times \frac{c(Ag^+)/c^{\ominus}}{c(Ag^+)/c^{\ominus}} = \frac{K_{sp}^{\ominus}(AgCl)}{K_{不稳}^{\ominus}(Ag(NH_3)_2^+)}$$

查附表 7 和附表 8 得知

$$K^{\ominus} = \frac{1.8 \times 10^{-10}}{8.9 \times 10^{-8}} = 2.0 \times 10^{-3}$$

$$K^{\ominus} = \frac{x^2}{(1.0-2x)^2} = 2.0 \times 10^{-3}, \quad \frac{x}{1.0-2x} = 4.7 \times 10^{-2}$$

解得 $x = 4.1 \times 10^{-2}$

AgCl 在 1.0 mol·L^{-1} NH_3 水中溶解度为 4.1×10^{-2} mol·L^{-1}，说明 AgCl 可以溶解到氨水溶液中。

AgI，AgBr 的 $K_{sp}^{\ominus}$ 分别为 8.3×10^{-17} 和 5.0×10^{-13}，AgI 不溶于氨水中，而 AgBr 微溶于浓氨水中。

6.2.3 溶度积规则

由第 4 章讨论可知，反应自发进行的方向可通过比较反应商 Q 与标准平衡常数之间的大小来判断。这一规律同样适用于难溶电解质的溶解平衡。对于 $A_nB_m(s)$ 的溶解平衡

$$A_nB_m(s) \rightleftharpoons nA^{m+}(aq) + mB^{n-}(aq)$$

其反应商 $Q = [c(A^{m+})/c^{\ominus}]^n \cdot [c(B^{n-})/c^{\ominus}]^m$，$Q$ 也叫难溶电解质 $A_nB_m(s)$ 的离子积（Q 表达

式中浓度为任一时刻的浓度值)。

$$\begin{cases} Q > K_{sp}^{\ominus} & \text{有沉淀生成} \\ Q = K_{sp}^{\ominus} & \text{沉淀溶解平衡} \\ Q < K_{sp}^{\ominus} & \text{没有沉淀生成} \end{cases} \quad (6-14)$$

上式称为溶度积规则。

当 $Q > K_{sp}^{\ominus}$ 时,溶液过饱和,有沉淀生成,随着沉淀的析出,Q 变小,直到时 $Q = K_{sp}^{\ominus}$,沉淀不再生成;当 $Q < K_{sp}^{\ominus}$ 时,这个溶液没有达到饱和,无沉淀析出,若原来有沉淀存在,则沉淀溶解。当溶液中某离子浓度小于 1.0×10^{-5} mol·L^{-1} 时,认为该离子已沉淀完全。

例 6-22 在下述各种溶液中分别加入等体积的 0.10 mol·L^{-1} MgCl$_2$ 溶液,问有无 Mg(OH)$_2$ 沉淀生成?

(1) 0.010 mol·L^{-1} NaOH 溶液;

(2) 0.010 mol·L^{-1} NH$_3$ 溶液;

(3) 0.010 mol·L^{-1} NH$_3$ 和 0.050 mol·L^{-1} NH$_4$Cl 溶液。

解:由于等体积稀释,所以 $c(\text{Mg}^{2+}) = 0.050$ mol·L^{-1}。

(1) NaOH 为强碱,$c(\text{OH}^-) = 0.010/2 = 0.0050$ mol·L^{-1}

$$Q = c(\text{Mg}^{2+})/c^{\ominus} \cdot [c(\text{OH}^-)/c^{\ominus}]^2 = 0.050 \times (0.005)^2 = 1.25 \times 10^{-6}$$

查附录 8 得 $K_{sp}^{\ominus}(\text{Mg(OH)}_2) = 1.8 \times 10^{-11}$, $Q > K_{sp}^{\ominus}$

有 Mg(OH)$_2$ 沉淀生成。

(2) NH$_3$(aq) + H$_2$O(l) $\rightleftharpoons$ NH$_4^+$(aq) + OH$^-$(aq)

$$\frac{0.010}{2} - x \qquad\qquad x \qquad\qquad x$$

$$K_b^{\ominus} = \frac{x \cdot x}{0.010/2 - x} = \frac{x^2}{0.0050 - x} = 1.8 \times 10^{-5}$$

$$\frac{x^2}{0.0050} = 1.8 \times 10^{-5}, \quad x = 3.0 \times 10^{-4}, \quad c(\text{OH}^-) = 3.0 \times 10^{-4} \text{ mol·L}^{-1}$$

$$Q = c(\text{Mg}^{2+}) \cdot [c(\text{OH}^-)/c^{\ominus}]^2 = 0.050 \times (3.0 \times 10^{-4})^2$$
$$= 4.5 \times 10^{-9} > K_{sp}^{\ominus}(\text{Mg(OH)}_2) = 1.8 \times 10^{-11}$$

有 Mg(OH)$_2$ 沉淀生成。

(3)   NH$_3$(aq) + H$_2$O(l) $\rightleftharpoons$ NH$_4^+$(aq) + OH$^-$(aq)

平衡浓度/mol·L^{-1} $0.0050 - x$ $0.025 + x$ x

$$\frac{x(0.025 + x)}{0.0050 - x} = \frac{0.025x}{0.0050} = 5x = K_b^{\ominus} = 1.8 \times 10^{-5}$$

$$x = 3.6 \times 10^{-6}$$

$$c(\text{OH}^-) = 3.6 \times 10^{-6} \text{ mol·L}^{-1}$$

$$Q = c(\text{Mg}^{2+}) \cdot [c(\text{OH}^-)/c^{\ominus}]^2 = 0.050 \times (3.6 \times 10^{-6})^2$$
$$= 6.5 \times 10^{-13} < K_{sp}^{\ominus}(\text{Mg(OH)}_2) = 1.8 \times 10^{-11}$$

无 Mg(OH)$_2$ 沉淀生成。

例 6-23 计算说明在例 6-16 中,有无 Cu(OH)$_2$ 沉淀生成。

解: NH$_3$(aq) + H$_2$O(l) $\rightleftharpoons$ NH$_4^+$(aq) + OH$^-$(aq)

平衡浓度/mol·L^{-1} $2.96 - x$ x x

$$\frac{x^2}{2.96-x} = K_b^{\ominus} = 1.8 \times 10^{-5}$$

$$\frac{x^2}{2.96} \approx 1.8 \times 10^{-5}$$

$$x^2 = 5.3 \times 10^{-5}$$

$$Q = c(\mathrm{Cu}^{2+})/c^{\ominus} \cdot [c(\mathrm{OH}^-)/c^{\ominus}]^2$$

由例 6-18 可知

$$c(\mathrm{Cu}^{2+}) = 6.3 \times 10^{-18} \mathrm{mol \cdot L^{-1}}$$

$$Q = 6.3 \times 10^{-18} \times 5.3 \times 10^{-5} = 3.3 \times 10^{-22} < K_{sp}^{\ominus}(\mathrm{Cu(OH)_2}) = 2.2 \times 10^{-20}$$

所以无 $\mathrm{Cu(OH)_2}$ 沉淀生成。

例 6-24 在含有 Cd^{2+} 浓度为 $0.010\mathrm{mol \cdot L^{-1}}$ 的 $0.30\mathrm{mol \cdot L^{-1}}$ HCl 溶液中,通入硫化氢气体到饱和($\mathrm{H_2S}$ 室温饱和浓度为 $0.10\mathrm{mol \cdot L^{-1}}$),问有无 CdS 沉淀生成?已知 $K_{sp}^{\ominus}(\mathrm{CdS}) = 8.0 \times 10^{-28}$,$K_{a1}^{\ominus}(\mathrm{H_2S}) = 1.0 \times 10^{-7}$。

解: $\mathrm{CdS(s)} + 2\mathrm{H_3O^+(aq)} \Longleftrightarrow \mathrm{Cd^{2+}(aq)} + \mathrm{H_2S(aq)} + 2\mathrm{H_2O(l)}$

$$K^{\ominus} = \frac{[c(\mathrm{Cd}^{2+})/c^{\ominus}] \cdot [c(\mathrm{H_2S})/c^{\ominus}]}{[c(\mathrm{H_3O^+})/c^{\ominus}]^2} \times \frac{c(\mathrm{HS}^-)/c^{\ominus}}{c(\mathrm{HS}^-)/c^{\ominus}} \times \frac{c(\mathrm{OH}^-)/c^{\ominus}}{c(\mathrm{OH}^-)/c^{\ominus}}$$

$$= \frac{K_{sp}^{\ominus}(\mathrm{CdS})}{K_{a1}^{\ominus}(\mathrm{H_2S}) \cdot K_w^{\ominus}} = \frac{8.0 \times 10^{-28}}{1.0 \times 10^{-7} \times 1.0 \times 10^{-14}} = 8.0 \times 10^{-7}$$

$$Q = c(\mathrm{Cd}^{2+})/c^{\ominus} \cdot \frac{c(\mathrm{H_2S})/c^{\ominus}}{[c(\mathrm{H_3O^+})/c^{\ominus}]^2} = \frac{0.010 \times 0.10}{(0.30)^2} = 1.1 \times 10^{-2}$$

$Q > K^{\ominus}$,平衡向左移动可见有 CdS 沉淀生成。

同样计算可得,在 $0.30\mathrm{mol \cdot L^{-1}}$ HCl 溶液中,通入 $\mathrm{H_2S}$,使溶液中阳离子可转变成相应的硫化物沉淀的还有 HgS,PbS,CuS,$\mathrm{Bi_2S_3}$,$\mathrm{As_2S_3}$,$\mathrm{Sb_2S_3}$ 及 SnS 等。

例 6-25 在 $0.010\mathrm{mol \cdot L^{-1}}$ Mn^{2+} 溶液中,通入 $\mathrm{H_2S}$ 至饱和($0.10\mathrm{mol \cdot L^{-1}}$)为生成 MnS 沉淀,问溶液的 pH 值不得小于多少?

解: $\mathrm{MnS(s)} + 2\mathrm{H_3O^+(aq)} \Longleftrightarrow \mathrm{Mn^{2+}(aq)} + \mathrm{H_2S(aq)} + 2\mathrm{H_2O(l)}$

$\qquad\qquad\qquad x \qquad\qquad 0.010 \qquad 0.10$

由例 6-24 可得

$$K^{\ominus} = \frac{c(\mathrm{Mn}^{2+})/c^{\ominus} \cdot c(\mathrm{H_2S})/c^{\ominus}}{[c(\mathrm{H_3O^+})/c^{\ominus}]^2} = \frac{K_{sp}^{\ominus}(\mathrm{MnS})}{K_{a1}^{\ominus}(\mathrm{H_2S}) \cdot K_w^{\ominus}}$$

$$= \frac{2.5 \times 10^{-10}}{1.0 \times 10^{-7} \times 1.0 \times 10^{-14}} = 2.5 \times 11^{11}$$

$$Q = \frac{0.010 \times 0.10}{x^2} \geq K^{\ominus} = 2.5 \times 10^{11}$$

$$x^2 \leq 4.0 \times 10^{-15}$$

$$x \leq 6.3 \times 10^{-8}$$

$$\mathrm{pH} = -\lg x = -\lg(6.3 \times 10^{-8}) = 7.2$$

当溶液的 pH > 7.2 时,就会有 MnS 沉淀生成。

在 $\mathrm{NH_3}$-$\mathrm{NH_4^+}$ 缓冲溶液中(pH 在 8.26~10.26),通 $\mathrm{H_2S}$ 气体时,溶液中阳离子可转变

成相应的硫化物沉淀,如 ZnS,FeS,CoS,NiS,MnS 等。

例 6-26 在含 $0.010\ \text{mol} \cdot \text{L}^{-1}\ \text{Ni}^{2+}$ 和 $0.010\ \text{mol} \cdot \text{L}^{-1}\ \text{Fe}^{3+}$ 的溶液中,为使 Fe^{3+} 沉淀完全,而 Ni^{2+} 不沉淀,问如何控制溶液的 pH? 已知:$K_{sp}^{\ominus}(\text{Ni}(\text{OH})_2) = 2.0 \times 10^{-15}$,$K_{sp}^{\ominus}(\text{Fe}(\text{OH})_3) = 4.0 \times 10^{-38}$。

解:根据沉淀溶解平衡可知,在生成沉淀的溶液中,始终存在沉淀物与它离解出离子之间的平衡,溶液中的某离子不可能通过沉淀使其浓度变为零。

为使 Fe^{3+} 沉淀完全,则

$$c(\text{Fe}^{3+}) \leqslant 1.0 \times 10^{-5}\ \text{mol} \cdot \text{L}^{-1}$$

$$\text{Fe}(\text{OH})_3 \rightleftharpoons \text{Fe}^{3+}(\text{aq}) + 3\text{OH}^-$$

沉淀完全时浓度/$\text{mol} \cdot \text{L}^{-1}$ 1.0×10^{-5} x

$$1.0 \times 10^{-5} \cdot x^3 \geqslant K_{sp}^{\ominus} = 4.0 \times 10^{-38}$$

所以 $x \geqslant 1.6 \times 10^{-11}$

$$\text{pOH} = -\lg x \leqslant -\lg(1.6 \times 10^{-11}) = 10.80$$

$\text{pH} \geqslant 3.20$ 时 Fe^{3+} 沉淀完全。

$$\text{Ni}(\text{OH})_2(s) \rightleftharpoons \text{Ni}^{2+}(\text{aq}) + 2\text{OH}^-(\text{aq})$$

                    0.010 y

$$0.010 \times y^2 \leqslant K_{sp}^{\ominus} = 2.0 \times 10^{-15}$$

$$y \leqslant 4.5 \times 10^{-7}$$

$$\text{pOH} = -\lg y \geqslant -\lg(4.5 \times 10^{-7}) = 6.35$$

$\text{pH} \leqslant 7.65$ 时 Ni^{2+} 不沉淀。

所以,溶液的酸度应控制在 $3.20 < \text{pH} < 7.65$。

本 章 小 结

1. 有关离解和溶解平衡方程式的正确写法。
2. $K_a^{\ominus}$,$K_b^{\ominus}$,$K_{\text{不稳}}^{\ominus}$,$K_{sp}^{\ominus}$ 及 $K_h^{\ominus}$ 的意义、表达式及有关计算(重点掌握有关平衡的计算方法)。

(1) $c(\text{H}^+)/c^{\ominus} = \sqrt{c_a K_a^{\ominus}}$
(2) $c(\text{OH}^-)/c^{\ominus} = \sqrt{c_b K_b^{\ominus}}$ $c/K^{\ominus} > 100$
(3) $c(\text{H}^+)/c^{\ominus} = \sqrt{c_{\text{盐}} K_h^{\ominus}}$
(4) $c(\text{OH}^-)/c^{\ominus} = \sqrt{c_{\text{盐}} K_h^{\ominus}}$

3. 缓冲溶液
(1) 组成
(2) 特性
(3) 缓冲范围

$$\text{pH} = \text{p}K_a^{\ominus} \pm 1$$
$$\text{pOH} = \text{p}K_b^{\ominus} \pm 1$$

(4) 计算

$$c(H^+)/c^\ominus = K_a^\ominus \frac{c_a}{c_{盐}} = K_a^\ominus \frac{n_a}{n_{盐}}$$

$$c(OH^-)/c^\ominus = K_b^\ominus \frac{c_b}{c_{盐}} = K_b^\ominus \frac{n_b}{n_{盐}}$$

4. 多元弱酸分级离解(以二元弱酸 H_2A 为例)

(1) 不加酸时

$$\left. \begin{array}{l} c(H^+)/c^\ominus = \sqrt{c_a K_{a1}^\ominus} \\ c(A^{2-})/c^\ominus = K_{a2}^\ominus \end{array} \right\} \quad K_{a1}^\ominus \gg K_{a2}^\ominus \quad c_a/K_{a1}^\ominus > 100$$

(2) 加强酸时(即当用强酸控制溶液 pH 时)

$$H_2A(aq) = 2H^+(aq) + A^{2-}(aq)$$

$$K^\ominus = K_{a1}^\ominus K_{a2}^\ominus = \frac{[c(H^+)/c^\ominus]^2 \cdot c(A^{2-})/c^\ominus}{c(H_2A)/c^\ominus}$$

式中,$c(H^+)$ 为所加的酸的浓度,上式可用于计算 A^{2-} 离子的浓度。

5. 盐的水解平衡。

水解常数的推导与相关的计算。多元弱酸盐的一级水解及其计算。

6. 配离子的离解平衡。

当配体过量时,用 $K_{不稳}^\ominus$ 来计算中心离子的浓度。

7. 难溶电解质的溶解平衡。

(1) $K_{sp}^\ominus$ 的表达式(尤其注意难溶硫化物);

(2) 由 $K_{sp}^\ominus$ 求难溶电解质的溶解度(S)。

对于单一难溶电解质:

AB 型 $\qquad\qquad\qquad\qquad S = \sqrt{K_{sp}^\ominus}$

A_2B 型 $\qquad\qquad\qquad\qquad S = \sqrt[3]{K_{sp}^\ominus/4}$

(3) 溶度积规则

$Q > K_{sp}^\ominus$,有沉淀生成(过饱和溶液),直到溶液中 $Q = K_{sp}^\ominus$ 为止;

$Q = K_{sp}^\ominus$,平衡(为饱和溶液);

$Q < K_{sp}^\ominus$,无沉淀生成(溶液未饱和)。

(4) 沉淀的溶解与转化

在难溶电解质中加入某物质,使得其中某离子浓度降低,当 $Q < K_{sp}^\ominus$ 时,沉淀溶解。

在适当条件下,难溶解电解质可转化为成更难溶的物质。

问题与习题

6-1 说明酸碱质子理论和酸碱电子理论的内容。

6-2 说明下列概念:

(1) pH 和 pOH;

(2) 离解常数、离解度和稀释定律;

(3) 同离子效应;

(4) 缓冲溶液的组成、特性、pH 及缓冲范围；

(5) 盐的水解常数及盐溶液的酸碱性；

(6) 配合离子 $K_{\text{稳}}^{\ominus}$ 和 $K_{\text{不稳}}^{\ominus}$；

(7) 难溶化合物的 $K_{sp}^{\ominus}$ 和溶解度；

(8) 溶度积规则；

(9) 沉淀完全。

6-3 下列哪些因素影响 HAc 的离解常数（$K_a^{\ominus}$）：

(1) 温度；(2) 压强；(3) 溶液的 pH；(4) HAc 及 Ac^- 起始浓度。

6-4 室温时，相同浓度的下列各种溶液，酸性最强的是：

(1) CH_3COOH（$K_a^{\ominus}=1.8\times10^{-5}$）；

(2) $HCOOH$（$K_a^{\ominus}=1.8\times10^{-4}$）；

(3) $ClCH_2COOH$（$K_a^{\ominus}=1.8\times10^{-3}$）；

(4) $Cl_2CHCOOH$（$K_a^{\ominus}=5.1\times10^{-2}$）。

6-5 判断下列各题是否正确：

(1) HAc 的浓度越小，离解度越大，则酸性越强。

(2) 在磷酸（H_3PO_4）溶液中：

① $c(H_3O^+)=3c(PO_4^{3-})$；

② $c(PO_4^{3-})=K_{a3}^{\ominus}$；

③ $c(HPO_4^{2-})=K_{a2}^{\ominus}$。

(3) 下列两种缓冲溶液，它们抵抗外加强酸的能力相同：

① $1.0\,mol\cdot L^{-1}\,HAc$-$0.1\,mol\cdot L^{-1}\,NaAc$；

② $1.0\,mol\cdot L^{-1}\,HAc$-$1.0\,mol\cdot L^{-1}\,NaAc$。

6-6 判断下列溶液的 pH 是大于等于还是小于 7：

(1) $NaNO_3$；(2) $NaAc$；(3) NH_4NO_3；(4) NH_4Ac；(5) Na_2CO_3。

6-7 欲配制 pH=9.5 的缓冲溶液，可选用下列哪些缓冲溶液：

(1) NH_3-NH_4Cl

(2) $NaHCO_3$-Na_2CO_3

(3) C_6H_5OH-C_6H_5ONa

(4) NaH_2PO_4-Na_2HPO_4

6-8 比较 Ag_2CrO_4 在下列溶液中的溶解度与它在纯水中的溶解度的大小：

(1) $AgNO_3$ 溶液；(2) K_2CrO_4 溶液；(3) NH_3 水溶液。

6-9 对于下列化合物各举出 3 个例子：

(1) 难溶的氯化物； (2) 微溶的硫酸盐；

(3) 难溶的硫酸盐； (4) 难溶的铬酸盐。

6-10 下列关于 MgF_2 的溶解度 S 与溶度积 $K_{sp}^{\ominus}$ 之间的关系正确的是：

(1) $K_{sp}^{\ominus}=2S$；(2) $K_{sp}^{\ominus}=S^2$；(3) $K_{sp}^{\ominus}=2S^2$；(4) $K_{sp}^{\ominus}=S^3$；(5) $K_{sp}^{\ominus}=4S^3$。

6-11 Hg_2Cl_2 在水中离解生成 Hg_2^{2+} 和 Cl^- 离子，下列关于 Hg_2Cl_2 的溶解度和溶度积关系正确的是：

(1) $K_{sp}^{\ominus}=S^3$；(2) $K_{sp}^{\ominus}=4S^3$；(3) $K_{sp}^{\ominus}=S^4$；(4) $K_{sp}^{\ominus}=16S^4$。

6-12 根据溶度积规则，解释下列现象：

(1) $CaCO_3(s)$ 和 $MnS(s)$ 均能溶于 HAc；

(2) $ZnS(s)$ 不溶于 HAc，但能溶于 HCl；

(3) $Ag_2S(s)$ 不溶于浓 HCl，但能溶于王水；

(4) $Mg(OH)_2(s)$ 能溶于 HCl 溶液。

6-13 写出下列各酸的共轭碱：

HAc, HNO_2, HF, H_2CO_3, HCO_3^-, C_6H_5OH, $[Fe(H_2O)_6]^{3+}$

6-14 写出下列各碱的共轭酸：

NH_3, HCO_3^-, CO_3^{2-}, NO_2^-, PO_4^{3-}, OH^-, $C_2H_5NH_2$

6-15 求下列各酸共轭碱的 $pK_b^\ominus$：

(1) HAc；(2) HNO_2；(3) C_6H_5COOH；(4) HCO_3^-。

提示：

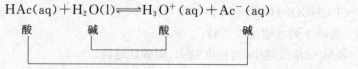

HAc 的共轭碱为 $Ac^-(aq)$

$$Ac^-(aq) + H_2O(l) \rightleftharpoons HAc(aq) + OH^-(aq)$$

$$K_b^\ominus = \frac{c(HAc)c(OH^-)}{c(Ac^-)} \times \frac{c(H_3O^+)}{c(H_3O^+)} = \frac{K_w^\ominus}{K_a^\ominus(HAc)}$$

HAc 共轭碱的 $K_b^\ominus$ 即为盐（Ac^-）的水解常数 $K_h^\ominus$。

6-16 求下列各溶液的 $c(H_3O^+)$ 和 pOH：

(1) 人体血液（pH=7.4）；(2) 牛奶（pH=6.4）；

(3) 酸雨（设 pH=4.8）；(4) 食醋（pH=2.8）。

6-17 求下列溶液的 pH 值：

(1) $0.020 \text{mol} \cdot L^{-1}$ HCl；

(2) $0.020 \text{mol} \cdot L^{-1}$ NaOH；

(3) pH=10.0 的 NaOH 溶液，用去离子水稀释 1 倍；

(4) ① $0.010 \text{mol} \cdot L^{-1}$ HCl 溶液中，加入等体积的 $0.010 \text{mol} \cdot L^{-1}$ NaOH 溶液，

② $0.010 \text{mol} \cdot L^{-1}$ HCl 溶液中，加入等体积的 $0.015 \text{mol} \cdot L^{-1}$ NaOH 溶液。

6-18 分别计算 $0.10 \text{mol} \cdot L^{-1}$, $0.010 \text{mol} \cdot L^{-1}$, $0.0010 \text{mol} \cdot L^{-1}$ 的醋酸溶液的 pH 值。随着溶液中醋酸浓度的减小，醋酸的离解度（α）将怎样变化？溶液的 pH 值又怎样变化？

6-19 $0.1 \text{mol} \cdot L^{-1}$ HCN 溶液的离解度为 α，欲使 HCN 的离解度增大到原来的 2 倍，应将溶液稀释到原来的几倍？

6-20 某 HCN 溶液的离解度 $\alpha = 0.01\%$，求该 HCN 溶液的浓度。

6-21 浓度为 $0.0167 \text{mol} \cdot L^{-1}$ 的苯酚水溶液的 $H^+(aq)$ 浓度是多大？（苯酚 PhOH 的 $K_a^\ominus = 1.0 \times 10^{-10}$）

6-22 已知 $0.10 \text{mol} \cdot L^{-1}$ 的亚硝酸（HNO_2）溶液在离解平衡时，离解度 α 为 7.1%，求 HNO_2 的 $K_a^\ominus$。

6-23 25℃时,0.10mol·L^{-1}甲胺(CH_3NH_2)溶液的离解度为6.9%:
$$CH_3NH_2(aq) + H_2O(l) \rightleftharpoons CH_3NH_3^+(aq) + OH^-(aq)$$
试问:相同浓度的甲胺与氨水哪个碱性强?

6-24 某一元弱碱(MOH)的相对分子质量为125。在25℃时把此碱0.5g溶于0.05L水中,所得溶液的pH为11.9,求该弱碱的离解常数$K_b^{\ominus}$。

6-25 欲配制pH为7.6的缓冲溶液1L,问在0.10mol·L^{-1}的HOCl溶液中,加入多少克NaOCl(s)?(假设:NaOCl加入后,溶液的体积不变。)

6-26 在2.10L的0.10mol·L^{-1} $CH_3CH_2NH_2$溶液中,加入34.2g的盐酸乙胺($CH_3CH_2NH_3Cl$),求:溶液的pH值。

6-27 $H_2PO_4^-$-HPO_4^{2-}是人体血液中重要的缓冲体系之一,求$H_2PO_4^-$和HPO_4^{2-}浓度分别为0.050mol·L^{-1}和0.10mol·L^{-1}时的pH。

6-28 欲配制pH=9.5的缓冲溶液,问:在0.20mol·L^{-1} NH_3水溶液400mL中,需加入多少克$(NH_4)_2SO_4$?(假设:加入$(NH_4)_2SO_4$固体后溶液的体积保持不变。)

6-29 (1)欲配制pH=9.0的缓冲溶液500mL,问在180mL 0.20mol·L^{-1}的NH_3水溶液中,加入NH_4Cl溶液的浓度多大?
(2)将此溶液用去离子水稀释到1000mL,问溶液的pH是多少?

6-30 在1L 0.10mol·L^{-1}的HAc溶液中,需要加入多少克的NaAc·3H_2O才能使溶液的pH为5.5?(假设NaAc·3H_2O的加入不改变HAc的体积。)

6-31 若配制0.5L pH为9.0,NH_4^+离子的浓度为1.0mol·L^{-1}的缓冲溶液,需密度为0.904g/cm^3,含氨为26.0%(质量分数)的浓氨水多少升?固体NH_4Cl多少克?

6-32 在100mL 0.15mol·L^{-1}的NH_3水溶液中,加入100mL 0.05mol·L^{-1}的HCl溶液,求此溶液的pH。

6-33 在200mL 0.10mol·L^{-1}的HCl溶液中加入6.8g NaAc·3H_2O固体,求此溶液的pH值。(假设:NaAc·3H_2O加入后溶液的体积不变。)

*6-34 求下列溶液的pH值:
(1)在500mL 0.50mol·L^{-1}的H_3PO_4中,加入400mL 0.30mol·L^{-1}的NaOH;
(2)在500mL 0.50mol·L^{-1}的H_3PO_4中,加入400mL 0.75mol·L^{-1}的NaOH;
(3)在500mL 0.50mol·L^{-1}的H_3PO_4中,加入400mL 1.50mol·L^{-1}的NaOH。

6-35 求下列溶液的pH值:
(1)0.10mol·L^{-1}NaAc溶液;
(2)0.10mol·L^{-1}NH_4Cl溶液;
(3)0.10mol·L^{-1}Na_2CO_3溶液。

6-36 写出下列配合离子的$K_{不稳}^{\ominus}$的表达式:
(1)$[Ag(NH_3)_2]^+$;(2)$[Co(NH_3)_6]^{3+}$;(3)$[Ag(S_2O_3)_2]^{3-}$;(4)$[Ni(CN)_4]^{2-}$。

6-37 写出下列难溶化合物的溶度积表达式:
(1)Ag_2CrO_4;(2)Ag_3PO_4;(3)$Ca_3(PO_4)_2$;(4)$Fe(OH)_3$;(5)Ag_2S;(6)Bi_2S_3。

6-38 求下列反应的标准平衡常数$K^{\ominus}$:
(1)$AgCl(s) + 2NH_3(aq) \rightleftharpoons [Ag(NH_3)_2]^+(aq) + Cl^-(aq)$
(2)$[Ag(NH_3)_2]^+(aq) + 2S_2O_3^{2-}(aq) \rightleftharpoons [Ag(S_2O_3)_2]^{3-}(aq) + 2NH_3(aq)$

($[Ag(S_2O_3)_2]^{3-}$ 的 $K^\ominus_{\text{不稳}}=3.4\times10^{-14}$）

(3) $[Ag(NH_3)_2]^+(aq)+2H_3O^+(aq) \rightleftharpoons Ag^+(aq)+2NH_4^+(aq)+2H_2O(l)$

(4) $2[Ag(CN)_2]^-(aq)+S^{2-}(aq) \rightleftharpoons Ag_2S(s)+4CN^-(aq)$

6-39 在 $0.10\text{mol}\cdot L^{-1}$ $AgNO_3$ 溶液中，加入等体积的 $3\text{mol}\cdot L^{-1}$ 的 NH_3 水溶液，求溶液中的 Ag^+，$[Ag(NH_3)_2]^+$ 和 NH_3 的浓度。

6-40 在 $[Ag(NH_3)_2]^+$ 的氨溶液中，已知 $[Ag(NH_3)_2]^+$ 的浓度为 $0.10\text{mol}\cdot L^{-1}$，$NH_3$ 的浓度为 $1.0\text{mol}\cdot L^{-1}$。若在此溶液中加入 $Na_2S_2O_3(s)$，使 $Na_2S_2O_3$ 初始浓度为 $2.2\text{mol}\cdot L^{-1}$。（假设加入 $Na_2S_2O_3$ 后溶液的体积不变）。求平衡时溶液中 $[Ag(NH_3)_2]^+$，$[Ag(S_2O_3)_2]^{3-}$，NH_3 和 $S_2O_3^{2-}$ 的浓度（已知 $[Ag(S_2O_3)_2]^{3-}$ 的 $K^\ominus_{\text{不稳}}=3.4\times10^{-14}$。）

6-41 假设溶液的体积近似于溶剂水的体积，求下列难溶化合物在水中的溶解度（$\text{mol}\cdot L^{-1}$）和溶解度（g/100g 水）：

(1) CaC_2O_4；(2) Ag_2CrO_4；(3) $Ca_3(PO_4)_2$。

6-42 室温下，在 100mL 水中最多可溶解 1.36g 的 Li_2CO_3。求 Li_2CO_3 的溶度积 $K^\ominus_{sp}$。

6-43 计算在下列溶液中 AgCl 的溶解度：

(1) 在纯水中；

(2) 在 $0.010\text{mol}\cdot L^{-1}$ NaCl 溶液中；

(3) 在 $0.010\text{mol}\cdot L^{-1}$ $AgNO_3$ 溶液中；

(4) 在 $1.0\text{mol}\cdot L^{-1}$ NH_3 溶液中。

6-44 (1) 在 0.010L，浓度为 $0.0015\text{mol}\cdot L^{-1}$ 的 $MnSO_4$ 溶液中，加入 0.005L 浓度为 $0.15\text{mol}\cdot L^{-1}$ 氨水，能否生成 $Mn(OH)_2$ 沉淀？

(2) 若在上述 $MnSO_4$ 溶液中，先加入 0.495g 的 $(NH_4)_2SO_4$ 固体，然后加入 0.005L 浓度为 $0.15\text{mol}\cdot L^{-1}$ 的氨水，能否生成 $Mn(OH)_2$ 沉淀？（假设加入固体后，溶液体积不变。）

6-45 在含有 Cl^-，Br^- 和 I^- 等离子的混合溶液中，各离子浓度均为 $0.10\text{mol}\cdot L^{-1}$，若向混合溶液中逐滴加入 $AgNO_3$ 溶液，问哪种离子先沉淀？当最后一种离子开始沉淀时，其余两种离子是否已沉淀完全？

6-46 $0.20\text{mol}\cdot L^{-1}$ Fe^{3+} 溶液和 $2.0\text{mol}\cdot L^{-1}$ KSCN 溶液等体积混合，假设生成 $[Fe(SCN)_2]^+$ 配离子，求平衡时 Fe^{3+}，SCN^- 和 $[Fe(SCN)_2]^+$ 的浓度。（已知 $[Fe(SCN)_2]^+$ 的 $pK^\ominus_{\text{不稳}}=3.36$。）

第 7 章 氧化还原反应与电化学

根据化学反应中得失电子情况将反应分为两类：一类是没有电子得失的反应，如离子互换反应等，称为非氧化还原反应；另一类是本章要研究的有电子得失或转移的反应，称氧化还原反应。例如制造印刷电路时用 $FeCl_3$ 腐蚀 Cu 的反应：

$$2FeCl_3 + Cu = CuCl_2 + 2FeCl_2$$

电化学是研究化学能与电能相互转换的科学。这种转换是通过氧化还原反应来实现的。氧化还原反应是一类十分普遍的反应，在生产实践和科学技术中有广泛的应用。例如燃料的燃烧（剧烈的氧化还原反应）一直是人类获得能量的主要来源之一。又如，金属的冶炼，许多新材料的制备，大规模集成电路的制造，航天航空中使用的化学电源的制造，机械制造中精密仪器的电铸和电解加工等，无一不是在氧化还原反应的基础上得以实现的。因此，掌握氧化还原反应的基本规律和电化学的一些基本概念，对于适应新技术发展的需要无疑是很重要的。

7.1 氧化还原反应方程式配平

7.1.1 氧化数

在氧化还原反应中，通过氧化数（也叫氧化值）的变化来描述元素被氧化或被还原的程度。1970 年国际纯粹和应用化学联合会（IUPAC）对氧化数做了严格的定义：氧化数是指某元素的一个原子的荷电数。该荷电数是假定把每一化学键（共价键）的电子指定给电负性更大的原子而求得的。确定元素氧化数的方法如下：

(1) 在单质中，元素的氧化数为零。

(2) 在单原子离子中，元素的氧化数等于离子所带电荷数。如 Ca^{2+}，Cl^- 离子，Ca 和 Cl 的氧化数分别为 +2 和 -1。

(3) 在中性分子中，各元素的氧化数代数和为零。在多原子离子中，各元素氧化数的代数和等于该离子所带的电荷数。

下面几个常见元素的氧化数在计算其他元素的氧化数时是重要的：

- 氢的氧化数通常为 +1，但在金属氢化物（如 NaH，CaH_2）中，氢的氧化数为 -1。
- 氧的氧化数通常为 -2，但在过氧化物（如 H_2O_2，Na_2O_2，BaO_2）中，氧的氧化数为 -1；在超氧化物（如 KO_2）中，氧的氧化数为 -1/2；在氟化物（如 OF_2）中，氧的氧化数为 +2。
- 氟是电负性最大的元素，在任何化合物中的氧化数为 -1。

例 7-1 求在重铬酸根（$Cr_2O_7^{2-}$）中，Cr 的氧化数。

解：已知氧的氧化数为 -2，设 Cr 的氧化数为 x，则

$$2x + 7 \times (-2) = -2$$

$$x = +6$$

Cr 的氧化数为 +6。

例 7-2 求在 Fe_3O_4 中, Fe 的氧化数。

解: 已知氧的氧化数为 -2, 设 Fe 的氧化数为 x, 则

$$3x + 4 \times (-2) = 0$$
$$x = 8/3$$

Fe 的氧化数为 8/3。

元素的氧化数是元素的形式电荷数, 它可为整数也可为分数。在氧化还原反应中, 元素的氧化数升高, 表明该元素失去电子, 本身被氧化; 相反, 某元素的氧化数降低, 表明该元素得到电子, 本身被还原。值得提出的是, 在有机化学中, 通常在反应时分子加氧或脱氢称被氧化, 而在反应时分子中脱氧或加氢称被还原。

7.1.2 氧化还原反应方程式的配平

氧化还原反应方程式配平有氧化数法和离子-电子法。这里介绍后一种方法。以反应 (在酸性介质中):

$$KMnO_4 + K_2SO_3 \longrightarrow MnSO_4 + K_2SO_4$$

为例说明离子电子法配平方程式的步骤:

(1) 将分子方程式写成离子方程式:

$$MnO_4^- + SO_3^{2-} \longrightarrow Mn^{2+} + SO_4^{2-}$$

(2) 写出两个半反应:

氧化剂的还原半反应 $MnO_4^- \longrightarrow Mn^{2+}$

还原剂的氧化半反应 $SO_3^{2-} \longrightarrow SO_4^{2-}$

(3) 配平两个半反应:

步骤: ① 由元素氧化数的变化确定得、失电子数:

$$\overset{+7}{MnO_4^-} + 5e^- \longrightarrow \overset{+2}{Mn^{2+}}$$

$$\overset{+4}{SO_3^{2-}} \longrightarrow \overset{+6}{SO_4^{2-}} + 2e^-$$

② 配平两边的电荷数(电荷守恒):

$$MnO_4^- + 8H^+ + 5e^- \longrightarrow Mn^{2+}$$

$$SO_3^{2-} \longrightarrow SO_4^{2-} + 2H^+ + 2e^-$$

注意, 在配平电荷数时, 要考虑介质, 在酸性介质中用 H^+, 在碱性介质中用 OH^- 来配平电荷。

③ 配平两边的原子数(质量守恒):

$$MnO_4^- + 8H^+ + 5e^- = Mn^{2+} + 4H_2O \quad (1)$$

$$SO_3^{2-} + H_2O = SO_4^{2-} + 2H^+ + 2e^- \quad (2)$$

(4) 根据氧化剂得电子数等于还原剂失电子数的原则, 合并两个半反应, (1)×2 + (2)×5 得

$$2MnO_4^- + 5SO_3^{2-} + 6H^+ = 2Mn^{2+} + 5SO_4^{2-} + 3H_2O$$

最后,再将离子方程式写成分子方程式,即添加上反应物中未反应的离子,H^+写成相应的酸分子,但必须注意加入的酸不能发生反应,也不能引入其他杂质。上述反应中有SO_4^{2-}生成,所以应加入H_2SO_4。分子方程式为

$$2KMnO_4 + 5K_2SO_3 + 3H_2SO_4 = 2MnSO_4 + 6K_2SO_4 + 3H_2O$$

由上例可见,氧化还原反应方程式配平的关键是配平半反应,即配平电极反应。

例 7-3 在酸性介质中,配平下电极反应:

$$O_2 \longrightarrow H_2O$$

在碱性介质中,配平下电极反应:

$$O_2 \longrightarrow OH^-$$

解:(1) 由氧元素氧化数的变化确定得、失电子数:

$$\begin{matrix}0 & & -2\\ O_2 + 4e^- & \longrightarrow & 2H_2O\\ 0 & & -2\\ O_2 + 4e^- & \longrightarrow & 2OH^-\end{matrix}$$

(2) 配平两边的电荷数:

$$O_2 + 4H^+ + 4e^- \longrightarrow 2H_2O \text{(酸性介质中用}H^+\text{)}$$
$$O_2 + 4e^- \longrightarrow 2OH^- + 2OH^- \text{(碱性介质中用}OH^-\text{)}$$

(3) 配平两边的原子数:

$$O_2 + 4H^+ + 4e^- = 2H_2O \text{(酸性介质)}$$
$$O_2 + 2H_2O + 4e^- = 4OH^- \text{(碱性介质)}$$

7.2 原电池与电极电势

7.2.1 原电池

任何自发的氧化还原反应($\Delta_r G_m < 0$)均是电子从还原剂转移到氧化剂的过程。如将 Zn 片插入稀 H_2SO_4 溶液中,Zn 与 H_2SO_4 发生如下反应:

$$Zn(s) + 2H^+(aq) = Zn^{2+}(aq) + H_2(g)$$

这里,Zn 失去的电子直接转移给溶液中的 H^+,没有有序的电子流动(即没有电流产生)。随着反应的进行,溶液的温度将有所升高,反应将化学能转变成热能。

在图 7-1 装置中,使 Zn 失电子的氧化反应和 H^+ 得电子的还原反应分别在两个电极上进行。Zn 失去的电子通过外电路流入氢电极,避免电子的直接转移。电池内部靠离子的定向移动导电,形成闭合回路。

图 7-1 电池中,Zn 电极是将 Zn 放入盛有 $ZnSO_4$ 溶液的烧杯中;氢电极是镀有铂黑的铂片放在稀硫酸溶液中,并通 H_2。两电极间用盐桥*连接。当接通外电路时,发现有电流流经外电路。这种借助于氧化还原反应将化学能转变成电能的装置叫原电池。

---

* 盐桥:通常是装有饱和 KCl 溶液的琼脂冻胶,在电池充、放电时,由于 K^+ 和 Cl^- 的定向移动起离子导电作用。同时保证两个半电池的电中性,实际电池中常用隔膜将两个电极反应隔开。

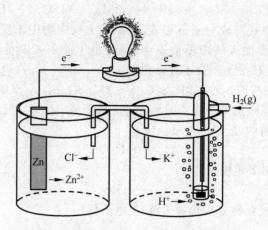

图 7-1 原电池装置示意图

思考题：构成原电池的必要条件是什么？

根据电极上发生反应的类型将电极分成阴、阳极。发生氧化反应的是阳极（锌电极）；发生还原反应的是阴极（氢电极）。电池正、负极的划分是根据电势的高低划分。电势高的（电子流入的）是正极，电势低的（电子流出的）是负极。

锌电极——负极（阳极）

电极反应：$Zn(s) \longrightarrow Zn^{2+}(aq) + 2e^-$ 氧化反应

氢电极——正极（阴极）

电极反应：$2H^+(aq) + 2e^- \longrightarrow H_2(g)$ 还原反应

电池总反应：$Zn(s) + 2H^+(aq) \longrightarrow Zn^{2+}(aq) + H_2(g)$

原电池常用电池符号表示，例如上述原电池的符号为：

$$(-)Zn \mid Zn^{2+}(c_1) \parallel H^+(c_2) \mid H_2(p), Pt(+)$$

习惯上将电极的负极放在左边，正极放在右边。以"｜"表示相界面（有时也用","），以"‖"表示盐桥。

电极（也叫半电池）中须包含两种物质，一种是氧化态物质（氧化数高的，如 $ZnSO_4$），另一种是还原态物质（氧化数低的，如 Zn）。氧化态物种和还原态物种构成一个氧化还原电对，简称电对。它表示成"氧化态/还原态"。例如，锌电极的电对：Zn^{2+}/Zn，氢电极的电对：H^+/H_2。

思考题：将氧化还原反应设计成电池时，氧化剂对应的电对和还原剂对应的电对，分别构成电池的什么极？

由于电极中氧化态与还原态物质的不同，可将电极分成：第一类电极（金属电极）、第二类电极（难溶盐电极）、气体电极和氧化还原电极等。

金属和含该金属离子组成的金属电极（也叫第一类电极），如银电极：$Ag^+ \mid Ag$，铁电极：$Fe^{2+} \mid Fe$ 等。另一种是第二类电极，是金属被它的难溶化合物（盐、氧化物或氢氧化物）所覆盖，并浸在与电极金属难溶化合物有相同离子的溶液中组成的电极。如甘汞电极：$Cl^- \mid Hg_2Cl_2, Hg$；银-氯化银电极：$Cl^- \mid AgCl, Ag$；汞-氧化汞电极：$OH^- \mid HgO, Hg$。第三

种是气体电极,它是由一种(金属)导体同时接触气体和含有其离子的溶液所组成的电极。在此电极中金属不参与反应,起传递电子的作用(称惰性电极*)。如氢电极:$H^+|H_2,Pt$;氧电极:$OH^-|O_2,Pt$;氯电极:$Cl^-|Cl_2,Pt$等。第四种是氧化还原电极,任何一个电极都包含有氧化态和还原态,从这个意义上讲所有电极都可以看成氧化还原电极。通常所说的氧化还原电极仅限于金属或气体不直接参与电极反应的情况,它只改变离子价态,如Fe^{3+},$Fe^{2+}|Pt$;MnO_4^-,$MnO_4^{2-}|Pt$;$[Fe(CN)_6]^{3-}$,$[Fe(CN)_6]^{4-}|Pt$等。

7.2.2 电极电势

原电池能够产生有序的电子流,这说明两电极之间存在电势差,即构成电池的两个电极的电势是不等的。那么电极的电势如何产生,又是如何测量的?

1. 双电层理论

电极电势产生比较复杂,现在以金属电极为例讨论电极电势的产生。当把金属插入其盐溶液中时,金属表面上的正离子受到极性水分子的作用,有变成溶剂化离子进入溶液而将电子留在金属表面的倾向。金属越活泼,溶液中该金属正离子浓度越小,上述倾向就越大(这种倾向称溶解)。与此同时,溶液中的金属离子也有得到电子沉积到金属表面的倾向,溶液中金属正离子浓度越大,金属越不活泼,这种倾向越大(这种倾向称沉积)。当溶解与沉积这两个相反过程的速率相等时,达到平衡状态,即没有净电流流过电极:

$$M(s) \underset{沉积}{\overset{溶解}{\rightleftharpoons}} M^{n+}(aq) + ne^-$$

当金属溶解倾向大于金属离子沉积倾向时,平衡时在金属表面上带负电层,靠近金属表面附近处的溶液带正电层,这样便构成"双电层",如图7-2(a)所示。相反,若沉积倾向大于溶解倾向,平衡时则在金属表面上形成正电荷层,金属附近的溶液带负电荷层,如图7-2(b)所示。

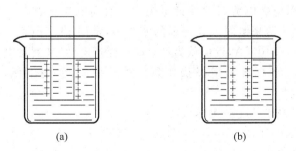

图7-2 双电层示意图

在溶解与沉积达到平衡时,形成了双电层,从而产生了电势差,这种电势差称该电极的平衡(或可逆)电极电势,简称电极电势。

---

* 惰性电极:在实验室中常用铂,但由于贵金属价格昂贵,在工业生产中是不可接受的。可用价格低廉的金属或合金代替贵金属。

2. 电极电势的测量

迄今为止，人们尚不能测得双电层电势差的绝对数值。为了对所有的电极的电极电势大小作出系统的、定量的比较，必须选择一个参比电极，规定其电极电势为零，以此来衡量其他电极的电极电势。目前采用的是标准氢电极（简写成 SHE）（见图 7-1(b)）：H^+(1mol·L^{-1})|H_2(100kPa),Pt，其电极平衡式为

$$2H^+ (1mol·L^{-1}) + 2e^- \rightleftharpoons H_2(100kPa)$$

规定在任何温度下标准氢电极的电极电势都等于零，即

$$E^\ominus(H^+/H_2) = 0V$$

将 SHE 与待测电极组成下列电池：

$$(-)Pt, H_2(100kPa) | H^+ (1mol·L^{-1}) \| 待测电极(+)$$

此电池的电动势即为待测电极的电极电势。当待测电极中各组分均处在各自的标准态时，此电池的电动势即为该电极的标准电极电势，用 $E^\ominus$ 表示。

如欲测铜电极的标准电极电势，则可组成下列电池：

$$(-) Pt, H_2(100kPa) | H^+ (1mol·L^{-1}) \| Cu^{2+}(1mol·L^{-1}) | Cu(s) (+)$$

在 298.15K 温度下，实验测得电池标准电动势为 0.3419V：

$$E^\ominus(Cu^{2+}/Cu) - E^\ominus(H^+/H_2) = 0.3419V$$

$$E^\ominus(Cu^{2+}/Cu) = 0.3419V$$

同样，对于锌电极，则组成下列电池：

$$(-) Pt, H_2(100kPa) | H^+ (1mol·L^{-1}) \| Zn^{2+}(1mol·L^{-1}) | Zn(s) (+)$$

在 298.15K 温度下，实验测得电池标准电动势为 －0.7618V：

$$E^\ominus(Zn^{2+}/Zn) - E^\ominus(H^+/H_2) = -0.7618V$$

$$E^\ominus(Zn^{2+}/Zn) = -0.7618V$$

这里规定待测电极发生还原反应（为正极）时，电极电势为正值。这样的电极电势叫还原电极电势。298.15K 温度下，各电极的标准电极电势值列于附录 9。

需注意的是，测量电极电势时要保证电极中没有净电流流过。为此，需用电位差计以"对消法"（或称"补偿法"）来测量。在一般的实验中，常用 pH 计（由于 pH 计内阻很大，流经电池的电流非常小，$<10^{-9}$A，近似认为没有电流流过电池）来测量电池的电动势。

在实际使用中，由于标准氢电极操作条件难于控制，使用不便，常以饱和甘汞电极（图 7-3）作参比电极：

电极符号：KCl(饱和)|Hg_2Cl_2(s),Hg(l)

电极平衡式：$Hg_2Cl_2(s) + 2e^- \rightleftharpoons 2Hg(l) + 2Cl^-(aq)$

电极电势：$E = 0.2415V$

饱和甘汞电极稳定性好，使用、维护方便。

在使用标准电极电势表时，要注意以下几点：

(1) $E^\ominus$ 值与电极平衡式配平的化学计量数无关，如：

$$Zn^{2+}(aq) + 2e^- \rightleftharpoons Zn(s) \quad E^\ominus = -0.7618V$$

$$2Zn^{2+}(aq) + 4e^- \rightleftharpoons 2Zn(s) \quad E^\ominus = -0.7618V$$

$$\frac{1}{2}Zn^{2+}(aq) + e^- \rightleftharpoons \frac{1}{2}Zn(s) \quad E^\ominus = -0.7618V$$

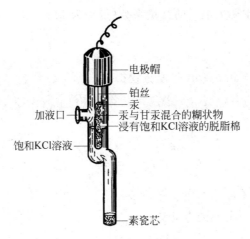

图 7-3 饱和甘汞电极

（2）$E^{\ominus}$ 数值与电极发生氧化反应还是还原反应无关。如锌电极无论是向左还是向右反应，$E^{\ominus}$ 均为 -0.7618V。

（3）$E^{\ominus}$ 值不具有简单的加和性，如：

① $Fe^{2+}(aq) + 2e^- \rightleftharpoons Fe(s)$　　$E_1^{\ominus} = -0.441\text{V}$

② $Fe^{3+}(aq) + e^- \rightleftharpoons Fe^{2+}(aq)$　　$E_2^{\ominus} = +0.771\text{V}$

①＋② ＝ ③ $Fe^{3+}(aq) + 3e^- \rightleftharpoons Fe(s)$　　$E_3^{\ominus} = -0.037\text{V} \neq E_1^{\ominus} + E_2^{\ominus} = 0.330\text{V}$

（4）$E^{\ominus}$ 值只表示在标准状态和 298.15K 下，氧化剂的氧化能力和还原剂的还原能力的相对强弱。其数据不适用于高温或非水溶液和固相反应的体系。

7.3　影响电极电势的因素——Nernst 公式

7.3.1　浓度或分压对电池电动势的影响

对于任意的氧化还原反应：

$$a\text{A} + b\text{B} \longrightarrow g\text{G} + h\text{H}$$

任意状态下，根据 Van't Hoff 等温方程：

$$\Delta_r G_m = \Delta_r G_m^{\ominus} + RT\ln Q$$

由于自发反应有做有用功的能力，所以自发的氧化还原反应有做电功的能力，电功等于电池所通过电量 q 与电池电动势乘积：

$$W_{电} = -qE_{电池} = -nFE_{电池}$$

由热力学可知，反应在可逆过程中，做最大功：

$$\Delta_r G_m = W'_{max} = W_{电}$$

$$\Delta_r G_m = -nFE_{电池} \tag{7-1}$$

式中，$\Delta_r G_m$——反应摩尔自由能变，$\text{J}\cdot\text{mol}^{-1}$；

F——法拉第常数，$F = 96485\text{C}\cdot\text{mol}^{-1} = 96485\text{J}\cdot\text{V}^{-1}\cdot\text{mol}^{-1}$；

$E_{电池}$——电池电动势（$E_{电池} = E_+ - E_- = E_{氧化剂} - E_{还原剂}$），V；

n——反应方程式中得失电子的计量系数(量纲为1)。

在标准状态下：
$$\Delta_r G_m^\ominus = -nFE_{电池}^\ominus \tag{7-2}$$

将式(7-1)、式(7-2)代入 Van't Hoff 等温方程得
$$E_{电池} = E_{电池}^\ominus - \frac{2.303RT}{nF}\lg Q \tag{7-3}$$

将 $R=8.314\text{J}\cdot\text{mol}^{-1}\cdot\text{K}^{-1}$，$F=96485\text{J}\cdot\text{V}^{-1}\cdot\text{mol}^{-1}$，$T=298.15\text{K}$ 代入上式：
$$E_{电池} = E_{电池}^\ominus - \frac{0.0592}{n}\lg Q \tag{7-4}$$

式中，$E_{电池}$——任意状态下电池的电动势，V；

$E_{电池}^\ominus$——标准状态下电池的电动势，V；

Q——反应商。

此式为电池电动势的 Nernst 公式。当反应物的浓度(或分压)增大时，电池的电动势增大；当产物的浓度(或分压)增大时，电池的电动势减小。

例 7-4 求下电池的电动势 $E_{电池}$：

$(-)$ Pt | Fe^{3+}(0.10mol·L^{-1}), Fe^{2+}(0.20mol·L^{-1}) ‖ Ag^+(1.0mol·L^{-1}) | Ag(s) $(+)$

解：
$$E_{电池}^\ominus = E_+^\ominus - E_-^\ominus = E^\ominus(Ag^+/Ag) - E^\ominus(Fe^{3+}/Fe^{2+})$$
$$= 0.7996 - 0.771 = 0.0286(\text{V})$$

电池反应：
$$Fe^{2+} + Ag^+ = Fe^{3+} + Ag$$

由式(7-4)
$$E_{电池} = E_{电池}^\ominus - \frac{0.0592}{n}\lg Q$$
$$= 0.0286 - \frac{0.0592}{1}\lg \frac{c(Fe^{3+})/c^\ominus}{c(Fe^{2+})/c^\ominus \cdot c(Ag^+)/c^\ominus}$$
$$= 0.0286 - 0.0592\lg \frac{0.1}{0.2 \times 1.0}$$
$$= 0.0286 - (-0.0178) = 0.0464(\text{V})$$

7.3.2 浓度或分压对电极电势的影响

对于任意的电极反应：
$$氧化态 + ne^- \rightleftharpoons 还原态$$

同样可得
$$\Delta_r G_m^\ominus = -nFE^\ominus \tag{7-5}$$
$$E = E^\ominus - \frac{0.0592}{n}\lg Q \tag{7-6}$$

式中，$\Delta_r G_m^\ominus$——还原态的标准生成自由能减去氧化态的标准生成自由能，kJ·mol^{-1}；

E——任意状态下的电极电势，V；

$E^\ominus$——标准状态的电极电势，V；

Q——标准电极反应的反应商(还原态在分子上,氧化态在分母上)。

式(7-6)称为电极电势的 Nernst 公式,可见氧化态的浓度(或分压)增大,电极电势增大;还原态的浓度(或分压)增大,电极电势减小。

例 7-5 求氢电极 $H^+(1.0\times 10^{-2} mol \cdot L^{-1}) \mid H_2(50kPa), Pt$ 的电极电势。

解:
$$E^{\ominus}(H^+/H_2) = 0V$$

电极平衡式:
$$2H^+(aq) + 2e^- \rightleftharpoons H_2(g)$$

代入 Nernst 公式:
$$\begin{aligned} E &= E^{\ominus} - \frac{0.0592}{n}\lg Q \\ &= 0 - \frac{0.0592}{2}\lg\frac{p_{H_2}/p^{\ominus}}{[c(H^+)/c^{\ominus}]^2} \\ &= 0 - \frac{0.0592}{2}\lg\frac{50/100}{(1\times 10^{-2})^2} \\ &= 0 - \frac{0.0592}{2}(3.699) \\ &= -0.1095(V) \end{aligned}$$

例 7-6 求电极:$Mn^{2+}(1mol \cdot L^{-1}), H^+(1\times 10^{-2} mol \cdot L^{-1}) \mid MnO_2(s), Pt$ 的电极电势。

解: 查附录 9 得
$$E^{\ominus}(MnO_2/Mn^{2+}) = 1.224V$$

电极平衡式:
$$MnO_2(s) + 4H^+(aq) + 2e^- \rightleftharpoons Mn^{2+}(aq) + 2H_2O(l)$$

代入 Nernst 公式:
$$\begin{aligned} E &= E^{\ominus} - \frac{0.0592}{n}\lg Q \\ &= 1.224 - \frac{0.0592}{2}\lg\frac{c(Mn^{2+})/c^{\ominus}}{[c(H^+)/c^{\ominus}]^4} \\ &= 1.224 - \frac{0.0592}{2}\lg\frac{1}{(10^{-2})^4} \\ &= 1.224 - 0.2368 = 0.9872(V) \end{aligned}$$

由例 7-6 可见,当电极平衡式中有介质 H^+(或 OH^-),则电极电势数值与 H^+(或 OH^-)浓度有关(即与溶液的 pH 值有关)。

例 7-7 求电极 $OH^- \mid O_2(100kPa), Pt$ 在 pH=14,7,0 时的电极电势。

解: 查附录 9 得
$$E^{\ominus}(O_2/OH^-) = 0.401V$$

电极平衡式:
$$O_2(g) + 2H_2O(l) + 4e^- \rightleftharpoons 4OH^-(aq)$$

pH=14 即 $c(OH^-)=1mol \cdot L^{-1}$,为电极的标准态,所以
$$E = E^{\ominus} = 0.401V$$

pH=7 即 $c(OH^-)=1\times 10^{-7}\text{mol}\cdot L^{-1}$，代入 Nernst 公式：

$$E = E^\ominus - \frac{0.0592}{4}\lg\frac{[c(OH^-)/c^\ominus]^4}{p_{O_2}/p^\ominus}$$

$$= 0.401 - \frac{0.0592}{4}\lg\frac{(10^{-7})^4}{1}$$

$$= 0.401 + 0.4144 = 0.8154(V)$$

pH=0 即 $c(OH^-)=1\times 10^{-14}\text{mol}\cdot L^{-1}$，代入 Nernst 公式：

$$E = 0.401 - \frac{0.0592}{4}\lg\frac{(1\times 10^{-14})^4}{1}$$

$$= 0.401 + 0.8288 = 1.230(V)$$

pH=0 时的电极电势正好是 $O_2+4H^++4e^- \rightleftharpoons 2H_2O$ 的标准电极电势，即

$$E^\ominus(O_2/H_2O) = 1.230V$$

在求电池的电动势时，也可分别求出正极和负极的电极电势，再由下式求得：

$$E_{电池} = E_+ - E_-$$

7.3.3 生成沉淀或生成配离子对电极电势的影响

当加入一种能与电极中氧化态或还原态反应生成沉淀（或配离子）的物质时，电极的电极电势会改变。当氧化态生成沉淀（或配离子）时，其电极电势减小；当还原态生成沉淀或配离子时，其电极电势增大。

例 7-8 已知 $E^\ominus(Ag^+/Ag)=0.7996V$，在银电极中加入 NaI，使 AgI 沉淀，若达到平衡时溶液中 I^- 浓度为 $1\text{mol}\cdot L^{-1}$。求此时银电极的电极电势。

解：在银电极中加入 NaI 有 AgI 沉淀生成，溶液中氧化态 Ag^+ 浓度降低，所以电极电势减小。

Ag^+ 浓度由 $AgI(s)$ 溶解平衡求得：

$$c(Ag^+)/c^\ominus = \frac{K_{sp}^\ominus(AgI)}{c(I^-)/c^\ominus}$$

银电极：

$$Ag^+ + e^- \rightleftharpoons Ag$$

代入 Nernst 公式：

$$E(Ag^+/Ag) = E^\ominus(Ag^+/Ag) - \frac{0.0592}{n}\lg\frac{1}{c(Ag^+)/c^\ominus}$$

$$= E^\ominus(Ag^+/Ag) - \frac{0.0592}{n}\lg\frac{c(I^-)/c^\ominus}{K_{sp}^\ominus(AgI)}$$

$c(I^-)/c^\ominus=1$ 代入：

$$E(Ag^+/Ag) = E^\ominus(Ag^+/Ag) + \frac{0.0592}{1}\lg K_{sp}^\ominus(AgI)$$

此时 $E(Ag^+/Ag)$ 正好是难溶盐电极：$AgI(s)+e^- \rightleftharpoons Ag(s)+I^-(aq)$ 的标准电极电势 $E^\ominus(AgI/Ag)$。这是因为体系中氧化态（Ag^+）转变成新的氧化态（AgI），从而构成新的电对 AgI/Ag 的缘故。上式写成：

$$E^{\ominus}(\text{AgI}/\text{Ag}) = E^{\ominus}(\text{Ag}^+/\text{Ag}) + 0.0592 \lg K_{sp}^{\ominus}(\text{AgI}) \tag{7-7}$$

将 $E^{\ominus}(\text{Ag}^+/\text{Ag}) = 0.7996\text{V}$,$K_{sp}^{\ominus}(\text{AgI}) = 8.3 \times 10^{-17}$ 代入上式,得:

$$\begin{aligned} E^{\ominus}(\text{AgI}/\text{Ag}) &= 0.7996 + 0.0592 \lg(8.3 \times 10^{-17}) \\ &= 0.7996 - 0.9520 = -0.1524(\text{V}) \end{aligned}$$

可见氧化态生成沉淀时,电极电势降低。

思考题:如何用电化学方法(如测电池电动势)来测量难溶盐(如 AgI)的溶度积?

同样方法可求得下列电极的标准电极电势:

$K_{sp}^{\ominus}(\text{AgBr}) = 5.0 \times 10^{-13}$,$\text{AgBr(s)} + e^- \rightleftharpoons \text{Ag(s)} + \text{Br}^-(\text{aq})$, $E^{\ominus}(\text{AgBr}/\text{Ag}) = 0.0714\text{V}$

$K_{sp}^{\ominus}(\text{AgCl}) = 1.8 \times 10^{-10}$,$\text{AgCl(s)} + e^- \rightleftharpoons \text{Ag(s)} + \text{Cl}^-(\text{aq})$, $E^{\ominus}(\text{AgCl}/\text{Ag}) = 0.2227\text{V}$

例 7-9 在铜电极中,加入 NH_3 水溶液,有 $[\text{Cu}(\text{NH}_3)_4]^{2+}$ 生成。平衡时,若使 $c([\text{Cu}(\text{NH}_3)_4]^{2+}) = c(\text{NH}_3) = 1\text{mol} \cdot \text{L}^{-1}$,求此时铜电极的电极电势。

解: $\text{Cu}^{2+}(\text{aq}) + 2e^- \rightleftharpoons \text{Cu(s)}$ $E^{\ominus} = 0.3419\text{V}$

$[\text{Cu}(\text{NH}_3)_4]^{2+}(\text{aq}) \rightleftharpoons \text{Cu}^{2+}(\text{aq}) + 4\text{NH}_3(\text{aq})$ $pK_{\text{不稳}} = 13.32$

由于氧化态 Cu^{2+} 生成了 $[\text{Cu}(\text{NH}_3)_4]^{2+}$,所以电极电势减小,溶液中 Cu^{2+} 浓度由 $[\text{Cu}(\text{NH}_3)_4]^{2+}$ 决定:

$$[\text{Cu}(\text{NH}_3)_4]^{2+} \rightleftharpoons \text{Cu}^{2+} + 4\text{NH}_3$$

$$c(\text{Cu}^{2+})/c^{\ominus} = K_{\text{不}}^{\ominus} \cdot \frac{c(\text{Cu}(\text{NH}_3)_4^{2+})/c^{\ominus}}{[c(\text{NH}_3)/c^{\ominus}]^4} = K_{\text{不稳}}^{\ominus}$$

代入铜电极的 Nernst 公式:

$$E(\text{Cu}^{2+}/\text{Cu}) = E^{\ominus}(\text{Cu}^{2+}/\text{Cu}) - \frac{0.0592}{2} \lg \frac{1}{c(\text{Cu}^{2+})/c^{\ominus}}$$

$$E(\text{Cu}^{2+}/\text{Cu}) = E^{\ominus}(\text{Cu}^{2+}/\text{Cu}) + \frac{0.0592}{2} \lg K_{\text{不稳}}^{\ominus}$$

此时铜电极的电极电势正好是电极 $[\text{Cu}(\text{NH}_3)_4]^{2+}(\text{aq}) + 2e^- \rightleftharpoons \text{Cu(s)} + 4\text{NH}_3(\text{aq})$ 的标准电极电势。这是由于,氧化态(Cu^{2+})生成新的氧化态 $[\text{Cu}(\text{NH}_3)_4]^{2+}$,构成新的电对:$[\text{Cu}(\text{NH}_3)_4]^{2+}/\text{Cu}$ 的缘故。

$$E^{\ominus}([\text{Cu}(\text{NH}_3)_4]^{2+}/\text{Cu}) = E^{\ominus}(\text{Cu}^{2+}/\text{Cu}) + \frac{0.0592}{2} \lg K_{\text{不稳}}^{\ominus} \tag{7-8}$$

利用式(7-8),用电化学方法可测配离子的不稳定常数 $K_{\text{不稳}}^{\ominus}$。

7.4 电极电势的应用

7.4.1 判断氧化还原反应进行的方向

对于恒温、恒压的化学反应自发性判据是:

$$\Delta_r G_m < 0 \quad \text{自发}$$
$$\Delta_r G_m = 0 \quad \text{平衡}$$
$$\Delta_r G_m > 0 \quad \text{非自发}$$

由 $\Delta_r G_m = -nFE_{电池}$ 得

$$\begin{cases} E_{电池} > 0 & 自发 \\ E_{电池} = 0 & 平衡 \\ E_{电池} < 0 & 非自发 \end{cases} \quad (7\text{-}9)$$

例 7-10 判断反应 $2Fe^{3+}(aq) + Sn^{2+}(aq) = 2Fe^{2+}(aq) + Sn^{4+}(aq)$ 是否自发。

解：若未注明反应中各物质浓度或分压时，一般按标准态计算。

查附录 9 得：$E^{\ominus}(Sn^{4+}/Sn^{2+}) = 0.151V$，$E^{\ominus}(Fe^{3+}/Fe^{2+}) = 0.771V$。

$$E^{\ominus}_{电池} = E^{\ominus}_+ - E^{\ominus}_- = E^{\ominus}(Fe^{3+}/Fe^{2+}) - E^{\ominus}(Sn^{4+}/Sn^{2+})$$
$$= 0.771 - 0.151 = 0.620(V) > 0$$

所以反应是自发的。

例 7-11 判断反应 $Pb^{2+}(aq) + Sn(s) = Pb(s) + Sn^{2+}(aq)$，当 $c(Pb^{2+}) = 0.1 mol \cdot L^{-1}$，$c(Sn^{2+}) = 1.0 mol \cdot L^{-1}$ 时，反应是否自发。

解：查附录 9 得：$E^{\ominus}(Pb^{2+}/Pb) = -0.1262V$，$E^{\ominus}(Sn^{2+}/Sn) = -0.1375V$。由 Nernst 公式：

$$E_{电池} = E^{\ominus}_{电池} - \frac{0.0592}{n}\lg Q$$

$$= [E^{\ominus}(Pb^{2+}/Pb) - E^{\ominus}(Sn^{2+}/Sn)] - \frac{0.0592}{n}\lg \frac{c(Sn^{2+})/c^{\ominus}}{c(Pb^{2+})/c^{\ominus}}$$

$$= -0.1262 - (-0.1375) - \frac{0.0592}{2}\lg \frac{1}{0.1}$$

$$= 0.0113 - 0.0296 = -0.0183(V) < 0$$

所以反应是非自发的。由计算可见，$E^{\ominus}_{电池} = 0.0113V > 0$，在标准态下，反应是自发的，但 $E^{\ominus}$ 是很小正值，在任意状态下，可变成非自发的。

例 7-12 判断反应 $2Cu^{2+}(aq) + 4I^-(aq) = 2CuI(s) + I_2(s)$ 是否自发。

已知：

$$Cu^{2+}(aq) + e^- \rightleftharpoons Cu^+(aq), \quad E^{\ominus} = 0.153V$$

$$CuI(s) \rightleftharpoons Cu^+(aq) + I^-(aq), \quad K^{\ominus}_{sp} = 1.1 \times 10^{-12}$$

$$I_2 + 2e^- \rightleftharpoons 2I^-, \quad E^{\ominus} = 0.5355V$$

解：

$$E(Cu^{2+}/Cu^+) = E^{\ominus}(Cu^{2+}/Cu^+) - \frac{0.0592}{1}\lg \frac{c(Cu^+)/c^{\ominus}}{c(Cu^{2+})/c^{\ominus}}$$

设 $c(Cu^{2+})/c^{\ominus} = 1 mol \cdot L^{-1}$，所以

$$E(Cu^{2+}/Cu^+) = E^{\ominus}(Cu^{2+}/Cu^+) - 0.0592\lg c(Cu^+)/c^{\ominus}$$

将 $c(Cu^+)/c^{\ominus} = \frac{K^{\ominus}_{sp}(CuI)}{c(I^-)/c^{\ominus}} = K^{\ominus}_{sp}(CuI)$ 代入上式得

$$E^{\ominus}(Cu^{2+}/CuI) = E(Cu^{2+}/Cu^+) = E^{\ominus}(Cu^{2+}/Cu^+) - 0.0592\lg K^{\ominus}_{sp}(CuI)$$

$$= 0.153 - 0.0592\lg(1.1 \times 10^{-12})$$

$$= 0.153 - 0.0592(-11.9586) = 0.8609(V)$$

$$E^{\ominus}(I_2/I^-) = 0.5355V$$

所以

$$E_{\text{电池}}^{\ominus} = E^{\ominus}(\text{Cu}^{2+}/\text{CuI}) - E^{\ominus}(\text{I}_2/\text{I}^-) = 0.8609 - 0.5355 = 0.3254(\text{V}) > 0$$

反应是自发的,可见 Cu^{2+} 可以氧化 I^-。

7.4.2 判断氧化剂和还原剂的相对强弱

由例 7-10 知,在标准状态下,Fe^{3+} 的氧化能力大于 Sn^{4+} 的氧化能力,而 Sn^{2+} 的还原能力大于 Fe^{2+} 的还原能力。根据标准电极电势可知:

(1) $E^{\ominus}$ 代数值越大(即电极电势表中越靠下边),该电对的氧化态物质的氧化能力越强,其对应还原态物质的还原能力越弱。

(2) $E^{\ominus}$ 代数值越小(即电极电势表中越靠上边),该电对还原态物质的还原能力越强,其对应氧化态物质的氧化能力越弱。

氧化态物质的氧化能力与还原态物质的还原能力与标准电极电势间的关系见表 7-1。

表 7-1 氧化能力和还原能力与电极电势的关系

电对	氧化态 + ne^- ⇌ 还原态	$E^{\ominus}$/V
Li^+/Li	$\text{Li}^+(\text{aq}) + e^- \rightleftharpoons \text{Li}(\text{s})$	-3.0401
⋮	⋮	⋮
Zn^{2+}/Zn	$\text{Zn}^{2+}(\text{aq}) + 2e^- \rightleftharpoons \text{Zn}(\text{s})$	-0.7618
⋮	⋮	⋮
H^+/H_2	$2\text{H}^+(\text{aq}) + 2e^- \rightleftharpoons \text{H}_2(\text{g})$	0
⋮	⋮	⋮
$\text{Sn}^{4+}/\text{Sn}^{2+}$	$\text{Sn}^{4+}(\text{aq}) + 2e^- \rightleftharpoons \text{Sn}^{2+}(\text{aq})$	0.151
⋮	⋮	⋮
$\text{Fe}^{3+}/\text{Fe}^{2+}$	$\text{Fe}^{3+}(\text{aq}) + e^- \rightleftharpoons \text{Fe}^{2+}(\text{aq})$	0.771
⋮	⋮	⋮
F_2/F^-	$\text{F}_2(\text{g}) + 2e^- \rightleftharpoons 2\text{F}^-(\text{aq})$	2.866

(氧化态的氧化能力增强 ↓；还原态的还原能力增强 ↑)

从氧化剂与还原剂的相对强弱可见,氧化能力强的氧化态物质与还原能力强的还原态物质,可自发进行氧化还原反应,即电极电势表中的左下方的氧化态与右上方还原态物质可自发反应生成左上方和右下方的物质。如左下方的 H^+ 和右上方的 Zn,左下方的 Fe^{3+} 与右上方的 Sn^{2+} 均可自发反应,分别生成左上方与右下方的物质。

7.4.3 判断氧化还原反应进行的程度

当反应平衡时,电池的电动势 $E_{\text{电池}} = 0$。反应商 Q 等于标准平衡常数 $K^{\ominus}$,由 Nernst 公式得

$$E_{\text{电池}} = E_{\text{电池}}^{\ominus} - \frac{0.0592}{n}\lg K^{\ominus} = 0$$

$$\lg K^{\ominus} = \frac{nE^{\ominus}_{电池}}{0.0592} \tag{7-10}$$

根据此式可由电池标准电动势算出氧化还原反应的标准平衡常数,从而判断该反应进行的程度。

例 7-13 计算下列反应的标准平衡常数 $K^{\ominus}$:

(1) $H_2O_2(aq) + 2Fe^{2+}(aq) + 2H^+(aq) = 2Fe^{3+}(aq) + 2H_2O(l)$

(2) $Br_2(l) + Mn^{2+}(aq) + 2H_2O(l) = 2Br^-(aq) + MnO_2(s) + 4H^+(aq)$

解:(1) 查附录 9:

$$E^{\ominus}_+ = E^{\ominus}(H_2O_2/H_2O) = 1.776V$$

$$E^{\ominus}_- = E^{\ominus}(Fe^{3+}/Fe^{2+}) = 0.771V$$

$$E^{\ominus}_{电池} = E^{\ominus}_+ - E^{\ominus}_- = 1.776 - 0.771 = 1.005(V)$$

$$\lg K^{\ominus} = \frac{nE^{\ominus}_{电池}}{0.0592} = \frac{2 \times 1.005}{0.0592} = 33.9527$$

$$K^{\ominus} = 8.97 \times 10^{33}$$

$K^{\ominus}$ 很大,说明反应(1)进行得非常完全。

(2) 查附录 9:

$$E^{\ominus}_+ = E^{\ominus}(Br_2/Br^-) = 1.066V$$

$$E^{\ominus}_- = E^{\ominus}(MnO_2/Mn^{2+}) = 1.224V$$

$$E^{\ominus}_{电池} = E^{\ominus}_+ - E^{\ominus}_- = 1.066 - 1.224 = -0.158(V)$$

$$\lg K^{\ominus} = \frac{nE^{\ominus}_{电池}}{0.0592} = \frac{2 \times (-0.158)}{0.0592} = -5.3378$$

$$K^{\ominus} = 4.59 \times 10^{-6}$$

$K^{\ominus}$ 很小,说明反应(2)基本不进行。

例 7-14 若 $n=2$,分别计算(1) $E^{\ominus}_{电池} = 0.2V$ 和(2) $E^{\ominus}_{电池} = -0.2V$ 时的标准平衡常数 $K^{\ominus}$。

解:(1) $\lg K^{\ominus}_1 = \dfrac{nE^{\ominus}_{电池}}{0.0592} = \dfrac{2 \times 0.2}{0.0592} = 6.757$, $K^{\ominus}_1 = 5.71 \times 10^6$

(2) $\lg K^{\ominus}_2 = \dfrac{nE^{\ominus}_{电池}}{0.0592} = \dfrac{2 \times (-0.2)}{0.0592} = -6.757$, $K^{\ominus}_2 = 1.75 \times 10^{-7}$

由计算可知,当 $n=2$ 时,$E^{\ominus}_{电池} \geqslant 0.2V$,反应进行得很完全;$E^{\ominus}_{电池} \leqslant -0.2V$,反应基本不进行。

值得注意的是,当用 $E_{电池}$ 来判断反应自发进行的方向,它只预示热力学上的可能性,并不能说明反应的现实性。当反应是热力学自发的,还必须考虑影响氧化还原反应速率的因素,如浓度、酸度、温度和催化剂等。

7.4.4 E-pH 图

大多数电化学过程都是与水和空气相接触时发生的。这就是为什么对给定的电极来说,在电极电势表中相对于氢电极和氧电极的位置在实验上和理论上都是特别重要的原因。

对于氢电极：$2H^+(aq)+2e^- \rightleftharpoons H_2(g)$，$E^{\ominus}=0V$

$$E = E^{\ominus} + \frac{0.0592}{2}\lg\frac{[c(H^+)/c^{\ominus}]^2}{p_{H_2}/p^{\ominus}}$$

设 $p_{H_2}=100kPa$，得

$$E = E^{\ominus} + 0.0592\lg c(H^+)/c^{\ominus}$$
$$E = 0 - 0.0592 pH$$

作 E-pH 图，如图 7-4 中 b 线所示。

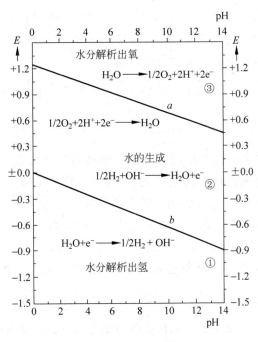

图 7-4　E-pH 图

(1) 若有一电极的电极电势比氢电极的电极电势更负(如图 7-4 中 b 线下方)，在水溶液中此电极是热力学不稳定的。此时电极中的还原态与水发生了反应放出氢气。如 $E^{\ominus}(Na^+/Na)=-2.71V$，在 b 线下方；金属 Na 与水反应，生成氢气：

$$Na(s) + H_2O(l) \rightleftharpoons Na^+(aq) + \frac{1}{2}H_2(g) + OH^-(aq)$$

在酸性介质中，按下式反应：

$$Na(s) + H^+(aq) \rightleftharpoons Na^+ + \frac{1}{2}H_2(g)$$

对于氧电极：

$$O_2(g) + 4H^+(aq) + 4e^- \rightleftharpoons 2H_2O(l), \quad E^{\ominus} = 1.23V$$

$$E = E^{\ominus} + \frac{0.0592}{4}\lg\frac{(p_{O_2}/p^{\ominus}) \cdot [c(H^+)/c^{\ominus}]^4}{1}$$

设 $p_{O_2}=100kPa$，则

$$E = E^{\ominus} - 0.0592 pH$$

$$E = 1.23 - 0.0592\text{pH}$$

作 E-pH 图,如图 7-4 中 a 线所示。

(2) 若有一电极的电极电势比氧电极电极电势更负(如图 7-4 中 a 线下方),当与空气和水接触时,此电极也是热力学上不稳定的。此时电极中还原态与空气中 O_2 发生反应。如 $E^{\ominus}(\text{Fe}^{2+}/\text{Fe}) = -0.441\text{V}$,它在图 7-4 中 a 线下方,此时发生反应：

$$\text{Fe(s)} + \frac{1}{2}\text{O}_2(\text{g}) + \text{H}_2\text{O(l)} = \text{Fe}^{2+}(\text{aq}) + 2\text{OH}^-(\text{aq})$$

同样

$$E^{\ominus}(\text{Cu}^{2+}/\text{Cu}^+) = 0.153\text{V} < E^{\ominus}(\text{O}_2/\text{H}_2\text{O})$$

$$E^{\ominus}(\text{Cu}^{2+}/\text{Cu}) = 0.3419\text{V} < E^{\ominus}(\text{O}_2/\text{H}_2\text{O})$$

说明 Cu^+ 和 Cu 均自发地被氧化成 Cu^{2+},反应如下：

$$2\text{Cu}^+(\text{aq}) + \frac{1}{2}\text{O}_2(\text{g}) + \text{H}_2\text{O(l)} =\!= 2\text{Cu}^{2+}(\text{aq}) + 2\text{OH}^-(\text{aq})$$

$$\text{Cu(s)} + \frac{1}{2}\text{O}_2(\text{g}) + \text{H}_2\text{O(l)} =\!= \text{Cu}^{2+}(\text{aq}) + 2\text{OH}^-(\text{aq})$$

可见,某电极的电极电势小于氧电极而又大于氢电极的电极电势。这时使水分解放出 H_2 是热力学上不可能的,但氧的还原仍是可能的。此时,将水溶液除去 O_2 并用惰性气体保护,则氧的还原就可以避免,电极变为热力学上稳定的。

(3) 电极电势比氧电极电极电势更正(图 7-4 中 a 线上方)的电极,热力学上是不稳定的。此时,电极中的氧化态与水反应,放出 O_2。如 $E^{\ominus}(\text{Ce}^{4+}/\text{Ce}^{3+}) = 1.61\text{V}$ 大于 $E^{\ominus}(\text{O}_2/\text{H}_2\text{O})$,$\text{Ce}^{4+}$ 一定能自发地被还原,同时水分解生成 O_2：

$$2\text{Ce}^{4+}(\text{aq}) + \text{H}_2\text{O(l)} =\!= 2\text{Ce}^{3+}(\text{aq}) + \frac{1}{2}\text{O}_2(\text{g}) + 2\text{H}^+(\text{aq})$$

由 E-pH 图很容易地估计在水溶液中电极的热力学稳定性。在氢电极电势直线 b 以下的区域①中,电极和还原剂是热力学不稳定的,水分解放出氢气;在氧电极电势直线 a 以上的区域③中,电极和氧化剂是热力学不稳定的,水分解放出氧气。在电极电势位于 a 线与 b 线之间的区域②中,水不分解,相反只能由氢或氧生成水。当这些气体(O_2,H_2)不存在时,在②区中电极、氧化剂、还原剂是热力学稳定的。

根据 E-pH 图很容易判断一种物质和电极在水溶液中稳定存在的 pH 范围。

值得强调的是,用 E-pH 图所得结论只表明热力学上是否可能,实际情况可能与这些结论有偏差。

7.4.5 元素电势图及其应用

当一种元素具有多种不同的氧化数时,这些不同氧化数的物种可以组成多个电对。各个电对的标准电极电势以图示的形式表示出来,这种图叫元素电势图。

元素电势图的画法是按氧化数由高到低的顺序从左到右排列。两个不同氧化数物种之间用直线连接,在直线上方标出这两个物种构成电对的标准电极电势值。例如,在酸性溶液中($c(\text{H}^+) = 1\text{mol} \cdot \text{L}^{-1}$),锰的元素电势图：

氧化数　　+7　　　　+6　　　　　+4　　　　+3　　　　+2　　　　0

$MnO_4^- \xrightarrow{0.56V} MnO_4^{2-} \xrightarrow{2.27V} MnO_2 \xrightarrow{0.95V} Mn^{3+} \xrightarrow{1.49V} Mn^{2+} \xrightarrow{-1.18V} Mn$

$\underline{\qquad 1.70V \qquad}$　　　　$\underline{\qquad 1.23V \qquad}$

根据元素电势图,可以了解该元素单质、化合物的性质。

1. 判断歧化反应

由上面锰的元素电势图可知:

$MnO_4^-(aq) + e^- \rightleftharpoons MnO_4^{2-}(aq)$　　　　① $E_1^\ominus = 0.56V$

$MnO_4^{2-}(aq) + 4H^+(aq) + 2e^- \rightleftharpoons MnO_2(s) + 2H_2O(l)$　　② $E_2^\ominus = 2.27V$

因为 $E_2^\ominus > E_1^\ominus$,所以 MnO_4^{2-} 氧化能力强于 MnO_4^-,而 MnO_4^{2-} 的还原能力又强于 MnO_2。因此,强的氧化剂与强的还原剂可自发地发生反应,即 MnO_4^{2-} 发生歧化反应生成 MnO_4^- 和 MnO_2,说明 MnO_4^{2-} 在酸性溶液中不稳定。

由此例得出判断歧化反应能否发生的一般规律:在元素电势图中,某物种(B)右边的电极电势数值大于它左边的电极电势数值时,该物种(B)能发生歧化反应,生成它左边(A)和它右边(C)的物种。如图示:

$A \xrightarrow{E_{左}^\ominus} B \xrightarrow{E_{右}^\ominus} C$

当 $E_{右}^\ominus > E_{左}^\ominus$ 时,发生歧化反应:

$B \longrightarrow A + C$

反之,当 $E_{右}^\ominus < E_{左}^\ominus$ 时,B 不发生歧化反应(B 稳定),此时发生逆歧化反应:

$A + C \longrightarrow B$

思考题:已知下列元素电势图:

$Cu^{2+} \xrightarrow{0.153V} Cu^+ \xrightarrow{0.521V} Cu$

$Fe^{3+} \xrightarrow{0.771V} Fe^{2+} \xrightarrow{-0.441V} Fe$

问:Cu^+ 和 Fe^{2+} 能否发生歧化反应?

2. 计算标准电极电势

由电极反应①得

$$\Delta G_1^\ominus = -n_1 F E_1^\ominus$$

由电极反应②得

$$\Delta G_2^\ominus = -n_2 F E_2^\ominus$$

①+②=③:

$MnO_4^-(aq) + 4H^+(aq) + 3e^- \rightleftharpoons MnO_2(s) + 2H_2O(l)$　　③

$$\Delta G_3^\ominus = -n_3 F E_3^\ominus$$

$$\Delta G_3^\ominus = \Delta G_1^\ominus + \Delta G_2^\ominus$$

即

$$-n_3 F E_3^\ominus = -n_1 F E_1^\ominus - n_2 F E_2^\ominus$$

$$n_3 E_3^\ominus = n_1 E_1^\ominus + n_2 E_2^\ominus \tag{7-11}$$

$$A \underset{n_1}{\xrightarrow{E_1^\ominus}} B \underset{n_2}{\xrightarrow{E_2^\ominus}} C$$
$$\underset{n_3}{\xrightarrow{E_3^\ominus}}$$

将上面 $n_1=1, E_1^\ominus=0.56\text{V}, n_2=2, E_2^\ominus=2.27\text{V}, n_3=3$ 代入式(7-11)得

$$E_3^\ominus = \frac{1\times 0.56 + 2\times 2.27}{3} = 1.70(\text{V})$$

$E_3^\ominus = 1.70\text{V} \neq E_1^\ominus + E_2^\ominus = 0.56 + 2.27 = 2.83(\text{V})$，说明电极电势不具有简单的加和性。

例 7-15 已知在 $c(\text{OH}^-)=1\text{mol}\cdot\text{L}^{-1}$ 介质中锰的元素电势图：

$$\text{MnO}_4^- \xrightarrow{0.56\text{V}} \text{MnO}_4^{2-} \xrightarrow{0.27\text{V}} \text{MnO}_4^{3-} \xrightarrow{0.96\text{V}} \text{MnO}_2 \xrightarrow{-0.2\text{V}} \text{Mn(OH)}_3 \xrightarrow{0.15\text{V}} \text{Mn(OH)}_2 \xrightarrow{-1.55\text{V}} \text{Mn}$$

其中 $E_2^\ominus = ?$（从 MnO_4^{2-} 到 MnO_2），$E_1^\ominus = ?$（从 MnO_2 到 Mn(OH)_2）

求：(1) 求图中标准电极电势 $E_1^\ominus, E_2^\ominus$。
(2) 在 $c(\text{OH}^-)=1\text{mol}\cdot\text{L}^{-1}$ 溶液中，MnO_4^{2-} 能否歧化生成 MnO_4^-？

解：(1) 由式(7-11)

$$2\times E_1^\ominus = 1\times(-0.2) + 1\times 0.15$$
$$E_1^\ominus = -0.025\text{V}$$
$$2\times E_2^\ominus = 1\times 0.27 + 1\times 0.96$$
$$E_2^\ominus = 0.62\text{V}$$

(2) 由元素电势图：

$$E_右^\ominus = 0.27\text{V} < E_左^\ominus = 0.56\text{V}$$

所以 MnO_4^{2-} 不能歧化生成 MnO_4^{3-} 和 MnO_4^-。

又由计算得：

$$E_右^\ominus = E_2^\ominus = 0.62\text{V} > E_左^\ominus = 0.56\text{V}$$

所以 MnO_4^{2-} 在 $c(\text{OH}^-)=1\text{mol}\cdot\text{L}^{-1}$ 中，可歧化生成 MnO_2 和 MnO_4^-：

$$3\text{MnO}_4^{2-}(\text{aq}) + 2\text{H}_2\text{O}(\text{l}) \Longrightarrow \text{MnO}_2(\text{s}) + 2\text{MnO}_4^-(\text{aq}) + 4\text{OH}^-(\text{aq})$$

$$E_{电池}^\ominus = E_+^\ominus - E_-^\ominus = E_右^\ominus - E_左^\ominus = 0.62 - 0.56 = 0.04(\text{V})$$

由 Nernst 公式可知，当 OH^- 浓度足够大，电池的电动势会减小到小于 0，说明 MnO_4^{2-} 在强碱溶液中是稳定的。

*7.5 电化学技术的应用

7.5.1 腐蚀与防护

腐蚀是金属的一种破坏形式。金属与外部介质接触而发生化学反应，遭到破坏。当发生破坏时，不出现电流，这类腐蚀称为化学腐蚀。例如，汽轮机叶片、内燃机气门、喷气发动机、火箭等，在高温下同气体介质接触发生氧化的气体化学腐蚀。又如铝与 CCl_4、CHCl_3、乙醇等非水溶剂接触，也能产生腐蚀，这都是由于化学作用引起的化学腐蚀。大部分的金属

腐蚀现象是由于电化学的原因腐蚀的,即金属受到破坏时,产生电流。如锅炉壁和管道受锅炉水的腐蚀,船壳和码头抬架在海水中的腐蚀,桥梁钢架在潮湿大气中的腐蚀,地下管道在土壤中的腐蚀等都是电化学腐蚀。金属腐蚀遍及国民经济的各个部门,大量的金属物种和装备因腐蚀而报废。由于腐蚀直接或间接造成巨大的经济损失,据报道,世界上每年有金属年产量的 1/4～1/3 受腐蚀而不能使用。如果了解产生腐蚀的原因,采取适当的防腐措施,可减少金属的腐蚀。

1. 金属的电化学腐蚀

当金属被放置在水溶液或潮湿的大气中,金属表面会形成一种微电池,也称腐蚀电池。热力学不稳定的金属作为阳极,发生氧化反应而溶解;热力学稳定的金属(或杂质)作为阴极,起传递电子的作用,在电极上发生还原反应。如钢铁的腐蚀是铁作为阳极而溶解,其中石墨、渗碳体(Fe_3C)或其他杂质作为阴极,在钢铁表面吸附空气中的水分,形成一层水膜,从而使空气中 CO_2,SO_2,NO_2 等溶解在这层水膜中,形成电解质溶液。

(1) 析氢腐蚀(钢铁表面吸附水膜呈酸性电解质时)

阳极(Fe)　　　　　$Fe \longrightarrow Fe^{2+} + 2e^-$

　　　　　　　　　$Fe^{2+} + 2H_2O \longrightarrow Fe(OH)_2 + 2H^+$

阴极(杂质)　　　　$2H^+ + 2e^- \longrightarrow H_2$

腐蚀电池反应:　　$Fe + 2H_2O \longrightarrow Fe(OH)_2 + H_2 \uparrow$

由于有氢气放出,所以叫析氢腐蚀。

(2) 吸氧腐蚀(钢铁表面吸附水膜呈中性电解质时)

阳极(Fe)　　　　　$Fe \longrightarrow Fe^{2+} + 2e^-$

阴极(杂质)　　　　$O_2 + 2H_2O + 4e^- \longrightarrow 4OH^-$

腐蚀电池反应:　　$2Fe + O_2 + 2H_2O \longrightarrow 2Fe(OH)_2$

由于吸收氧气,所以叫吸氧腐蚀。

析氢腐蚀与吸氧腐蚀生成的 $Fe(OH)_2$ 均被氧气氧化,生成 $Fe(OH)_3$,$Fe(OH)_3$ 脱水生成 Fe_2O_3 铁锈。钢铁制品在大气中的腐蚀主要是吸氧腐蚀。图 7-5 是钢铁电化学腐蚀示意图。

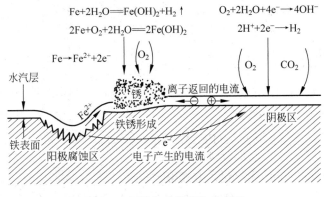

图 7-5　钢铁电化学腐蚀示意图

2. E-pH 图在防腐蚀中的应用

要了解某金属发生腐蚀的原因,首先应该了解这种金属本身以及它的各种氧化物、可溶性离子以及其他难溶盐的稳定存在条件。E-pH 图能直观地表明它们各自稳定存在的区域。下面介绍 $Fe-H_2O$ 体系简化的 E-pH 图(图 7-6)。

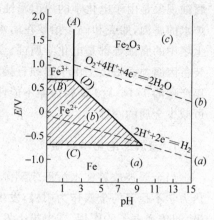

图 7-6 $Fe-H_2O$ 体系简化的 E-pH 图

(1) 有电子得失,但与 pH 无关的反应

$$Fe^{3+} + e^- \rightleftharpoons Fe^{2+}, \quad E^\ominus = 0.771V \quad (B 线)$$

E 与 pH 无关,设 $c(Fe^{3+}) = c(Fe^{2+}) = 1 \times 10^{-6} mol \cdot L^{-1}$ (当浓度 $< 10^{-6} mol \cdot L^{-1}$ 时认为不腐蚀),有

$$E = E^\ominus = 0.771V$$

B 线平行于 pH 轴,在 B 线上方,$E > 0.771V$,Fe^{3+} 占优势;在 B 线下方,$E < 0.771V$,则 Fe^{2+} 占优势。对于

$$Fe^{2+} + 2e^- \rightleftharpoons Fe, \quad E^\ominus = -0.441V$$

$$E = E^\ominus + \frac{0.0592}{2} \lg c(Fe^{2+})/c^\ominus$$

若 $c(Fe^{2+}) = 1 \times 10^{-6} mol \cdot L^{-1}$,则

$$E = -0.441 - \frac{0.0592 \times 6}{2} = -0.62(V) \quad (C 线)$$

同样,C 线平行于 pH 轴,在 C 线上方 Fe^{2+} 浓度大于 $1 \times 10^{-6} mol \cdot L^{-1}$,Fe 受腐蚀;在 C 线下方 Fe^{2+} 浓度小于 $1 \times 10^{-6} mol \cdot L^{-1}$,Fe 不受腐蚀。

(2) 无电子得失的反应(在 E-pH 如上表现为垂直线)

例如:
$$Fe_2O_3(s) + 6H^+ \rightleftharpoons 2Fe^{3+} + 3H_2O$$

平衡常数
$$K^\ominus = \frac{[c(Fe^{3+})/c^\ominus]^2}{[c(H^+)/c^\ominus]^6}$$

查热力学数据可求出反应的 $\Delta_r G_{m,298K}^\ominus = 8.22 kJ \cdot mol^{-1}$,代入

$$\Delta_r G_m^\ominus = -RT \ln K^\ominus$$

即
$$\ln K^\ominus = -\frac{\Delta_r G_m^\ominus}{RT} = -\frac{8.22}{8.314 \times 10^{-3} \times 298} = -3.3178$$

$$K^\ominus = 0.0362$$

所以
$$\frac{[c(Fe^{3+})/c^\ominus]^2}{[c(H^+)/c^\ominus]^6} = 0.0362$$

若将 $c(Fe^{3+}) = 1 \times 10^{-6} mol \cdot L^{-1}$ 代入上式得

$$c(H^+) = 0.0174(mol \cdot L^{-1})$$
$$pH = -\lg(0.0174) = 1.76 \quad (A 线)$$

可见 A 线是 $pH=1.76$ 垂直于 pH 轴的线，A 线左边（$pH<1.76$）是 Fe^{3+}，在 A 线右边（$pH>1.76$）是 Fe_2O_3。

(3) 有电子得失，与 pH 有关的反应（在 E-pH 图中为斜线）

$$Fe_3O_4(s) + 6H^+ + 2e^- \rightleftharpoons 2Fe^{2+} + 3H_2O \quad (D\text{ 线})$$

由热力学数据可以得到 D 线。将 A,B,C,D 线画在 H_2O 的 E-pH 图中，如图 7-6 所示。图中（a）区是 Fe 稳定存在区，因为在此范围内 Fe 溶解时，产物浓度不可能大于 1×10^{-6} mol·L^{-1}，也就是说，Fe 的腐蚀可忽略不计，称此区为"免腐区"。图中阴影部分（b）区，是 Fe 的"腐蚀区"。图中（c）区为金属 Fe 上形成 Fe_2O_3 被膜，它阻滞 Fe 的进一步溶解，称为"钝化区"。值得注意的是，金属处于钝化区，是否就可以免腐蚀，还要看形成的被膜是否致密，若不致密，腐蚀照样进行。

3. 金属的防护

根据以上对于金属腐蚀原因的分析以及其电化学机理探讨，自然会对腐蚀的防护方法产生一些概念，它们是：

(1) 选择合适的金属或合金，它们在介质中腐蚀速度很慢或根本不腐蚀。如实验室常用铂来作坩埚或惰性电极，效果较好，但在工业上贵金属的大量使用是无法接受的。工业上，"不锈钢"是用得较多的耐腐蚀合金。不锈钢之所以耐蚀，是因为它含有 Cr，而 Cr 易于钝化（生成致密的 Cr_2O_3）。所以不锈钢只有在氧化性介质（如硝酸）中才有较好的耐蚀性；在还原介质（如 HCl、有机酸）和缺氧条件下耐腐蚀效果就差。

(2) 改变金属的电势，使它处于 E-pH 图的免腐区或钝化区。

① 阴极保护

由 Fe 的 E-pH 图可见，当 Fe 的电势较低时，它是处于免腐区。如何才能使之处于较低电势呢？可以用电极电势更低的不贵重金属（如 Zn，Mg，Al 等）与铁相连，这样腐蚀产生时，电势更低的金属作阳极（受腐蚀），而 Fe 作为阴极（原电池的正极）免受腐蚀。这种方法称牺牲阳极保护法。此法常用于保护海轮外壳、锅炉和海底设备。另外一种使金属进入免腐区的方法是将被保护金属 Fe 直接与外部直流电源负极相连，电源的正极与外加的一个极（阳极）相接，构成电解池，Fe 作为电解池的阴极而不受腐蚀，如图 7-7 所示。外加直流电流的阴极保护方法被广泛用于防护地下金属建筑物（管道和容器）的腐蚀。

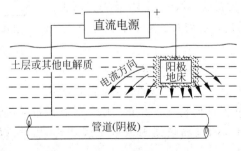

图 7-7 金属防腐蚀示意图

② 阳极保护

外加直流电源,被保护的金属作为阳极,使之处于钝化区,应用此法必须了解金属钝化膜的致密条件。阳极保护优点是省电,因为钝化时的电流往往是很小的。

③ 改变介质性质(如 pH)或在其中使用少量添加剂(如缓蚀剂),抑制金属的腐蚀。

④ 把金属与腐蚀介质隔离开来,如采用电镀、油漆等方法。

7.5.2 电解

要使非自发进行的氧化还原反应得以进行,就必须给体系提供一定的电能。这种将电能转变成化学能的装置称电解池。例如,氯碱工业用 NaCl 水溶液制取氯气、氢气和烧碱(NaOH)这 3 种重要的基本化工原料。电解反应为

$$2Cl^-(aq) + H_2O(l) \xrightarrow{\text{电解}} \underbrace{Cl_2(g)}_{\text{阳极}} + \underbrace{H_2(g) + 2OH^-(aq)}_{\text{阴极}}$$

将上述反应组成原电池,它的电动势为:

$$E_{\text{电池}}^\ominus = E_{\text{<O>}}^\ominus - E_{\text{<H>}}^\ominus = E_{H_2O/H_2}^\ominus - E_{Cl_2/Cl^-}^\ominus = -0.83V - 1.36V = -2.19V < 0$$

可见,上述反应是非自发的。要使反应能进行,必须在电解池中供给电能。标准状态下,电解池的电压理论上至少为 2.19V。在电解池中,将与外部直流电源正极相连的极称为阳极,与外部直流电源负极相连的极称为阴极。

电解槽的阳极用石墨,阴极用铁丝网,用石棉隔膜把阳极室与阴极室隔开。

阳极电极反应:$2Cl^-(aq) = Cl_2 + 2e^-$

阴极电极反应:$2H_2O + 2e^- = 2OH^- + H_2$

电解槽在阳极区产生 Cl_2,在阴极区产生 H_2 和 NaOH。若阳极区的 Cl_2 与阴极区产生的 OH^- 接触时,则 Cl_2 发生歧化反应(为什么?),生成 ClO^-(或 ClO_3^-)和 Cl^- 发生"副反应",使得 Cl_2 和 NaOH 产率降低。为此,工业上必须保证阳极区的 Cl_2 与阴极区的 OH^- 不能接触。从电解池流出的 NaOH 比较稀,为此必须经过蒸发浓缩,结晶纯化步骤,得到约 50% 浓度的 NaOH。汞阴极法提高了产品纯度,又节约能源,问题是汞有毒,会造成环境污染,危害工人健康。

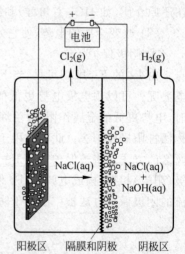

图 7-8 电解 NaCl 水溶液用的隔膜式电解槽

最理想的电解槽是将图 7-8 中的隔膜用阳离子交换膜代替石棉隔膜。此膜容许 H_3O^+ 和 Na^+ 通过,而阻止阴离子 Cl^- 和 OH^- 通过。这样保证阴极区产生的 OH^- 不能通过隔膜进入阳极区,减少副反应,同时,阳极区的 Na^+ 可以通过隔膜到阴极区生成 NaOH。所以这种用阳离子交换膜作隔膜的电解池是最先进的。

思考题:若电解 NaCl 溶液时,$c(Cl^-) = 6.0 \text{mol} \cdot L^{-1}$,溶液的 pH = 7.0,此时,电解池理论分解电压为多少?

又如,$KMnO_4$ 是工业上和医药上重要的强氧化剂。工业上 $KMnO_4$ 的制备是电解

K_2MnO_4 溶液。通常以镍板为阳极,铁板为阴极,电解 K_2MnO_4 溶液。

阳极电极反应:$2MnO_4^{2-} \Longrightarrow 2MnO_4^- + 2e^-$

阴极电极反应:$2H_2O + 2e^- \Longrightarrow H_2 + 2OH^-$

总的电解反应:$2MnO_4^{2-} + 2H_2O \Longrightarrow 2MnO_4^- + 2OH^- + H_2$

思考题:在标准状态下,电解 K_2MnO_4 水溶液的理论分解电压是多少?

工业和医药上又一常用的氧化剂 $(NH_4)_2S_2O_8$ 是通过电解 $(NH_4)_2SO_4$ 和硫酸的混合溶液制得。

以上这些氧化剂的制造是电解过程的阳极产物。同样还有很多是电解过程的阴极产物。在周期表中,电极电势代数值大于 Al 电极电势的金属,可以通过电解水溶液的方法制得;而电极电势代数值小于 Al 电极电势(包括 Al)的金属,不能通过电解水溶液的方法,可用熔盐电解方法制得。

电解法还可制备一些有机化合物。

除了电解法制备以外,电解的原理还可以用于电解精炼金属、电镀、电解加工、电铸、电抛光等。

例如电解精炼铜,将粗铜作为阳极,精铜作为阴极,以 $CuSO_4$ 和 H_2SO_4 水溶液作为电解液,如图 7-9 所示。

阳极电极反应:$Cu(粗) \Longrightarrow Cu^{2+} + 2e^-$

阴极电极反应:$Cu^{2+} + 2e^- \Longrightarrow Cu(精)$

总反应:$Cu(粗) \Longrightarrow Cu(精)$

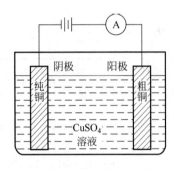

图 7-9 电解精炼铜装置

可见,为使电解精炼正常进行,只需要较低的电压来克服体系的电阻。

若电解精炼池的阳极换上纯 Cu,在阴极上用其他金属制品,电解时,阳极 Cu 溶解,阴极 Cu 沉积到镀件上,这就是电镀铜。

7.5.3 化学电源

化学电源(又称电池)在手电筒、收音机、照相机、手机、便携式计算机以及摩托车、汽车、飞机、轮船和坦克、军舰、卫星、导弹等方面都有广泛应用。可以说,工业、农业、科技、国防等各个领域都离不开化学电源。

化学电源根据它的工作性质和使用特征,分为一次电池(也叫原电池)、二次电池(也称蓄电池)、储备电池和燃料电池。根据正、负极材料和电解质的不同可分为锌锰电池、铅酸电池、镉镍电池、锂电池、燃料电池等。

化学电源具有能量转换效率高、能量密度大、无噪声、可任意组合等优点,化学电源的发展方兴未艾,前景光明。随着环境保护的日益高涨,迫切需要绿色环保电池。碱性锌锰电池、金属氢化物镍电池、锂离子电池和燃料电池等被认为是 21 世纪理想的绿色环保电池。下面简要介绍。

1. 碱性锌锰电池

(1) 锌锰干电池

锌锰电池(即锌-氧化锰电池)因其电解质溶液通常制成糊状或吸附在其他载体上呈不流动状态,所以也称锌锰干电池。

锌锰干电池用途广泛,是使用最广的一次电池。它在电池市场中占有很大的份额。

在锌锰电池中,锌为负极,石墨棒为正极(正极活性物质是 MnO_2),电解质是 NH_4Cl 和 $ZnCl_2$。电池的结构如图 7-10 所示。

锌锰电池经过了上百年的发展,先后经过四次重大改进,形成四种类型:糊式、铵型纸板式(高容量)、锌型纸板式(高功率)和碱性电池。四种电池性能比较见表 7-2。

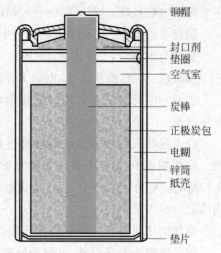

图 7-10 圆筒形糊式锌锰电池结构示意图

表 7-2 四种锌锰电池的比较

项目	糊式电池	高容量纸板电池	高功率纸板电池	碱性电池
内部结构	正极:天然锰粉	正极:天然锰粉	正极:天然锰粉+电解 MnO_2	正极:电解 MnO_2
	隔离物:糨糊层	隔离物:浆层纸	隔离物:浆层纸	隔离物:隔膜纸
	负极:锌筒	负极:锌筒	负极:锌筒	负极:微粒状锌粉
	电解液:$NH_4Cl+ZnCl_2$	电解液:$NH_4Cl+ZnCl_2$	电解液:$NH_4Cl+ZnCl_2$	电解液:KOH
常见型号	1号、2号、5号	1号、2号、5号、7号	1号、2号、5号、7号	5号、7号
质量	较轻	5号 14g 左右 7号 6~7g	5号 15g 左右 7号 7~8g	5号>22g 7号>10g
包装标志	R+数字 如1号是 R20, 2号是 R14, 5号是 R6	R+数字+C 如1号是 R20C, 2号是 R14C, 5号是 R6C	R+数字+P 如1号是 R20P, 2号是 R14P, 5号是 R6P	LR+数字 如5号是 LR6, 7号是 LR03,并有碱性和 ALKALINE 字样
保质期/a	0.25~0.5	0.5~1	0.5~1	3~5
主要适用对象	手电、收音机、石英钟	手电、收音机、石英钟、遥控器	手电、收音机、石英钟、遥控器、照相机	遥控器、随身听、照相机、剃须刀、电动仪表等

(2) 碱性锌锰电池

碱性锌锰电池是一种绿色环保电池,适合于气温比较低的环境中使用,而且放电时电压比较稳定,通常做成圆筒形和扣式两种。扣式电池的结构如图 7-11 所示。

碱性锌锰电池的符号:(—) $Zn|ZnO,KOH(NaOH)$水溶液$|MnO_2$,石墨(+)

电极反应：

负极：$Zn + 4OH^- \rightleftharpoons ZnO_2^{2-} + 2H_2O + 2e^-$

当小电流放电时发生如下反应：

负极：

$$Zn + 2OH^- \rightleftharpoons Zn(OH)_2 + 2e^-$$

或

$$Zn + 2OH^- \underset{充电}{\overset{放电}{\rightleftharpoons}} ZnO + 2H_2O + 2e^-$$

正极：$2MnO_2 + 2H_2O + 2e^- \underset{充电}{\overset{放电}{\rightleftharpoons}} 2MnO(OH) + 2OH^-$

电池反应：$Zn + 2MnO_2 + 2H_2O \underset{充电}{\overset{放电}{\rightleftharpoons}} Zn(OH)_2 + 2MnO(OH)$

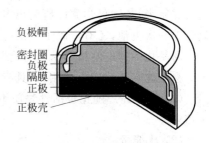

图 7-11　扣式碱锰电池的结构

2. 金属氢化物镍电池（MH-Ni）

金属氢化物镍电池是在镉镍电池技术的基础上发展起来的新型无污染二次电池。目前，它已部分取代镉镍电池。

金属氢化物镍电池的正极是氧化镍电极（活性物质是 $NiO(OH)$ 和 $Ni(OH)_2$），负极是贮氢合金（活性物质是 H 原子），电解质是 KOH 溶液。电池在充放电中反应如下：

正极：$NiO(OH) + H_2O + e^- \underset{充电}{\overset{放电}{\rightleftharpoons}} Ni(OH)_2 + OH^-$

负极：$MH + OH^- \underset{充电}{\overset{放电}{\rightleftharpoons}} M + H_2O + e^-$

总反应：$MH + NiO(OH) \underset{充电}{\overset{放电}{\rightleftharpoons}} M + Ni(OH)_2$

在过充电时：

正极：$4OH^- \rightleftharpoons 2H_2O + O_2 + 4e^-$

负极：$2H_2O + O_2 + 4e^- \rightleftharpoons 4OH^-$

总反应：0

在过放电时：

正极：$2H_2O + 2e^- \rightleftharpoons H_2 + 2OH^-$

负极：$H_2 + 2OH^- \rightleftharpoons 2H_2O + 2e^-$

总反应：0

从电池反应可见，MH-Ni 电池具有长期过充电和过放电保护能力。

MH-Ni 电池具有以下优点：①能量密度高；②无污染；③可大电流快速充放电；④工作电压为 1.2V，可与 Cd-Ni 电池互换使用。

MH-Ni 电池的形状有圆筒形、方形和扣形等多种类型。

3. 锂电池

锂是金属中最轻且标准电极电势最低（-3.04V）的元素。它的质量能量密度最大，因而一直受到化学电源工作者的极大关注。从 1958 年美国加州大学研究生提出 Li，Na 等活泼金属作为电池负极的设想，到 1971 年日本松下电器公司首先发明了锂氟化碳电池获得应用。从此，锂电池取得很快发展，并逐渐走向市场和实用。

近年来,各国科学家已研究出多种锂电池,如锂亚硫酰氯电池、锂二氧化锰电池、锂二氧化硫等一次电池,还有锂离子二次电池等。

商品化的锂电池按形状可分为圆筒形、方形和扣形。

锂电池与传统的电池相比,具有如下优异性能:

(1) 电压高。随正极活性物质不同,其电压可高达 4.2V,与传统干电池 1.5V 相比多出一倍多。

(2) 比能量大。

(3) 比功率大。有些锂电池可以大电流放电。

(4) 工作温度宽。许多锂电池能在 $-40 \sim 70$℃ 环境下工作,有的甚至更宽。

(5) 放电平稳,寿命长等。

由于上述特点,锂电池被广泛应用到手表、数码相机、手机、计算机、摄像机以及移动电子产品中,还可以应用于通信、卫星、导弹、鱼雷及心脏起搏器等。

由于锂的化学活性高,因此任何含有活泼氢的溶剂(如 H_2O,NH_3,C_2H_5OH 等)都不能作为锂电池的电解质溶剂,必须采用非水的有机和无机溶剂或固体电解质。

国内外已商品化的锂离子电池的电解质是:六氟磷酸锂($LiPF_6$)的碳酸乙烯酯(EC)和碳酸二乙酯(DEC)混合溶液。负极材料是层状石墨,正极材料是过渡金属的氧化物,如氧化钴锂($LiCoO_2$)、氧化镍锂($LiNiO_2$)和氧化锰锂($LiMn_2O_4$)等层状化合物。锂离子电池充放电反应:

$$(-) \ C_6 \ | \ LiPF_6(1mol \cdot L^{-1}), \quad EC+DEC \ | \ LiCoO_2(+)$$

正极:$Li_{1-x}CoO_2 + xLi^+ + xe^- \underset{充电}{\overset{放电}{\rightleftharpoons}} LiCoO_2$

负极:$Li_xC_6 \underset{充电}{\overset{放电}{\rightleftharpoons}} xLi^+ + 6C + xe^-$

总反应:$Li_{1-x}CoO_2 + Li_xC_6 \underset{充电}{\overset{放电}{\rightleftharpoons}} LiCoO_2 + 6C$

从上面电池反应可见,在放电时,锂离子从 LiC_6 石墨层状化合物中脱出,经过正、负极间隔膜到正极嵌入到 $Li_{1-x}CoO_2$ 中。充电时(电池装配好了后,首先要对电池充电),发生相反的过程。这个过程的可逆性好,因此组成的锂二次电池循环性能非常优异。

4. 燃料电池

随着地球上化石燃料逐渐减少,将来人类赖以生存的能量主要是核能和太阳能。那时,可用核能、太阳能发电,以电解水的方法制取氢。利用燃料电池技术将氢和氧的化学能通过电极反应直接转换成电能。燃料电池具有高效、洁净的特点,被认为是 21 世纪首选的发电技术。

燃料电池是将储存在燃料和氧化剂中的化学能转化成电能的装置。它在工作时,要连续不断地向电池的负极和正极输入燃料(如 H_2)和氧化剂(如 O_2),通过电化学反应生成 H_2O,并释放出电能。它不像其他电池是将能量储存在电池中,而更像一个发电装置。

根据电解质的性质,燃料电池可分成碱性燃料电池、酸性(磷酸)燃料电池、熔融碳酸盐燃料电池、固体氧化物电池和质子交换膜(又称高分子电解质膜)燃料电池。

碱性燃料电池(alkaline fuel cell,AFC),是以 KOH 水溶液为电解质的燃料电池。AFC

是研究最早,并在航天飞行中得到成功应用的燃料电池。它的工作原理如图 7-12 所示。

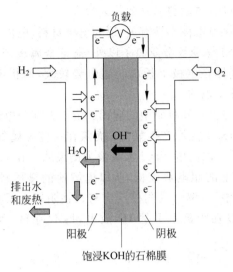

图 7-12　碱性氢氧燃料电池的工作原理

负极(阳极):$H_2 + 2OH^- \xrightarrow[\text{催化剂}]{\text{放电}} 2H_2O + 2e^-$,　$E_-^{\ominus} = -0.828\text{V}$

正极(阴极):$\frac{1}{2}O_2 + H_2O + 2e^- \xrightarrow[\text{催化剂}]{\text{放电}} 2OH^-$,　$E_+^{\ominus} = 0.401\text{V}$

电池总反应:$H_2 + \frac{1}{2}O_2 \xrightarrow{\text{放电}} H_2O$,　$E^{\ominus} = E_+^{\ominus} - E_-^{\ominus} = 1.229\text{V}$

一个 AFC 电池,工作电压仅为 0.6～1.0V。为满足需要,可将多节电池组合起来。

由于碱性燃料电池具有较高的质量比功率、体积比功率和能量转化效率,而且高度可靠,是一种新型、高效、环保的电池。由于上述原因,碱性燃料电池最早成功用于美国阿波罗(Apollo)登月飞船上,为人类首次登上月球做出了贡献。

*7.6　极化与超电势

电解池和原电池在工作时有净电流流过电极,此时电极为非平衡(不可逆)电极,其电极电势叫不可逆电极电势(E_{ir})。它与没有净电流流过电极时的电极电势(平衡电极电势或称可逆电极电势 E_r)之差称超电势(η)。电流越大,超电势也越大。

$$\eta = |E_{ir} - E_r|$$

电极电势偏离平衡电极电势的现象,称电极的极化。用超电势 η 的大小来衡量电极极化的程度。

电极极化的规律如下:
(1) 阳极极化后电极电势升高

$$\eta_{\text{阳}} = E_{ir} - E_r, \quad E_{ir} = E_r + \eta_{\text{阳}}$$

(2) 阴极极化后电极电势降低

$$\eta_{\text{阴}} = E_r - E_{ir}, \quad E_{ir} = E_r - \eta_{\text{阴}}$$

由电极极化规律可知：电解池的实际分解电压必须高于其理论分解电压；原电池的工作电压，要小于它的开路电压（电动势）。（为什么？）

极化超电势的大小不仅与电极本性有关，还与电极材料、电极表面积以及电流密度等有关。一般来说，除 Fe，Co，Ni 等少数金属离子以外，通常金属离子在阴极上放电析出时，极化程度很小。相比之下，气体在电极上析出时超电势较大，而析出 H_2，O_2 超电势则更大。因而，气体的超电势是不可忽视的。

下面讨论氢的超电势在生产和科研中的应用。由于大部分电化学过程是在水溶液中进行，因此氢离子有可能在阴极上还原产生氢气；而氢在一些金属如 Pb，Hg，Zn 等上极化超电势较大，不容易产生氢气。以电解 NaCl 水溶液为例说明。在隔膜式电解池中，阴极采用铁丝网，这样由于氢在 Fe 上的超电势较低，所以电解池的槽压较低就可以在阴极上产生 H_2。而在 Hg 阴极电解池中，电解时其阴极反应与在铁阴极上反应不一样。由于氢在 Hg 阴极上极化超电势高，所以在阴极上不是 H^+ 放电，得不到 H_2，而是由 Na^+ 放电，生成钠汞齐：

$$阴极：Na^+ + e^- \longrightarrow Na(汞齐)$$

生成的 Na 汞齐离开阴极在解汞池中与水反应生成 NaOH 和 H_2。

又如，铅酸电池的负极是 Pb，在电池存放过程中，负极上自放电的反应是：

$$Pb + H_2SO_4 \Longrightarrow PbSO_4 \downarrow + H_2 \uparrow$$

已知，氢在 Pb 上的极化超电势比较高，这样 H^+ 在 Pb 上不容易得电子生成 H_2，不易引起电池的自放电。由于自放电消耗活性物质 Pb 及 H_2SO_4，降低电池容量，同时 H_2 的积累又有造成爆炸的危险。无论从减少自放电，还是为满足蓄电池少维护的要求，都希望提高氢析出的超电势，避免加速析氢的杂质存在。为此，铅酸电池的电解液必须用去离子水和纯的 H_2SO_4 来配制。

本 章 小 结

1. 氧化还原反应的基本概念

氧化剂、还原剂、氧化反应、还原反应以及电极反应的配平。

2. 原电池

正、负极和阴、阳极的定义和对应关系，原电池的基本组成，将自发进行的氧化还原反应组装成原电池。

电池的电动势 $E_{电池}$：

$$E^{\ominus}_{电池} = E^{\ominus}_+ - E^{\ominus}_- = E^{\ominus}_{氧化剂} - E^{\ominus}_{还原剂}$$

$$E_{电池} = E^{\ominus}_{电池} - \frac{0.0592}{n} \lg Q$$

此式为电池电动势的 Nernst 公式。

3. 电极电势 E

影响因素

$$氧化态 + ne^- \Longrightarrow 还原态$$

$$E = E^{\ominus} - \frac{0.0592}{n} \lg Q$$

此式为电极电势的 Nernst 公式。

4. E 的应用

$$\begin{cases} E_{电池} > 0 & 自发 \\ E_{电池} = 0 & 平衡 \\ E_{电池} < 0 & 非自发 \end{cases} \quad 判断氧化还原反应自发进行的方向$$

$$\lg K^{\ominus} = \frac{nE^{\ominus}_{电池}}{0.0592} \quad \begin{array}{l} 判断反应进行的程度 \\ 判断氧化剂与还原剂的相对强弱 \end{array}$$

5. 电化学的某些应用

(1) E-pH 图及应用。

(2) 元素电势图及应用。

(3) 电化学腐蚀。产生原因、析氢和吸氧腐蚀产生的原理以及腐蚀防护的一般方法。

(4) 判断电解产物的一般规律。

(5) 化学电源分类,以及锌锰电池、金属氢化物镍电池、锂电池及氢氧燃料电池。电池的电极反应、总反应及优缺点。

(6) 电极的极化与超电势。

问题与习题

7-1 说明下列符号及术语的意思:
$E^{\ominus}$, E, $E^{\ominus}_{电池}$, $E_{电池}$, F, 正极和负极以及阴极和阳极。

7-2 说明下列每一对术语间的差别:
(1) 半反应与总反应;(2) 一次电池与二次电池;
(3) 原电池与电解池;(4) $E^{\ominus}_{电池}$ 与 $E_{电池}$。

7-3 描述标准氢电极和饱和甘汞电极。

7-4 丹尼尔电池反应:
$$Zn(s) + Cu^{2+}(aq) \rightleftharpoons Zn^{2+}(aq) + Cu(s) \tag{1}$$
若写成:
$$2Zn(s) + 2Cu^{2+}(aq) \rightleftharpoons 2Zn^{2+}(aq) + 2Cu(s) \tag{2}$$
问:两个电池反应 $E^{\ominus}_{电池}$ 及 $K^{\ominus}$ 有怎样的关系?

7-5 电化学电池中,当反应达到平衡时,电池的电动势是多少?

7-6 电极反应中:$\Delta G = -nFE$ 是对于什么样的电极反应?

7-7 在丹尼尔电池中:
(1) 若在负极滴加氨水,电池电动势有何变化?
(2) 若在正极滴加氨水,电池电动势有何变化?

7-8 电化学电池中,是否一定需要用盐桥或多孔板将两半电池隔开?举一例。

7-9 试举出电池的 $E_{电池} = 0$ 的电化学电池例子。

7-10 由电极电势说明,为什么 Co^{3+} 在水溶液中不稳定?

7-11 Fe^{2+}(aq)在空气中是否稳定?为什么可以用加入铁屑保存 Fe^{2+}(aq)?

7-12 已知 $E^{\ominus}(F_2/F^-) = 2.866V$,电极电势是最高的,问用何办法可将氟化物($F^-$)氧

化为氟单质?

7-13 利用甲醇燃烧反应的燃料电池,已知电极反应如下:

负极(阳极):$CH_3OH(l)+6OH^-(aq) \Longrightarrow CO_2(g)+5H_2O(l)+6e^-$

正极(阴极):$O_2(g)+2H_2O(l)+4e^- \Longrightarrow 4OH^-(aq)$

(1) 由热力学数据,求负极的标准电极电势。

(2) 求 $E^{\ominus}_{电池}$。

7-14 Li 和 Na 等元素不仅摩尔质量小,而且还原电势低,是电池负极的理想材料。问这种电池能否在水溶液中进行? 在计算电池电动势时,能否用附录 9 中的数据?

7-15 金属腐蚀时,通常指金属表面附近能形成离子浓度至少为 1×10^{-6} mol·L^{-1}。金属腐蚀时,在腐蚀电池中,金属作什么极?

7-16 为什么把 Mg 块捆绑在海船的铁壳外面防船壳腐蚀?

7-17 防止腐蚀有哪些办法?

7-18 确定电解产物的一般规则是什么?

7-19 什么叫极化? 什么叫超电势? 电极极化规则是什么?

7-20 用离子-电子法配平下列电极反应:

(1) $Cr_2O_7^{2-}(aq) \longrightarrow Cr^{3+}(aq)$(在酸性介质中);

(2) $H_2SO_3(aq) \longrightarrow S(s)$(在酸性介质中);

(3) $IO^-(aq) \longrightarrow I^-(aq)$(在碱性介质中);

(4) $MnO_2(s) \longrightarrow Mn(OH)_2(s)$(在碱性介质中)。

7-21 用离子-电子法配平下列氧化还原反应方程式:

(1) $Cr_2O_7^{2-}(aq)+NO_2^-(aq) \longrightarrow NO_3^-(aq)+Cr^{3+}(aq)$(在酸性介质中);

(2) $FeS(s)+NO_3^-(aq) \longrightarrow NO(g)+SO_4^{2-}(aq)+Fe^{2+}(aq)$(在酸性介质中);

(3) $Cl_2(g) \longrightarrow Cl^-(aq)+ClO^-(aq)$(在碱性介质中);

(4) $Cl_2(g)+S^{2-}(aq) \longrightarrow Cl^-(aq)+SO_4^{2-}(aq)$(在碱性介质中);

(5) $Cr(OH)_3(s) | ClO_3^-(aq) \longrightarrow Cl^-(aq)+CrO_4^{2-}(aq)$(在碱性介质中);

(6) $KMnO_4(aq)+H_2O_2(aq)+H_2SO_4(aq) \longrightarrow MnSO_4(aq)+K_2SO_4+O_2(g)$;

(7) $Na_2S_2O_3(aq)+I_2(aq) \longrightarrow Na_2S_4O_6(aq)+NaI(aq)$(在碱性介质中);

(8) $Cu_2S(s)+HNO_3(aq) \longrightarrow CuSO_4(aq)+NO(g)+H_2O(l)$。

7-22 写出下列氧化还原反应中,氧化剂和还原剂对应的电对:

(1) $2H_2O_2(aq) \Longrightarrow O_2(g)+2H_2O(l)$;

(2) $2Cu^{2+}(aq)+4I^-(aq) \Longrightarrow 2CuI(s)+I_2(aq)$;

(3) $2I_2(aq)+6OH^-(aq) \Longrightarrow 5I^-(aq)+IO_3^-(aq)+3H_2O(l)$;

(4) $2Sn^{2+}(aq)+O_2(g)+4H^+(aq) \Longrightarrow 2Sn^{4+}(aq)+2H_2O(l)$。

7-23 写出下列电池的总反应,并由附录 9 求 $E^{\ominus}_{电池}$ 和 $\Delta_r G^{\ominus}_m$:

(1) $(-)Al|Al^{3+}(aq) \| Ni^{2+}(aq)|Ni(+)$;

(2) $(-)Pt|Fe^{3+}(aq),Fe^{2+}(aq) \| Ag^+(aq)|Ag(+)$;

(3) $(-)Pt|Cl_2(g)|Cl^-(aq) \| Pb^{2+}(aq),H^+(aq)|PbO_2(s),Pt(+)$;

(4) $(-)Ni|Ni^{2+}(aq) \| Pb^{2+}(aq)|Pb(+)$。

7-24 计算下列电对在 298K 时的电极电势 E：

(1) 已知 $c(Cl^-)=0.01 mol \cdot L^{-1}$，$p(Cl_2)=500 kPa$，求 $E(Cl_2/Cl^-)$；

(2) 已知 $c(Fe^{3+})=1.0 mol \cdot L^{-1}$，$c(Fe^{2+})=0.05 mol \cdot L^{-1}$，求 $E(Fe^{3+}/Fe^{2+})$。

7-25 已知 $E^{\ominus}(O_2/H_2O)=1.23V$，分别计算在 298K 时，pH=2,7,14 时，$E(O_2/H_2O)$（设 $p_{O_2}=100 kPa$），并求 $E^{\ominus}(O_2/OH^-)$。

7-26 任一电池，当正极反应是负极反应的逆反应时，此电池的标准电动势 $E^{\ominus}_{电池}$ 为零，如：

$$(-)Cu \mid Cu^{2+} \parallel Cu^{2+} \mid Cu(+), E^{\ominus}_{电池}=0$$

当上述两个半电池中，离子浓度（Cu^{2+}）不同时，可获得较小的电动势（这种电池叫浓差电池）。计算下面浓差电池的电动势 $E_{电池}$：

$$(-)Cu \mid Cu^{2+}(0.5 mol \cdot L^{-1}) \parallel Cu^{2+}(2.5 mol \cdot L^{-1}) \mid Cu(+)$$

7-27 求下浓差电池的电动势：

$$(-) Pt, Cl_2(50 kPa) \mid HCl(0.1 mol \cdot L^{-1}) \mid Cl_2(100 kPa), Pt(+)$$

7-28 求下面 Cu-Zn 原电池（也叫丹尼尔电池）的电动势：

$$(-) Zn \mid Zn^{2+}(0.1 mol \cdot L^{-1}) \parallel Cu^{2+}(2.0 mol \cdot L^{-1}) \mid Cu(+)$$

7-29 铅酸电池是常用的蓄电池，电极反应：

正极：$PbO_2(s)+4H^+(aq)+SO_4^{2-}(aq)+2e^- \rightleftharpoons PbSO_4(s)+2H_2O(l)$，$E^{\ominus}_+=1.70V$

负极：$Pb(s)+SO_4^{2-}(aq) \rightleftharpoons PbSO_4(s)+2e^-$，$E^{\ominus}_-=-0.31V$

(1) 计算电池的 $E^{\ominus}_{电池}$；

(2) 写出电池总反应，若 $c(H^+)=2.0 mol \cdot L^{-1}$，$c(SO_4^{2-})=1.0 mol \cdot L^{-1}$，求电池的电动势 $E_{电池}$；

(3) 由总反应说明，为什么电池可以通过测量电解液 H_2SO_4 的密度来判断电池放电情况？

7-30 写出下列电池的电极反应和电池总反应，并求 $E_{电池}$：

(1) $(-) Pt, H_2(50 kPa) \mid HCl(1.5 mol \cdot L^{-1}) \mid AgCl(s) \mid Ag(+)$；

(2) $(-) Pt, H_2(50 kPa) \mid HCl(1.5 mol \cdot L^{-1}) \mid Cl_2(150 kPa), Pt(+)$；

(3) $(-) Ag \mid AgI(s) \mid I^-(2 mol \cdot L^{-1}) \parallel Cl^-(0.5 mol \cdot L^{-1}) \mid AgCl(s) \mid Ag(+)$；

(4) $(-) Pt, H_2(100 kPa) \mid NaOH(0.1 mol \cdot L^{-1}) \mid HgO(s) \mid Hg(l)(+)$。

7-31 将下列反应组装成电池（用电池符号表示）：

(1) $Ag^+(aq)+Ag(s)+Br^-(aq) \rightleftharpoons AgBr(s)+Ag(s)$；

(2) $Ag^+(aq)+Fe^{2+}(aq) \rightleftharpoons Ag(s)+Fe^{3+}(aq)$；

(3) $O_2(g)+2H_2(g) \rightleftharpoons 2H_2O(l)$（在碱性介质中）；

(4) $2NiOOH(s)+Cd(s)+2H_2O(l) \rightleftharpoons 2Ni(OH)_2(s)+Cd(OH)_2(s)$。

7-32 在 pH=3 或 6 时，$KMnO_4$ 能否氧化 I^- 和 Br^- 生成 I_2 和 Br_2？（MnO_4^- 被还原成 Mn^{2+}，假设 $c(MnO_4^-)=c(Mn^{2+})$。）

7-33 今有一种含 Cl^-，Br^- 和 I^- 3 种离子的酸性溶液，欲使 I^- 被氧化成 I_2，而 Br^- 和 Cl^- 不被氧化，问在常用的氧化剂 $Fe_2(SO_4)_3$ 和 $KMnO_4$ 中选用哪一种？

7-34 写出下列氧化剂氧化能力由高到低的顺序：

(1) H_2O_2 在 $H^+(aq)$ 中；

(2) O_2 在 OH^-(aq)中；

(3) O_2 在 H^+(aq)中。

7-35 下列金属中还原能力最强的是哪一种？
(1) Zn；(2) Fe；(3) Cu；(4) Ag。

7-36 利用下列标准电极电势，求 AgI 的 $K_{sp}^{\ominus}$：

$$Ag^+(aq) + e^- \rightleftharpoons Ag(s) \quad E_1^{\ominus} = 0.7996V$$

$$AgI(s) + e^- \rightleftharpoons Ag(s) + I^-(aq) \quad E_2^{\ominus} = -0.1522V$$

7-37 已知：$E^{\ominus}(Ag^+/Ag) = 0.7996V$，$K_{不稳}^{\ominus}(Ag(NH_3)_2^+) = 8.9 \times 10^{-8}$，求 $E^{\ominus}(Ag(NH_3)_2^+/Ag)$。

7-38 已知 $E^{\ominus}(Fe^{3+}/Fe^{2+}) = 0.771V$，$E^{\ominus}(I_2/I^-) = 0.5355V$，问：

(1) Fe^{3+} 能否氧化 I^-；

(2) 已知 $[Fe(CN)_6]^{3-}$ 和 $[Fe(CN)_6]^{4-}$ 的不稳定常数分别为 $K_{不稳}(\text{III}) = 1.0 \times 10^{-42}$ 和 $K_{不稳}(\text{II}) = 1.0 \times 10^{-35}$，$[Fe(CN)_6]^{3-}$ 能否氧化 I^-？

7-39 已知：$E^{\ominus}(Co^{3+}/Co^{2+}) = 1.808V$，$E^{\ominus}(Cl_2/Cl^-) = 1.358V$，可见 Co^{3+} 可以氧化 Cl^- 生成 Cl_2，但 $[Co(NH_3)_6]^{3+}$ 却不能氧化 Cl^-，试分析 $[Co(NH_3)_6]^{3+}$ 和 $[Co(NH_3)_6]^{2+}$ 的 $K_{不稳}$ 哪个小。

7-40 根据标准电极电势，计算在 25℃ 时，下列反应的标准平衡常数 $K^{\ominus}$：

(1) $Zn(s) + Fe^{2+}(aq) = Zn^{2+}(aq) + Fe(s)$；

(2) $2Fe^{3+}(aq) + 2Br^-(aq) = 2Fe^{2+}(aq) + Br_2(l)$。

7-41 在碱性介质中，氯的元素电势图如下：

$$OCl^- \xrightarrow{E_1^{\ominus}} \frac{1}{2}Cl_2 \xrightarrow{1.36V} Cl^-$$
$$\underset{0.94V}{\underline{\qquad\qquad\qquad\qquad}}$$

求：(1) $E_1^{\ominus}$。

(2) 问在碱性介质中 Cl_2 能否发生歧化反应？

第 8 章 原子结构与元素周期律

"原子"(atom)一词源于希腊语,意思是"不可再分的部分"。长期以来原子被认为是组成万物不可分割的最小微粒。现代原子结构模型是 19 世纪末到 20 世纪初,在电子、质子、放射性等一批重大发现的基础上建立并发展起来的。1911 年,卢瑟福在此前已经得到的关于电子的电荷与质量、放射性等研究成果的基础上,根据 α 粒子散射的实验,提出了新的原子模型,称为原子行星模型或核型原子模型。随后的 20 余年间,科学家们先后发现了带正电的质子与不带电的中子,并证明了它们都是原子核的组成部分,由此,才真正形成了经典的原子模型。本章将初步介绍原子的结构,特别是核外电子运动的规律和元素周期律。

8.1 原子核外电子运动的特点

8.1.1 玻尔模型

19 世纪末,当人们试图从理论上解释原子光谱现象时,发现经典电磁理论和有核原子模型与原子光谱实验结果发生尖锐的矛盾。根据经典电磁理论,绕核高速旋转的电子将不断以电磁波的形式发射出能量,这将导致电子自身能量不断减少,绕核旋转半径逐渐减小,最终电子会落在原子核上,引起原子的自行毁灭,即原子无法稳定存在。另外,根据经典电磁理论,电子自身能量逐渐减少,电子绕核旋转的频率也要逐渐地改变,辐射电磁波的频率将随着旋转频率的改变而逐渐变化,因而原子发射的光谱应该是连续光谱。

事实上,原子是稳定存在的,而且原子光谱不是连续光谱,是线状光谱。这些矛盾是经典理论所不能解释的。

1913 年玻尔(N. Bohr)在普朗克(M. Planck)量子论、爱因斯坦(A. Einstein)光子学说和卢瑟福(E. Rutherford)有核原子模型的基础上,提出了原子壳式模型,其学说主要有以下 3 个要点。

1. 原子模型

原子核外的电子沿着某些特定的圆形轨道绕核运动,然而它既不向外辐射能量,也不吸收能量。处于最低能量状态的是基态,其余状态皆为激发态。

2. 轨道量子化

这些特定的电子轨道的角动量不是任意的,而是量子化的,符合一定条件的,即轨道角动量 L 必须等于 $\frac{h}{2\pi}$ 的整数倍:

$$L = mvr = n\frac{h}{2\pi} = n\hbar$$

这个等式被称为玻尔量子化条件。

式中，m——电子的质量；

v——电子运动的速度；

r——轨道半径；

h——普朗克常数；

n——正整数，称为量子数。

在这些特定轨道上运行的电子具有固定能量 E_n，其大小只取决于量子数 n。电子运行的轨道半径 r_n 及其相应的能量 E_n 分别为

$$r_n = 52.9 \frac{n^2}{Z}(\text{pm}) \tag{8-1}$$

$$E_n = -2.18 \times 10^{-18} \frac{Z^2}{n^2}(\text{J}) = -13.6 \frac{Z^2}{n^2}(\text{eV}) \tag{8-2}$$

式中，Z——原子核电荷数。

这个关系式适用于氢原子、类氢离子（He^+，Li^{2+}，Be^{3+} 等）单电子体系。可见 n 决定轨道能量，被称为主量子数。当 $n=1$ 时，原子处于基态；当 $n>1$ 时，原子处于激发态。当 $n=1$，$Z=1$（氢核），$r_1=52.9\text{pm}$，称为玻尔半径，记作 a_0。它被定义成原子单位的长度。当 $n=\infty$ 时，$E_\infty=0$。可见氢原子的电离能应为 13.6eV。

3. 光谱的频率

电子在离核越远的轨道上运动，其能量越大。在正常情况下，原子中的各个电子尽可能处在离核最近的轨道上，这时原子的能量最低，即原子处于基态。当原子从外界获得能量时（如灼热、放电、辐射等），电子可以跃迁到离核较远的轨道上，即电子被激发到较高能量的轨道上，这时原子和电子处于激发态。处于激发态的电子不稳定，可以跃迁到离核较近的轨道上，这时会以光子形式放出能量，即释放出光能。光的频率取决于能量较高的轨道与能量较低的轨道的能量之差。根据爱因斯坦光子学说，原子中的电子在不同轨道之间（即不同量子数的状态之间）发生的跃迁是原子线状光谱的直接原因。特定频率 ν 的光子能量可表示为

$$E_{\text{光子}} = h\nu = E_{\text{终态}} - E_{\text{始态}} = E_2 - E_1 = \Delta E = 2.18 \times 10^{-18} Z^2 \left(\frac{1}{n_1^2} - \frac{1}{n_2^2}\right)(\text{J}) \tag{8-3}$$

式中，普朗克常数 $h=6.626\times10^{-34}\text{J}\cdot\text{s}$。这一理论很好地解释了氢原子的系列光谱。

玻尔冲破了物理量连续变化传统观念的束缚，第一次将量子论引入原子体系，建立了原子的近代模型。玻尔理论成功地解释了原子的发光现象、氢原子光谱的规律性，并为化学键的电子理论奠定了基础。然而对于稍稍复杂的二电子体系及原子光谱的精细结构等问题，玻尔模型便无能为力了。其原因在于玻尔理论只是在经典力学的基础上引入了一些人为的量子化条件，是不彻底的旧量子理论。要正确地描述微观电子的运动必须靠新的量子力学原理，这首先要从电子等微观粒子运动具有波粒二象性这一重要特性说起。

8.1.2 微观粒子的运动特点——波粒二象性

17世纪末，牛顿（N. Newton）和惠更斯（C. Huygens）分别提出了光的微粒说和波动说，自此光的本质是波还是微粒问题一直争论不休。随着对光的干涉、衍射、光电效应等实验现

象了解的深入,人们认识到光既有波的性质,又具有粒子的性质,即光具有波粒二象性。

1. 物质波

爱因斯坦应用普朗克的量子理论,提出了光子学说,成功地解释了光电效应。光不仅具有波动性,而且具有粒子性,即光子呈波粒二象性。根据爱因斯坦的质能方程 $E=mc^2$ 和普朗克的假设 $E=h\nu$:

$$\begin{cases} E = mc^2 = h\nu = hc/\lambda \\ \lambda = \dfrac{hc}{mc^2} = \dfrac{h}{mc} = \dfrac{h}{p} \end{cases} \quad (8\text{-}4)$$

式中,p——光子的动量;

λ——光子的波长;

c——电磁波在真空中的传播速度,即光速。

能量 E 和动量 p 是表征粒子性的物理量,频率 ν 和波长 λ 是表征波动性的物理量,粒子性和波动性通过普朗克常数定量地联系起来了,从而很好地揭示了光的波粒二象性本质。波粒二象性是光的属性,在一定的条件下,波动性比较明显,例如,光在空间传播过程中发生干涉、衍射现象就突出表现了光的波动性;在另一种条件下,粒子性比较明显,光与物质接触进行能量交换时,就突出地表现出光的粒子性,例如光电效应。

1924 年,年仅 25 岁的法国科学家德布罗意(L. de Broglie)大胆假设实物微粒也应像光子一样具有波粒二象性。他将式(8-4)中的光速改写成粒子的速度 v,得到:

$$p = mv = \dfrac{h}{\lambda}$$

$$\lambda = \dfrac{h}{mv} \quad (8\text{-}5)$$

这意味着质量为 m(kg)、运动速度为 v(m·s^{-1})的物质具有波长为 λ(m)的波动性。λ 是物质波的波长。根据德布罗意的假设,可预测速度为 10^6 m·s^{-1} 的电子(电子质量为 9.11×10^{-31} kg)的运动波长:

$$\lambda = \dfrac{h}{mv} = \dfrac{6.63\times10^{-34}}{9.11\times10^{-31}\times10^6} = 7.28\times10^{-10}\,\text{m}$$

它应属于 X 射线波长范围。显然用这样的电子束代替 X 射线作衍射实验可以获得衍射条纹。1927 年,也就是德布罗意假设提出 3 年后,电子衍射实验完全证实了电子具有波动性。用一束电子流经加速并通过金属单晶(晶体中质点按一定方式周期排列,相当一个光栅),可以清楚地观察到电子衍射图样,根据电子衍射图计算得到的电子射线的波长与德布罗意关系式预期的波长一致。随后发现的质子和中子等微粒的波动性更是印证了微观物质普遍具有波粒二象性的特征,人们将微观粒子所具有的波称为德布罗意波或物质波。波粒二象性是微观粒子的运动特征,这是微观粒子区别于宏观物体的地方,因此描述电子等微粒的运动规律不能沿用经典的牛顿力学,而要用描述微粒运动的量子力学。

2. 几率波

用经典力学描述一个运动速度不太高而其质量又不太小的宏观物体时,可以同时准确地确定其任何时刻所在位置及其动量。然而对于微观粒子却不一样。电子衍射实验说明,具有相当波动性的微粒通过狭缝时,狭缝越窄,在屏上所产生的衍射图像散布得越宽。可把衍射条纹视为由一个个电子穿过这个一定宽度的狭缝到达屏幕的不同位置所组成的。对于具体的每一个电子,人们无法得知某时刻它究竟落在哪个确切的位置,或者说它所具有的动量是不确定的。海森堡(W. Heisenburg)(海森堡因建立量子力学的矩阵形式和发现不确定性规则而获得1932年诺贝尔物理奖)推得粒子位置的不确定程度(Δx)和动量的不确定程度(Δp)符合以下关系式:

$$\Delta x \cdot \Delta p \geqslant \frac{h}{4\pi} = \frac{\hbar}{2} \tag{8-6}$$

此式称为不确定关系。它表明具有波动性的微观粒子和宏观质点具有完全不同的特点,不能同时确定它们的坐标和动量。说明粒子位置的精确度越大(Δx 越小),其动量的精确度就越小(Δp 越大);反之亦然。其乘积至少等于常数 $\hbar/2$。原子的线性尺寸在 10^{-10} m,合理的坐标精确度 Δx 可认为在 10^{-11} m。由此可估算出原子中电子的速度(约 10^6 m·s^{-1})的不确定量 Δv 与其运动速度在同一数量级:

$$\Delta v \geqslant \frac{h}{4\pi m_e \Delta x} = \frac{6.63 \times 10^{-34}}{4 \times 3.14 \times 9.11 \times 10^{-31} \times 10^{-11}} = 5.8 \times 10^6 (\text{m} \cdot \text{s}^{-1})$$

它说明了电子位置越确定,其速度就越不确定。因此要同时确定某电子的位置与动量(或速度)是不可能的。应该指出的是,从理论上来讲,并非只有微观粒子才符合不确定原理,只是对于宏观物体来说,Δv 小到可以被忽略的程度,实际上是不起作用的。

宏观物体的运动状态可用轨道、速度等物理量来描述。但电子等微观粒子与宏观物体不同,它具有波粒二象性,没有确定的轨道。那么怎样来描述电子等微粒的运动状态呢?

考察前面介绍的电子衍射实验,若电子流较强,即单位时间里射出的电子多,则很快得到明暗相间的衍射环纹;若电子流强度相当小,电子一个一个地从阴极灯丝飞出,这时底片上会出现一个一个的点,显示出电子具有粒子性,而且难以预言下一个电子会射在什么位置。但随着时间的持续,对于大量的电子的行为进行累计,便呈现深浅不一的衍射条纹,显出电子的波动性。因此,电子的波动性可以看成是电子粒子性的统计结果,对于微观粒子的运动,虽然不能同时准确地测出单个粒子的位置和速度(或动量),但它在某个区域内出现的机会多,在某个区域内出现的机会少,却是有一定的规律的。从电子衍射的明暗相间的环纹看,深条纹处电子出现的次数多,浅处次数少,显然这是无数电子的集合行为。所以说电子的运动可以用统计性的规律去研究。

要描述电子运动的统计性规律,则要寻找一个函数,用该函数的图像与这个空间区域建立联系,这种函数就是微观粒子运动的波函数 ψ。对于机械波是用波函数 ψ 来描述它的运动规律的。比如一个沿 x 方向传播,具有振幅 A、频率 ν、波长 λ 的平面波,通常可用余弦函数来表示:

$$\psi = A\cos 2\pi \left(\frac{x}{\lambda} - \nu t\right)$$

这种波是振幅波,它的振幅与空间位置无关,即空间各处振幅都一样。该波的强度应正比于 $|\psi|^2$ 或 A^2。倘若其振幅加大到原来的 2 倍,其强度将增加到 4 倍。不过这已经是一个另一状态的波了。这里,尽管我们也用波函数 ψ 来描述波动性的微粒电子的运动状态,但它更像光子:光的波动性表明光的强度正比于光波的波函数的平方或振幅的平方;光的微粒性又表明光的强度正比于光子的密度。显然,光的波函数平方正比于光子密度。对于电

子波函数可以沿用光子的二象性观念,于是电子波函数的平方$|\psi|^2$正比于电子出现的几率。实际上,$|\psi|^2$描述的是电子在空间某处单位体积内出现的几率(几率/体积),即几率密度。空间某点$|\psi|^2$值越大,则电子在该处出现的几率密度越大;$|\psi|^2$值越小,则它在该处单位体积内出现的几率越小。作为一个微粒,它在整个空间出现的几率的总和应为1,因而微粒在空间各点出现的几率只取决于它在空间各点的强度的比例,而不取决于强度的绝对大小。

8.2 单电子原子(离子)体系中电子运动的描述

8.2.1 薛定谔方程

微观粒子运动具有波粒二象性,符合不确定原理,其运动规律要用量子力学去研究。研究电子出现的空间区域,则要去寻找一个函数,即描述微观粒子运动状态的波函数ψ。波函数ψ与它描述的粒子在空间某范围出现的几率有关,它是空间坐标x,y,z 3变量的函数。1926年奥地利物理学家薛定谔(E. Schrödinger)(薛定谔因创立量子力学波动力学形式获1933年诺贝尔物理奖)建立了著名的微观粒子的波动方程,称为薛定谔方程,求解这个方程得到描述微观粒子运动状态的波函数ψ,这是近代量子力学的理论基础。

薛定谔方程是一个二阶偏微分方程,其表达形式为:

$$\frac{\partial^2 \psi}{\partial x^2}+\frac{\partial^2 \psi}{\partial y^2}+\frac{\partial^2 \psi}{\partial z^2}+\frac{8\pi^2 m}{h^2}(E-V)\psi = 0$$

式中,h——普朗克常数;

m——微粒的质量;

E——粒子的总能量(动能和势能之和);

V——势能;

$x、y、z$——粒子的空间坐标;

ψ——描述微粒运动状态的波函数。

对于受向心力场作用而绕核旋转的电子运动方程,在求解时采用球坐标系(r,θ,φ)更方便。它与直角坐标系有如下关系(图8-1):

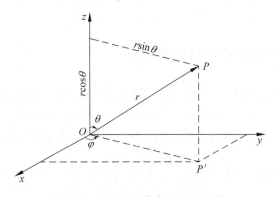

图 8-1 球坐标与直角坐标的关系

$$x = r\sin\theta\cos\varphi \qquad \text{取值范围}$$
$$y = r\sin\theta\sin\varphi \qquad r: 0 \to \infty$$
$$z = r\cos\theta \qquad \theta: 0 \to \pi$$
$$r = \sqrt{x^2 + y^2 + z^2} \qquad \varphi: 0 \to 2\pi$$

经过变换之后,势能的表达式中只涉及一个变量 r。这样用球坐标 $\psi(r,\theta,\varphi)$ 来描述的波函数与直角坐标描述的波函数形式不同,但十分方便,可以精确求解。由于波动方程的导出和求解涉及较深的数学,本教程中不再详细介绍求解过程,以下仅介绍由方程得到的一些重要结论。

8.2.2 薛定谔方程的解

薛定谔方程的解是一系列多变量波函数 ψ 的具体函数表达式,而这些波函数与所描述粒子的运动情况、在空间某范围内出现的几率密切相关。令

$$\psi(r,\theta,\varphi) = R(r) \cdot Y(\theta,\varphi)$$

式中,$R(r)$ 称为波函数 ψ 的径向部分;$Y(\theta,\varphi)$ 称为波函数的角度部分。再令

$$Y(\theta,\varphi) = \Theta(\theta) \cdot \Phi(\varphi)$$

将 $\psi(r,\theta,\varphi) = R(r) \cdot \Theta(\theta) \cdot \Phi(\varphi)$ 代入球坐标系转换后的薛定谔方程中,可以得到 3 个分别只含一个变量的常微分方程。在求解 3 个常微分方程 $R(r), \Theta(\theta), \Phi(\varphi)$ 的过程中,为了保证解的合理性,需要引入 n,l,m 参数。n,l,m 称为量子数。

波函数 ψ 是一个 3 变量 r, θ, φ 和 3 参数 n, l, m 的函数。解氢原子薛定谔方程可得到各原子轨道波函数的表达式。

例如:当 $n=1, l=0, m=0$ 时,其波函数为

$\psi(r,\theta,\varphi) = R(r)$	$\cdot Y(\theta,\varphi)$
$\psi_{1s} = A \cdot 2e^{-\rho/2}$	$\cdot B$
$\psi_{2s} = \dfrac{A}{2\sqrt{2}}(2-\rho)e^{-\rho/2}$	$\cdot B$
$\psi_{2p_z} = \dfrac{A}{2\sqrt{6}}\rho e^{-\rho/2}$	$\cdot \sqrt{3}B\cos\theta$

其中:$\rho = \dfrac{2Zr}{na_0}, A = \left(\dfrac{Z}{a_0}\right)^{3/2}, B = \dfrac{1}{\sqrt{4\pi}}$

8.2.3 4 个量子数的概念与物理意义

要确定一个电子的运动状态,需要考虑以下因素:电子运动的能量、原子轨道的形状和它在空间的取向以及电子的自旋运动。由解薛定谔方程引入的量子数 n, l, m 以及描述电子自旋特征的自旋量子数 m_s 都有十分明确的物理意义,4 个量子数共同确定了核外电子的运动状态。

1. 主量子数 n

主量子数 n 的取值为 $1, 2, 3, \cdots, n$ 等正整数。n 越大,电子离核的平均距离越远,能级越高。将 n 相同的各原子轨道看作同一个电子层,在光谱学中用大写英文字母 $K, L, M, N,$

O,P 分别代表 $n=1,2,3,4,5,6$ 的电子层。因此,主量子数 n 有两个重要意义,一是描述原子中电子出现几率最大区域离核的远近,即 n 决定电子层数;另一个是 n 决定体系电子能量的高低。对于多电子原子,核外电子的能量除了取决于主量子数 n 以外,还与原子轨道的形状有关。对于氢原子或类氢离子(核外只有一个电子)来说,其电子的能量为

$$E_n = -13.6 \times \frac{Z^2}{n^2} (\text{eV})$$

从氢原子和类氢离子的能级公式可以看出,主量子数 n 决定了氢原子和类氢离子中电子的能量 E_n。

2. 角量子数 l

角量子数 l 决定电子运动角动量的大小。电子绕核运动时,不仅具有一定的能量,而且也具有一定的角动量。它的大小与原子轨道(或电子云)形状有密切的关系。

角量子数 l 的取值为 $0,1,2,\cdots,(n-1)$,对应的光谱学符号为 s,p,d,f,g 等。即 l 的取值受主量子数 n 的限制,从 0 到 $n-1$ 的整数,共有 n 个取值。

角量子数 l 的物理意义是决定原子轨道的形状。

例如 $n=4$ 时,l 有 4 种取值,说明核外第四层有 4 种形状不同的原子轨道:

$l=0$ 表示 s 轨道,形状为球形,即 $4s$ 轨道;
$l=1$ 表示 p 轨道,形状为哑铃形,即 $4p$ 轨道;
$l=2$ 表示 d 轨道,形状为花瓣形,即 $4d$ 轨道;
$l=3$ 表示 f 轨道,形状更复杂,即 $4f$ 轨道。

这种同层中(即 n 相同)不同形状的轨道称为亚层,说明核外第四层有 4 种亚层。因此,角量子数 l 也决定了同一电子层中具有不同状态的亚层。

在多电子原子中,电子的能量 E 不仅取决于 n,而且和 l 有关。即多电子原子中电子的能量由 n 和 l 共同决定。n 相同,l 不同的原子轨道,l 越大,其能量 E 越高:

$$E_{4s} < E_{4p} < E_{4d} < E_{4f}$$

因此角量子数 l 的物理意义是:①代表电子亚层;②与 n 一起决定多电子原子的能量;③决定电子运动角动量大小,即决定原子轨道(或电子云)的形状。

3. 磁量子数 m

实验表明,原子光谱在外加磁场的作用下发生能级分裂。磁量子数 m 决定在磁场作用下电子绕核运动的角动量在磁场方向上的分量大小,它反映了原子轨道在空间的不同取向。

磁量子数 m 的取值为 $0,\pm1,\pm2,\pm3,\cdots,\pm l$,共有 $2l+1$ 个取值。例如 $l=1$ 时,由上式 m 的取值有 $m=0, m=+1, m=-1$,共 3 种。

磁量子数 m 与轨道能量无关,所以上述 3 种不同取向的轨道其能量相等,称为三重简并轨道。

4. 自旋量子数 m_s

在前面介绍氢原子光谱时,玻尔理论虽然成功地解释了氢原子光谱的规律性,但无法解释氢原子光谱的精细结构。即用分辨率较强的分光镜观察氢原子光谱,会发现每一条谱线

又分裂为几条波长相差甚微的谱线。例如,在无外磁场时,电子由 $2p$ 轨道跃迁到 $1s$ 轨道得到的不是一条谱线,而是靠得很近的两条谱线。但 $2p$ 和 $1s$ 都只是一个能级,这种跃迁只能产生一条谱线,无法用 n,l,m 3 个量子数进行解释。1925 年乌仑贝克(G. Uhlenbeck)和哥德希密特(S. Goudsmit)提出了电子自旋的假设,即电子除了绕核做高速运动之外,还有自身旋转运动。电子的自旋方式只有两种,即自旋量子数 $m_s = \pm 1/2$,通常用"↑"和"↓"表示。

综上所述,原子中每个电子的运动状态可以用 n,l,m,m_s 4 个量子数来描述。根据量子数相互之间的联系和制约关系可知,每一个电子层中,由于原子轨道形状的不同,可有不同的分层;又由于原子轨道在空间伸展方向不同,每一个分层中可有几个不同方向的原子轨道;每一个原子轨道又可有两个电子处于自旋方向不同的状态。4 个量子数确定之后,电子在核外空间的运动状态就确定了。

8.3 波函数和电子云

波函数 ψ 是量子力学中描述核外电子在空间运动状态的数学函数式,一定的波函数表示一种电子的运动状态,量子力学中常借用经典力学中描述物体运动的"轨道"的概念,把波函数 ψ 叫做原子轨道。波函数 ψ 没有明确的物理意义,但波函数绝对值的平方 $|\psi|^2$ 却有明确的物理意义。$|\psi|^2$ 表示空间某处单位体积内电子出现的几率,即几率密度。电子在空间分布的几率密度形象表示称为电子云。

8.3.1 波函数

波函数 ψ 是 r,θ,φ 的函数,对于这样由 3 个变量决定的函数,在三维空间中难以画出其图像。我们可以从角度和径向两方面分别讨论波函数图。

1. 波函数的角度分布图

角度分布图是将径向的部分视为常量来考虑不同方位上 ψ 的相对大小。波函数的 $\psi(r,\theta,\varphi)$ 的角度部分是 $Y(\theta,\varphi)$。如果将 $Y(\theta,\varphi)$ 随 θ,φ 变化作图,可得波函数的角度分布图。这种分布图只与 l,m 有关,与 n 无关。例如,$l=0, m=0$ 的角度函数表示的是 s 轨道,此时 $Y_s = Y_{00} =$ 常数,不随 θ,φ 的变化而变化,故呈球面。又例如 $l=1, m=0$ 的角度函数表示的是 p_z 轨道,$2p_z, 3p_z, 4p_z$ 的原子轨道角度分布相同,$Y_{p_z} = Y_{10} =$ 常数·$\cos\theta$,角度分布图沿着 z 轴呈双球面。通过类似的方法可以画出 s, p_x, p_y, d 等原子轨道角度分布图,如图 8-2 所示。

角度分布图着重说明轨道函数的极大值出现在空间的方位,利用它便于直观地讨论共价键成键方向;轨道函数在空间的正负值可以用以判断原子相互靠近时是否能有效地成键。

2. 电子云径向分布图

波函数 ψ(原子轨道)绝对值的平方 $|\psi|^2$ 的物理含义是电子云密度(或几率密度)。电子

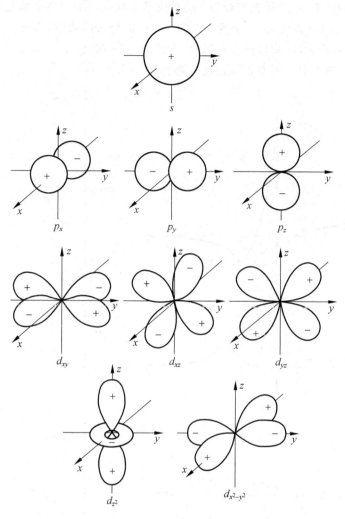

图 8-2 原子轨道的角度分布图

云径向分布图通常把电子云的角度分布 $Y^2(\theta,\varphi)$ 视为常量来讨论其径向分布 $R^2(r)$。一个离核距离为 r、厚度为 Δr 的薄层球壳,如图 8-3 所示。由于以 r 为半径的球面面积为 $4\pi r^2$,球壳薄层的体积为 $4\pi r^2 \Delta r$,几率密度为 $|\psi|^2$,故在这个球壳体积中发现电子的几率为 $4\pi r^2 |\psi|^2 \Delta r$。将 $4\pi r^2 |\psi|^2 \Delta r$ 除以厚度 Δr,即得单位厚度球壳中的几率 $4\pi r^2 |\psi|^2$。由于将 $Y^2(\theta,\varphi)$ 视为常量,所以令 $D(r)=4\pi r^2 R^2(r)$ 为电子云的径向分布函数。

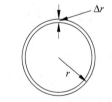

图 8-3 薄层球壳示意图

ψ(原子轨道)、$|\psi|^2$(电子云密度)和 D(电子云的径向分布函数)的关系如图 8-4 所示。

若以 $D(r)$ 为纵坐标,r 为横坐标作图,得到电子云的径向分布函数图,如图 8-5 所示。

对于径向分布函数及其图像,应注意以下几点:

(1) $D(r)$ 与 $|\psi|^2$ 的物理意义不同,$|\psi|^2$ 为几率密度,指在核外空间某点附近单位体积内

出现电子的几率,而 $D(r)$ 是指在半径为 r 的单位厚度球壳内出现电子的几率。

(2) 从图 8-5 可以看出,主量子数相同的几个径向分布函数图,都有一个半径相似的几率最大的主峰。这些主峰,离核的距离以 $1s$ 最近;$2s,2p$ 次之;$3s,3p,3d$ 最远。因此,从径向分布的意义上,核外电子可看作是按层分布的。

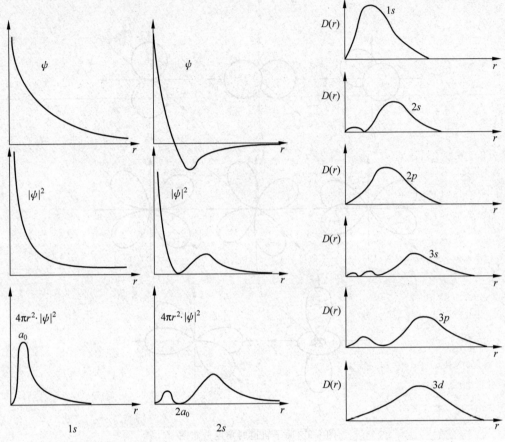

图 8-4　$1s$ 和 $2s$ 轨道的 ψ、$|\psi|^2$ 和 D 的图像　　　图 8-5　氢原子各种状态的径向分布图

8.3.2　电子云

具有波粒二象性的电子并不像宏观物体那样,沿着固定的轨道运动。不可能同时准确地确定一个核外电子在某一瞬间所处的位置和运动速度,但是能用统计的方法来判断电子在核外空间某一区域内出现的几率。波函数 ψ 没有直观的、明确的物理意义,但波函数绝对值的平方 $|\psi|^2$ 却有明确的物理意义。它表示空间某处单位体积内电子出现的几率,即几率密度。几率密度的形象表示称为电子云。如图 8-6 为氢原子 $1s$ 电子云示意图。

图 8-6 中离核越近的地方,小黑点越密;离核越远的地方,

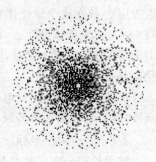

图 8-6　氢原子的 $1s$ 电子云示意图

小黑点较稀。这些密密麻麻的小黑点像一团带负电的云,把原子核包围起来,如同天空中的云雾一样。所以人们就用一个形象化的语言称它为电子云。

电子云可以表示电子在核外空间出现的几率密度,图 8-6 中,小黑点密集的地方即表示那里电子出现的几率密度大。由此可见,电子云就是几率密度的形象化图示,也可以说电子云是 $|\psi|^2$ 的图像。

处于不同运动状态的电子,它们的波函数 ψ 各不相同,其 $|\psi|^2$ 当然各不相同,$|\psi|^2$ 的图像,即电子云图当然也不一样。图 8-7 给出了各种状态的电子云的示意图。

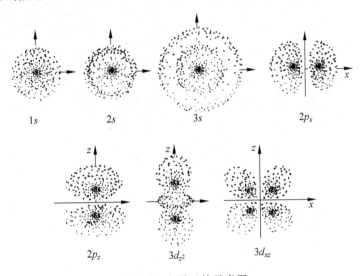

图 8-7 电子云的示意图

(1) s 电子云:形状为球形对称。凡处于 s 状态的电子,它在核外空间中半径相同的各个方向能够出现的几率密度相同,所以 s 电子云是球形对称的。

(2) p 电子云:形状呈哑铃形。沿着某一个轴的方向上电子出现的几率密度最大,在另两个轴上电子出现的几率密度几乎为零,在核附近也几乎为零,p 电子云有 3 种不同的取向,为 p_x、p_y 和 p_z。

(3) d 电子云:形状呈花瓣形。在核外空间中有 5 种分布。其中 d_{xy}、d_{yz} 和 d_{xz} 3 种电子云彼此互相垂直,各有 4 个波瓣,分别在 xy,yz 和 xz 平面内,而且沿坐标轴的夹角平分线方向分布。$d_{x^2-y^2}$ 的电子云形状和上面 3 种 d 电子云形状一样,也分布在 xy 平面上,只是 4 个波瓣沿坐标轴分布。d_{z^2} 电子云沿 z 轴有两个较大的波瓣,而围绕着 z 轴在 xy 平面上有一个环形分布。

(4) f 电子云:它在核外空间有 7 种不同分布。由于形状较为复杂,在这里不作介绍。

8.4 核外电子排布

前面从不同角度比较形象和直观地讨论了单电子体系(氢原子、类氢离子)核外电子的运动状态与空间分布。但多电子原子体系的核外电子又是如何运动的呢?原则上只需在薛定谔方程中补进其他电子对核的作用能,即增加所有电子与电子之间的相互作用引起的势能项,求解即可。

8.4.1 多电子原子中电子运动的描述和近似能级图

美国化学家鲍林(L. Pauling)根据大量的光谱数据以及某些近似的理论计算,提出了多电子原子的原子轨道近似能级图,如图 8-8 所示。图中的能级顺序是指电子按能级高低在核外排布的顺序,即填入电子时各能级能量的相对高低。

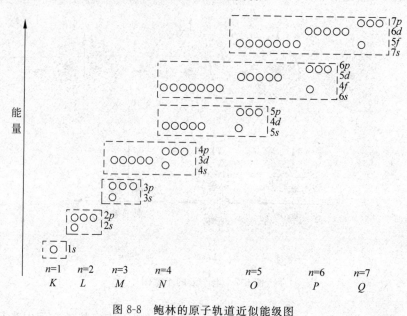

图 8-8 鲍林的原子轨道近似能级图

由图 8-8 可以看出:

(1) s 亚层中只有一个原子轨道,p 亚层中有 3 个原子轨道。在量子力学中,把能量相同的状态叫简并状态。由于 3 个 p 轨道能量相同,3 个 p 轨道是简并轨道,又称等价轨道。值得注意的是,简并轨道或等价轨道指的是 3 个 p 轨道能量相同,但它们的空间取向不同。同样,d 亚层的 5 个轨道是五重简并,f 亚层中 7 个 f 轨道是七重简并。

(2) 角量子数 l 相同的能级,其能量次序由主量子数 n 决定,n 越大,能量越高。例如:
$$E_{2p} < E_{3p} < E_{4p} < E_{5p}$$
这是因为 n 越大,电子离核越远,核对电子吸引越弱的缘故。

(3) 主量子数 n 相同,角量子数 l 不同的能级,其能量随 l 的增大而升高,例如:
$$E_{4s} < E_{4p} < E_{4d} < E_{4f}$$

(4) 主量子数 n 和角量子数 l 同时变化时,从图 8-8 看出,能级次序比较复杂,例如:
$$E_{4s} < E_{3d} < E_{4p}$$
$$E_{5s} < E_{4d} < E_{5p}$$
$$E_{6s} < E_{4f} < E_{5d} < E_{6p}$$

这种现象叫做能级交错。对于多电子原子能级高低次序,我国化学家徐光宪教授曾经提出近似规则,称为 $(n+0.7l)$ 规则,即对原子的外层电子来说,$(n+0.7l)$ 值决定原子轨道能量的高低,并将$(n+0.7l)$值的个位数字相同的各能级编成一组称为能级组。各能级组内各个轨道能级差异较小,而能级组间能量差较大,外层电子所在的能级组的编号恰好是化学元素所在的周期数。

在原子轨道的能级图上,出现能级交错的原因主要是屏蔽效应和钻穿效应。

*1. 屏蔽效应

氢原子核外只有一个电子,这个电子仅受到原子核的作用,电子的能量只与主量子数有关,即

$$E = -13.6Z^2/n^2 (\text{eV})$$

在多电子原子中,一个电子不仅受到原子核的引力,而且还要受到其他电子的斥力。通常把这种内层电子对外层电子的排斥作用考虑为对核电荷的抵消或屏蔽,相当于使有效核电荷数的减小。即

$$Z^* = Z - \sum_{i=1}^{n-1} \sigma_i$$

式中,Z^*——有效核电荷;

Z——核电荷数;

n——电子数;

σ——屏蔽常数。

屏蔽常数 σ 代表了由于电子间的斥力而使原来核电荷减小的部分。那么,对于多电子原子中的一个电子来说,其能量为

$$E = -13.6Z^{*2}/n^2 (\text{eV})$$

如果能求得屏蔽常数 σ,则可求得多电子原子中各能级的近似能量。这种由于其他电子对某一个电子的排斥作用而抵消部分核电荷,导致核电荷降低的作用称为屏蔽效应。

影响屏蔽效应的因素很多,除了同产生屏蔽作用电子的数目及它所处的原子轨道有关外,还与被屏蔽电子的离核远近和运动状态有关。在一般情况下,屏蔽常数 σ 的值可用斯莱特(J. Slater)规则近似求算。斯莱特规则:

(1) 将原子中的电子分成如下若干组:

$(1s)$;$(2s,2p)$;$(3s,3p)$;$(3d)$;$(4s,4p)$;$(4d)$;$(4f)$;$(5s,5p)$;…

(2) 外层电子对内层组的电子无屏蔽,即位于被屏蔽电子右边各组对左边电子无屏蔽作用。如被讨论电子在$(2s,2p)$组中,则$(3s,3p)$以及以右各组的电子对其屏蔽常数 $\sigma=0$。

(3) 对于同组电子,$1s$ 轨道上的电子之间的 $\sigma=0.30$,其他主量子数相同的各组电子之间的屏蔽系数为 $\sigma=0.35$。

(4) 被屏蔽电子为 ns 和 np 时,则主量子数为$(n-1)$的每个电子对它们的 $\sigma=0.85$,$(n-2)$层及以内各层的每个电子的 $\sigma=1.00$。

(5) 被屏蔽电子为 nd 或 nf 时,位于它左边各组电子对它的屏蔽常数 $\sigma=1.00$。从斯莱特规则中,可以看到被屏蔽电子是 d 或 f 电子时,与 s 或 p 电子时屏蔽常数 σ 不同。即同一内层电子对 s,p 电子屏蔽作用小,而对 d,f 电子的屏蔽作用大。这与电子云的径向分布及钻穿效应有关。

*2. 钻穿效应

从氢原子的径向分布图可以说明多电子原子中 n 相同时,其他电子对 l 越大的电子屏蔽作用越大的原因。如同属第三层的 $3s,3p,3d$ 电子,其径向分布函数有很大不同。$3s$ 有 3 个峰,这表明 $3s$ 电子除有较多机会出现在离核较远的区域外,还可能钻到内层空间而靠近原子核。外层电子钻到内层空间而靠近原子核,导致多电子原子体系中 n 较小 l 较大的轨道电子能量略高于 n 较大 l 较小的电子能量(如 $3d$ 能量高于 $4s$),这种现象通常称为钻穿效应。钻穿效应进一步说明了多电子原子各电子的能量应由主量子数 n 与角量子数 l 共同决定。

当 n 相同,其钻入内层的能力为

$$ns > np > nd > nf$$

电子的钻穿作用越大,受到其他电子的屏蔽作用越小,受核的引力越强,因而能量越低,即能量的次序与钻穿能力的次序相反,依次为

$$E_{nf} > E_{nd} > E_{np} > E_{ns}$$

当 n 和 l 都不相同时,有可能发生能级交错现象。例如,鲍林的轨道近似能级图中,$4s$ 轨道能量低于 $3d$ 轨道。由 $4s$ 和 $3d$ 的电子云的径向分布图(图 8-9)可知,虽然 $4s$ 电子的最大几率峰比 $3d$ 的离核远得多,应该有 $E_{4s} > E_{3d}$,但由于 $4s$ 电子的内层的小几率峰出现在离核较近处,对降低能量起着很大的作用,因而 E_{4s} 在近似能级图中比 E_{3d} 小。所以,按鲍林的轨道近似能级图填充电子时,先填 $4s$ 电子,而后填 $3d$ 电子。

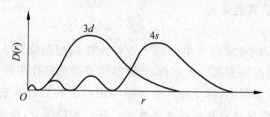

图 8-9 $4s$ 和 $3d$ 的电子云的径向分布图

8.4.2 原子核外电子的排布

了解核外电子排布,可以从原子结构观点认识元素性质变化的周期性本质,更好地理解周期表中周期、族和元素的分区。根据光谱实验数据以及对元素性质周期律的分析,归纳出多电子原子中的电子在核外的排布应遵循 3 个原则,即能量最低原理、泡利不相容原理和洪特规则。

1. 能量最低原理

电子在原子轨道上的分布,尽可能使整个原子系统的能量最低,称为能量最低原理。

2. 泡利不相容原理

1925 年奥地利物理学家泡利(W. Pauli)提出一个假设,称为泡利原理,又叫做泡利不

相容原理。即在同一原子中没有 4 个量子数完全相同的电子,或者说在同一个原子中没有运动状态完全相同的电子。根据泡利原理,每一种运动状态的电子只能有 1 个,在同一轨道上最多只能容纳自旋方向相反的 2 个电子。由于每个电子层中原子轨道的总数是 n^2 个,因此各电子层中电子的最大容量是 $2n^2$ 个。

泡利原理不是从量子力学的基础上推导出来的,而是从实验中归纳出的一种假定,后来证明它符合量子力学原理。

3. 洪特规则

德国物理学家洪特(F. Hund)根据大量光谱实验数据总结出一个规律:电子在能量相同的轨道上分布时,总是尽可能以自旋相同的方式分占不同的轨道,即洪特规则。因为这样的排布方式总能量最低。例如,碳原子核外有 6 个电子,根据能量最低原理和泡利原理,电子在 $1s$ 轨道排布 2 个,在 $2s$ 轨道排布 2 个,另外 2 个电子排布在 $2p$ 轨道。根据洪特规则,这 2 个电子不会以不同的自旋同时占据同 1 个 $2p$ 轨道,而是以相同的自旋占据能量相同但伸展方向不同的 2 个 $2p$ 轨道。因此,根据核外电子排布的 3 原则,碳原子的 6 个电子的排布形式如图 8-10 所示,电子排布式表示为 $1s^2 2s^2 2p^2$。

电子按洪特规则分布可使原子体系能量最低,体系最稳定。因为当一个轨道中已占有一个电子时,另一个电子要填入而同前一个电子成对,就必须克服它们之间的相互排斥作用,所需能量叫电子成对能。因此,电子成单分布到等价轨道中有利于能量降低。根据洪特规则,等价轨道全充满、半充满或全空的状态是比较稳定的。

为了便于记忆,将原子轨道近似能级顺序用图 8-11 表示。

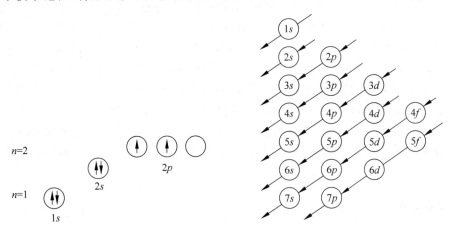

图 8-10 碳原子核外电子排布 　　图 8-11 电子填入轨道次序图

根据这个电子填入轨道的次序,可以写出各元素基态原子的电子结构式,如溴原子($Z=35$)的电子结构式为 $1s^2 2s^2 2p^6 3s^2 3p^6 3d^{10} 4s^2 4p^5$。为了避免电子结构式过长,通常把内层电子已达到稀有气体结构的部分写成以稀有气体的元素符号外加方括号来表示,这部分又称为"原子实",如溴的电子结构式也可以表示为 $[Ar]3d^{10} 4s^2 4p^5$。

Cr 原子($Z=24$)核外有 24 个电子,它的电子结构式为:$[Ar]3d^5 4s^1$,而不是 $[Ar]3d^4 4s^2$。这是因为 $3d^5$ 的半充满结构是一种能量较低的稳定结构。同样,Cu 原子($Z=29$)的电子结构式为:$[Ar]3d^{10} 4s^1$,而不是 $[Ar]3d^9 4s^2$。

核外电子排布的 3 原则,只是一般的规律。随着原子序数的增加,核外电子数目的增多以及电子之间相互作用的复杂化,核外电子排布例外的现象更多。因此,对于某一元素原子的电子排布情况,要以光谱实验结果为准。

8.5 元素周期律

1869 年俄国化学家门捷列夫(D. Mendeleev)对当时发现的 63 种元素的性质进行总结和对比,发现化学元素之间的内在联系,按原子量递增把化学元素排成序列,元素的性质发生周期性的递变,这种周期性的变化规律称为元素周期律。根据这一递变规律排列形成了元素周期表。虽然当时对周期表科学意义的内涵还不十分清楚,但元素周期律的发现无疑是化学史上一个重要的里程碑。随着人们对原子结构和核外电子的排布研究的不断深入,逐步揭示了原子核外电子排布的规律,从而指明了元素周期律的内在原因,赋予了周期表以更深层次的科学内涵。

8.5.1 原子的电子层结构和元素周期表

1. 元素的周期

元素所属的周期往往是由其基态原子能量最高的电子所在的能级组的序号来确定的。主量子数 n 增加一个数值,就增加一个能级组,也就增加一个新的电子层,而每一个能级组就相当于周期表中的一个周期。各周期中元素数目是相应能级组中原子轨道可容纳的电子总数。其中第一周期只有氢和氦两种元素,称为特短周期。第二和第三周期各有 8 种元素,称为短周期。第四和第五周期分别由 19 号元素钾和 37 号元素铷开始,它们分别包含了 $3d,4s$ 和 $4p$ 及 $4d,5s$ 和 $5p$ 轨道,比第二和第三周期多填入 10 个电子,第四和第五周期各有 18 种元素,这两个周期称为长周期。第六周期元素从 55 号元素铯开始,其中从 57 号元素镧到 71 号元素镥,新增的电子依次填充到 $4f$ 轨道,这 15 种元素习惯上统称为镧系元素。第六周期共有 32 种元素,称为特长周期。第七周期从 87 号元素钫开始,其中包括从 89 号元素锕到 103 号元素铹共 15 种锕系元素。第七周期与第六周期一样也有 32 种元素。

2. 元素的族

按长式周期表,从左到右共有 18 列,包括 16 个族:7 个主族、7 个副族、零族和Ⅷ族。主族从ⅠA 到ⅦA,最后一个电子填入 ns 或 np 轨道,价电子总数等于其族数。副族元素从ⅠB 到ⅦB,最后一个电子填入 $(n-1)d$ 或 $(n-2)f$ 轨道,副族元素也称为过渡元素(镧系元素和锕系元素因有 f 电子,也称为内过渡元素)。零族元素是稀有气体元素,其最外层已经填满,呈稳定结构。Ⅷ族包括了 3 列元素,虽然最后一个电子填在 $(n-1)d$ 轨道,但它们外围电子的构型是 $(n-1)d^{6\sim10}ns^{0,1,2}$,电子总数是 8~10。大部分元素在化学反应中的氧化态不等于族数。

3. 元素的分区

根据元素最后一个电子填充的能级不同,可以将周期表中的元素分为5个区,实际上是把价电子构型相似的元素集中分在一个区,如图8-12所示。

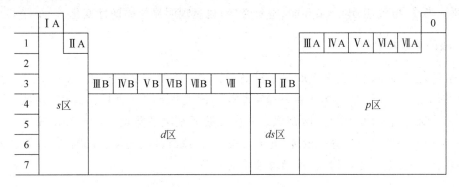

图 8-12 周期表中元素的分区

(1) s 区元素:最后一个电子填充在 s 轨道上,包括ⅠA族,ⅡA族,其价层电子构型为 $ns^{1\sim2}$,属于活泼金属。

(2) p 区元素:最后一个电子填充在 p 轨道上,包括ⅢA族、ⅣA族、ⅤA族、ⅥA族、ⅦA族和零族,价层电子构型为 $ns^2np^{1\sim6}$。

s 区和 p 区元素的族数,等于价层电子中 s 电子数与 p 电子数之和。若和数为8,则为0族元素。

(3) d 区元素:最后一个电子填充在倒数第二层即 $(n-1)$ 层的 d 轨道上,包括ⅢB族、ⅣB族、ⅤB族、ⅥB族、ⅦB族和Ⅷ族。价层电子构型一般为 $(n-1)d^{1\sim8}ns^2$,这些元素常有可变的氧化态。

(4) ds 区元素:价层电子构型为 $(n-1)d^{10}ns^{1\sim2}$,即次外层 d 轨道是充满的,最外层轨道上有1~2个电子。它们的性质既不同于 s 区,也不同于 d 区,称为 ds 区,它包括ⅠB族和ⅡB族,在周期表中处于 p 区和 d 区之间。ds 区元素的族数,等于价层电子中 ns 的电子数。d 区和 ds 区都属于过渡金属。第四、五、六周期的过渡元素分别称为第一、第二、第三过渡系元素。

(5) f 区元素:最后一个电子填充在 f 轨道上,价层电子构型为 $(n-2)f^{0\sim14}(n-1)d^{0\sim2}ns^2$,包括镧系和锕系元素,称为内过渡元素。$(n-2)f$ 中的电子由不充满向充满过渡。

因此已知元素的原子序数即可推知电子结构与其在周期表中的位置。例如,已知 $Z=76$,则它在 $_{54}$Xe 与 $_{86}$Rn 之间,为第六周期,其原子实应为[Xe],其最外能级组 $6s4f5d6p$ 中应有 $76-54=22$ 个电子,因此应为 $6s^24f^{14}5d^6$,属第Ⅷ族第一纵列元素 Os:[Xe]$4f^{14}5d^66s^2$。反之,若已知某元素所处的周期与族,可推知其电子构型、元素名称及 Z 值。

8.5.2 元素性质的周期性

原子结构决定元素的性质,原子的电子层结构的周期性变化导致元素性质的周期性变化,如原子半径、电离能、电子亲和能、电负性等,也呈现明显的周期性变化。

1. 核外电子构型

元素的化学性质很大程度上取决于价电子构型。除第一周期元素外,凡基态呈稀有气体构型,即填满 p 电子(np^6)构型者是稳定结构。同族各元素的外层都有相似的电子构型,因而价态及氧化值相似,化学性质相似。其中过渡元素电子除填入$(n-1)d$ 或$(n-2)f$ 轨道上外,常还有一两个更易丢失的 ns 电子,因而它们既有共同的价态,又有各自的多种氧化态,可形成多种价态的化合物,且常呈现独特的颜色。

2. 原子半径

同一周期中,原子半径的变化有两个因素起作用,一方面,从左到右随着核电荷的增加,原子核对外层电子的吸引力也增加,使原子半径逐渐减小;另一方面,随着核外电子数的增加,电子间的相互斥力也增强,使得原子半径增大,这是两个作用相反的因素。但是,由于同层上电子屏蔽较弱,因此有效电荷的增加是明显的,从而导致了同周期元素原子半径自左向右逐渐减小。副族元素从左到右原子半径减小的程度比主族元素要小,因为过渡元素随着原子核电荷的增加,新增加的电子填充到次外层,镧系元素和锕系元素新增加的电子填充到倒数第三层,而决定原子大小的是最外层电子,内层电子的屏蔽作用较强,所以同一周期过渡元素从左到右有效核电荷增加比较少,原子半径减小的趋势就比较缓慢。对于 d^{10} 电子构型,因为有较大的屏蔽作用,所以原子半径反而略有增大,f^7 和 f^{14} 电子构型也有类似的情况。周期表中元素的原子半径变化规律如图8-13所示。

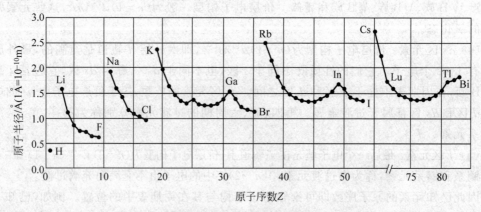

图8-13 原子半径变化规律

同一主族中,从上到下虽然核电荷的增加有使原子半径减小的作用,但元素原子的电子层数增多起主要作用,所以从上到下原子半径增大。副族元素因为"镧系收缩"的影响,情况比较复杂。镧系元素随着原子序数的增加,电子填充到 $4f$ 轨道。由于 $4f$ 轨道对外层电子的屏蔽作用使有效核电荷增加更为缓慢,从 La 到 Lu 原子半径从 169pm 减小到 156pm,每增加一个核电荷,半径平均减小约 1pm,半径减小的幅度很小。镧系收缩的结果是镧系后面的各过渡元素的原子半径都相应地缩小,使它们与上一周期的同族元素的原子半径十分接近,如 Zr 和 Hf,Nb 和 Ta,Mo 和 W 等在性质上极为相似,常以共生矿在地球上共存,分离非常困难。

3. 电离能

基态气体原子失去一个电子,变成气态正离子所需的能量,称为该元素的第一电离能,用 I_1 表示。从正一价气态离子再失去一个电子形成正二价气态离子,所需要的能量叫做第二电离能,以此类推。电离能的大小反映原子失去电子的难易。电离能越大,失电子越难。元素各级电离能的大小顺序为 $I_1<I_2<I_3<\cdots$。元素的第一电离能更为重要,是衡量元素原子失电子能力和元素金属性的一种尺度。随着原子序数的增加,第一电离能也呈周期性变化,如图 8-14 所示。

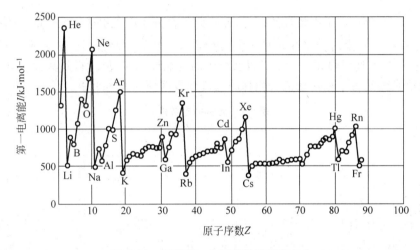

图 8-14 元素第一电离能的周期性变化

电离能的大小主要取决于原子核电荷数、原子半径和电子构型。电子层数相同的元素,核电荷越多,半径越小,原子核对外层引力越大,因此不易失去电子,电离能越大。各周期中稀有气体的电离能最大,其部分原因就是它们的原子具有稳定的 8 电子结构。从图 8-14 中可以看出,在同一周期中,元素的第一电离能从左到右总的趋势是依次增大,但在某些地方出现反常现象。这与电子处于充满或半充满时构型较为稳定有关,如 $I_1(B)<I_1(Be)$,$I_1(O)<I_1(N)$ 等。在同一主族中,从上到下电子层数增加,原子核和对外层电子引力减小,半径增大,电离能相应递减。除了核电荷和原子半径之外,电子构型对电离能的影响也很大。从图 8-14 还可以看出,副族元素的电离能变化缓慢,而且规律性不明显,因为它们新增加的电子是填入 $(n-1)d$ 或 $(n-2)f$ 轨道,而最外层基本相同。

电离能数据除了可以说明元素的金属活泼性之外,也可以说明元素所呈现的氧化态。例如钠的第一电离能较小,为 $496kJ\cdot mol^{-1}$,而第二电离能增大了数倍,为 $4562kJ\cdot mol^{-1}$,说明钠只易于形成 +1 氧化态。镁的第一和第二电离能较低且接近,分别为 $738kJ\cdot mol^{-1}$ 和 $1451kJ\cdot mol^{-1}$,而第三电离能比第二电离能增加了数倍,为 $7733kJ\cdot mol^{-1}$,这说明镁易于形成 +2 氧化态。

4. 电子亲和能

元素气态原子在基态时得到一个电子形成气态一价负离子所放出的能量称为电子亲和能,用 E_1 表示。也有第一、第二、第三电子亲和能之分。元素的电子亲和能数值越小,表示原子得到电子的倾向越大,非金属性也越强。

一般元素的第一电子亲和能为负值,表示得到一个电子形成负离子时放出能量,也有的元素 E_1 为正值,表示得电子时要吸收能量,这说明该元素的原子变成负离子非常困难。元素的第二电子亲和能一般为正值,说明由负一价的气态离子变成负二价的气态离子也要吸热。碱金属和碱土金属的电子亲和能都是正的,说明它们形成负离子的倾向很小,非金属性很弱。电子亲和能是元素非金属性的一种标度。目前已知的元素的电子亲和能数据较少,测定的准确性也较差。

5. 电负性

鲍林在 1932 年提出了电负性的概念,即把原子在分子中吸引成键电子的能力叫做电负性。电负性反映了元素的金属性和非金属性的强弱。电负性通常用 χ 来表示,鲍林把氟的电负性指定为 4.0,通过热化学的数据以及分子的键能计算和对比,得到其他元素的电负性数值,因此电负性是一个相对数值。鲍林的电负性数据列入表 8-1 中。

表 8-1　元素的电负性

H 2.18																	He —
Li 0.98	Be 1.57											B 2.04	C 2.55	N 3.04	O 3.44	F 3.98	Ne —
Na 0.93	Mg 1.31											Al 1.61	Si 1.90	P 2.19	S 2.58	Cl 3.16	Ar —
K 0.82	Ca 1.00	Sc 1.36	Ti 1.54	V 1.63	Cr 1.66	Mn 1.55	Fe 1.8	Co 1.88	Ni 1.91	Cu 1.90	Zn 1.65	Ga 1.81	Ge 2.01	As 2.18	Se 2.55	Br 2.96	Kr —
Rb 0.82	Sr 0.95	Y 1.22	Zr 1.33	Nb 1.60	Mo 2.16	Tc 1.9	Ru 2.28	Rh 2.2	Pd 2.20	Ag 1.93	Cd 1.69	In 1.78	Sn 1.96	Sb 2.05	Te 2.10	I 2.66	Xe —
Cs 0.79	Ba 0.89	La 1.10	Hf 1.3	Ta 1.5	W 2.36	Re 1.9	Os 2.2	Ir 2.2	Pt 2.28	Au 2.54	Hg 2.00	Tl 2.04	Pb 2.33	Bi 2.02	Po 2.0	At 2.2	Rn —

引自 Mac Millian, Chemical and Physical Data(1992)。

根据电负性的大小,可以评价元素的金属性和非金属性。一般来说,非金属元素的电负性在 2.0 以上,金属元素的电负性数据在 2.0 以下。但 2.0 并不是金属元素和非金属元素的界限,因为元素的金属性和非金属性并没有严格的界限。

元素的电负性也是呈周期性变化的。在同一周期中,从左到右电负性递增,元素的非金属性逐渐增强。在同一主族中,从上到下电负性递减,元素的金属性依次增加。表的左下角元素铯电负性最小,右上角的元素氟则最大。

本 章 小 结

初步介绍了原子结构,特别是核外电子运动的规律。核外电子运动服从量子力学规律,求解薛定谔方程可得到描述电子运动状态的波函数 ψ 及其相应的能量 E。阐述了波函数和电子云的概念及物理意义。微观粒子运动的特点是量子化,具有波粒二象性和不确定关系。原子中每个电子的运动状态可以用 n,l,m,m_s 4 个量子数来描述。根据量子数相互之间的联系和制约关系可知,每一个电子层中,由于原子轨道形状的不同,可有不同的分层;由于原子轨道在空间伸展方向不同,每一个分层中可有几个不同的原子轨道;每一个原子轨道可有两个电子处于自旋方向不同的状态。4 个量子数确定之后,电子在核外空间的运动状态就确定了。基态原子核外电子排布遵循 3 个原则:能量最低原理、泡利不相容原理和洪特规则。

原子结构决定元素的性质,原子的电子层结构的周期性变化导致元素性质,如原子半径、电离能、电子亲和能、电负性等,也呈现明显的周期性变化。

问题与习题

8-1 简述玻尔原子模型的要点和局限性。

8-2 讨论下列高速运动的质子与子弹的波动性。质子质量 1.67×10^{-27} kg,直径 10^{-14} cm,速度 1.38×10^5 m·s^{-1};子弹质量 10g,直径 1cm,速度 4×10^4 m·s^{-1}。

8-3 解释微观粒子的波粒二象性。高速运动的微观粒子的波与经典机械波有何不同?

8-4 量子力学中与玻尔模型中的原子轨道的含义有何差异?原子轨道 ψ 应由哪些量子数来规定?$|\psi|^2$ 的物理意义是什么?

8-5 简述 4 个量子数的物理意义和取值范围。

8-6 绘出 s,p,d 的角度分布图。

8-7 电子填充在原子轨道时遵循哪些原则?

8-8 多电子原子的轨道能级与氢原子的能级有何不同?主要原因何在?

8-9 外层电子构型为 $4s^1 3d^5$ 的元素应在哪个周期中?哪一族中?

8-10 简述原子半径、电离能、电子亲和能、电负性的含义及其一般变化规律。

8-11 下列电子运动状态是否存在?为什么?

(1) $n=1, l=1, m=0$;

(2) $n=2, l=0, m=+1$;

(3) $n=3, l=3, m=+3$;

(4) $n=4, l=3, m=-2$。

8-12 将合理的量子数填入下表空缺处:

	n	l	m	m_s
1		2	0	$+\frac{1}{2}$
2	2		+1	$-\frac{1}{2}$
3	4	2	0	
4	2	0		$+\frac{1}{2}$

8-13 某元素的原子核外有 13 个电子,用 4 个量子数表示其中能量最高的 3 个电子的运动状态。

8-14 下列各原子的电子结构哪些处于基态,哪些处于激发态,哪些是不可能的? 用 4 个量子数表示基态原子中价电子的运动状态:

(1) $1s^2 2s^1 2p^2$; (2) $1s^2 2s^1 2d^1$; (3) $1s^2 2s^2 2p^6 3s^2 3p^3$;

(4) $1s^2 2s^2 2p^4 3s^1$; (5) $1s^2 2s^2 2p^6 3s^1$; (6) $1s^2 2s^2 2p^6 3s^2 3p^6 3d^5 4s^1$。

8-15 排出在多电子原子中下列各组量子数的电子状态能量高低顺序:

(1) $3,2,1,\frac{1}{2}$; (2) $2,1,1,-\frac{1}{2}$; (3) $2,1,0,\frac{1}{2}$;

(4) $3,1,-1,-\frac{1}{2}$; (5) $3,1,0,\frac{1}{2}$; (6) $2,0,0,-\frac{1}{2}$。

8-16 完成下表填写:

原子序数	电子结构	价电子构型	周期	族	区
	[Ne]$3s^2 3p^6$				
		$4d^5 5s^1$			
51					
			6	ⅡB	

8-17 完成下表填写:

元素符号	电子层数	金属或非金属	最高化合价	电子结构
	4	金属	+5	
	4	非金属	+5	
Se			+6	ⅡB

8-18 写出符合下列条件的原子的元素符号:

(1) 最外层电子构型为 $4s^2$,次外层有 8 个电子;

(2) 属零族,但无 p 电子;

(3) 在 $3p$ 能级上只有一个电子;

(4) $4s$ 和 $3d$ 轨道上各有 2 个电子。

8-19 写出下列原子的电子构型,并说明各有几个未成对电子:

N, Cl, Mn, Ti, Xe

8-20 周期表中金属性与非金属性最强的是哪一个元素? 从结构方面分析周期表中金属性和非金属性变化规律。

8-21 举例说明在原子核外填充电子时是如何体现能量最低原理、泡利不相容原理与洪特规则的。

8-22 已知 M^{2+} 离子的 $3d$ 轨道中有 5 个电子,试推出 M 原子的核外电子排布和 M 元素在周期表中的位置。

8-23 写出满足下列条件之一的元素:

(1) 氧化数为 +2 的离子与 Ar 的电子构型;

(2) 氧化数为 +3 的离子与 F^- 电子构型相同;

(3) 氧化数为 +2 的离子的最外层 $3d$ 轨道全满。

第 9 章 分子结构与化学键理论

本章着重讨论分子形成过程以及有关化学键理论。如离子键理论、共价键理论(经典路易斯理论、价键理论、杂化轨道理论、价层电子对互斥理论)、分子轨道理论、金属能带理论等。对包括氢键在内的分子间作用力对物质性质的影响进行初步讨论。化学键是指分子或晶体中相邻原子(离子)之间强烈的相互作用。化学键的键能一般在几十到几百千焦每摩尔。

9.1 离 子 键

1916 年德国化学家科塞尔(W. Kossel)根据稀有气体具有稳定结构的事实提出离子键理论。该理论认为原子生成化合物的过程是靠原子间电子的转移形成具有稀有气体稳定结构的正、负离子,带有相反电荷的两种离子通过静电引力形成分子,化合物中正、负离子之间由静电引力所形成的化学键叫离子键。典型的化合物有 NaCl,MgO 等。通常认为电负性相差 $\Delta\chi > 1.7$ 的金属与非金属元素间易形成离子键。

下面讨论离子键理论的基本要点。

1. 离子键的特点

(1) 离子键的本质是正、负离子间的库仑引力。
(2) 离子电荷数越多,离子间的距离越小,离子键越强。
(3) 离子键既没有方向性,也没有饱和性。

基于离子键的特点,所以无法在离子晶体中辨认出独立的"分子",只能认为整个晶体是个大分子。例如,在 NaCl 晶体中,不存在独立的氯化钠分子,NaCl 只是化学式,表示晶体中 Na^+ 与 Cl^- 数目比例为 1∶1。

2. 离子晶体

由离子键形成的晶体称为离子晶体。离子晶体的特点是硬度大,熔点、沸点高,熔化热、汽化热高,多数离子化合物易溶于水。按照离子键理论,因为离子晶体是一个整体,晶格能较大,要破坏分子内部离子排列方式就必须由外部提供较大能量,导致离子化合物的熔点、沸点,熔化热、汽化热等都比较高。影响离子键强度的主要因素是离子电荷数、离子半径、离子的电子构型。

3. 离子的电子构型

简单负离子,如 F^-,Cl^-,O^{2-} 等的最外层都为稳定的稀有气体结构,即 8 电子构型;而正离子情况较复杂,有以下几种:

(1) 2电子构型($1s^2$):最外层为2个电子的离子,如Li^+,Be^{2+}等。

(2) 8电子构型(ns^2np^6):最外层为8个电子的离子,如K^+,Ca^{2+}等。

(3) 9~17电子构型($ns^2np^6nd^{1\sim 9}$):最外层有9~17个电子的离子,如Fe^{2+},Mn^{2+}等。

(4) 18电子构型($ns^2np^6nd^{10}$):最外层为18个电子的离子,如Zn^{2+},Ag^+等。

(5) (18+2)电子构型[$(n-1)s^2(n-1)p^6(n-1)d^{10}ns^2$]:次外层为18个电子,最外层为2个电子的离子,如Pb^{2+},Sn^{2+}等。

离子的电子层构型对化合物的性质有一定的影响,例如碱金属和铜副族,它们最外层只有1个ns电子,都能形成+1价离子,如Na^+,K^+,Cu^+,Ag^+,但由于它们的电子层构型不同。Na^+,K^+为8电子构型;Cu^+,Ag^+为18电子构型,导致它们的化合物的性质有明显的差别,如NaCl易溶于水,CuCl,AgCl难溶于水。

4. 离子半径

离子晶体中相邻的正、负离子中心距离是正、负离子半径之和(假设离子呈球形),即$d=r_1+r_2$,如图9-1所示。

离子半径有如下变化规律:

(1) 在周期表中,同一主族自上到下,电子层数依次增多,具有相同氧化态的离子半径也依次增大。而在同一周期中,从左到右,正离子的氧化态数值越高,半径越小;负离子的氧化态数值越低,半径越大。

(2) 同一元素的正离子半径小于它的原子半径;同一元素不同氧化态数值的离子,氧化态数值高的正离子半径小,如$r_{Fe^{3+}} < r_{Fe^{2+}} < r_{Fe}$。

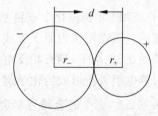

图9-1 离子半径与核间距的关系

(3) 对等电子离子而言,离子半径随负离子氧化态数值的降低和正离子氧化态数值的升高而减小,如$O^{2-} > F^- > Na^+ > Al^{3+}$。

离子半径的大小是决定离子化合物中离子键强弱的重要因素之一。离子半径越小,离子间的引力就越大,离子化合物的熔点、沸点也越高。例如,NaF和LiF,钠和锂都是+1价,因为$r_{Na^+} > r_{Li^+}$,故NaF的熔点(870℃)比LiF的熔点(1040℃)低。同样,离子半径的大小对离子化合物的其他性质也有影响。又如,在NaI,NaBr,NaCl中,I^-,Br^-,Cl^-的还原性依次降低,而AgI,AgBr,AgCl的溶解度依次增大,颜色依次变浅,这都与离子半径的大小有着密切的联系。

9.2 共价键理论

离子键理论能很好地说明离子化合物的形成和性质,但不能说明由相同原子组成的单质分子(如H_2,Cl_2,N_2等),也不能说明不同非金属元素结合生成的分子,如HCl,CO_2,NH_3和大量的有机化合物分子形成的化学键本质。

1916年美国化学家路易斯(G. Lewis)为了说明分子的形成,提出了共价键理论,初步揭示了共价键与离子键的区别。1927年德国科学家海特勒(W. Heitler)和伦敦(F. Londen)用量子力学方法,成功处理了H_2分子结构,阐明了共价键的本质,形成了现代价键理论。后来鲍林(L. Pauling)等人发展了这一成果,建立了杂化轨道理论,以及西奇威克(N. Sidgwick)等人建

第 9 章 分子结构与化学键理论

立价层电子互斥理论。1932 年美国化学家莫立根(Mulliken)和德国化学家洪特(Hund)提出分子轨道理论(molecular-orbital theory,MO)。这些理论在解释分子结构方面各有所长。

9.2.1 经典路易斯理论

经典路易斯(G. Lewis)理论认为,分子中原子之间可以通过共用电子对而使每一个原子具有稳定的稀有气体结构(八隅体规则),这种原子通过共用电子对而形成的化学键称为共价键。原子单独拥有未成键的价层电子对称为孤对电子。成键原子的核间距称为键长。下面列出了一些有代表性分子的共价键。

H_2　　　　O_2　　　　N_2　　　　OH^-　　　　NH_3　　　　CH_4

H—H　　:Ö=Ö:　　:N≡N:　　[:Ö—H]⁻　　H—N̈—H　　H—C̈—H
　　　　　　　　　　　　　　　　　　　　　　　|　　　　　|
　　　　　　　　　　　　　　　　　　　　　　　H　　　　　H

路易斯理论的基本要点:

(1) 在一定条件下,分子中的两原子之间共享一对或多对电子,原子之间共享电子对形成的化学键称为共价键。

(2) 电子的转移和共享需要遵循一定的规律,即每个原子需要达到最外层拥有 8 个(或 2 个,第一周期除外)电子的稀有气体构型。

路易斯的共价概念能解释一些非金属原子形成共价分子的过程以及与离子键的区别,但还存在着许多不足:

(1) 路易斯理论不能说明为什么共用电子对就能使得两个原子牢固结合这一共价键的本质。

(2) 不能解释某些分子的一些性质,如 O_2 分子的顺磁性、CH_4 分子的空间构型为正四面体等。

(3) 八隅体规则的例外很多,如 PCl_5、SF_6、BCl_3 等都不满足八隅体规则。

为了解决这些问题提出了现代价键理论和分子轨道理论。

9.2.2 现代价键理论

1. 共价键的形成和本质

1927 年,德国科学家海特勒和伦敦用量子力学方法处理 H_2 分子时,得到了 H_2 分子势能曲线,反映出氢分子的能量与两个 H 原子核间距之间的关系以及电子状态对成键的影响,如图 9-2 所示。

量子力学可以证明,两个自由的氢原子相互接近时,氢原子的电子不仅受本身原子核的吸引,同时也受另一个氢原子核的吸引。当两个具有电子自旋相反的氢原子靠近时,体系的能量低于两个 H 原子单独存在时的能量,体系释放 436kJ·mol⁻¹ 的能量,当体系的能量达到最低点时，核间距 r_0 为 87pm(实验值约为 74pm)。如果两个原子继续靠近，由于原子核之间的斥力增大，使体系能量显著升高，如图 9-2 中实线所示。因此，r_0 为体系能量最低的平衡距离，两个氢原子保持 r_0 距离形成化学键，这种状态称为氢分子的基态。当两个具有电子自旋相同的氢原子靠近时，体系的能量升高(虚线)，氢原子之间排斥力越来越大，而不能形成稳定的氢分子，这种不稳定的状态称为氢分子的推斥态。

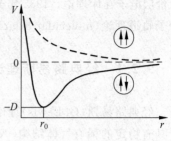

图 9-2 氢原子形成 H_2 分子的能量变化

2. 现代价键理论的要点

(1) 配对成键

原子在成键过程中，两个单电子以自旋相反的方式配对形成稳定的化学键，会释放出能量，使体系的能量降低，满足能量最低原理。例如，氮分子中的一个氮原子外层有 3 个 $2p$ 电子分别占据 $2p_x$，$2p_y$ 和 $2p_z$ 轨道，可以与另一个氮原子的 3 个自旋相反的单电子配对形成 3 个共价键。

对于 CO 分子，碳原子的价层电子结构：

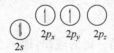

氧原子的价层电子结构为 $1s^2 2s^2 2p^4$：

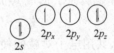

在 CO 分子中，碳原子的两个 $2p$ 电子可与氧原子的两个 $2p$ 电子形成两个共价键。氧原子中还有 2 个已成对的 $2p_z$ 电子，而碳原子中还有一个空的 $2p_z$ 轨道，这两个电子可为两个 $2p_z$ 轨道所共用，于是在 C 原子和 O 原子之间还可以形成一个配位共价键。

共价键的共用电子对由成键的两个原子中的一个原子提供，这种共价键称为配位共价键。形成共价配键的条件是其中一个原子的价电子层有孤对电子，另一个原子的价电子层有接受孤对电子的空轨道。配位共价键通常用"→"表示，箭头方向由提供孤对电子的一方指向有空轨道的一方。上述的 CO 分子的结构式可写为 C≡O。

(2) 共价键具有饱和性

每个原子的 1 个未成对电子只能与另一个原子的 1 个未成对电子配对，形成一个共价单键，因此，一个原子有几个未成对的电子，便可以与其他原子的几个自旋相反的未成对电子配对成键，已经配对成键的电子就不能再与别的原子配对成键，这叫做共价键的饱和性。

(3) 共价键具有方向性

形成共价键时，成键电子的电子云只有沿着一定方向才能进行最大重叠，使得两核间电子的几率密度越大，形成的共价键越稳定。

例如，在形成氟化氢分子时，氢原子的 $1s$ 电子与氟原子的一个未成对 $2p_x$ 电子形成共价键。$1s$ 轨道与 $2p_x$ 轨道只有沿着 x 轴方向使得波函数同号方式发生最大程度重叠,才能形成稳定的共价键,如图 9-3(a)所示,x 轴是两成键轨道的对称轴。$1s$ 轨道与 $2p_x$ 轨道若沿着 y 轴方向重叠,则不能成键,如图 9-3(b)所示。

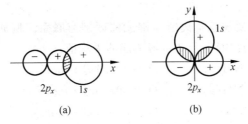

图 9-3　HF 分子中的共价键

3. 共价键的类型

(1) σ 键:原子轨道沿键轴方向按"头碰头"方式发生重叠形成的共价键称为 σ 键。如 H_2 分子中的 s-s 轨道重叠,HCl 分子中的 p_x-s 轨道重叠,Cl_2 分子中的 p_x-p_x 轨道重叠都是"头碰头"方式的重叠,见图 9-4(a)。

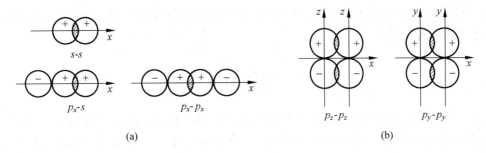

图 9-4　σ 键和 π 键示意图

(2) π 键:原子轨道按"肩并肩"方式重叠形成的共价键称为 π 键,如图 9-4(b)所示。例如 N_2 分子中,氮原子的电子排布为 $1s^2 2s^2 2p_x^1 2p_y^1 2p_z^1$,以 x 轴为键轴,两个氮原子的 p_x 轨道沿着 x 轴方向,以"头碰头"方式重叠,形成一个 σ 键。氮原子中 p_y-p_y 和 p_z-p_z 轨道与 x 轴方向垂直,只能在 y 轴和 z 轴方向以"肩并肩"方式重叠,形成两个 π 键,如图 9-5 所示。

从 σ 键和 π 键形成来看,沿着键轴方向以"头碰头"方式重叠的原子轨道能够发生最大程度重叠,以"肩并肩"方式重叠的原子轨道,在原子核间的重叠程度要比 σ 键轨道的小,因此,π 键的键能小于 σ 键的键能,σ 键比 π 键更稳定。

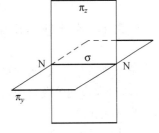

图 9-5　N_2 分子结构示意图

4. 键参数

共价键的性质可以用键参数,如键能、键长、键角等来描述。

原子间形成的共价键的强度可用键断裂时所需的能量大小来衡量。对于双原子分子,在 100kPa 下使气态 A—B 分子断裂成气态 A 原子和气态 B 原子所需要的能量叫解离能

(D),键能(E_{A-B})就等于键的解离能(D),即

$$A-B(g) \longrightarrow A(g) + B(g) \quad D(A-B)$$

例如,298.15K时,$D(H-H) = 438 \text{kJ} \cdot \text{mol}^{-1}$,$D(H-Cl) = 432 \text{kJ} \cdot \text{mol}^{-1}$,$D(Cl-Cl) = 243 \text{kJ} \cdot \text{mol}^{-1}$。

但对于多原子分子,要注意解离能与键能的区别与联系。例如,NH_3 分子的 3 步解离能 D 值不同,但 N—H 的键能等于 3 步解离能的平均值:

$$NH_3(g) \longrightarrow H(g) + NH_2(g) \quad D_1 = 435.1 \text{kJ} \cdot \text{mol}^{-1}$$
$$NH_2(g) \longrightarrow H(g) + NH(g) \quad D_2 = 397.5 \text{kJ} \cdot \text{mol}^{-1}$$
$$NH(g) \longrightarrow H(g) + N(g) \quad D_3 = 338.9 \text{kJ} \cdot \text{mol}^{-1}$$
$$E_{N-H} = (D_1 + D_2 + D_3)/3 = 390.5 (\text{kJ} \cdot \text{mol}^{-1})$$

成键的两原子核间的距离称为键长,例如:

	键长/pm	键能/kJ·mol^{-1}
C—C	154	345.6
C=C	133	602.0
C≡C	120	835.1

分子中键与键之间的夹角称为键角。例如,H_2O 分子中 H—O—H 的键角为 104.5°,决定了 H_2O 分子的构型为 V 形;CO_2 中 O—C—O 的键角为 180°,则 CO_2 分子为直线形。键角主要通过实验测定。

9.3 杂化轨道理论

现代价键理论虽然成功解释了许多分子的化学键的形成,但对多原子分子的空间构型的解释却遇到了困难。例如实验测定 CH_4 分子的 4 个 C—H 键是完全等同的,并且 H—C—H 夹角均为 109°28′,CH_4 分子的空间构型为正四面体。而碳原子的价电子结构为 $2s^2 2p_x^1 2p_y^1$,只有两个未成对电子,按照共价键饱和性它只能与两个氢原子形成两个共价单键。这与实验事实不符。为了解释共价分子的几何构型,1931 年美国化学家鲍林等人在量子力学的基础上发展了这一成果,提出了杂化轨道理论。

9.3.1 杂化轨道理论基本要点

杂化轨道理论认为,在形成分子时,同一原子中能量相近的不同类型的原子轨道混杂起来,重新组合成同等数目的新轨道,这种原子轨道重新组合的过程叫做杂化,所形成的新轨道称为杂化轨道。

杂化轨道的特点:
(1) 杂化轨道也是原子轨道;
(2) 杂化轨道数目等于参加杂化的原子轨道数目;
(3) 不同杂化轨道的伸展方向和形状不同。

9.3.2 杂化轨道类型

杂化轨道改变原子轨道角度分布的形状,它的成键能力比未杂化的原子轨道的强。杂化轨道与其他原子轨道成键时,同样要满足原子轨道最大重叠原理,原子轨道重叠越多,形成的化学键越稳定。化合物的空间构型也是由满足原子轨道最大重叠的方向决定的。分子在成键过程中,电子激发、轨道杂化和成键是同时发生的。

1. sp 杂化

sp 杂化轨道是由 1 个 ns 轨道和 1 个 np 轨道形成的,其形状不同于杂化前的 s 轨道和 p 轨道。每个杂化轨道含有 $\frac{1}{2}$ 的 s 轨道成分和 $\frac{1}{2}$ 的 p 轨道成分。2 个杂化轨道在空间的伸展方向呈直线形,夹角为 180°,如图 9-6 所示。

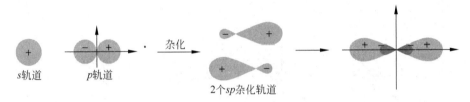

图 9-6　sp 杂化轨道形成示意图

例如 $BeCl_2$ 分子,当 Be 原子与 Cl 原子形成 $BeCl_2$ 分子时,基态 Be 原子 $2s^2$ 中的 1 个电子激发到 $2p$ 轨道,1 个 s 轨道和 1 个 p 轨道杂化,形成 2 个 sp 杂化轨道,杂化轨道间夹角为 180°。Be 原子的 2 个 sp 杂化轨道与 2 个 Cl 原子的 p 轨道重叠形成 σ 键,$BeCl_2$ 分子的构型是直线型,如图 9-7 所示。

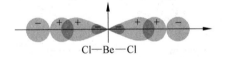

图 9-7　$BeCl_2$ 分子的形成示意图

2. sp^2 杂化

sp^2 杂化轨道是由 1 个 ns 轨道和 2 个 np 轨道组合而成的,每个杂化轨道含有 $\frac{1}{3}$ 的 s 轨道成分和 $\frac{2}{3}$ 的 p 轨道成分,杂化轨道间夹角为 120°,成平面三角形分布,如图 9-8 所示。

例如 BF_3 分子,当 B 原子与 F 原子形成 BF_3 分子时,基态 B 原子 $2s^2$ 中的 1 个电子激发到一个空的 $2p$ 轨道,使 B 原子的电子结构为 $1s^2 2s^1 2p_x^1 2p_y^1$,1 个 $2s$ 轨道和 2 个 $2p$ 轨道杂化,形成 3 个 sp^2 杂化轨道,它们分别指向平面三角形的 3 个顶点,B 原子的 3 个 sp^2 杂化轨道与 3 个 F 原子的 p 轨道重叠形成 3 个 σ 键,BF_3 分子的构型是平面三角形。

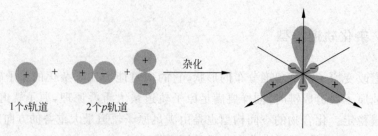

图 9-8 sp^2 杂化轨道形成示意图

3. sp^3 杂化

sp^3 杂化轨道是由 1 个 ns 轨道和 3 个 np 轨道组合而成的,每个杂化轨道含有 $\frac{1}{4}$ 的 s 轨道成分和 $\frac{3}{4}$ 的 p 轨道成分,sp^3 杂化轨道间夹角为 $109°28'$,空间构型为四面体型,如图 9-9 所示。

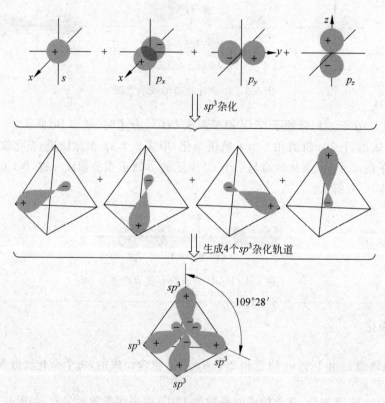

图 9-9 sp^3 杂化轨道形成示意图

例如 CH_4 分子,即 C 原子 1 个 $2s^2$ 电子激发到空的 $2p$ 轨道,1 个 $2s$ 轨道和 3 个 $2p$ 轨道杂化,形成 4 个 sp^3 杂化轨道,如图 9-9 所示。C 原子的 4 个 sp^3 杂化轨道与 4 个 H 原子的 $1s$ 轨道重叠形成 4 个 σ 键,CH_4 分子的构型是正四面体。

4. sp^3d(或 dsp^3)杂化

sp^3d 杂化轨道是由 1 个 ns 轨道、3 个 np 轨道和 1 个 nd(或 $(n-1)d$)轨道组合而成的,它的特点是 5 个杂化轨道伸向三角双锥形的 5 个顶点,杂化轨道间夹角为 90°或 120°或 180°。

5. sp^3d^2(d^2sp^3)杂化

以 SF_6 为例。硫原子价电子构型为 $3s^23p^4$,当两个价电子激发到 $3d$ 轨道上产生自旋平行的 6 个电子分占 6 个原子轨道,经 sp^3d^2 杂化,产生 6 个杂化轨道,它们互成 90°或 180°,伸向正八面体的 6 个顶点,与氟的 p 轨道重叠,电子——配对形成 6 个 σ 键,SF_6 分子构型为正八面体。

6. dsp^2 杂化

如 $PtCl_4^{2-}$,$Ni(CN)_4^{2-}$ 等 dsp^2 杂化轨道伸向平面正方形的 4 个顶点,键角为 90°。

9.4 价层电子对互斥理论

现代价键理论很好地解释了分子的形成,杂化轨道理论较好地解释了多原子分子的空间构型,然而却不能预测一些分子的空间构型。例如,H_2O,CO_2 都是 AB_2 型分子,H_2O 分子的键角约为 104.5°,而 CO_2 分子是直线型。又如 NH_3 和 BF_3 同为 AB_3 型,前者为三角锥形,后者为平面三角形。为了解决这一问题,1940 年英国化学家西奇威克(Sidgwick)等人在归纳了许多已知的分子几何构型后,提出价层电子对互斥理论(valence-shell electron-pair repulsion,VSEPR)。该理论认为:分子共价键(单键、双键或叁键)中的电子对以及孤对电子,由于相互排斥而趋向尽可能地彼此远离,分子尽可能采取对称的结构。VSEPR 方法仅需依据分子中成键电子对和孤对电子对的数目便可定性预测分子几何构型。该方法的优点是简单,易于理解,推断的结果与实验事实基本符合。但 VSEPR 方法不能很好地说明分子构型中键形成的原因和键的相对稳定性。

9.4.1 价层电子对互斥理论基本要点

(1)分子的立体构型取决于中心原子的价层电子对的数目。价层电子对是指 σ 键电子对和孤对电子对。

(2)价层电子对之间存在斥力,按能量最低原理,价层电子对间应尽量相互远离。中心原子的价层电子对分布方式如下:

价层电子对数	2	3	4	5	6
价层电子对空间排布	直线	平面三角	四面体	三角双锥	八面体

(3)对于带正、负电荷的离子,在中心原子的价电子数目中相应地减去、加上其电荷数;若计算中出现小数,则作整数 1 计算。

(4)不同价电子对间的排斥作用大小顺序为

$$\text{孤对-孤对} > \text{孤对-键对} > \text{键对-键对}$$

(5) 凡多重键只计 σ 键，即分子中的多重键皆按单键处理。π 键虽然不改变分子的基本构型，但对键角有一定影响，一般是单键间的键角小，单双键间及双-双键间键角较大。

9.4.2 VSEPR 理论判断分子或离子的几何构型

(1) 确定中心原子的价层电子对数。

$$价层电子对数 = σ 键电子对数 + 孤对电子对数$$

$$= \frac{1}{2}\left\{中心原子的价电子数 + 配位原子提供的价电子数 \pm 离子电荷数\left(\frac{负离子}{正离子}\right)\right\}$$

在计算配位原子提供的价电子数时，H 原子和卤素原子各提供一个价电子，O 和 S 原子按不提供价电子计算，即当氧和硫原子为配位原子时，配位原子提供的价电子数为 0。例如，SO_4^{2-} 中 S 的价层电子对数 $= \frac{6+0+2}{2} = 4$。又如在 NH_3 分子中，N 周围的价电子对数为 $(5+1\times3)\div2=4$，其中有 3 个成键电子对和一个孤电子对。

如果是正离子，在计算价电子对时，应减去相应的正电荷，如 NH_4^+ 中，N 周围的价电子对数为 $(5+1\times4-1)\div2=4$，均为成键电子对；如果是负离子，在计算价电子对时，则应加上相应的负电荷，如 PO_4^{3-} 中，P 周围的价电子对数为 $(5+3)\div2=4$，都是成键电子对。

如果中心原子周围的价电子总数为单数，即除以 2 后还余一个电子，则把单电子也作为电子对处理，如 NO_2 分子中，N 周围的价电子数为 5，电子对数为 3。

(2) 根据中心原子周围的价电子对数，确定电子对之间排斥作用最小的排布方式，画出结构图。

(3) 如果中心原子周围只有成键电子对，则每一个电子对连接一个配位原子，电子对在空间斥力最小的排布方式，就是分子稳定的几何构型。如 CH_4 分子，C 周围的 4 对电子都是成键电子对，价电子对的排布方式和分子的几何构型一致。

综上所述，分子价电子对排布方式和分子几何构型的关系如表 9-1 所示。

表 9-1 分子价电子对排布方式和分子几何构型的关系

中心原子的价电子对数	键对数 n	孤对数 m	分子类型 AB_nL_m	A 的价电子对的排布方式	分子的几何构型	实 例
2	2	0	AB_2		直线形	$BeCl_2$，CO_2
3	3	0	AB_3		平面三角形	BF_3，BCl_3，SO_3，CO_3^{2-}，NO_3^-
3	2	1	AB_2L		V 形	$PbCl_2$，SO_2，O_3，NO_2，NO_2^-

续表

中心原子的价电子对数	键对数 n	孤对数 m	分子类型 AB_nL_m	A的价电子对的排布方式	分子的几何构型	实 例
4	4	0	AB_4		四面体	CH_4, CCl_4, $SiCl_4$, NH_4^+, SO_4^{2-}, PO_4^{3-}
	3	1	AB_3L		三角锥形	NH_3, PF_3, $AsCl_3$, H_3O^+, SO_3^{2-}
	2	2	AB_2L_2		V形	H_2O, H_2S, SF_2, SCl_2
5	5	0	AB_5		三角双锥形	PF_5, PCl_5, AsF_5
	4	1	AB_4L		变形四面体	SF_4, $TeCl_4$
	3	2	AB_3L_2		T形	ClF_3, BrF_3
	2	3	AB_2L_3		直线形	XeF_2, I_3^-, IF_2^-

续表

中心原子的价电子对数	键对数 n	孤对数 m	分子类型 AB_nL_m	A 的价电子对的排布方式	分子的几何构型	实 例
6	6	0	AB_6		正八面体	SF_6, SiF_6^{2-}, AlF_6^{3-}
	5	1	AB_5L		四方锥形	ClF_5, BrF_5, IF_5
	4	2	AB_4L_2		平面正方形	XeF_4, ICl_4^-

9.4.3 预测分子结构的实例

用 VSEPR 理论可以简单地判断和预测分子的结构,下面通过几个具体例子来说明。

例 9-1 推测 H_2O 和 NH_3 分子的空间构型。

H_2O:中心原子 O 的价电子数为 $6+2=8$,价层电子对数为 4,水分子的价电子构型为四面体。因配位原子 H 有 2 个,所以 4 对电子中,有 2 对为成键电子对,2 对为孤对电子。H_2O 分子的构型为 V 形。

NH_3:中心原子 N 的价电子数为 $5+3=8$,价层电子对数为 4,氨分子的价电子构型为四面体。成键电子对数为 3,孤对电子数为 1。NH_3 分子的构型为三角锥。

例 9-2 根据价层电子对互斥理论预测 IF_2^- 的空间构型。

(1) 中心原子 I 的价电子数为 $7+2+1=10$,5 对电子是以三角双锥方式排布。

(2) 因配位原子 F 只有 2 个,所以 5 对电子中,有 2 对为成键电子对,3 对为孤对电子。由此得 3 种可能的情况(图 9-10),选择结构中电子对斥力最小的结构。根据表 9-1 可知,IF_2^- 的稳定构型为直线形。

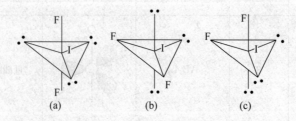

图 9-10 IF_2^- 的 3 种可能结构

例 9-3 判断 NO_2 分子的结构。

在 NO_2 分子中,N 周围的价电子数为 5,根据以上规则,氧原子不提供电子,因此,中心氮原子的价电子总数为 5,相当于 3 对电子对。其中有两对是成键电子对,一个未成对电子当作一对孤电子对。根据表 9-1 可知,氮原子价层电子构型应为平面三角形。NO_2 分子构型为 V 形。

例 9-4 判断 ClF_3 分子的结构。

在 ClF_3 分子中,中心 Cl 原子的价电子对数为 $(7+1\times3)\div2=5$,其中 3 对成键电子对,2 对孤电子对。电子对的空间排布为三角双锥形,三角双锥的 5 个顶点中有两个顶点为孤对电子所占据,3 个顶点为成键电子对所占据,因此,ClF_3 有 3 种可能的结构,见图 9-11。

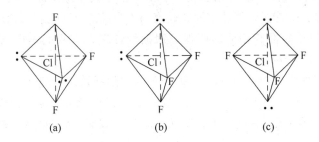

图 9-11 ClF_3 分子的 3 种可能结构

为了确定 3 种结构中哪一种是最稳定的结构,根据价层电子对互相排斥作用的大小的规律,从三角双锥构型中电子对之间 90°夹角的排斥作用数来判断:

ClF_3 分子的结构	(a)	(b)	(c)
90°孤电子对-孤电子对之间排斥作用数	0	1	0
90°孤电子对-成键电子对之间排斥作用数	4	3	6
90°成键电子对-成键电子对之间排斥作用数	2	2	0

由于结构(b)有 90°角的孤电子对-孤电子对之间排斥作用,而(a)和(c)没有,首先排除斥力最大的结构(b)。结构(a)和结构(c)相比,90°角的孤电子对-成键电子对之间排斥作用次数较少,因此,在 3 种可能结构中,结构(a)是较稳定的结构。通过以上分析,ClF_3 分子的结构为 T 形。

9.5 分子轨道理论

现代价键理论虽然能较好地说明共价键的形成和分子空间构型,但也有一定的局限性。它们不能解释氧分子的顺磁性和氢分子离子 H_2^+ 中也存在单电子键等问题。1932 年美国科学家莫立根(R. Mulliken)、德国物理学家洪特(F. Hund)等人先后提出了分子轨道理论(molecular-orbital theory,MO),从而弥补了价键理论的不足。

9.5.1 分子轨道理论基本要点

(1) 分子轨道是由组成分子的原子的原子轨道线性组合而成的。组合形成的分子轨道数目等于组合前原子轨道的数目。

例如,两个原子轨道 ψ_a 和 ψ_b 线性组合后产生两个分子轨道 ψ 和 ψ^*:

$$\psi = c_1\psi_a + c_2\psi_b, \quad \psi^* = c_1'\psi_a - c_2'\psi_b$$

式中 c_1, c_1' 和 c_2, c_2' 是常数。这种组合是不同原子的原子轨道的线性组合,与轨道的杂化不同。轨道杂化是同一原子的不同原子轨道的重新组合。

(2) 原子轨道线性组合成分子轨道,分子轨道中能量高于原来原子轨道的称为反键分子轨道,如前面所示的 ψ^*;能量低于原来原子轨道的称为成键分子轨道,如前面所示的 ψ。

(3) 每个分子轨道 ψ 都有相应的图像。根据线性组合方式的不同,分子轨道可分为 σ 轨道和 π 轨道等类型。

s 与 s 轨道的线性组合:两个同核双原子的 $1s$ 轨道线性组合成成键分子轨道 σ_{1s} 和反键分子轨道 σ_{1s}^*,其角度分布如图 9-12 所示。如果是 $2s$ 原子轨道,则组合成的分子轨道分别是 σ_{2s} 和 σ_{2s}^*。值得注意的是,成键分子轨道两核间没有节面,而反键分子轨道在两核之间有节面。

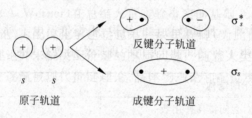

图 9-12 s-s 重叠型分子轨道

s 与 p 轨道的线性组合:当一个原子的 s 轨道和另一个原子的 p_x 轨道沿 x 轴方向重叠时,则形成一个能量低的成键分子轨道 σ_{sp} 和一个能量高的反键分子轨道 σ_{sp}^*,这种 s-p 组合的分子轨道,如图 9-13 所示。

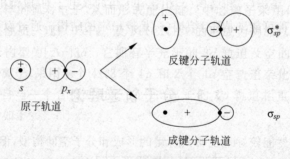

图 9-13 s-p 重叠型分子轨道

p 轨道与 p 轨道的线性组合:有两种方式,即"头碰头"和"肩并肩"方式,如图 9-14 和图 9-15 所示。

π 分子轨道有通过键轴的节面,而 σ 分子轨道没有通过键轴的节面。

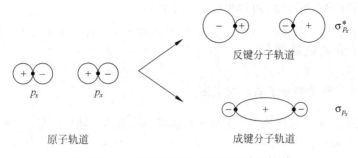

图 9-14　p-p "头碰头"方式重叠型分子轨道

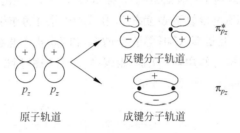

图 9-15　p-p "肩并肩"方式重叠型分子轨道

9.5.2　原子轨道线性组合 3 原则

原子轨道在组合成分子轨道时,要遵循对称性匹配原则、能量相近原则和轨道最大重叠原则,这些原则是有效组成分子轨道的必要条件。

1. 能量相近原则

两个原子只有能量相近的原子轨道才能组合成有效的分子轨道,而且原子轨道的能量越接近,形成的分子轨道能量越低。如 H 原子 $1s$ 轨道的能量是 $-1312 \text{kJ} \cdot \text{mol}^{-1}$,O 的 $2p$ 轨道和 Cl 的 $3p$ 轨道能量分别是 $-1314 \text{kJ} \cdot \text{mol}^{-1}$ 和 $-1251 \text{kJ} \cdot \text{mol}^{-1}$,因此 H 原子的 $1s$ 轨道与 O 的 $2p$ 轨道和 Cl 的 $3p$ 轨道能量相近,可以组成分子轨道。而 Na 原子的 $3s$ 轨道能量为 $-496 \text{kJ} \cdot \text{mol}^{-1}$,与 O 的 $2p$ 轨道、Cl 的 $3p$ 轨道及 H 的 $1s$ 轨道能量相差太大,所以不能组成分子轨道。事实上 Na 原子和 O,Cl 及 H 原子之间只能形成离子键。

2. 原子轨道最大重叠原则

在满足能量相近原则下,原子轨道重叠的程度越大,形成的化学键越稳定。如两个原子轨道沿 x 轴方向相互接近时,s 轨道与 s 轨道之间,p_x 轨道与 p_x 轨道之间的重叠,就属于这种情况。

3. 对称性匹配原则

只有对称性相同的原子轨道才能组合成分子轨道。如 s 轨道是球形对称的,而 p_x 轨道

可以绕着 x 轴旋转任意角度,其图形和符号都不改变。若以 x 轴为键轴,s-s,s-p_x,p_x-p_x 等原子轨道组合是对称性匹配的,可以形成 σ 分子轨道。

9.5.3 分子轨道能级图

1. 同核双原子分子的分子轨道能级图

对于第二周期元素形成同核双原子分子的能级顺序有以下两种情况。当组成分子中原子的 $2s$ 和 $2p$ 轨道能量差较大时,不会发生 $2s$ 和 $2p$ 轨道之间的相互作用,能级图如 9-16(a)所示($\sigma_{2p}<\pi_{2p}$),但 $2s$ 与 $2p$ 能量差较小时,两个相同原子互相接近,不但会发生 s-s 和 p-p 重叠,也会发生 s-p 重叠,其能级顺序如 9-16(b)所示($\pi_{2p}<\sigma_{2p}$)。由于 O,F 原子的 $2s$ 和 $2p$ 轨道能级相差较大(大于 15eV),故不必考虑 $2s$ 和 $2p$ 轨道间的作用。因此 O_2,F_2 的分子轨道能级如图 9-16(a)所示。但是 N,C,B 等原子的 $2s$ 和 $2p$ 轨道能级相差较小(10eV 左右),必须考虑 $2s$ 和 $2p$ 轨道的相互作用,导致 σ_{2p} 能级高于 π_{2p} 的颠倒现象,故 N_2,C_2,B_2 的分子轨道能级是按图 9-16(b)的能级顺序排列的。

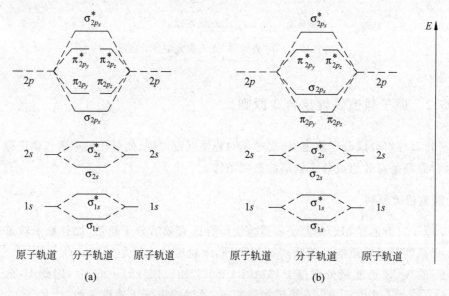

图 9-16 同核双原子分子的分子轨道能级示意图

在分子中,成键电子多,体系的能量低,分子就稳定;反键电子多,体系的能量高,不利于分子的稳定存在。由于分子中全部电子属于整个分子所有,分子轨道理论没有单键、双键等概念。分子轨道理论把分子中成键电子数和反键电子数之差的一半定义为分子的键级:

$$键级 = \frac{成键电子数 - 反键电子数}{2}$$

分子的稳定性就通过键级来描述,同种结构类型分子的键级越高,分子的稳定性往往会越大。键级为 0 的分子不能稳定存在。如 H_2 分子,只有两个成键电子,键级为 1,能够稳定存在。He_2 分子,有两个成键电子和两个反键电子,键级为 0,不能稳定存在。一般来说,键长随键级的增加而减小,总键能随键级的增加而增大。

2. 第二周期元素的双原子分子的分子轨道电子排布式

H_2 分子轨道式为 $(\sigma_{1s})^2$,键级为 1。

Be_2 分子存在吗?Be_2 的分子轨道式为 $(\sigma_{1s})^2(\sigma_{1s}^*)^2(\sigma_{2s})^2(\sigma_{2s}^*)^2$,所以键级 $=(4-4)/2=0$,形成分子后总能量没有降低。因此可以预期 Be_2 分子不能稳定存在,目前也确实没有发现 Be_2 分子。

N_2 分子轨道式为 $(\sigma_{1s})^2(\sigma_{1s}^*)^2(\sigma_{2s})^2(\sigma_{2s}^*)^2(\pi_{2py})^2(\pi_{2pz})^2(\sigma_{2px})^2$,键级为 3,稳定性非常高。从分子轨道式中可以看出 N 原子间存在 1 个 σ 键和 2 个 π 键,与路易斯结构式相一致。

O_2 分子轨道式为 $(\sigma_{1s})^2(\sigma_{1s}^*)^2(\sigma_{2s})^2(\sigma_{2s}^*)^2(\sigma_{2px})^2(\pi_{2py})^2(\pi_{2pz})^2(\pi_{2py}^*)^1(\pi_{2pz}^*)^1$,按照价键理论,$O_2$ 分子中所有电子都配对,无法解释氧分子的顺磁性。从分子轨道理论可以清楚地看出,O_2 分子中含有 2 个未成对电子,是顺磁性分子。在 O_2 分子中,氧原子之间存在一个 σ 键(σ_{2p})和两个三电子 π 键。根据 O_2 分子键级为 2,说明一个三电子 π 键的强度相当于正常 π 键的一半。如果在 O_2 分子的最高被占轨道 π_{2p}^* 上移去或填入一个电子,就得到氧分子离子 O_2^+ 和 O_2^-,它们的键级分别为 2.5 和 1.5,因此,它们的稳定性次序为 $O_2^+ > O_2 > O_2^-$。

F_2 分子轨道式为 $(\sigma_{1s})^2(\sigma_{1s}^*)^2(\sigma_{2s})^2(\sigma_{2s}^*)^2(\sigma_{2px})^2(\pi_{2py})^2(\pi_{2pz})^2(\pi_{2py}^*)^2(\pi_{2pz}^*)^2$,键级为 1,与路易斯结构式相一致。

实验中从未检测出 Ne_2 分子的存在,这与分子轨道理论的判断相一致。

Ne_2 分子轨道式为 $(\sigma_{1s})^2(\sigma_{1s}^*)^2(\sigma_{2s})^2(\sigma_{2s}^*)^2(\sigma_{2px})^2(\pi_{2py})^2(\pi_{2pz})^2(\pi_{2py}^*)^2(\pi_{2pz}^*)^2(\sigma_{2px}^*)^2$,键级为 0。

3. 异核双原子分子的分子轨道图

不同种类原子组合成分子轨道,也遵循能量相近原则、轨道最大重叠原则和对称性匹配原则。只有在这种条件下,两个不同原子的轨道才能发生有效的组合,形成分子轨道。

CO 是第二周期元素形成的异核双原子分子。CO 分子的分子轨道能级图和 N_2 分子的分子轨道能级图接近,由于 O 的电负性比 C 大,O 的 2s 和 2p 轨道能量都比 C 的 2s 和 2p 轨道能量低一些,其分子轨道能级图具有图 9-17 的形式。

CO 分子有 14 个电子,它的分子轨道式为 $(\sigma_{1s})^2(\sigma_{1s}^*)^2(\sigma_{2s})^2(\sigma_{2s}^*)^2(\pi_{2py})^2(\pi_{2pz})^2(\sigma_{2px})^2$。其中有 8 个成键电子和 2 个反键电子,键级为 3,所以分子的稳定性很高。在 CO 分子中存在两个 π 键和一个 σ 键。尽管 C 原子和 O 原子是异核原子,但形成的 CO 分子的分子轨道图与 N_2 分子的分子轨道能级图相似,仅能量略有差异。它们的分子中都有 14 个电子,都占据同样的分子轨道,这样的两种分子叫做等电子体。

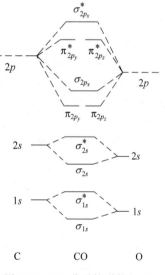

图 9-17 CO 分子轨道能级图

*9.6 金属键理论

周期表中大约有 80% 的元素为金属元素,除汞之外的其他金属在室温下都是固体。在金属晶体中,自由电子汇集形成"电子的海洋",失去电子的金属离子浸在自由电子的"海洋"中。金属中的自由电子把金属正离子吸引并约束在一起,这就是金属键的本质。金属键无方向性,无固定的键能。金属键的强弱和自由电子的多少有关,也和离子半径、电子层结构等因素有关。

金属中自由电子可以吸收波长范围极广的光,并重新反射出,所以金属晶体不透明,且有金属光泽,对辐射有良好的反射性能。在外加电场的作用下,自由电子可以定向移动形成电流,故有导电性。受热时通过自由电子的碰撞及其与金属离子之间的碰撞,传递能量,所以金属也是热的良导体。当金属受外力发生变形时,金属紧密堆积结构允许在外力下使原子层滑动,故金属有很好的延展性。

金属键的能带理论

在金属锂中如果有 n 个 Li 原子,它们各自的 $1s$ 原子轨道将组成 $n/2$ 个 σ_{1s} 和 $n/2$ 个 σ_{1s}^* 分子轨道。由于这些分子轨道之间的能量差别很小,实际上,它们的能级连成一片,而成为一个能带(energy band)。每一能级可填充 2 个电子,由于全部能级都被电子占满,因此,所形成的能带叫满带。

Li 原子中的 n 个 $2s$ 分子轨道也组成能带,这个能带中的一半是 σ_{2s} 轨道,已被电子充满,另一半是 σ_{2s}^* 轨道,没有电子,是空的。由 $2s$ 电子所组成的这种半充满的能带称为导带。在外电场的作用下,导带中的电子受激后可以从低能级跃迁到高能级,从而产生电流,这是金属具有导电性的原因。

在导带与满带之间的区域,即从满带顶到导带底的区域,称为禁带。满带与导带之间的能量间隔叫做禁带宽度,这个间隔一般较大,电子难以逾越。Li 原子轨道组成的金属能带如图 9-18 所示。

金属中相邻的能带有时可以互相重叠,如铍原子的电子结构为 $1s^2 2s^2$,它的 $2s$ 带是满带,似乎金属铍是非导体。但是铍的 $2s$ 能带和空的 $2p$ 能带能量接近,由于原子间的相互作用,$2s$ 能带和 $2p$ 能带发生部分重叠,它们之间没有禁带。同时,由于 $2p$ 能带是空的,所以 $2s$ 能带的电子很容易跃迁到空的 $2p$ 能带上,相当于一个导体,如图 9-19 所示。同样,镁的电子结构是 $1s^2 2s^2 2p^6 3s^2$,与 Be 相似,它的 $3s$ 和 $3p$ 能带发生重叠,镁也是良好的导体。

从能带理论观点,一般固体都具有能带结构。根据能带结构中禁带的宽度和能带中电子填充的情况可以决定固体材料是导体、半导体或绝缘体。一般金属导体的价电子能带是半满的导带,如 Li,Na 等,或价电子能带虽是满带,但有空的能带,如 Be,Mg,而且空带与满带之间发生部分重叠,当外电场存在时,价电子可以跃迁到邻近的空轨道上,因此能导电。绝缘体中的价电子所处的能带都是满带,满带与相邻能带之间存在禁带,禁带宽度一般大于 5eV,电子不能越过禁带跃迁到上面的能带,因此不能导电,如金刚石等。半导体的价电子也处于满带,但与邻近空带间的禁带宽度较小,一般小于 3eV,高温时电子可以越过禁带而导电,常温下不导电,如 Si(禁带为 1.12eV)、Ge(禁带为 0.67eV)等。

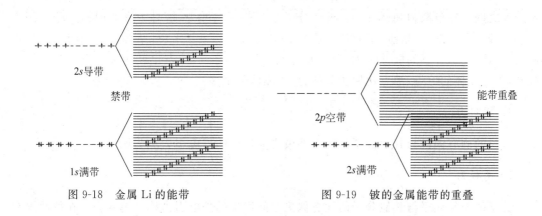

图 9-18 金属 Li 的能带   图 9-19 铍的金属能带的重叠

9.7 分子间作用力

9.7.1 分子的极性

分子间力最早是由 van der Walls 研究实际气体对理想气体状态方程的偏差时提出来的,又称范德华力。分子间力的种类和大小与分子的极性有关。分子极性的大小用偶极矩 μ 来衡量。分子的偶极矩定义为分子的偶极长与偶极一端的电量的乘积(偶极矩是矢量,方向是由正电荷中心指向负电荷中心),即

$$\mu = qd$$

偶极矩 μ 的单位为 D(德拜)。当偶极的电量 q 为 1.602×10^{-19} C,偶极长 d 为 1×10^{-10} m 时,$\mu=4.8$D,所以 $1D=3.33 \times 10^{-30}$ C·m。下面是一些常见极性分子的偶极矩:

极性分子	H_2O	HCl	HBr	HI	H_2S	SO_2	NH_3
μ/D	1.85	1.03	0.70	0.38	1.1	1.6	1.66

化学键的极性也可以用键的偶极矩衡量,分子中各个化学键的偶极矩的矢量和,等于分子的偶极矩。偶极矩 μ 为 0 的分子是非极性分子。如 CO_2 分子属于 AB_2 型分子,测得其偶极矩为 0,说明分子是非极性的,属于直线形;SO_2 同属于 AB_2 型分子,但测得的偶极矩 $\mu=1.6$D,说明分子是极性的,属于 V 形。

极性分子本身具有的偶极矩称为固有偶极。分子在外电场的作用下诱导产生的偶极矩称为诱导偶极,如图 9-20 所示。分子由于原子核和电子不停地运动在瞬间产生的偶极矩称为瞬间偶极。

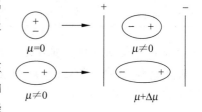

图 9-20 外电场对分子极性的影响

9.7.2 分子间作用力

分子间力包括色散力、诱导力、取向力。非极性分子之间只有色散力;非极性分子与极

性分子之间存在色散力和诱导力;极性分子之间存在色散力、诱导力和取向力。分子间力是决定分子晶体沸点、熔点、溶解度等物性的主要因素。一般来说,结构相似的同一系列物质,分子量越大,分子的极性越大,分子间力就越强,其熔点、沸点也就越高。由于分子间力较弱,分子晶体的熔点、沸点比原子晶体、离子晶体低很多。

1. 取向力

分子的固有偶极与其他分子的固有偶极之间产生的静电引力称为取向力。

2. 诱导力

分子的诱导偶极与其他分子的固有偶极之间产生的静电引力称为诱导力。在彼此固有偶极的相互作用下,每个分子也会发生变形而产生诱导偶极,因此极性分子相互之间也存在诱导力。诱导力是德拜(P. Debye)于1921年提出来的,所以诱导力又称为德拜力。

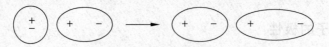

3. 色散力

分子的瞬间偶极与其他分子的瞬间偶极之间产生的静电引力称为色散力。色散力与分子的变形性有关,变形性越大,色散力越强。各种分子均有瞬间偶极,所以色散力存在于所有分子中。从表9-2中数据可以看出,在一般分子中,色散力往往是主要的,只有极性很大的分子,取向力才显得重要。

表9-2 常见几种分子的分子间作用力大小 $kJ \cdot mol^{-1}$

分子	取向力	诱导力	色散力	总和
Ar	0.000	0.000	8.49	8.49
CO	0.0029	0.0084	8.74	8.75
HI	0.025	0.113	25.86	25.98
HBr	0.686	0.502	21.92	23.09
HCl	3.305	1.004	16.82	21.13
NH_3	13.31	1.548	14.94	29.58
H_2O	36.38	1.929	8.996	47.28

综上所述,分子间力是永远存在于分子间的作用力。由于随着分子间距离的增大而迅速减小,所以它是一种近程力,表现为分子间近距离的吸引力,作用范围只有几个pm。其作用能的大小从几到几十 $kJ \cdot mol^{-1}$,比化学键弱很多。

9.7.3 氢键

1. 氢键的形成

在HF分子中,因F原子的电负性大,电子云强烈偏向F原子一方,使H原子一端显正电性。由于H原子半径很小,当电子强烈地偏向F原子后,H原子几乎成为一个"裸露"的质子,因此正电荷密度很高,可以和相邻的 HF 分子中的 F 原子产生静电吸引作用,形成氢键。氢键通常表示为 X—H⋯Y,X 和 Y 代表 F,O,N 等电负性大、半径较小的原子。

氢键的本质是长距离静电相互作用,氢键的形成必须具备以下的条件:

(1) 分子中的氢原子必须和电负性较大的 X 原子直接相连,使得氢原子带部分正电荷。
(2) 分子中有一个具有孤对电子、电负性较大、半径较小的 Y 原子(Y 可与 X 相同)。
(3) 通过分子之间的相互作用形成氢键 X—H⋯Y。

2. 氢键的特点

(1) 方向性:指 Y 原子与 H—X 形成氢键时,尽可能使氢键的方向与 X—H 键轴在同一条直线上,这样可使 X 与 Y 的距离最远,两原子电子云间的斥力最小,因此形成的氢键最强,体系最稳定。

(2) 饱和性:它是指每一个 X—H 只能与一个 Y 原子形成氢键。这是因为氢原子的半径比 X 和 Y 的原子半径小很多,当 X—H⋯Y 形成之后,如有另一个 Y 原子接近时,则这个原子受到 X,Y 强烈排斥,其排斥力比受正电荷 H 的吸引力大,故这个 H 原子不能形成第二个氢键。

3. 氢键的强度

氢键的强弱与 X 和 Y 的电负性、半径大小有关:X,Y 的电负性越大,半径越小,则形成的氢键越强。下面定量给出一些常见氢键的键长、键能数据:

	键长*/pm	键能/(kJ·mol^{-1})
F—H⋯F	163	28.0
O—H⋯O	180	18.8
N—H⋯N	256	5.4

* 其中氢键的键长是指 H 原子中心到 Y 原子中心的距离(虚线部分)。

4. 氢键对物质性质的影响

(1) 对物质熔点、沸点的影响。分子间形成氢键使物质的熔点、沸点升高。这是由于要使液体气化或使固体液化都需要能量去破坏分子间氢键的缘故。分子间形成氢键,常使其熔点、沸点高于同类化合物的熔点、沸点,如图 9-21 所示。

(2) 对物质溶解度的影响。在极性溶剂中,如果溶质分子与溶剂分子之间形成氢键,则溶质的溶解度增大,如 HF,NH$_3$ 极易溶于水。

水的密度有一个反常现象,即在 4℃时密度最大。原因是冰分子中每个 H 原子都参与形成氢键,冰中每个水分子都可以形成 4 个氢键形成空旷结构,如图 9-22 所示。氢键的键长长于氢氧共价键的键长,冰中水分子间的孔隙大,所以冰的密度比水小。0~4℃时冰溶解,拆散大量的氢键,使整体为四面体晶体结构的冰逐步变成零星的较小"水分子团簇",故液态水已经不像冰那样完全有序排列,氢键数量减少,呈现一定程度的无序排列。这样水分子间的空隙减少,密度增大。在 4℃以上时,分子的热运动是主要的,使水的体积膨胀,密度减小。

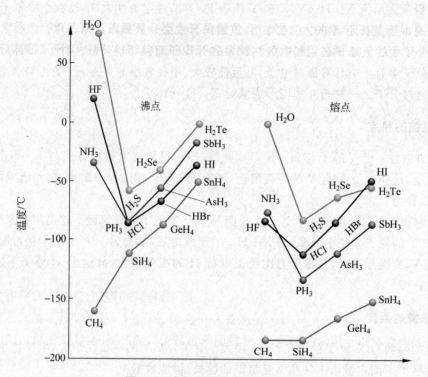

图 9-21 氢键对熔点和沸点的影响

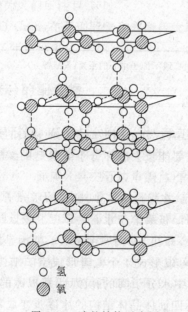

图 9-22 冰的结构示意图

本 章 小 结

本章介绍了离子键及共价键理论,涉及经典路易斯(Lewis)理论和现代价键理论、价层电子对互斥理论、分子轨道理论。

共价键理论的基本内容有:

(1) 原子轨道最大重叠,共用自旋相反的电子对形成共价键,共价键具有饱和性和方向性。

(2) 原子中能量相近的轨道可组合成杂化轨道,使轨道成键能力增大,杂化轨道可以解释分子几何构型。

(3) 价层电子对互斥理论认为分子中的 σ 键电子对、孤对电子相互排斥而趋向尽可能远离,使分子采取相应的空间结构。依据分子中的电子对数目,可判断或预见分子的几何构型。

(4) 分子轨道理论把分子看成一个整体,其中电子不再从属于某个原子。只有符合能量相近、最大重叠、对称性匹配 3 原则的原子轨道,才能线性组合形成分子轨道。电子在分子上轨道排布同样遵从能量最低原理、泡利不相容原理、洪特规则。

本章还简单介绍了金属能带理论,针对分子间作用力和氢键对物质性质的影响进行了初步讨论。

问题与习题

9-1 解释下列概念:
(1) 离子键、共价键、配位键、金属键、氢键;
(2) 极性共价键和非极性共价键、极性分子和非极性分子;
(3) σ 键和 π 键;
(4) 取向力、诱导力、色散力。

9-2 相同原子间的叁键键能是单键键能的 3 倍吗?

9-3 简述经典路易斯理论、现代价键理论、杂化轨道理论、价层电子对互斥理论、分子轨道理论分别解决了什么问题?每个理论的局限性(缺点)是什么?

9-4 凡是中心原子采取 sp^3 杂化轨道成键的分子,其分子的几何构型都是四面体,此话对吗?

9-5 试解释下列各组化合物熔点的高低关系:
(1) $NaCl>NaBr$;(2) $CaO>KCl$;(3) $MgO>Al_2O_3$。

9-6 共价键的本质是什么?如何理解共价键具有方向性和饱和性,而离子键却不具有方向性和饱和性?

9-7 结合 Cl_2 的形成,说明共价键的形成条件。

9-8 试给出下列分子的 Lewis 结构式:$HI, HCN, H_2S, HClO, C_2H_4, (CH_3)_2O, H_2O_2, N_2H_4$。

9-9 写出下列化合物分子的结构式,并指出其中的 σ 键、π 键。

(1) 膦 PH_3；(2) 乙烯；(3) 甲醛；(4) 甲酸。

9-10 简述杂化轨道理论的主要内容。用杂化轨道理论解释为什么 BF_3 是平面三角形分子，而 NF_3 却是三角锥形分子。

9-11 指出下列化合物的中心原子可能采取的杂化类型，并预测其分子的几何构型：
$$BeH_2, BBr_3, SiH_4, PH_3, NCl_3, SF_4, CHCl_3, NH_4^+$$

9-12 C,N,O 是同一周期的元素，它们的氢化物分别是 CH_4, NH_3, H_2O，键角分别是 $109°28', 107°, 104.5°$，用杂化轨道理论说明中心原子采取的杂化类型，指出分子的空间构型，解释键角的变化原因。

9-13 用 VSEPR 预言下列分子或离子的几何构型，并指出中心原子采取何种杂化类型，分子中有几个 σ 键、π 键，分子是否有极性：
$$CS_2, NO_2^-, ClO_2^-, I_3^-, NO_3^-, BrF_3, PCl_5^+, BrF_4^-, PF_5$$

9-14 简述分子轨道理论的主要内容。试画出下列同核双原子分子的分子轨道能级图，写出分子轨道式；并计算键级；判断哪些具有顺磁性，哪些具有反磁性：
$$H_2, He_2, Li_2, Be_2, B_2, C_2, N_2, O_2, F_2$$

9-15 写出 $O_2^{2-}, O_2^-, O_2, O_2^+$ 分子或离子的分子轨道式，并计算键级，指出它们的稳定性顺序。

9-16 试简述金属能带理论的主要内容。

9-17 指出下列分子中哪些是极性分子，哪些是非极性分子：
$$NO_2, CHCl_3, NCl_3, SO_3, COCl_2, BCl_3$$

9-18 解释下列稀有气体的熔点、沸点的变化规律：

	He	Ne	Ar	Kr	Xe	Rn
熔点/K	0.95	24.48	83.95	116.55	161.15	202.15
沸点/K	4.25	27.25	87.45	120.25	166.05	208.15

9-19 下列化合物中哪些存在氢键：
$$NH_3, H_2O, C_2H_5OH, C_2H_5OC_2H_5, C_6H_6$$

9-20 指出下列各组分子之间存在什么形式的作用力：
(1) 苯和 CCl_4；(2) 甲醇和 H_2O；(3) CO_2 和 H_2O。

9-21 在 298.15K 的标准状态下，由 N_2 和 H_2 每生成 1mol NH_3 放出热量 46.02kJ，而生成 1mol NH_2—NH_2 却吸收热量 96.26kJ。又知 H—H 键能为 $436kJ \cdot mol^{-1}$，N≡N 叁键键能为 $945kJ \cdot mol^{-1}$。求：

(1) N—H 键的键能；(2) N—N 单键的键能。

第 10 章 配位化学基础

10.1 配合物的基本特征

10.1.1 配合物及其命名

配位化学是研究中心原子或离子(通常是金属)与其周围作为配位体的其他离子或分子构成较复杂的化合物及其性质的学科,它是化学的一个分支。它所研究的对象称为配位化合物(coordination compound),简称配合物。早期称为络合物(complex compound),是复杂化合物的意思。

配合物及配离子一般表示如下:

配合物: $[M(L)_l]$,$[M(L)_l]X_n$ 或 $Y_n[M(L)_l]$

配离子: $[M(L)_l]^{m+}$,$[M(L)_l]^{m-}$

其中 M 为中心原子或离子,通常是金属元素。它们具有空的价轨道,是配合物的中心体。L 是配位体,可为离子(通常是负离子)或中性分子,配位体中的配位原子具有孤对电子对,可提供给 M 的空价轨道,形成配价键。l 表示配位体的个数。[ ]若带 m 个电荷者为配离子,它与 n 个异电荷离子 X 或 Y 形成中性化合物为配合物;若 $m=0$,即不带电荷者为配合物。如化学组成为 $CoCl_3·6NH_3$ 的配合物表示如下:

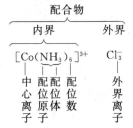

中心离子为 Co(Ⅲ),它的价电子构型为 $3d^6 4s^0 4p^0$,具有未充满的空的价轨道,是配离子的中心体。NH_3 是配位体,简称配体,其中氮能向中心离子的空轨道提供孤对电子,形成配价键 L:→M。配位键是一种特殊的共价键。上述结构中,钴-氮共享电子对,直接较紧密地结合,这种结合称为配位。钴离子周围的 6 个氨分子皆通过配位原子氮向它配位,形成 6 个配价键,构成具有一定组成和一定空间构型的配离子。该配离子带有 3 个正电荷。Co(Ⅲ)的配位数为 6。Cl^- 在外围以静电引力与配离子结合成电中性的配合物,称为氯化六氨合钴(Ⅲ)。由于配体与金属离子结合得相当牢固而呈现新的物理、化学性质,因此用方括号将其限定起来,常称为配合物的内界。带异电荷的离子称为外界。由于内界与外界靠静电结合,因此在极性溶剂中容易解离。为纪念早期配合物的研究者瑞士化学家维尔纳(A. Werner),配合物中的方括号也称为维氏符号。

NH_3,H_2O 及卤素负离子(X^-)和 OH^- 等具有孤对电子对的小分子或离子是常见的经典的配体。另外,还有一类能提供配位的 π 键电子的基团或分子,如乙烯和苯等也可作配体。它们被称为非经典配体。配体 NH_3 中仅有一个配位原子氮,且仅具有一对孤电子对,故只能与中心原子形成一个配价键,这类配体称为单齿配体。当配体分子或离子中含有多个配位原子,且空间又允许的话,则多个配位原子可同时配位给中心原子,形成环状结构,形如螃蟹大爪钳住金属,常称为螯合物。草酸根离子 $C_2O_4^{2-}$、乙二胺 $H_2\ddot{N}(CH_2)_2\ddot{N}H_2$(en)等,有两个配位原子,称为二齿配体。含有更多个配位原子的称为多齿配体。如乙二胺四乙酸(EDTA)是六齿配体。常见的配体见表 10-1。因此配合物是由可给出孤对电子或 π 键电子的分子或离子作为配体,同具有可接受它们的空的价轨道的中心原子或离子,按一定的组成和空间构型结合而成的化合物或离子。

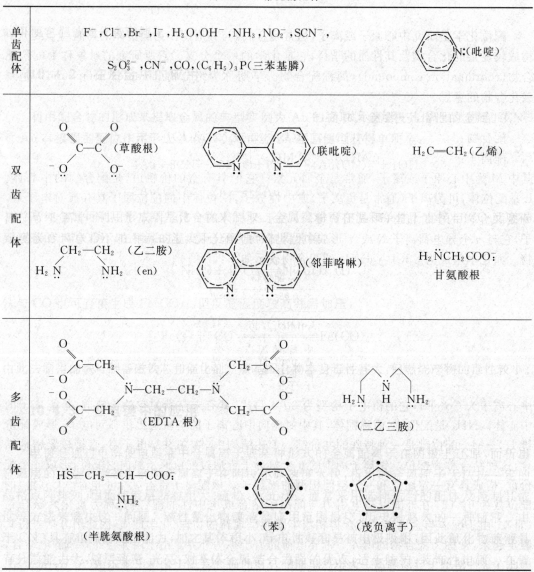

表 10-1　常见的配体

配合物所含基团常常很多,为统一称呼,原则上可以采用盐类命名法。现将常见的简单的典型配合物、配离子的名称与无机盐类的名称做一对比,见表 10-2。

表 10-2　对比无机盐类与配合物、配离子的名称

盐的名称	配合物	配合物的名称	配离子的名称
硫酸钾(K_2SO_4)	$K_4[Fe(CN)_6]$ $[Cu(NH_3)_4]SO_4$	六氰合铁(Ⅱ)酸钾 硫酸四氨合铜(Ⅱ)	六氰合铁(Ⅱ)配离子 四氨合铜(Ⅱ)配离子
硫代硫酸钠 ($Na_2S_2O_3$)	$Na_3[Ag(S_2O_3)_2]$	二(硫代硫酸根) 合银(Ⅰ)酸钠	二(硫代硫酸根) 合银(Ⅰ)配离子
硫酸铝($Al_2(SO_4)_3$)	$[Co(en)_3]_2(SO_4)_3$	硫酸三(乙二胺)合钴(Ⅲ)	三(乙二胺)合钴(Ⅲ)配离子
氯化钾(KCl)	$[Co(NH_3)_6]Cl_3$ $[Co(NH_3)_5(H_2O)]Cl_3$	氯化六氨合钴(Ⅲ) 氯化五氨一水合钴(Ⅲ)	六氨合钴(Ⅲ)配离子 五氨一水合钴(Ⅲ)配离子
	$Ni(CO)_4$ $Cr(C_6H_6)_2$	四羰基合镍(0) 二苯合铬(0)	

由此可见,配合物在命名时,配体在前,中心原子连同其价态或氧化态在后,中间以"合"连接。凡是离子最后都缀以配离子。凡中性化合物则直接命名为配合物。由于配价键类型、配位方式及配位体空间位置等的差异,会出现许多种类的同分异构体以及与传统的化合物不同的配合物,因此对配合物的命名还有许多规定,可参阅其他资料。

中心原子(离子)的配位数的大小由中心原子和配位体的相关性质所决定,而配合物的几何构型又与配位数有关。中心原子和配位体的体积及所带的电荷对于配位数大小起着重要作用。一般来说,中心离子的体积大(小),而配位体体积小(大),则配位数必然会大(小)。对于指定的配位体来说,若中心原子体积增大,则配位数也将增大。对于指定的中心原子来说,配位体体积增大,则配位数变小。从电荷因素来考虑,通常中心离子电荷越高,配位数越高。通常氧化数为+1 的中心离子,配位数为 2,呈直线构型,如$[Ag(NH_3)_2]^+$;氧化数为+2 的配位数为 4 或 6。配位数为 4 的几何构型可为正四面体,如$[Zn(NH_3)_4]^{2+}$;也可为平面正方形构型,如$[Pt(CN)_4]^{2-}$。当配位数为 6,则呈正八面体的几何构型,如$[Fe(CN)_6]^{4-}$。氧化数为+3 的配位数为 6,呈正八面体的构型的居多,如$[Co(en)_3]^{3+}$,$[AlF_6]^{3-}$等;也有配位数为 4,如$[AlCl_4]^-$呈四面体模型。氧化数为+4 的配位数常为 6,如$[Ti(NH_3)_6]^{4+}$,呈正八面体,也有配位数更高的,如$[Mo(CN)_8]^{4-}$为 8 配位,呈正十二面体构型。

10.1.2　配合物的异构现象

在化学上,有些化合物的分子式相同而结构与性质不同,这种现象叫做同分异构现象,这些化合物互为同分异构体。有机化合物中的同分异构现象最为普遍。有些异构是因链节排列方式不同而产生的,如正丁烷与异丁烷(碳骨架分别为 C—C—C—C 与 C—C(—C)—C);有些是因官能团位置的差异而产生的,如正丙醇(C—C—C—OH)与异丙醇(C—C(—OH)—C),1,

3-戊二烯(C—C=C—C=C)与1,4-戊二烯(C=C—C—C=C);有些则因官能团的不同而引起的,如丁醛(C—C—C—C—H)与丁酮(C—C—C—C),戊二烯与戊炔(C—C—C—C≡C)。上述的这些异构称为化学结构异构。除化学结构异构外,还有因分子内各基团所在空间位置的不同而产生的几何异构、光学异构,甚至构象异构等。在配合物分子中,中心原子通常会形成 4～6 个配价键,而且这些配位体可以是各种无机的或有机的化合物或基团,因此会出现种类繁多更为复杂的异构现象。

1. 几何异构

多种配位体因在中心原子周围的空间位置不同导致的异构现象称为配合物的几何异构。四配位的平面正方形的配合物和六配位八面体构型的配合物常出现多种几何异构体。若以 M 记为中心原子,以 a,b,c,⋯代表不同配体,则 Ma_2b_2 类型的平面正方形配合物存在着顺式异构体和反式异构体。例如二氯二氨合铂(Ⅱ)有顺式与反式之分:

顺式-$[Pt(NH_3)_2Cl_2]$ 反式-$[Pt(NH_3)_2Cl_2]$

顺式异构体为橙黄色晶体,分子有极性,在水中溶解度较大;反式异构体为鲜黄色晶体,偶极矩为零,在水中溶解度很小。四面体 Mabcd 和六配位八面体构型配合物中的 Ma_6,Ma_5b 类型的配合物皆无几何异构,其他的类型都有几何异构。[Mabcdef]的几何异构应有 15 种。Ma_4b_2 类型分子有几何异构,如二氯四氨合钴(Ⅲ)有紫色的顺式异构体和绿色的反式异构体:

顺式   反式

Ma_3b_3 类型则有面式与经式之分:

面式   经式

如三氯三水合钌(Ⅲ),面式中两种配体各自连成平面三角形,分布于 Ru 的两侧,经式两种配体的分布形如地球经纬线。

2. 旋光异构

两种化合物(或配合物)分子的组成和分子中各基团(或配位体)的相对位置皆相同,但它们彼此像左右手似的,互为镜像关系,不能重叠,称为一对对映异构体。当平面偏振光通过对映异构体之一或其溶液时,偏振面将旋转一定角度(如图10-1所示)。若偏振光通过其中一种对映异构体时发生右旋,则通过另一种时会发生左旋,即这对对映异构体有不同的旋光性质。因此对映异构体又称旋光异构体或光学异构体。

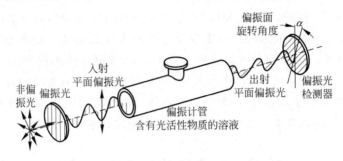

图 10-1 光通过旋光异构体溶液会引起偏振面的旋转

以碳为骨架的有机化合物中经常遇到这类化合物,如 2-氨基丙酸(丙氨酸):

其中(Ⅰ)与(Ⅱ)是丙氨酸的一对对映体。分子中处于四面体中心的碳原子所连的4个基团互不相同,因此整个分子没有对称性,这个中心碳称为不对称碳原子,常记以 * 号。也称手性碳,因为当分子绕 C—C 轴旋转 180°后,分子未变,只是分子图形(Ⅰ)变成图形(Ⅲ)。把(Ⅲ)与(Ⅱ)相比较,可看出—H 与—NH_2 的位置是不同的,因此(Ⅲ)不能与图形(Ⅱ)完全重叠,也就是说,丙氨酸的这对对映体互为镜像,不能完全重叠,两者酷似人的左右手的关系。

配合物也普遍存在着这种旋光异构体。四配位的配合物类似有机化合物,可形成旋光异构体。八面体构型的六配位的配合物,除了存在顺反异构体外,也存在着旋光异构体,例如二氯二(乙二胺)合铑(Ⅲ)正离子[$Rh(en)_2Cl_2$]$^+$:

Ⅰ 反式   Ⅱ 左旋(−)顺式   Ⅲ 右旋(+)   Ⅳ 左旋(−)

反式异构体(Ⅰ)分子既有镜面的对称性,又有中心对称性(Rh 为对称中心),因此它没有旋光异构体。分子式中的 ⌒ 代表—CH_2—CH_2—基团。但顺式异构体(Ⅱ)与(Ⅲ)则是一对对映体。将(Ⅱ)沿着竖轴 N—Rh—N 旋转 $180°$,分子显然未变,但其分子图形变成(Ⅳ),当(Ⅳ)的左侧两个氯及竖轴 N—Rh—N(共五个原子)重合时,两条—CH_2—CH_2—链的走向不能重叠。因此顺式异构体是一对光学异构体。若(Ⅱ)具有左旋特性记以(−),则(Ⅲ)具有右旋特性记以(+)。倘若把等量的(Ⅱ)和(Ⅲ)彼此相混时,旋光性可相互抵消,而不呈现旋光特性,化学上通常称为消旋作用。

配合物除了有几何异构和旋光异构外,还因配合物内外界的基团可交换而产生电离异构、水合异构及配位异构,或因配位体本身存在的异构体而形成的配合物的配体异构等。例如水合氯化铬(Ⅲ),由于制备时温度和介质的不同而导致内界所含 H_2O 分子数不同:$[Cr(H_2O)_6]Cl_3$(紫色),$[CrCl(H_2O)_5]Cl_2·H_2O$(亮绿色),$[CrCl_2(H_2O)_4]Cl·2H_2O$(暗绿色),三者内外界水分子总数相等,故互为异构体。因为溶液的摩尔电导率随体系中导电粒子数的减少而减小,因此对此配合物,摩尔电导率随内界水分子数减少而降低。

10.2　配合物的化学键理论

配合物中中心离子与配位体靠什么作用力结合在一起并显示各自奇特的性质?19 世纪末瑞士科学家维尔纳(A. Werner)在总结大量实验事实的基础上,大胆提出了配合物内存在着主价与副价配位理论,为配位化学建立起第一块里程碑(为此他获得 1913 年诺贝尔化学奖)。不过维尔纳的理论并未解决配价键的本质问题。随着人类对原子和分子结构认识的不断深入,维尔纳理论逐渐被现代价键理论、晶体场理论和配位场理论所代替。

10.2.1　价键理论

第 9 章介绍的价键理论同样适用于配位化合物中中心原子(离子)与配体的化学键,并可用来解析配合物的几何构型、磁性及反应活性等问题。配合物的中心离子(原子)所提供的空轨道首先必须杂化,形成杂化轨道,然后用未占有的杂化轨道并沿杂化轨道的几何构型的方向接受来自配位体的孤对电子,从而形成配位键。中心离子采用何种杂化轨道将直接决定配合物的构型及性质。现以 FeF_6^{3-} 及 $Fe(CN)_6^{3-}$ 的形成为例加以说明。

Fe^{3+} 离子的电子构型为 $[Ar]3d^5$,它拥有半充满的 $3d$ 轨道及空的 $4s,4p,4d$ 轨道。当 F^- 离子靠近时,Fe^{3+} 离子,采用 1 个 $4s$、3 个 $4p$ 和 2 个 $4d$ 空轨道杂化为 6 个简并的 sp^3d^2 杂化空轨道;它们各自与一个含孤对电子的 :F^- 离子的 $2p$ 轨道相重叠,从而形成稳定的 FeF_6^{3-} 配离子。图示如下:

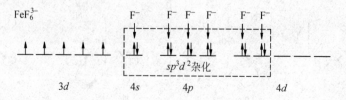

而 $Fe(CN)_6^{3-}$ 配离子,形成时有所不同。6 个 CN^- 离子接近 Fe^{3+} 时,5 个 $3d$ 电子发生重排挤入 3 个轨道中,空出的 2 个 $3d$ 轨道与 $4s$ 及 3 个 $4p$ 轨道组成 6 个 d^2sp^3 杂化轨道,它们各自与 6 个 :CN^- 离子中孤对电子的原子轨道重叠,形成 $Fe(CN)_6^{3-}$ 离子,其轨道图图示如下:

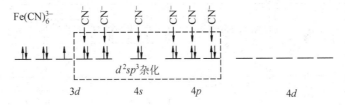

FeF_6^{3-} 与 $Fe(CN)_6^{3-}$ 中 Fe^{3+} 采用了同类型 spd 杂化,只不过前者采用了外轨($4d$),而后者采用了内轨($3d$)。它们的分子几何均型都属于正八面体,但它们的磁学性质有很大差异。含卤素和氧等电负性较高的原子作为配位原子的配体不易给出孤对电子,因此不足以影响中心离子前线占有轨道的电子重排,它们倾向于占据中心离子的空的外层某种杂化轨道,这样所形成的配合物称为外轨型配合物。在外轨型配合物中,内层的 d 电子按洪特规则尽可能分占各个 d 轨道,使电子自旋尽可能多地保持平行,因而未成对电子数较多,分子的磁矩也就较高,往往呈高自旋,又称为高自旋型配合物。FeF_6^{3-} 是典型的外轨型、高自旋型配合物。含 CN^-,CO(配位原子是碳)等配体的配合物情况有所不同。其配位原子的电负性较低,较易给出孤对电子。当它们靠近中心离子时,使中心离子的前线 d 电子发生重排,结果电子尽可能配对挤入少数 d 轨道,空出一些内层的 d 轨道用以形成杂化轨道。由此而形成的配合物称为内轨型配合物。这种配合物未成对电子数较少或没有,因而配合物分子的磁矩低。内轨型配合物又称低自旋型配合物。

根据磁学理论,物质磁性与它所含有未成对电子数(n)直接有关。配离子的磁性的大小用磁矩 μ 表示:

$$\mu = \sqrt{n(n+2)}\mu_0$$

其中 μ_0 是玻尔磁子,是单位磁矩($\mu_0 = 9.273 \times 10^{-24}$ A·m^2)。FeF_6^{3-} 有 5 个未成对电子,理论计算 μ 为 $5.92\mu_0$,而实验值为 $5.88\mu_0$;$Mn(CN)_6^{4-}$ 有 1 个未成对电子,理论磁矩为 $1.73\mu_0$,实测为 $1.70\mu_0$,$Fe(CN)_6^{3-}$ 有 1 个未成对电子,μ 实测值为 $2.3\mu_0$。

一般来说,由于内层轨道($n-1$)d 的能量比 nd 的低,并且与 ns,np 轨道能量更近,所以内轨型配合物比外轨型配合物稳定。实验测得内轨型配合物相应配位键的键长较短证实了这点。一般说来,由卤素离子和 H_2O 等为配体的配合物是外轨型配合物,而 CN^-,CO,en(乙二胺)和 NO_2^- 等为配体的配合物常常是较稳定的内轨型配合物。至于含 NH_3 分子作为配体的配合物,则随中心离子的不同而不同,既有高自旋的,也有低自旋的。

配合物的中心离子所采用的杂化轨道类型决定了它的分子几何构型,表 10-3 列出了一些典型的配合物的空间构型、配位数与杂化轨道类型的关系。

虽然价键理论较成功地解释了分子几何构型、分子稳定性以及分子磁性,但其应用仍有较大局限性。比如八面体型的 $Co(CN)_6^{4-}$ 离子应是内轨型低自旋配合物。Co^{2+} 的 d^7 电子构型中有一个未成对电子被激发到较高 $4d$ 轨道上,所以它容易丢失而被氧化,是强还原剂,性质极不稳定。这符合实验事实。但平面四方形 $Cu(NH_3)_4^{2+}$ 离子中 d^9 构型的 Cu^{2+} 应采用 dsp^2 杂化,因此有一个未成对电子激发到 $4p$ 轨道上,也应具有强还原性。实际上

$Cu(NH_3)_4^{2+}$ 是很稳定的,因此与事实相矛盾。

表 10-3 典型配合物几何构型与杂化轨道的类型的关系

配位数	杂化类型	分子几何构型	配离子及中心金属电子排布	
2	sp	直线形	$Ag(CN)_2^-$ $Cu(CN)_2^-$	$(n-1)d$ ns np
3	sp^2	三角形	$Cu(CN)_3^{2-}$	$(n-1)d$ ns np
4	sp^3	四面体	$Zn(NH_3)_4^{2+}$ $Ni(CO)_4$	$(n-1)d$ ns np
4	dsp^2	平面正方形	$PtCl_4^{2-}$ $Ni(CN)_4^{2-}$	$(n-1)d$ ns np
5	dsp^3	三角双锥	$Fe(CO)_5$	$(n-1)d$ ns np
6	sp^3d^2	八面体	FeF_6^{3-}	$(n-1)d$ ns np nd
6	d^2sp^3	八面体	$Fe(CN)_6^{3-}$	$(n-1)d$ ns np

价键理论不能满意地说明高低自旋产生的原因,尤其不能解释配合物普遍存在特殊颜色等光谱现象。下面将要讨论的晶体场理论能够比较深入地揭示配合物中化学键的本质,合理地解释许多实验事实。

10.2.2 晶体场理论简介

晶体场理论是由美国学者贝蒂(H. Bethe)和范·弗雷克(J. van Vleck)*创立于20世纪初。后因为成功地解释了 $[Ti(H_2O)_6]^{3+}$ 的光谱特性和过渡金属配合物许多性质,继而被化

---

* 范·弗雷克是现代磁学及晶体场理论方法的开拓者。他的理论对固体激光器、化学键等都有重大意义,为此获得1977 年诺贝尔物理奖。

学界重视并得到推广应用和发展。其基本要点如下。

1. 静电作用力

配合物中的中心正离子与配体负离子或极性分子间依靠静电作用相互靠近,使体系能量降低,形成稳定的配合物。

2. 配位场效应

当作为配位体的负离子或偶极分子的负端向中心正离子靠近时,中心离子外层 d 轨道上的电子受到排斥,结果 d 轨道能量升高。但因为各 d 轨道角分布的方向是不同的,因此各 d 轨道能量的升高值不同。与配体负电场迎头相碰或距离较近的 d 轨道所受的排斥作用较大,能量升高较大,其他 d 轨道所受的斥力较小,能量较低。这就是说,由于配位体电场的作用,中心离子的 d 轨道的能级发生分裂。此现象称为配位场效应。

3. 晶体场分裂能

不同构型的配合物中,配位体所形成的配位场各不相同,导致 d 轨道的分裂方式也各不相同。以正八面体构型的配合物为例加以说明。对于正八面体几何构型可以设想 6 个配体沿着直角坐标轴 $\pm x, \pm y, \pm z$ 接近中心离子。由于 $d_{z^2}, d_{x^2-y^2}$ 轨道的电子云密度沿着坐标轴方向恰恰是最大的,与配体迎头相撞靠得较近,因而能量升高较大,而 d_{xy}, d_{yz}, d_{zx} 轨道则与配体错开,能量升高相对较少,如图 10-2 所示。这样 5 个 d 轨道便分裂成两组:d_{z^2} 与 $d_{x^2-y^2}$ 为一组,是二重简并轨道,称为 e_g 轨道,而 d_{xy}, d_{yz}, d_{zx} 为另一组,是三重简并轨道,称为 t_{2g} 轨道。这两组轨道的能级差常记作 Δ_O,称为晶体场分裂能,如图 10-3 所示。对于四面体配位场,此分裂顺序正相反且其晶体场分裂能 Δ_T 值的大小只有正八面体场的 $\dfrac{4}{9}$。

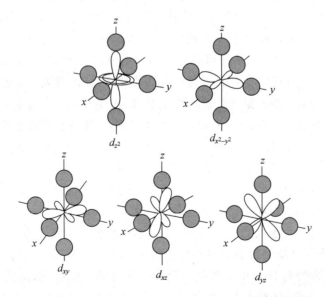

图 10-2　正八面体配位场中配体与金属 d 轨道的相互作用

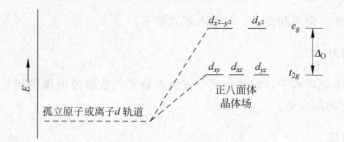

图 10-3 d 轨道在正八面体晶体场中的裂分

4. 构型相同的配合物晶体场分裂能 Δ 的大小

相同构型配合物的 Δ 值与中心离子的种类、价态、在周期表中的位置以及配位体的电荷或偶极矩密切有关。就中心离子而言,其电荷越高,半径越大,Δ 就越大。通常第二过渡元素比第一过渡元素大 40%~50%,第三过渡元素比第二过渡元素大 20%~25%。至于同种中心离子,分裂能随配体所形成的配位场的强弱而异。根据光谱实验数据,人们总结了一个光谱化学序列来表示配体形成的配位场强弱的顺序。由弱而强大致顺序如下:

$$I^- < Br^- < :SCN^- < Cl^- < F^- < OH^- < C_2O_4^{2-}$$
$$< H_2O < :NCS^- < NH_3 < en < NO_2^- < CN^- < CO$$

对于不同的中心离子顺序虽略有不同,但大体说来,卤素负离子作为配位原子是弱场配体,而以 O,S 和 N 作为配位原子的配体是中等强度的配体,以碳作为配位原子的 CN^- 和 CO 等配体是强场配体。

5. 电子在 d 轨道上的排布符合能量最低原理、洪特原则和泡利不相容原理

当两电子自旋反平行配对处于同一轨道时,需要消耗一定能量,称为电子成对能(P)。然而电子排布在简并轨道上其自旋互相平行会获得额外的稳定能,因此电子排布在简并轨道时将首先自旋平行分占各简并轨道(洪特原则)。在正八面体场下的 d 轨道分裂成能量较高的 e_g(二重简并)与较低的 t_{2g}(三重简并)轨道。当第 4 个电子填充时,应填入 t_{2g} 轨道使电子配对? 还是进入 e_g 轨道,保持电子自旋平行? 这要比较 P 与 Δ 的大小才能判断。当配位场分裂能 Δ 大于 P 时,电子将占据能量较低的 t_{2g} 轨道,且电子配对。配合物 $Fe(CN)_6^{3-}$ 中配体 CN^- 是强场,满足 $\Delta > P$ 的条件,因此 5 个 d 电子在 t_{2g} 轨道上两两配对,电子构型为 t_{2g}^5,未成对电子数目为 1,为低自旋配合物。当 $\Delta < P$ 时,电子不配对而优先进入 e_g 轨道,电子构型为 $t_{2g}^3 e_g^2$,结果体系更稳定(能量更低)。配合物 FeF_6^{3-} 中,配体 F^- 是弱场,满足 $\Delta < P$,于是 5 个 d 电子分占 t_{2g} 与 e_g 轨道,且自旋平行,形成了高自旋配合物,见图 10-4。可见晶体场理论能更为合理地解释配合物的磁性。

晶体场理论的另一个很大的成功是能合理地解释配合物的光谱特性与颜色。按照上述的晶体场理论,在配位体场的影响下中心离子的 d 轨道发生分裂,分裂能 Δ 恰好落在可见光范围。因此在白光照射下,d 电子吸收一定波长的可见光光能,而由能量较低的 t_{2g} 轨道跃迁到能量较高的 e_g 轨道(对于正八面体场),电子在这种分裂的 d 轨道间的跃迁称为 d-d 跃迁。分裂能 Δ 越大,电子跃迁能就越大,所吸收的可见光波长就越短。人们通常所观察到的配合物的颜色为其补色。吸收光及其互补色对应关系如下:

吸收光色	红	橙	黄	绿
互补色	青	青蓝	蓝	紫

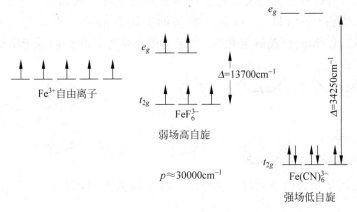

图 10-4 Fe(Ⅲ)八面体配合物 d 轨道分裂和 d 电子的排布

例如,由光谱实验测得钛的水合配离子[Ti(H₂O)₆]³⁺ 的 Δ 为 20400cm⁻¹。它可吸收 500nm 的蓝绿光,透射或反射的光是互补的红紫色,这与实际观察到的紫色是一致的。

总之,晶体场理论在说明配合物的磁性和光谱性质等方面优于价键理论。但这一理论过分强调配合物分子中中心离子和配体间的静电作用,而忽略了两者间的共价性质,因此仍存在一些缺陷。例如,它不能解释光谱化学序列中配体强弱的顺序,也不能说明为什么中性的 CO 配体的配体场分裂能 Δ 特别大等。为此人们尝试把晶体场理论与分子轨道理论结合起来,这便形成了配位场理论。我国化学家唐敖庆院士在配体场理论计算系统化和标准化方面做出了重要贡献。对于该理论,这里不予介绍。

*10.3 非经典配合物分子

10.3.1 夹心配合物

人们早就认识到环戊二烯(也叫茂)可与金属结合生成新的化合物,但并不知道新化合物的分子结构。直到 1951 年 P. Pauson 等人制备并分离得到环戊二烯与铁形成的化合物后,人们才开始明白它们所形成的是一种新型的具有夹心结构的配合物。从此配位化学的一门新的分支"金属有机化学"便很快建立了起来。这第一个夹心配合物就是二环戊二烯基铁,简称二茂铁,记为 $(\eta^5\text{-}C_5H_5)_2Fe$,它的分子结构式如下:

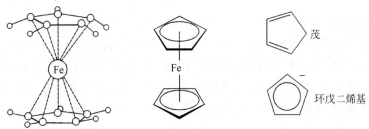

其中的 $C_5H_5^-$ 称为环戊二烯基，它的 5 个碳原子的 p 轨道相互平行，从而构成了流动性很强的大 π 键。上下两个大 π 电子云团向夹在其中的中心离子 Fe^{2+} 的 d 轨道（d_{z^2}）配位而形成稳定的分子，因此称为夹心配合物。许多具有大 π 电子云团的分子都可形成夹心配合物。例如，二苯铬（η^6-C_6H_6)$_2$Cr，是一典型的夹心配合物。类似的还有茂·苯合锰（η^5-C_5H_5)(η^6-C_6H_6)Mn、二茂铼氢化物、二氯二茂合锆等。它们的分子结构如下：

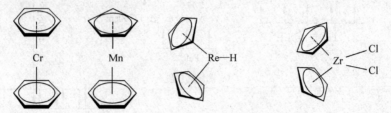

二氯二茂合锆是乙烯聚合的催化剂。它的茂—Zr 键属共价键，而 Zr 与 Cl 之间则是带有离子性的共价键。

10.3.2 小分子配合物

1. 羰基配合物

金属羰基配合物是金属元素（几乎都是过渡金属元素）与一氧化碳（也称羰基）作为配体所形成的一类配合物。第一个金属羰基配合物是 $Ni(CO)_4$，是 L. Mond 等人于 1890 年在研究镍对氧化 CO 反应的催化作用的过程中发现的。CO 在常温常压下可与镍粉反应生成一种无色透明液体，称为 Mond 镍。实际上，它是低氧化态(0)的中心原子镍接受 CO 分子中碳的孤对电子构成配位键而形成的分子，该分子呈四面体几何构型。现已合成出许多羰基化合物，如 $Fe(CO)_5$，$HMn(CO)_5$ 等；也有多金属核的羰基化合物，如 $Mn_2(CO)_{10}$：

$$OC-Mn(CO)_4-Mn(CO)_4-CO$$

其中 Mn—Mn 直接成键；还有半夹心式的化合物，如 (η^6-C_6H_6)Cr(CO)$_3$ 等。

在这类配合物分子中，由于 M 与 C 之间形成了相当强的 M—C 键，结果 M—C 键距缩短了，而 C 与 O 之间的键距却伸长了。这意味着 C—O 键被削弱了，C—O 键被活化了。

2. 烯烃为配体的 π 配合物

第一个 π 配合物 $K[PtCl_3(C_2H_4)]$ 是 W. Zeise 发现于 1825 年，被称为 Zeise 盐。它的结构与化学键在 100 年后（20 世纪 50 年代）才得以确定。其结构式中 Pt(Ⅱ) 与 3 个 Cl^- 处于一个平面内，与乙烯分子所在平面互相垂直。Pt 与 C_2H_4 之间形成了 σ-π 配键。不过这个 σ 配键是 Pt(Ⅱ) 的一个空的 dsp^2 杂化轨道接受 C_2H_4 的成键 π 电子对的配位形成的；而 π 配键则是非键的 d 电子（比如 d_{xz}）向 C_2H_4 的反键 π_{2p}^* 空轨道配位所形成的反馈键。

3. 分子氮配合物

配体中至少有一个氮分子的配合物称为分子氮配合物。第一个分子氮配合物 $[Ru(N_2)(NH_3)_5]Cl_2$ 是在 1965 年由 A. Allen 和 C. Senoff 制得。由于这类化合物对生物固定氮分子和氮氢合成氨的催化机理研究,实现化学模拟生物固氮及寻找更温和条件下合成氨有重大理论与实际意义,因此成为人们关注的课题。至今已合成了数百个分子氮配合物。在分子氮配合物中,N—N 键键长略有增加,表明氮分子内键强度有一定程度的削弱,即 N_2 分子得到一定的活化。

此外,为研究血红蛋白和肌红蛋白的载氧机理,人们合成了分子氧的配合物;为寻找石油及天然气的代用品,人们还设法利用"废气"CO_2 合成出 CO_2 配合物等,这里不一一举例。

10.3.3 簇状配合物

金属簇状配合物一般是指包含两个或两个以上金属原子与金属原子直接键合形成金属-金属(M—M)键的多核配合物。典型的双核原子簇配合物为 $Re_2Cl_8^{2-}$(图 10-5)。Re 与 Re 之间既有 d_{z^2} 轨道形成的 σ 键,又有 d_{xz},d_{yz} 轨道分别相互重叠形成两个 d-d π 键,还有 $d_{x^2-y^2}$ 与 $d_{x^2-y^2}$ 轨道以面对面方式重叠形成的 d-d δ 键,见图 10-5。其实人们熟知的氯化亚汞 Hg_2Cl_2 是最简单的双原子簇配合物。3 个金属原子通常构成三角形骨架的簇合物,如 $Pt_3(CO)_6^{2-}$;4 个金属原子则多数构成四面体骨架的簇合物,如 $Ir_4(CO)_{12}$:

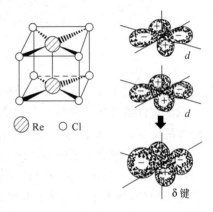

图 10-5 配离子 $Re_2Cl_8^{2-}$ 与 d-d δ 键形成示意图

由于簇状配合物具有特殊的结构和成键方式,而金属原子簇与金属表面在结构和性能上有一定程度的相似性,加上已发现有的簇状配合物具有生理活性,有的有导电性,有的有催化活性等,因此簇状配合物的研究对推动化学键理论有重要价值。将金属簇合物作为模型物来研究金属表面过程——吸附、催化,研究固氮机理有重要实际应用背景。

10.3.4 冠醚配合物

在有机化学里,氧以单键—O—与两个烷基等有机基团(R)相连的化合物 R—O—R′,

称做醚类,例如 $CH_3-CH_2-O-CH_2-CH_3$ 是乙醚。具有环状结构的如 $\begin{smallmatrix}CH_2-CH_2\\ \diagdown O\diagup\end{smallmatrix}$ 为环乙醚,常称为环氧乙烷。冠醚是一类大环聚醚的化合物。大的单环聚醚形如皇冠而称为冠醚。若以氮原子作为桥头(端)构成的多环的聚醚,称为穴醚,如图 10-6 所示。

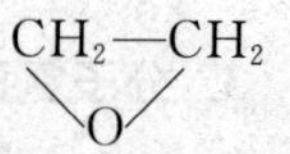

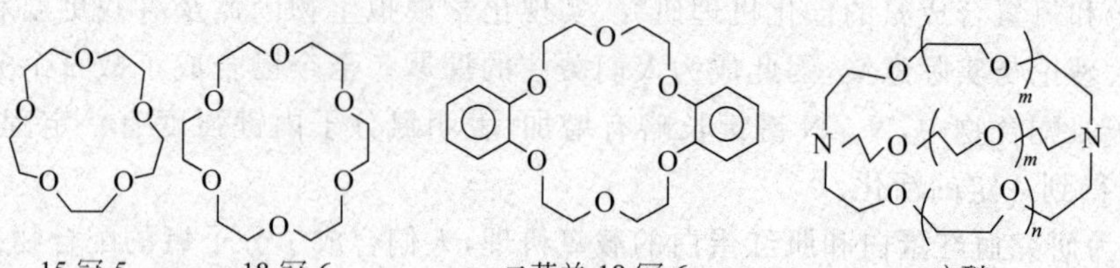

图 10-6　一些冠醚与穴醚

15-冠-5　　18-冠-6　　二苯并-18-冠-6　　穴醚

$m=n=0$：穴[1,1,1]　　$m=1,n=2$：穴[3,2,2]
$m=0,n=1$：穴[2,1,1]　　$m=2,n=1$：穴[3,3,2]
$m=1,n=0$：穴[2,2,1]　　$m=n=2$：穴[3,3,3]
$m=n=1$：穴[2,2,2]

将它们摊在平面上便写成这样的结构简图。

冠醚和穴醚可作为配体。它们的骨架中有疏水的—(CH_2)—基团,又有多个电子云密度较大的配位原子如 O,N 或 S 等。依靠这些配位原子,冠醚和穴醚可以部分地或全部参与配位与金属离子键合。冠醚和穴醚化合物都具有确定的大环结构,又各具特定的空腔和腔径,因此当与金属离子配位时,形成的配合物具有很强的选择性。根据实际条件,它们能向金属离子配位,将离子装进分子内腔,又可使离子穿过孔穴。这好似生物膜运送 Na^+ 和 K^+ 离子到生物体内的过程,因此为人们所注目。

C. Pederson、J. Lehn 和 D. Cram 在开创冠醚和穴醚等大环分子化学与超分子化学方面做了大量工作,为此荣获 1987 年诺贝尔化学奖。

10.3.5　球烯(C_{60} 家族)的配合物

人们熟知碳有两种同素异形体：石墨与金刚石。然而直到 1985 年才确认碳元素还存在着第三种晶体形态——球烯。其中典型的是 C_{60}。它由 12 个五边形和 20 个六边形构成的一个 32 面体。相当于截顶的 20 面体。其中五边形彼此不相连,只与六边形相邻。C_{60} 有 90 条棱、60 个顶点。60 个碳原子位于顶点构成了封闭笼状结构。球直径为 0.71nm。这类化合物的每个碳原子被认为通过杂化轨道与邻近 3 个碳原子相连,剩余 p 轨道像苯分子那样构成了球壳内外的芳香体系——大 π 键,即碳与碳之间存在着双键(烯键),因而统称为球烯。C_{60} 结构酷似足球,故又称为足球烯,如图 10-7 所示。除 C_{60} 外,已确定结构的还有 C_{70}。人们还预示了这个封闭笼状结构家族的成员可能还有 C_{28},C_{32},C_{50},C_{76},C_{84},C_{94},…,C_{240},C_{540} 等。

有机化合物中的烷基碳原子以及金刚石中的碳原子以四面体骨架键合,而石墨与苯等分子中的碳原子以平面六边形为骨架键合,C_{60} 和 C_{70} 中的碳原子则是以三维多面体骨架(球形)结构出现。这类新的结构类型化合物的出现激励人们去探索和研究其物理和化学等特

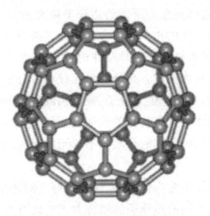

图 10-7 球烯——C_{60} 的结构

性。经研究现已得知,可将 C_{60} 的双键打开生成加成化合物。例如生成氟化产物 $C_{60}F_{60}$ 和 $C_{60}F_{42}$ 及氢化产物 $C_{60}H_{60}$。还能与金属配合物加成形成新的配合物,例如 $C_{60}Pt(PPh_3)_2$(Ph 是苯的缩写)(图 10-8)。

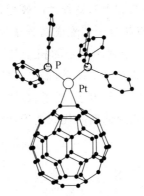

图 10-8 $C_{60}Pt(PPh_3)_2$ 结构

人们并制成了金属 K,Na,Rb,Cs,Ca,Ba,Sr,La,U 与 C_{60} 结合生成的金属-C_{60} 的笼状化合物。此外,还发现当 C_{60} 中掺入 K,Rb,Cs 等碱金属时,表现出了超导性,具体实例如下(T_c 超导居里温度,即形成超导性的临界温度):

化合物	K_3C_{60}	Rb_3C_{60}	Rb_2CsC_{60}	$RbCs_2C_{60}$	Cs_3C_{60}	$RbTl_2C_{60}$
T_c/K	19.28	29.40	31.3	33	30	42.5

10.3.6 超分子

传统化学更多地注重研究原子、分子和化合物在一定条件下的相互转化,研究分子结构及其聚集态的物理、化学乃至生理性质与相应的功能。一句话,研究的是以分子为单元的分子的性质与行为。因此,可以将这种研究划入分子化学的范畴。然而,随着科学技术的深入发展，人们逐渐认识到许多自然现象与所谓的超分子体系有关。超分子体系是指由两种或两种以上的化学物种通过分子间的作用力缔合而成的复杂有序的一类体系。它不仅具有各种物种的特性，而且具有超出各种物种本身特性的特定的功能。超分子是由分子单元在空间以适当的几何形状相互配合而构成。超分子单元存在着分子的有序性，在外加条件下，可发生分子的自组织和自装配，从而产生大分子、聚合物或特定的相与态，即形成超分子体系，甚至形成分子器件。这样的体系具有特异的性能，包括信息的识别、变换、传递、储存、检测和放大等功能。因此超分子化学研究的是超分子单元的形成、超分子体系的有序性质、拓扑行为和特定功能等。

　　超分子化学体系在生物体中尤为普遍，如酶和底物之间的结合与相互作用，基因密码的储存、读出、转录等都与分子之间的超分子的结合方式密切有关。通常超分子结构含有主体与客体，两者恰似锁与钥匙的关系，因而彼此具有极高的识别与选择性。在分子识别时，主体分子与客体分子将互补与协同，有"缺陷"的客体分子将被拒之于主体之外，促使分子自身组织，自身装配，建立有序的重复的聚合结构，又将客体的信息储存在这新产物——超分子之中。当改变外部条件，比如光、电、热、pH等时，诱发了主体的构型、构象等结构或化学行为的改变，随之导致主体对客体的亲和力与选择性的改变，这就使超分子具有了上述的特定功能。人们正在设法模拟自然界将超分子装配成高分子材料，可望能做成高选择性特种功能的分子器件和超分子器件。从分子到超分子的相互关系如图10-9所示。利用分子器件有可能构成纳米线路，并可能组装成超分子体系，最终达到可以进行检测、储存、处理、放大，并借助各种具有耦合和调节作用的光子、电子、质子、金属阳离子、阴离子或分子等中介体来传递信息，这将是高效、高精度、高集成的新一代的电子计算机的基石。

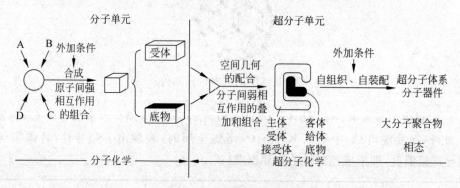

图 10-9　分子与超分子化学的相互关系

　　超分子是新的化学领域，它大大拓宽了配位化学，前景广阔。它的出现提醒人们不应仅停留在对单个分子及其相关的性质与功能的研究上，还应从分子单元水平上来探讨物质世界，这必将导致发现更高层次的具有特异结构、性质与功能的物质，用以造福于人类。

10.4　配合物的应用

　　配合物形式多样，种类繁多，性质奇特，功能惟妙，有着极其广泛和重要的用途。下面就几个方面予以说明。

10.4.1 在分析分离中的应用

在欲分析、分离的体系中加入配体,人们便可利用所形成的配合物性质,如溶解度、稳定性及颜色等的差异对体系所含成分进行定性、定量的分析与分离。在不同的场合下,配体可作沉淀剂、萃取剂、滴定剂、显色剂、掩蔽剂、离子交换中的淋洗剂等应用于各种分析方法与分离技术中。

日常生活中,锅炉用水要进行水的硬度的监控。倘若使用硬水将造成锅炉内壁严重结垢(主要是 $CaCO_3$,$MgCO_3$ 等),不但阻碍传热,损耗燃料,而且会堵塞管道,甚至爆炸。通常,水质中的钙和镁离子的含量是用 EDTA(乙二胺四乙酸)作螯合剂进行定量分析的,所形成的螯合物的结构如图 10-10 所示。EDTA 中氮、氧原子上的电子对同时向中心金属离子配位,形成含多元环的稳定的螯合物。EDTA是分析化学常用的滴定试剂。若硬水中加入少量三聚磷酸钠($Na_5P_3O_{10}$)将与水中的 Ca^{2+},Mg^{2+} 发生络合,可防止锅垢的形成。

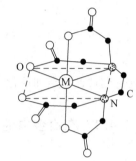

图 10-10 $[M(EDTA)]^{n-}$ 八面体螯合离子的结构

丁二肟在氨溶液中与 Ni^{2+} 配位生成桃红色絮状螯合物沉淀可用以鉴定 Ni^{2+}:

硫氰根负离子与 Co^{2+} 形成蓝紫色的四硫氰根合钴(Ⅱ)$[Co(SCN)_4]^{2-}$ 可用来检验 Co^{2+},与 Fe^{3+} 形成血红色配合离子可用来检验 Fe^{3+}。无水的 $CoCl_2$ 蓝色,受潮后形成了粉红色的水合物 $[Co(H_2O)_4]^{2+}$,因而常配制在干燥剂硅胶中,以指示气氛干燥程度。F^- 和 PO_4^{3-} 可以与 Fe^{3+} 分别形成无色的配离子 $[FeF_6]^{3-}$ 和 $[Fe(PO_4)_2]^{3-}$,它们比 $Fe(SCN)_6^{3-}$ 的稳定性更高。因此 F^-,PO_4^{3-} 可以作为掩蔽剂以消除体系中存在的对颜色有干扰作用的 Fe^{3+}。

在提炼核燃料铀时,人们利用磷酸三丁酯(TBP)的煤油(溶剂)溶液从硝酸铀酰 $(UO_2)(NO_3)_2$ 的水溶液中萃取分离出铀。这是利用萃取剂 TBP 能与 UO_2^{2+} 形成配合物

$(UO_2)(NO_3)_2 \cdot 2TBP$。它易溶于有机溶剂煤油中,再经反萃取可将它与其他杂质分离。

用类似的方法可利用二(2-乙基己基)磷酸(HA):
$\begin{matrix} OH & R-O \\ & P \\ O & R-O \end{matrix}$
（其中 R 为 $CH_3—CH_2—CH_2—CH_2—CH—CH_2—$，支链为 $CH_3—CH_2$）作为萃取剂来分离稀土元素。其配位反应为

$$RE^{3+} + 3HA \rightleftharpoons REA_3 + 3H^+$$

这里 A 为 $(R—O)_2—P{=}O$ 带 O^-。不同的稀土元素与 HA 形成配合物的稳定性有微小差异,故可使它们彼此分离和纯化。

10.4.2 在冶金中的应用

利用配合物的形成来提取金属的典型实例为 Au 的提取。金是极其惰性的金属。CN^- 对 Au 有极强的配位作用形成 $Au(CN)_2^-$,再经 Zn 还原便可获得单质金：

$$4Au + 8CN^- + 2H_2O + O_2 \longrightarrow 4Au(CN)_2^- + 4OH^-$$

$$2Au(CN)_2^- + Zn \longrightarrow 2Au + Zn(CN)_4^{2-}$$

高纯金属可利用形成羰基化合物来制取。金属镍粉可在温和条件下直接与 CO 反应得到液态的 $Ni(CO)_4$,在稍高的温度下分解便可制得纯镍:

$$Ni(s) + 4CO \underset{50℃}{\overset{43℃}{\rightleftharpoons}} Ni(CO)_4(l)$$

铁与 CO 也可直接生成 $Fe(CO)_5$,但反应温度较高并需加压：

$$Fe(s) + 5CO \underset{\triangle}{\overset{200℃, 20MPa}{\rightleftharpoons}} Fe(CO)_5$$

由此法制得的铁可制备磁铁芯和催化剂。羰基配合物本身毒性甚大,但燃烧产物的毒性较小。

10.4.3 在电镀中的应用

电镀是通过电解使电解液中金属离子或某种形式的金属配离子在阴极上还原,而析出金属层的方法。倘若电解时金属离子在阴极还原速度太快,析出的金属原子无法按一定的晶格点阵排列,因而使镀层晶粒粗大、疏松、无光泽。通常采用选择适当的配体及控制其浓度等方法来解决这一问题。碱性氰化物镀液是应用范围最广、历史最悠久的一种镀液。由于 CN^- 具有很强的配位能力,加之其体积小、导电性好和易被电极吸附,因此氰化物镀液具有分散能力大、镀层致密、光亮,对基体金属结合力强的优点,适于防护、装饰性电镀。在镀 Zn 时常用 CN^- 配体。镀 Ni 时则不宜用 CN^-。因为 Ni 与 CN^- 形成的配离子在阴极上惰性过大,反倒释出 H_2。由于氰化物剧毒,其废液污染环境而尽量限用,因而无氰电镀一直是人们所追求的"绿色"目标。用于电镀的配体有含氮的包括乙二胺在内的多乙烯多胺;含磷

的有多聚磷酸盐类、焦磷酸盐或有机多膦(含 C—P 键)酸类；含氧的有羟基酸类,例如葡萄糖酸、酒石酸、柠檬酸及苹果酸等。

10.4.4 在石油化工及配位催化中的应用

石油、天然气作为粗原料经裂解或分离可得到小分子的烷烃、烯烃和芳烃等基本化工原料。利用这些原料,经过一定的化学反应,可制备出许多石油化学化工产品,烯烃的催化氧化是其中的一个重要的反应。例如,将乙烯与氧或空气的混合物通入作为催化剂的 $PdCl_2$-$CuCl_2$-盐酸水溶液中,便可以极高的产率转化成有机合成工业的重要原料乙醛：

$$2C_2H_4 + O_2 \xrightarrow[\text{稀盐酸溶液}]{PdCl_2\text{-}CuCl_2} 2CH_3C\begin{matrix}O\\ \\H\end{matrix}$$

这是一个配位催化反应,这个过程已工业化。另外一个配位催化的著名例子是 Ziegler-Natta 催化剂。在正己烷或庚烷的悬浮溶液中,该催化剂可使烯烃定向聚合成线性的立体规整的高分子。

10.4.5 在生物与医学方面的应用

金属元素是生物体不可缺少的组成部分。许多元素是以配合物的形式存在于生物体内。这里仅举几个例子说明。

1. 与呼吸作用有关的血红蛋白

血红蛋白质的功能是运载氧气。它是由血球蛋白质和血红素组成的,其活性中心为血红素。血红素分子及构成它的母体大环骨架卟吩的结构图如图 10-11 所示。卟吩环由 4 个吡咯 NH 连接成大环分子,它的衍生物称为卟啉。其中最重要的是原卟啉Ⅸ。配合物 Fe^{2+}-原卟啉Ⅸ便是血红素。经研究人们提出载氧过程正是 Fe^{2+}-原卟啉的构型的转变所致。当不载氧时,高自旋态的 Fe^{2+} 处于卟啉环平面上方与 4 个氮构成四方锥的结构。当吸

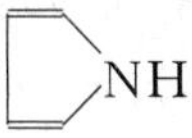

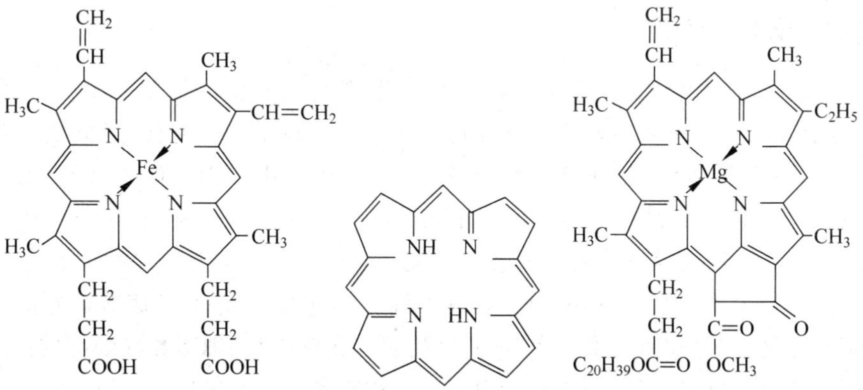

图 10-11 血红素(左)、叶绿素 a(右)及其母体卟吩(中)

入氧气时,Fe^{2+}转变成低自旋态,离子半径收缩,载着氧气跌落在环穴之中,Fe^{2+}处于一个八面体的构型的中心,见图10-12。它牵动了第五配体组氨酸残基的咪唑环并传递到近邻的蛋白质链,这种蠕动使蛋白质内亚单元的结构变动,反过来又促进了氧的加合。这就是吸氧过程。载氧的血红蛋白随血液流动将氧气输送到机体各部分。倘若血红蛋白与CO结合,因其结合力比与氧气结合力强210倍,因此当人机体中有10%的血红蛋白与CO结合时,或者空气中的CO浓度大于$50\mu g \cdot g^{-1}$时,人体因不能得到足以维持生命的氧气而致死。

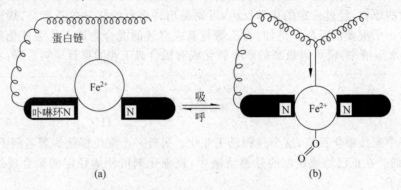

图10-12 氧合前后Fe^{2+}在卟啉环中的位置示意图
(a) 氧合前;(b) 氧合后

2. 将光能转变成化学能的叶绿素

叶绿素是植物体内一组色素。它们类似于血红素,也以卟吩环为其主体,不过它的卟吩环上的取代基为两个不同的羧酸酯基。卟吩环的中心金属是Mg^{2+}离子,这是叶绿素分子中带极性的部分,有亲水性,参见图10-11(右)。卟吩环部分是一个庞大的共轭系统。人们推测它依靠了作为"叶绿素的天线"的胡萝卜素吸收日光将光能传给叶绿素分子,使之激发并产生电子转移,电子又递给其他反应物,如三磷酸腺苷等,所产生的氧化型中间体可使水分子氧化释放O_2,而还原型中间体可将CO_2转化成葡萄糖,作为化学能储存起来,光合作用的机理极为复杂,目前仍不甚清楚。M. Calvin为阐明光合作用做了开拓性的工作而获1961年诺贝尔化学奖。

3. 抗恶性贫血的维生素B_{12}

VB_{12}是含钴的配合物,是含金属元素的维生素,常称钴胺素。早在1926年人们就知道食用肝脏有助于恶性贫血症患者的病情好转。随即人们花了20多年的时间终于从肝脏中寻找到并确定了其中的活性因子即VB_{12}。VB_{12}的结构如图10-13所示。VB_{12}的中心金属是六配位的Co^{3+}离子,它受到平面大环分子咕啉的4个氮原子的配位,第五个配位原子是苯并咪唑的氮原子,R表示与其相对的第六个配体基团,R可为CN^-,NO_2^-,SO_3^{2-},$—CH_3$,OH^-及$5'$-脱氧腺苷等。肝脏来源不同,R基不同。不过R为$5'$-脱氧腺苷的钴胺素是体内主要存在形式,又称B_{12}辅酶。维生素B_{12}对维持机体正常生长、细胞和红细胞的产生有极其重要的作用。它可促进包括氨基酸的生物合成等代谢过程中的生化反应。

英国女化学家D. Hodgkin与美国化学家R. Woodward因分别合成了VB_{12},并确定了其化学结构而获得1964年与1965年诺贝尔化学奖。

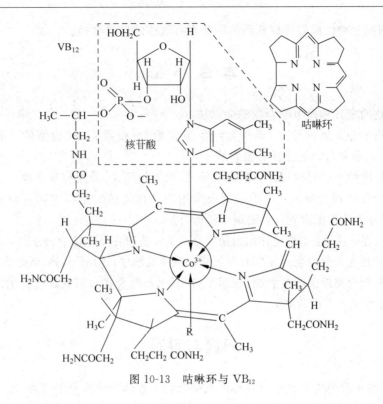

图 10-13 咕啉环与 VB_{12}

4. 配合物与抗癌药

人体必需的金属离子绝大多数以配合物的形式存在于体内,它们的功能主要促使酶活化,催化体内各种生化反应,因而是控制体内正常代谢活动的关键因素。另一方面若体内存在着有害金属离子,如重金属 Pb^{2+},Hg^{2+},Cd^{2+} 和放射性元素 U 等,可以选择合适的螯合剂与它们配合而排出体外,此法称为螯合疗法,所用的螯合剂称为解毒剂。解毒剂必须能与有害金属离子形成更为稳定的配合物,对人体无毒,且便于排出体外。对 Pb,U 等有害元素常用 $Na_2Ca(EDTA)$ 作解毒剂;对于 Hg,Cd,As 等常用 2,3-二巯基丙醇作解毒剂。早期使用 EDTA 钠盐来排除体内重金属时,由于解毒剂缺乏选择性,在排毒的同时,也会螯合其他生命必需金属,如钙,故钙也随之排出体外,导致血钙水平的降低而引起痉挛。为此改用 $Na_2Ca(EDTA)$ 既可顺利排铅而又保持血钙不受影响。同理,为了排除体内的镉而不使锌受影响,则可将解毒剂转化为锌配合物后使用。

当前癌症已经成为人类健康的巨大威胁,而配位作用有可能用来探讨致癌与治疗癌症。例如,自从 1969 年开始报道了某些二价、四价铂的配合物,尤其是顺-$Pt(NH_3)_2Cl_2$ 有显著的抑制肿瘤的作用。但它有毒性大,水溶性小的缺点,因此人们又设计并合成新的配合物,

如 (结构式) , (结构式) 等并做了临床试验予以验证。

除了铂外,人们还设计尝试用含 Rh,Pd,Ir,Cu,Ni,Fe,Ti,Zr,Sn 等元素的某些配合物来治

疗癌症。目前配合物已成为抗癌新药的一条很有价值的探索途径。

本 章 小 结

1. 配合物的定义和简单配合物的命名法。
2. 配合物中心金属的原子(离子)半径、氧化数、配位数、空间构型的大致关系,单基(齿)、双基(齿)、多基(齿)配位体和螯合物。
3. 配合物中的一些异构现象:顺式与反式,面式与经式,手性与旋光性。
4. 配合物价键理论要点:①中心金属采用的杂化轨道类型与空间几何构型;②σ配键;③内轨型与外轨型配合物;④磁矩,高、低自旋。
5. 晶体场理论要点:①静电作用力使中心离子 d 轨道在晶体场中的分裂;②正八面体场中的 t_{2g} 与 e_g 轨道与其分裂能 Δ_O;③化学光谱序列大致顺序;④磁矩,高、低自旋;⑤颜色。
6. 非经典配合物即夹心配合物、羰基配合物、大环配合物及簇状配合物的结构特点。
7. σ配键与反馈 π 键的同异。

问题与习题

10-1 哪些元素的离子或原子容易形成配合物中心体?哪些分子或离子常作为配合物的配位体?哪些元素常作为配位原子?它们形成配合物时需具备什么条件?

10-2 中心离子配位数皆为 6 的配合物浓度又都为 $0.001 mol \cdot L^{-1}$,试问下列各溶液导电能力大小的顺序,说明理由:
(1) $[CrCl_2(NH_3)_4]Cl$;
(2) $[Pt(NH_3)_6]Cl_4$;
(3) $K_3[PtCl_6]$;
(4) $[Co(NH_3)_6]Cl_3$。

10-3 请标出下列各配合物的中心离子、配位体、中心离子氧化数、配位离子的电荷数及配合物名称:
(1) $K[AgI_2]$;
(2) $[Cr(NH_3)_5Cl]SO_4$;
(3) $Na_3[AlF_6]$;
(4) $[Co(H_2O)_4(NH_3)_2]Cl_2$;
(5) $[Cr(NH_3)_4Cl_2]Cl$;
(6) $K_4[Fe(CN)_6]$;
(7) $[CoCl_2(NH_3)_3(H_2O)]Cl$;
(8) $PtCl_4(NH_3)_2$;
(9) $[Co(NO_2)_3(NH_3)_3]$;
(10) $[Ag(NH_3)_2]Cl$;
(11) $PtCl_2(NH_3)_2$;
(12) $Ni(CO)_4$;

(13) $K_2[PtCl_6]$;

(14) $Fe(CO)_5$。

10-4 写出下列各配合物或配离子的化学式：

(1) 四水二氰合铁（Ⅲ）离子；

(2) 四氨草酸合镍（Ⅱ）；

(3) 六氰合锰（Ⅲ）酸钾；

(4) 四氯合金（Ⅲ）离子；

(5) 二硫代硫酸合银（Ⅰ）离子。

10-5 $[CdBr_2Cl_2]^{2-}$ 无同分异构体，其构型如何？而 $[NiBr_2Cl_2]^{2-}$ 有两个同分异构体，其构型又如何？请图示说明。

10-6 写出下列配合物的分子结构：

(1) 顺-二氯·四氰合铬（Ⅲ）；

(2) 反-二氯·二（三甲基膦）合钯（Ⅱ）（注：三甲基膦为 $(CH_3)_3P$）；

(3) 经-三氯·三氨合钴（Ⅲ）；

(4) 面-三硝基·三水合钴（Ⅲ）。

10-7 画出配位化合物的同分异构体：

(1) $[PtBr_2(NH_3)_2]$；

(2) $[Co(NH_3)_4(NO_2)_2]$。

10-8 (1) 配合物 Ma_2b_2 分子在构成四面体型或平面四方形分子构型时各有什么样的异构体？

(2) 写出平面型配合物 Mabcd 分子：$[Pt(NH_3)(NH_2OH)Py(NO_2)]^+$ 的可能的几何异构体（配体中的配位原子都是氮）。

(3) 写出 $[Cr(en)_2Cl_2]^+$ 配离子的异构体，标注其顺、反式，指出何种异构体具有旋光异构现象。

10-9 配合物价键理论和晶体场理论的基本要点各是什么？后者比前者有何优点？晶体场理论如何解释配离子的颜色问题？

10-10 已知某些金属铂配合物可作为活性抗癌试剂，它们是顺-$PtCl_4(NH_3)_2$、顺-$PtCl_2(NH_3)_2$ 和顺-$PtCl_2(en)$（所有反式异构体抗癌皆无效）。实验测得它们都是反磁性物质。试用价键理论画出这些配合物的杂化轨道图，它们是内轨型还是外轨型？各采用哪种类型的杂化轨道？

10-11 已知 $[Ni(CO)_4]$ 和 $[Ni(CN)_4]^{2-}$ 为反磁性的，试判断其中心体（原子和离子）的构型、杂化轨道和配合物空间构型，并指出它们属内轨型还是外轨型配合物。

10-12 Cr^{3+}，Cr^{2+}，Mn^{2+}，Fe^{2+}，Co^{3+}，Co^{2+} 离子在强的和弱的正八面体晶体场中各有多少未成对电子，绘图说明 t_{2g} 和 e_g 电子数目。

10-13 d^7 构型金属在正八面体场中，当 $\Delta_o > 30000\text{cm}^{-1}$ 及 $\Delta_o < 30000\text{cm}^{-1}$ 时电子构型、磁矩分别如何？

10-14 比较正八面体晶体场与正四面体晶体场下 d 轨道分裂与配合物自旋的特点。讨论平面四方形晶体场下 d 轨道的分裂。

10-15 为什么 F、O、N、C 电负性依次减小而 CN^-，CO 在化学光谱序列中的配位能力远远强于卤素负离子？

10-16　举例说明烯烃和芳环的配合物的共同点。
10-17　试讨论配合物中配位类型：σ型，π型。
10-18　试讨论σ配键与反馈π键的异同。
10-19　试讨论螯合物的稳定性和冠(穴)醚配合物的稳定性。
10-20　主客体化合物与配位化合物的关系如何？
10-21　试举出一些典型的非经典的新型配合物。
10-22　试各举一例说明配合物在分析、冶金、电镀、石油化工、药物中的应用。
10-23　试说明叶绿素、血红素主要的异同点。
10-24　简要说明配合物在生物体系中的重要作用。

第 11 章 元素化学概论

自然界千变万化的物质都是由 100 多种化学元素组成的,而这 100 多种元素的基态电子构型呈现周期性的递变规律,这就是元素周期律的基础。化学变化的实质是价层电子的重排,是旧化学键断裂和新化学键形成的过程。元素及其化合物的性质虽然千差万别,但本质上都是由于组成这些化合物元素的基态或化合态的价层电子结构不同、重排能力不同引起的。掌握元素的价层电子的周期性变化规律,对理解并预测元素及其化合物性质有重要的意义。周期表中各元素按其价层电子构型可分为 s,p,d,ds 和 f 区,了解各区中元素的分布情况,掌握它们的共性和差异,是学习元素化学知识的基础。

11.1 s 区元素

第 Ⅰ A 族包括氢、锂、钠、钾、铷、铯、钫 7 种元素,其中除 H 以外元素称为碱金属元素。第 Ⅱ A 族包括铍、镁、钙、锶、钡、镭 6 种元素,又称碱土金属元素。碱金属元素和碱土金属元素位于周期表的左侧,它们的价层电子构型分别为 ns^1 和 ns^2,原子最外层只有 1~2 个 s 电子,因此把这些元素统称为 s 区元素。s 区元素中钫和镭是放射性元素。

11.1.1 s 区元素的性质

碱金属和碱土金属的一些性质分别列于表 11-1 和表 11-2 中。

表 11-1 碱金属的基本性质

	Li	Na	K	Rb	Cs
价层电子构型	$2s^1$	$3s^1$	$4s^1$	$5s^1$	$6s^1$
金属半径/pm	152	186	227	248	265
熔点/℃	180.54	97.82	63.38	39.31	28.44
密度/(g·cm^{-3})	0.534	0.968	0.89	1.532	1.8785
电负性	0.98	0.93	0.82	0.82	0.79
电离能 I_1/(kJ·mol^{-1})	526.41	502.04	425.02	409.22	381.90
标准电极电势 $E^\ominus$(M$^+$/M)/V	−3.040	−2.714	−2.936	−2.943	−3.027
晶体类型	体心立方	体心立方	体心立方	体心立方	体心立方

表 11-2 碱土金属的基本性质

	Be	Mg	Ca	Sr	Ba
价层电子构型	$2s^2$	$3s^2$	$4s^2$	$5s^2$	$6s^2$
金属半径/pm	111	160	197	215	217
熔点/℃	1287	651	842	757	727
密度/(g·cm^{-3})	1.8477	1.738	1.55	2.64	3.51
电负性	1.57	1.31	1.00	0.95	0.89
电离能 I_1/(kJ·mol^{-1})	905.63	743.94	596.1	555.7	508.9
标准电极电势 $E^{\ominus}(M^{2+}/M)$/V	−1.968	−2.357	−2.869	−2.899	−2.906
晶体结构	六方(低温)体心立方(高温)	六方	面心立方	面心立方	体心立方

由表 11-1 和表 11-2 中数据可以看出:

(1) 碱金属和碱土金属最外层分别有 1 个和 2 个 ns 电子,而次外层为 8 电子的稳定结构(锂和铍的次外层是 2 电子),故这些元素很容易失去最外层的 1 个或 2 个 s 电子而形成相应的氧化值为+1 或+2 的阳离子,从而与其他元素形成离子型(Be 除外)化合物。

(2) s 区元素的一个重要的特点是各族元素通常只有一个稳定的氧化态。碱金属和碱土金属的常见氧化值分别为+1 和+2,这与它们的族序数是一致的。

(3) 碱金属的标准电极电势 $E^{\ominus}$ 为−2.7～−3.0V,碱土金属的 $E^{\ominus}$ 为−1.9～−2.9V,这表明它们都是活泼金属。

(4) 同一族中,随着原子序数的增加,原子半径依次增大,电离能依次减小。s 区元素中,铯元素的第一电离能最小。

11.1.2 s 区元素化合物的性质

1. 氧化物

(1) 正常氧化物

碱金属在空气中燃烧时只有锂生成氧化锂(白色固体)。在缺氧的空气中可以制得除锂以外其他碱金属的正常氧化物,但这种条件不易控制,所以其他碱金属的氧化物 M_2O 必须采用间接方法来制备。

碱金属氧化物 M_2O 与水化合生成氢氧化物 MOH,反应的程度从 Li_2O 到 Cs_2O 依次增强。Li_2O 与水反应很慢,而 Rb_2O 和 Cs_2O 与水反应时会燃烧甚至爆炸。

碱土金属在室温或加热下能和氧气直接化合生成氧化物 MO,也可以从它们的碳酸盐或硝酸盐等加热分解制得 MO,例如:

$$CaCO_3 = CaO + CO_2 \uparrow$$
$$2Sr(NO_3)_2 = 2SrO + 4NO_2 \uparrow + O_2 \uparrow$$

碱土金属氧化物都是白色固体,除 BeO 外都与氯化钠具有相同晶格的离子型化合物。由于正负离子都带有两个电荷,M—O 的距离较小,所以 MO 具有较大的晶格能,熔点和硬度都相当高。晶格中离子间距离随原子序数增加依次增加,除 BeO 外,熔点也是依次下降。BeO 和 MgO 常用来制造耐火材料和金属陶瓷,CaO 是重要的建筑材料。

(2) 过氧化物

过氧化物中含有过氧离子 O_2^{2-}。碱金属最常见的过氧化物是过氧化钠,实际用途也较大。Na_2O_2 与水或稀酸反应而产生 H_2O_2,H_2O_2 立即分解放出氧气,所以 Na_2O_2 常被用作氧气发生剂。Na_2O_2 与 CO_2 反应也能放出氧气,利用这一性质 Na_2O_2 在防毒面具、高空飞行和潜艇中用作 CO_2 的吸收剂和供氧剂。此外,在工业上 Na_2O_2 可用作氧化剂,使难熔矿石分解,还可以用作漂白剂。

(3) 超氧化物

钾、铷、铯在过量的氧气中燃烧得到超氧化物 MO_2。KO_2 是橙黄色固体,RbO_2 是深棕色固体,CsO_2 是深黄色固体。

2. 氢氧化物

碱金属、碱土金属的氢氧化物中,除 $Be(OH)_2$ 为两性氢氧化物外,其他都是强碱或中强碱。这两组元素氢氧化物碱性的递变次序如下:

LiOH＜NaOH＜KOH＜RbOH＜CsOH
中强碱　强碱　　强碱　　强碱　　强碱

$Be(OH)_2$＜$Mg(OH)_2$＜$Ca(OH)_2$＜$Sr(OH)_2$＜$Ba(OH)_2$
两性　　中强碱　　　强碱　　　　强碱　　　　强碱

碱金属的氢氧化物对纤维和皮肤有强烈的腐蚀作用,所以称它们为苛性碱,氢氧化钠和氢氧化钾分别称为苛性钠(又名烧碱)和苛性钾。它们都是白色晶状固体,具有较低的熔点。除氢氧化锂外,其余碱金属的氢氧化物都易溶于水并放出大量的热,在空气中容易吸湿潮解,所以固体 NaOH 是常用的干燥剂。它们还容易与空气中的 CO_2 反应而生成碳酸盐,所以要密封保存,但 NaOH 表面总难免要接触空气而带有一些 Na_2CO_3。如果配制 NaOH 的饱和溶液,Na_2CO_3 由于不溶于饱和 NaOH 溶液而沉淀析出,从而制得不含 Na_2CO_3 的 NaOH 溶液。

3. 盐类

(1) 晶体类型

碱金属的盐大多数是离子晶体,有较高的熔点(表 11-3)和沸点。由于 Li^+ 半径很小,极化能力较强,它的某些盐(如卤化物)会表现出一定程度的共价性。

表 11-3　碱金属盐类的熔点　　　　　　　　　　　℃

碱金属元素	氯化物	硝酸盐	碳酸盐	硫酸盐
Li	613	～255	720	859
Na	800.8	307	858.1	880
K	771	333	901	1069
Rb	715	305	837	1050
Cs	646	414	792	1005

碱土金属离子带2个正电荷,其离子半径比同周期的碱金属离子小,极化力增强,因此碱土金属盐的离子化合物特征比碱金属差。例如,碱土金属氯化物的熔点从 Be 到 Ba 依次增高:

	$BeCl_2$	$MgCl_2$	$CaCl_2$	$SrCl_2$	$BaCl_2$
熔点/℃	415	714	775	874	962

其中,$BeCl_2$ 的熔点明显降低,这是由于 Be^{2+} 半径小,电荷数较多,极化力较强,它与 Cl^-,Br^-,I^- 等极化率较大的阴离子形成的化合物已过渡为共价化合物。$BeCl_2$ 易于升华,气态时形成双聚分子$(BeCl_2)_2$,固态时形成多聚物$(BeCl_2)_n$,能溶于有机溶剂,这些性质都表明了 $BeCl_2$ 的共价化合物特性。$MgCl_2$ 也有一定程度的共价化合物特性。但同族元素随着离子半径的增大,两种元素间成键的离子性也增强。

由于碱金属离子 M^+ 和碱土金属离子 M^{2+} 是无色的,所以它们的盐类的颜色一般取决于阴离子的颜色。无色阴离子(如 X^-,NO_3^-,SO_4^{2-},ClO_3^- 等)与之形成的盐一般是无色或白色的,而有色阴离子与之形成的盐则具有阴离子的颜色,如紫色的 $KMnO_4$,黄色的 $BaCrO_4$、橙色的 $K_2Cr_2O_7$ 等。

(2) 溶解度

碱金属的盐类大多数都易溶于水,少数锂盐难溶于水,如 LiF,Li_2CO_3,Li_3PO_4 等。碱土金属的盐比相应的碱金属盐溶解度小。碱土金属的硝酸盐、氯酸盐、高氯酸盐和醋酸盐等是易溶的。卤化物中除氟化物外,也是易溶的。但碱土金属的碳酸盐、磷酸盐和草酸盐都是难溶的。钙盐中以 CaC_2O_4 的溶解度为最小,因此常用生成白色 CaC_2O_4 沉淀的反应来鉴定 Ca^{2+}。碱土金属的卤化物、硝酸盐溶解度较大,硫酸盐、铬酸盐的溶解度差别较大(见表 11-4)。例如,离子半径较小的 Be^{2+} 与较大的阴离子 SO_4^{2-},CrO_4^{2-} 形成的盐 $BeSO_4$,$BeCrO_4$ 是易溶的,而离子半径较大的 Ba^{2+} 的相应盐类 $BaSO_4$,$BaCrO_4$ 则是难溶的。$BaSO_4$ 的溶解度特别小,是唯一无毒的钡盐,它能强烈吸收 X 射线,可在医学上用于肠胃 X 射线透视造影。$BaSO_4$ 甚至不溶于酸,因此可以用 Ba^{2+} 来在强酸性条件下鉴定 SO_4^{2-}。而 Ba^{2+} 的鉴定则常用生成黄色 $BaCrO_4$ 沉淀的反应。

表 11-4 碱土金属某些难溶化合物的溶度积 $K_{sp}^{\ominus}$

	OH^-	F^-	SO_4^{2-}	CrO_4^{2-}
Be	6.7×10^{-22}	—	—	—
Mg	1.8×10^{-11}	8×10^{-8}	—	—
Ca	5.5×10^{-6}	1.7×10^{-10}	9.1×10^{-6}	7.1×10^{-4}
Sr	3.2×10^{-4}	8×10^{-10}	8×10^{-7}	3.6×10^{-5}
Ba	5×10^{-3}	2.4×10^{-5}	1.1×10^{-10}	1.2×10^{-10}

(3) 热稳定性

碱金属盐一般具有较强的热稳定性。碱金属卤化物在高温时挥发而不易分解；硫酸盐在高温下既不挥发也难分解；碳酸盐中除 Li_2CO_3 在 700℃部分地分解为 Li_2O 和 CO_2 外，其余的在 800℃以下均不分解。碱金属的硝酸盐热稳定性差，加热时易分解，例如：

$$4LiNO_3 \xrightarrow{700℃} 2Li_2O + 4NO_2 + O_2 \uparrow$$

$$2NaNO_3 \xrightarrow{730℃} 2NaNO_2 + O_2 \uparrow$$

$$2KNO_3 \xrightarrow{670℃} 2KNO_2 + O_2 \uparrow$$

碱土金属的卤化物、硫酸盐、碳酸盐对热也较稳定，碳酸盐热稳定性较碱金属碳酸盐要低，是由于它们电荷高，极化作用强。除 $BeCO_3$ 外，只有在加强热的情况下，才能分解成为 MO 和 CO_2。碳酸盐的热稳定性从 Be→Ba 的顺序递增，这同碱土金属离子 M^{2+} 的半径从 Be→Ba 逐渐增大有关。

锂 的 用 途

锂号称"稀有金属"，其实它在地壳中的含量不算"稀有"，地壳中约有 0.0065% 的锂，其丰度居第 27 位。已知含锂的矿物有 150 多种，其中主要有锂辉石、锂云母、透锂长石等。海水中锂的含量不算少，总储量达 2600 亿 t，可惜浓度太小，提炼困难。某些矿泉水和植物机体里，含有丰富的锂。如有些红色、黄色的海藻和烟草中，往往含有较多的锂化合物，可供开发利用。我国的锂矿资源丰富，以目前我国的锂盐产量计算，仅江西云母锂矿就可供开采上百年。

锂不但是既轻又软、比热容最大的金属，而且还是一般材料中在常温下呈固体状态的最轻的一种，通常储藏于煤油或液体石蜡中。纯锂的密度跟干燥的木材差不多，等于轻金属铝的密度的五分之一，几乎只有同体积水的质量的一半。即使把锂放到汽油中，它也会像软木塞一样轻轻地浮起来。

荧光屏是把荧光物质涂在玻璃上制成的。不过这不是普通的玻璃，而是加进了锂的锂玻璃。在玻璃中加进锂或锂的化合物，可以提高玻璃的强度和韧性。

把含锂的陶瓷涂到钢铁或铝、镁等金属的表面，形成一层薄而轻、光亮而耐热的涂层，可作喷气发动机燃烧室和火箭、导弹外壳的保护层。锂与铝、镁、铍等形成的合金，既轻又韧，已大量用于导弹、火箭、飞机等制造上。

润滑剂中加进锂的化合物，可以大大改善润滑效能。此种润滑剂适用于温度 $-50 \sim 200℃$ 范围，因此广泛应用于航空、动力等部门的各种机械装置和仪器仪表。

某些锂的有机化合物，如硬脂酸锂、软脂酸锂等，它们的物理性能不随环境温度变化而改变，是安全可靠的润滑剂，并具有"永久性"作用。如果在汽车的一些零件上加一次锂润滑剂，就足以用到汽车报废为止。

氢化锂遇水发生猛烈的化学反应，产生大量的氢气。2kg 氢化锂分解后，可以放出氢气566kL。氢化锂的确是名不虚传的"制造氢气的工厂"。第二次世界大战期间，美国飞行员备有轻便的氢气源——氢化锂丸作应急之用。飞机失事坠落在水面时，只要一碰到水，氢化锂就立即与水发生反应，释放出大量的氢气，使救生设备(救生艇、救生衣、信号气球等)充气膨胀。

碱性蓄电池组的电解质溶液里有氢氧化钠溶液,加入几克氢氧化锂溶液,蓄电池的使用寿命就可以增加两倍,工作温度范围可达-20~40℃。

锂-氯、锂-硒之类的电池,已在手机、笔记本电脑以及某些国防军事部门中得到应用。用锂离子电池储电来驱动汽车,行车费用只有普通汽油发动机汽车的三分之一。锂离子高能电池是很有前途的动力电池。它重量轻,储电能力大,充电速度快,适用范围广,生产成本低,工作时不会产生有害气体,不至于造成大气污染。由锂制取氚,用来发动原子电池组,中间不需充电,可连续工作20年。

氢弹里装的不是普通的氢,而是比普通氢几乎要重1倍的重氢(氘)或重2倍的超重氢(氚)。用锂能够生产氚,还能制造氢化锂、氘化锂、氚化锂。早期的氢弹都用氘和氚的混合物作"炸药",当今的氢弹里的"爆炸物"多数是锂和氘的化合物——氘化锂。我国1967年6月17日成功爆炸的第一颗氢弹,其中的"炸药"就是氢化锂和氘化锂。1kg氘化锂的爆炸力相当于5万t烈性TNT炸药。据估计,1kg铀的能量若都释放出来可以使一列火车运行4万km,1kg氘和氚的混合物却可以使一列火车从地球开到月球;而1kg锂通过热核反应放出的能量,相当于燃烧2万多吨优质煤,比1kg铀通过裂变产生的原子能大10倍。

11.2 p 区元素

周期表中的第ⅢA~ⅦA族和零族,其价电子构型为 $ns^2np^{1\sim6}$,称为 p 区元素。p 区元素可以分为金属元素与非金属元素两大类,金属元素分布在 p 区的左下方,它们的中文元素名称都含有"钅"旁。非金属元素中,常温常压下单质为气态的其中文的元素名称含有"气"字头,单质为液态的只有一种Br(溴)元素,它的中文名称含有"氵"旁;其他非金属元素其单质在常温常压下为固态,中文名称都含有"石"字旁。在斜角线两侧的元素如Si,Ge,As,Sb,Te等既有金属性也有非金属性,有半金属或准金属之称,是制造半导体材料的重要元素。p 区元素最重要的性质是氧化还原性和酸碱性。

11.2.1 p 区元素的氧化还原性

p 区元素的 ns 电子和 np 电子都能参与成键,有些元素可以接受电子成负价离子,容易和 s 区元素形成离子型化合物,如 NaCl,KBr 等。p 区非金属元素的电负性都较大,不容易给出电子,它们之间可以共用电子对形成共价型化合物,如常见的 SO_2,CO_2 等都是共价型化合物。非金属元素还可以提供孤对电子对作为配位原子形成配合物,F,O,N 等是常见的配位原子。

p 区元素的一个特点是因参与成键的电子数目不同,一种元素可以有多种氧化态,各族元素常见的氧化态见表11-5。

表 11-5 p 区元素常见的氧化态

III ns^2np^1	IV ns^2np^2	V ns^2np^3	VI ns^2np^4	VII ns^2np^5	0 ns^2np^6
	−4	−3	−2	−1	
0	0	0	0	0	0
+1	+2	+3	+2	+1	
+3	+4	+5	+4	+3	
			+6	+5	
				+7	

若以 m 代表族数,则元素的最低氧化态为 $m-8$,如卤族为 −1,氧族为 −2,即得到 $8-m$ 个电子形成 ns^2np^6 稳定结构,如 Cl^-、S^{2-} 等;最高氧化态则与族序数相等,为 $+m$,如高氯酸 $HClO_4$ 中 Cl 的氧化态为 +7,H_2SO_4 中 S 的氧化态为 +6,即表明参与成键的价电子有 m 个。各种元素常见的氧化态呈现 1,3,5 或 2,4,6 的不连续双间隔。表 11-5 所列氧化态是常见的,其实还有些其他情况,如 O 元素在 H_2O_2 中为 −1 氧化态,因为有过氧键(—O—O—)的存在。N 元素有 −3、0、+1、+2、+3、+4、+5 等氧化态的化合物,这都与它们的分子结构有关。由以上描述可见,p 区元素的化学性质丰富多彩,变化多端。

11.2.2 p 区元素的氧化物和含氧酸

氧元素是自然界最重要的元素之一,大部分 p 区元素和 s 区元素,都容易被氧化形成相应的氧化物。p 区元素的化合物种类繁多,最重要且令人关注的是氧化物、含氧酸(一般可以看作氧化物的水合产物)及其盐。氧化物最重要的化学性质是酸碱性,氧化物的酸碱性可以从几种不同的角度辨认:

(1) 最简单的方法是由水溶液的酸碱性直接判定。非金属氧化物的水合物显酸性,如 SO_2 的水合物为 H_2SO_3,酸性;金属氧化物的水合物显碱性,如 Na_2O 与水反应形成 NaOH,碱性。

(2) 有些氧化物难溶于水,则视其易与碱反应还是易与酸反应来判定其是酸性还是碱性氧化物。如 SiO_2 既不溶于水也难溶于酸,但能与碱反应,所以 SiO_2 为酸性氧化物;而 CaO 则不溶于碱而可溶于酸,所以 CaO 是碱性氧化物。

(3) 还有许多氧化物或氢氧化物既可溶于酸也可溶于碱,则为两性化合物。如 As_2O_3 可与强酸反应生成 As^{3+},但更容易与碱反应生成 AsO_2^-,所以 As_2O_3 具有两性,以酸性为主;Sb_2O_3 也为两性,但以碱性为主;而 Bi_2O_3 或 $Bi(OH)_3$ 可溶于酸形成 Bi^{3+},如 $Bi(NO_3)_3$,随 pH 值升高,Bi^{3+} 会生成难溶碱式盐,如 $BiO(NO_3)$,所以 $Bi(OH)_3$ 为碱性。

(4) 对金属氧化物而言,人们也常用是否容易形成含氧酸根来了解其酸碱性,如 Bi_2O_5 是否存在尚未有定论,但 Bi(V) 的含氧酸盐 $NaBiO_3$ 的存在是无疑的,它是很强的氧化剂,与 Bi(III) 相比,它更容易形成酸根,即酸性较强。

(5) 还有少数氧化物如 CO,NO 等,既不和酸作用,也不和碱作用,也没有相应的含氧酸盐,称为中性氧化物。

含氧酸是指那些酸根离子中含有氧原子的酸,如 H_2SO_4,HNO_3,H_3PO_4 等都是含氧酸,它们的盐叫做含氧酸盐,如 Na_2SO_4,KNO_3,$Ca_3(PO_4)_2$ 等。随形成酸根的中心原子氧化态不同及水合情况不同等,含氧酸变化多样,有必要先了解一下它们的命名。

1. p 区元素含氧酸的命名

随中心原子氧化态的高低可以有次、亚、正、高之分:选氧化价态居中的酸的冠以"正",但这个正字又经常被省略,如 $HClO_3$ 一般不叫正氯酸,而常称为氯酸。多一个氧原子即氧化态高了 2,冠以"高";少一个 O 即氧化态降低了 2,冠以"亚";比亚还少一个氧,即氧化态还要低 2,则冠之以"次"。如下所示:

$$HClO_4 \qquad HClO_3 \qquad HClO_2 \qquad HClO$$
$$\text{高氯酸} \qquad \text{氯酸} \qquad \text{亚氯酸} \qquad \text{次氯酸}$$

这些命名规则也适用于其他多种含氧酸。

随脱水情况不同,含氧酸又有正、偏、焦、聚之分:凡一个正某酸分子脱去一个水分子而成的酸称为偏某酸;凡 2 个正酸分子脱去一个水分子而成的酸称为焦某酸;3 个正酸分子缩去 2 个水分子的,则为三聚酸,例如:

$$H_3PO_4 \qquad HPO_3 \qquad H_4P_2O_7 \qquad H_5P_3O_{10}$$
$$\text{正磷酸} \qquad \text{偏磷酸} \qquad \text{焦磷酸} \qquad \text{三聚磷酸}$$

人们把由一种含氧酸缩合脱水得到的化合物称为同多酸,而由两种或两种以上含氧酸缩合脱水生成的化合物称为杂多酸,含氧酸缩合现象普遍存在于无机化合物中。

一个分子中成酸的中心原子不止一个,而原子之间又是直接相连的,则称为连某酸。如连二硫酸 $H_2S_2O_6$,连四硫酸 $H_2S_4O_6$:

连二硫酸　　　　　　　　　　　连四硫酸

硫与氧同在ⅥA族,硫酸根中 O 的位置可以被 S 取代而成为硫代硫酸 $H_2S_2O_3$,带有 5 个结晶水的硫代硫酸钠 $Na_2S_2O_3 \cdot 5H_2O$ 俗称海波,被广泛用于摄影的定影液中。含氧酸根中某个氧被过氧基所取代,则为过某酸,如过一硫酸的化学式为 H_2SO_5,过二硫酸的化学式为 $H_2S_2O_8$,从它们的结构简式可以看得更清楚。以上是常见的含氧酸的命名原则。

硫代硫酸　　　　　　　　　　过一硫酸　　　　　　　　　　过二硫酸

2. 含氧酸的酸性

含氧酸 H_mRO_n 可写为 $(HO)_mRO_{n-m}$，其中 R 代表成酸的中心原子。从结构简式看氧原子都和 R 成键，但有的 O 还和 H 成键，叫羟基氧；其他的 O 只和 R 成键，为非羟基氧，例如：

分子式	HXO	HXO$_2$	HXO$_3$	HXO$_4$
化合价	+1	+3	+5	+7
结构示意图	H—O—X	HO—X=O	$\begin{matrix}O\\\parallel\\HO-X=O\end{matrix}$	$\begin{matrix}O\\\parallel\\HO-X=O\\\parallel\\O\end{matrix}$

酸性的强弱视羟基是否容易给出 H^+ 而定。非羟基氧原子数越多，或中心原子 R 的氧化态越高，会使 R 原子对羟基氧的电子的吸引力越大，O—H 键的极性增强，就越容易放出 H^+，即酸性越大，例如：

化合物	化学式	$K_a^\ominus$	氯的几种含氧酸比较
高氯酸	HClO$_4$	1×10^8	
正氯酸	HClO$_3$	1×10^1	
亚氯酸	HClO$_2$	1×10^{-2}	非羟基氧增多，氯的氧化态增高，酸性增大
次氯酸	HClO	3×10^{-8}	

又如将同一族元素同一种氧化态的含氧酸相比较，则成酸原子半径越小或电负性越大，对羟基氧的吸引力越大，就越容易放出 H^+，酸性越大，例如：

化合物	化学式	$K_a^\ominus$	I,Br,Cl 元素比较
次氯酸	HClO	3×10^{-8}	
次溴酸	HBrO	3×10^{-9}	半径递减，电负性增大，酸性增大
次碘酸	HIO	2×10^{-11}	

将同一周期的几种高氧化态含氧酸相比较时，非羟基氧越多，R 电负性越大，氧化态越高，对羟基氧吸引力越大，越容易放出 H^+，酸性越大，例如：

化合物	化学式	$K_a^\ominus$	I,Br,Cl 元素比较
高氯酸	(OH)ClO$_3$	1×10^8	
硫酸	(OH)$_2$SO$_2$	1×10^{-2}	均为第三周期非金属，电负性依次增大，最高氧化态依次增高，非羟基氧增多，酸性增强
磷酸	(OH)$_3$PO	7×10^{-3}	
硅酸	(OH)$_4$Si	1×10^{-10}	

缩合酸的酸性总是大于原正酸，因为非羟基氧的增多，增大了对羟基氧的吸引力，如焦磷酸 $H_4P_2O_7$ 的 $K_{a1}^\ominus = 3.2\times 10^{-2}$，大于正磷酸 H_3PO_4 的 $K_{a1}^\ominus = 7\times 10^{-3}$。

由以上数据可以了解含氧酸酸性大小的递变规律，具体的 $K_a^\ominus$ 值可参阅有关手册或间接求算。

3. p 区元素含氧酸盐的热稳定性

多原子阴离子组成的化合物在加热时不及二元化合物稳定。将含氧酸盐加热,在绝大多数情况下分解为酸酐和金属氧化物或其他产物。如石灰石的主要成分是 $CaCO_3$,加热分解可以制得生石灰 CaO,炉窑温度取决于 $CaCO_3$ 的分解温度。石膏 $CaSO_4 \cdot 2H_2O$ 在 128℃左右脱水生成熟石膏 $2CaSO_4 \cdot H_2O$,在 163℃继续脱水,变成无水 $CaSO_4$,加热到 1800℃左右也得 CaO,但人们都不用这个方法制造 CaO,请读者思考其原因。

从表 11-6 所列 $\Delta_f H_m^\ominus$ 和 $\Delta_f G_m^\ominus$ 可以看到:硅酸盐最稳定,硫酸盐次之,碳酸盐和硝酸盐更次之。

表 11-6 几种含氧酸盐的 $\Delta_f H_m^\ominus$、$\Delta_f G_m^\ominus$ 和 $S_m^\ominus$

	Na_2SiO_3	Na_2SO_4	Na_2CO_3	$NaNO_3$	$CaSiO_3$	$CaSO_4$	$CaCO_3$	$Ca(NO_3)_2$
$\Delta_f H_m^\ominus/(kJ \cdot mol^{-1})$	−1519	−1385	−1131	−425	−1584	−1432	−1207	−937
$\Delta_f G_m^\ominus/(kJ \cdot mol^{-1})$	−1427	−1267	−1048	−366	−1499	−1320	−1129	−742
$S_m^\ominus/(kJ \cdot mol^{-1} \cdot K^{-1})$	0.114	0.150	0.136	0.116	0.0820	0.107	0.093	0.193

要注意的是,$\Delta_f H_m^\ominus$ 和 $\Delta_f G_m^\ominus$ 是指在 298K、100kPa 条件下,由稳定单质形成 1mol 该化合物时的焓变和 Gibbs 自由能变。在比较化合物的稳定性时,分解温度也不是 298.15K,所以只看 $\Delta_f G_m^\ominus$ 是不确切的,而要根据分解反应计算转向温度才能进行比较。

表 11-6 列举的是钠盐和钙盐,其他钾盐、镁盐的变化趋势大致也是如此。含氧酸盐的稳定性除了与含氧阴离子的结构有关以外,还和阳离子的极化力紧密相关。阳离子的极化能力越强,它越容易使阴离子变形,则盐的热稳定性就越差。因 H^+ 离子半径特别小,造成其离子极化能力特别强,所以同一元素的酸式盐热稳定性小于正盐。

11.3 d 区及 ds 区元素

d 区及 ds 区元素包括第ⅢB~ⅦB,Ⅷ,ⅠB~ⅡB族元素(不包括镧系元素和锕系元素)。它们都是金属元素,这些元素位于长式周期表的中部,即典型的金属元素和典型非金属元素之间。所以 d 区及 ds 区元素通常称为过渡元素或过渡金属。元素的外层价电子构型为 $(n-1)d^{1\sim10}ns^{1\sim2}$(Pd 为 $5s^0$)。d 区元素,其 $(n-1)d$ 轨道均未填满,所以 d 区元素不仅原子最外层的 s 电子会参与化学反应,部分或全部次外层 d 电子也会参与反应。

11.3.1 d 区及 ds 区元素的性质

同周期 d 区及 ds 区元素金属性递变规律不明显,反映出同周期各元素间从左到右的水平相似性,因此通常人们按照不同周期将过渡元素分为下列 3 个过渡系:

第一过渡系:第四周期的元素从钪(Sc)到锌(Zn);

第二过渡系:第五周期的元素从钇(Y)到镉(Cd);

第三过渡系：第六周期的元素从镥(Lu)到汞(Hg)。

第一过渡系元素的性质列于表 11-7 中。

表 11-7　d 区及 ds 区元素的一些性质

第一过渡系	价层电子构型	熔点/℃	沸点/℃	原子半径/pm	M^{2+}半径/pm	第一电离能/$(kJ \cdot mol^{-1})$	晶体类型
Sc	$3d^1 4s^2$	1541	2836	161	—	639.5	六方
Ti	$3d^2 4s^2$	1668	3287	145	90	664.6	六方
V	$3d^3 4s^2$	1917	3421	132	88	656.5	体心立方
Cr	$3d^5 4s^1$	1907	2679	125	84	659.0	体心立方
Mn	$3d^5 4s^2$	1244	2095	124	80	723.8	复杂
Fe	$3d^6 4s^2$	1535	2861	124	76	765.7	体心立方
Co	$3d^7 4s^2$	1494	2927	125	74	764.9	体心立方
Ni	$3d^8 4s^2$	1453	2884	125	72	742.5	面心立方
Cu	$3d^{10} 4s^1$	1085	2562	128	69	751.7	面心立方
Zn	$3d^{10} 4s^2$	420	907	133	74	912.6	六方

1. 氧化数的多样性

因为过渡元素除最外层的 s 电子可以作为价电子参与成键外，次外层 d 电子也可部分或全部作为价电子参加成键，所以过渡元素常有多种可变的氧化数，如表 11-8 所示。除Ⅷ族的 Fe,Co,Ni 等元素外，其他元素的最高氧化数一般与其族数相同，而ⅠB 的元素氧化数可高于其族数。一般来说，过渡元素的高氧化数化合物比其低氧化数化合物的氧化性强。过渡元素与非金属形成二元化合物时，往往只有电负性较大、阴离子难被氧化的非金属元素（氧或氟）才能与它们形成高氧化数的二元化合物，如 MnO_2。而电负性较小、阴离子易被氧化的非金属（如硫、溴、碘等），则难与它们形成高氧化数的二元化合物。在它们的高氧化数化合物中，以含氧酸盐较稳定。这些含氧酸盐中，以含氧酸根离子形式存在，如 MnO_4^-，CrO_4^{2-}，VO_4^{3-} 等。

表 11-8　过渡元素的各种氧化数

Sc	Ti	V	Cr	Mn	Fe	Co	Ni	Cu	Zn
	0	0	0	0	0	0	0		
				1	1			**1**	
	2	2	2	**2**	**2**	**2**	**2**	**2**	2
3	**3**	3	**3**	3	**3**	**3**	3	3	
	4	**4**	4	**4**	4	4	4		
		5	5	5	5				
			6	6	6				
				7					

注：表中黑体字为常见氧化数，氧化数为 0 的表示这种元素形成羰基化合物的氧化数。

2. d 区元素离子的颜色

过渡元素的水合离子或其他配体形成的配离子通常是有颜色的。这是因为这些离子吸收了一部分可见光的能量用以发生 d-d 跃迁,而把未吸收的光透过或散射出来。人们肉眼看到的就是这部分透过或散射出来的光,也就是该离子呈现的颜色。例如 $[Ti(H_2O)_6]^{3+}$ 主要吸收了蓝绿色的光,而透过的是紫色和红色光。因此 $[Ti(H_2O)_6]^{3+}$ 的溶液呈现淡红色调的紫色。由 d^0 和 d^{10} 构型的中心离子所形成的配合物在可见光的照射下不发生 d-d 跃迁,所以它们的溶液显示无色。如 $[Zn(H_2O)_6]^{2+}$ 中锌离子为 d^{10} 构型,其溶液为无色。此外,若离子的价电子跃迁所吸收或释放的光波波长不在可见光波段,也会使溶液呈现无色状态。

11.3.2 部分 d 区及 ds 区元素化合物的性质

1. Cr(Ⅲ)和 Cr(Ⅵ)的化合物及相互转化

铬(Cr)的价层电子构型为 $3d^54s^1$,有多种氧化数,其中以常见的氧化数为 +3 和 +6,这种氧化态的化合物也最为重要。Cr(Ⅲ) 和 Cr(Ⅵ) 的一些重要化合物为 $K_2Cr_2O_7$、K_2CrO_4、$CrCl_3 \cdot 6H_2O$ 及 Cr_2O_3 等。

氧化数为 +3 的 Cr 在酸性溶液中以一般离子形式存在,但由于 Cr^{3+} 周围有 6 个空轨道,极易与 Cl^-,H_2O 等形成配合离子,因此通常 Cr^{3+} 的表示形式只是为了方便,实际上并不存在;在碱性溶液则生成 $Cr(OH)_3$ 沉淀。$Cr(OH)_3$ 具有两性,在过量强碱存在时会溶解得到亚铬酸根离子 CrO_2^-(或 $Cr(OH)_4^-$)。

氧化数为 +6 的 Cr 的化合物主要有铬酸盐、重铬酸盐和三氧化铬等。在水溶液中,存在两种铬的酸根离子:CrO_4^{2-}(铬酸根)和 $Cr_2O_7^{2-}$(重铬酸根),不同 pH 值时两种酸根的浓度分布不同,在较低 pH 时,溶液中以 $Cr_2O_7^{2-}$ 为主,溶液为橙色;而在较高 pH 时,溶液中以 CrO_4^{2-} 离子为主,溶液为黄色:

$$2CrO_4^{2-} + 2H^+ \rightleftharpoons Cr_2O_7^{2-} + H_2O$$

在酸性介质和碱性介质中,Cr(Ⅵ) 的电极电势差别很大:

$$CrO_4^{2-} + 4H_2O + 3e^- \rightleftharpoons Cr(OH)_3 + 5OH^- \quad E^\ominus = -0.13V$$
$$Cr_2O_7^{2-} + 14H^+ + 6e^- \rightleftharpoons 2Cr^{3+} + 7H_2O \quad E^\ominus = 1.23V$$

从标准电极电势大小可以看出,在酸性介质中 Cr(Ⅵ) 的氧化性较强,而在碱性介质中 Cr(Ⅲ) 的还原性较强。因此,要将 Cr(Ⅵ) 还原到 Cr(Ⅲ),宜在酸性溶液中进行;将 Cr(Ⅲ) 转化为 Cr(Ⅵ),则宜在碱性条件下进行。因为重铬酸盐在酸性溶液中有强氧化性,重铬酸钾的饱和溶液与浓硫酸的混合物可以作为"洗液",将有机分子氧化分解使其易溶于水,在化学试验中用于洗涤玻璃器皿。

在酸性溶液中,$Cr_2O_7^{2-}$ 能氧化 H_2O_2:

$$Cr_2O_7^{2-} + 3H_2O_2 + 8H^+ \rightleftharpoons 2Cr^{3+} + 3O_2\uparrow + 7H_2O$$

在反应过程中,先生成过氧化铬:

$$Cr_2O_7^{2-} + 4H_2O_2 + 2H^+ \rightleftharpoons 2CrO(O_2)_2 + 5H_2O$$

$CrO(O_2)_2$ 不稳定,会逐渐分解成 Cr^{3+},并放出 O_2。$CrO(O_2)_2$ 在乙醚或戊醇中由于形成了复合物而较为稳定:

$$CrO_5 + (C_2H_5)_2O \rightleftharpoons CrO_5 \cdot (C_2H_5)_2O(深蓝色)$$

过氧化铬的乙醚复合物为深蓝色,这个反应常用来鉴定 Cr(Ⅵ)。

往重铬酸钾的溶液中加入浓 H_2SO_4,可以析出橙红色的三氧化铬晶体。CrO_3 是一种强氧化剂,遇热不稳定,超过熔点便逐步分解生成 Cr_2O_3 放出氧。CrO_3 溶于水生成铬酸 H_2CrO_4,但铬酸只存在于水溶液中,不能以游离态存在。

2. 不同氧化数的锰的化合物

锰位于元素周期表的ⅦB族,价层电子构型为 $3d^5 4s^2$。锰的氧化数可以为+7,+6,+5,+4,+3,+2,+1,0,其中氧化数为+2,+4,+6 和+7 的化合物最为常见。常见的锰的化合物及相关性质列于表 11-9 中。

表 11-9　锰的重要化合物及其性质

	颜色和状态	受热时的变化	溶解度/(g/(100g H_2O))
高锰酸钾($KMnO_4$)	紫黑色晶体	200℃ 以上分解为 K_2MnO_4,MnO_2 和 O_2	6.34,溶液稀释至 1∶500000 时,仍可看出颜色
锰酸钾(K_2MnO_4)	暗绿色晶体	640～680℃ 分解为 Mn_3O_4,O_2 和 K_2O	224.7g·L^{-1}(2mol·L^{-1} (KOH))形成绿色溶液
二氧化锰(MnO_2)	黑色粉末	530℃ 分解为 Mn_3O_4 和 O_2	不溶于水
硫酸锰($MnSO_4 \cdot 7H_2O$)	肉红色晶体	无水 $MnSO_4$ 为白色,灼烧变为 Mn_3O_4	60(10℃)
氯化锰($MnCl_2 \cdot 4H_2O$)	肉红色晶体	200～230℃ 部分分解出 HCl,无水 $MnCl_2$ 为红色片状,熔点为 650℃	143

锰的元素电势图如下:

在酸性介质中($E_a^\ominus$/V):

$$MnO_4^- \xrightarrow{+0.56} MnO_4^{2-} \xrightarrow{-2.27} MnO_2 \xrightarrow{-0.95} Mn^{3+} \xrightarrow{+1.49} Mn^{2+} \xrightarrow{-1.18} Mn$$

上方总跨度:+1.51(从 MnO_4^- 到 MnO_2);下方:+1.70(MnO_4^{2-} 到 Mn^{3+}),+1.23(MnO_2 到 Mn^{2+})

在碱性介质中($E_b^\ominus$/V):

$$MnO_4^- \xrightarrow{+0.56} MnO_4^{2-} \xrightarrow{+0.62} MnO_2 \xrightarrow{-0.20} Mn(OH)_3 \xrightarrow{-0.15} Mn(OH)_2 \xrightarrow{-1.55} Mn$$

下方:0.60(MnO_4^- 到 MnO_2),−0.04(MnO_2 到 $Mn(OH)_2$)

由电势图可知,在酸性介质中,Mn^{3+} 和 MnO_4^{2-} 都易发生歧化反应:

$$2Mn^{3+} + 2H_2O \Longrightarrow Mn^{2+} + MnO_2 \downarrow + 4H^+$$

$$3MnO_4^{2-} + 4H^+ \Longrightarrow 2MnO_4^- + MnO_2 \downarrow + 2H_2O$$

在酸性介质中,Mn^{2+} 比较稳定,不易被氧化,也不易被还原。锰(Ⅱ)盐除碳酸锰、磷酸锰等少数盐外,一般都溶于水,水合 Mn^{2+} 浓溶液呈浅粉红色。

在锰(Ⅱ)盐中加入强碱,则析出 $Mn(OH)_2$ 白色沉淀,$Mn(OH)_2$ 不稳定,易被空气中的 O_2 氧化为 $Mn(OH)_3$,进而被氧化为褐色的水合二氧化锰 $MnO_2·H_2O$:

$$2Mn(OH)_2 + O_2 \Longrightarrow 2MnO(OH)_2$$

二氧化锰是重要的锰(Ⅳ)化合物。它是黑色不溶于水的固体,在酸性介质中表现出比较强的氧化性;在碱性介质中,有氧化剂存在时,能被氧化而转变成锰(Ⅵ)的化合物:

$$MnO_2 + 4HCl(浓) = MnCl_2 + Cl_2\uparrow + 2H_2O$$
$$2MnO_2 + 4KOH + O_2 = 2K_2MnO_4 + 2H_2O$$

锰（Ⅵ）是易歧化的氧化数状态。锰（Ⅵ）的化合物中，比较稳定的是锰酸盐。但 MnO_4^{2-} 在强碱性溶液中才能稳定存在。如果在酸性条件下，MnO_4^{2-} 会发生歧化。在碱性介质中也能发生歧化反应，但反应不如在酸性介质中进行得完全。

锰（Ⅶ）化合物中，高锰酸不稳定，常见和应用较广的是高锰酸盐。高锰酸根（MnO_4^-）是常用的氧化剂，常被用来氧化 Fe^{2+}，SO_3^{2-}，H_2S，I^-，Sn^{2+} 等，其还原产物因介质的酸碱性不同而有所不同。在酸性溶液中，MnO_4^- 被还原为 Mn^{2+}；在中性或弱碱性溶液中，MnO_4^- 被还原为 MnO_2；在浓碱溶液中，MnO_4^- 能被 OH^- 还原为绿色的 MnO_4^{2-}，并放出 O_2：

$$4MnO_4^- + 4OH^- = 4MnO_4^{2-} + O_2\uparrow + 2H_2O$$

通常使用 MnO_4^- 作氧化剂时，大都是在酸性介质中进行反应。

高锰酸钾在医药上和日常生活中广泛用于灭菌消毒。例如，用 0.1% 的 $KMnO_4$ 水溶液浸泡苹果、杨梅、樱桃、胡萝卜等果品，5min 后就可以杀死附着在表面的细菌和蛔虫等寄生虫卵，防止引发疾病，并能把残留在果皮外的各种农药氧化。医药上用以消炎、止痒、除臭和防治感染。

锰是多种氧化酶的组成成分，对植物的呼吸和光合作用有很大影响。不少作物施少量锰肥有增产效果，锰肥为微量元素肥料。

3. 铜族和锌族

周期表中ⅠB族的铜（Cu）、银（Ag）、金（Au）和ⅡB族的锌（Zn）、镉（Cd）、汞（Hg）最外层有 $ns^{1\sim2}$ 价电子，容易形成氧化数为 +1 或 +2 的化合物。人们在认识周期律的初期，元素的化合价是确定其在周期表中位置的重要依据之一，所以一度认为它们应分属第ⅠA 和第ⅡA族，但其他的性质却与碱金属、碱土金属并不相似，所以把它们标记为第ⅠB族和第ⅡB族。如今从价电子构型可以清楚了解到，这些元素原子核外电子的次外层为 18 电子结构，而 s 区元素的次外层为 8 电子结构，在长式周期表中位于Ⅷ族之后很合适，归于 d 区（如果详细地划分也可以称为 ds 区）。

现将ⅠA，ⅡA 和ⅠB，ⅡB 部分元素的一些化学性质汇列于表 11-10 中。

表 11-10　ⅠA，ⅡA 和ⅠB，ⅡB 元素性质的比较

	ⅠA(K,Rb,Cs)	ⅡA(Ca,Sr,Ba)	ⅠB(Cu,Ag,Au)	ⅡB(Zn,Cd,Hg)
与氧作用	剧烈	剧烈	$Cu \xrightarrow{\triangle} CuO \xrightarrow{\triangle} Cu_2O$ $Ag, Au \xrightarrow{\triangle} \times$	$Zn, Cd \xrightarrow{1000℃} ZnO, CdO$ $Hg \xrightarrow{\triangle} HgO \longrightarrow 分解$
与水作用	剧烈	Ca 与冷水反应较缓慢，Sr 和 Ba 反应剧烈	不起作用	Zn 在高温与水蒸气作用；Cd 在高温与水蒸气作用生成 $Cd(OH)_2$；Hg 和 H_2O 不起作用
与酸作用	非常剧烈	很猛烈	Cu 与浓氧化性酸作用；Ag 与 HNO_3 起作用；Au 与王水起作用	Zn，Cd 和稀酸反应放出 H_2；Hg 和 HNO_3 作用

续表

	ⅠA(K,Rb,Cs)	ⅡA(Ca,Sr,Ba)	ⅠB(Cu,Ag,Au)	ⅡB(Zn,Cd,Hg)
氧化态	只有+1价	只有+2价	有变价。Cu有+1和+2价；Ag有+1,+2,+3价；Au有+1,+3价	Zn,Cd只有+2价；Hg有+1,+2价
化合物	离子型,不易形成配合物,氢氧化物强碱性	离子型,不易形成配合物,氢氧化物强碱性	共价型,很容易形成配合物,Cu(OH)$_2$两性碱性为主,AgOH不稳定易分解,Au(OH)$_3$两性酸性为主	共价型,也能形成配合物,Zn(OH)$_2$两性,Cd(OH)$_2$两性酸性极弱,Hg(OH)$_2$不稳定易分解

由表 11-10 可见：

(1) ⅠA,ⅡA都是活泼金属,而ⅠB中的金属在常温常压下则是不和水反应,非常稳定的金属,其中 Ag 和 Au 在自然界有单质存在,而 Cu 的冶炼发展较早,所以铜钱、银元、金元宝自古以来就是人们进行贸易的货币。所以铜族有"货币金属"之称。ⅡB金属比较活泼一些,尤其是 Zn,它们的化学性质介于ⅠB铜族和ⅡA碱土金属之间。

(2) 比较其氧化数。ⅠA族碱金属只有氧化数为+1的化合物,ⅡA碱土金属只有氧化数为+2的化合物,ⅡB族通常只有氧化数为+2的化合物,但汞能形成 Hg(Ⅰ)化合物,其中含的是—Hg—Hg—(即 Hg_2^{2+}),有相当的共价性。而ⅠB铜族与前面的过渡元素接近一些,它们的氧化数是可变的,这是由于铜族元素最外层的 ns 电子和次外层的 $(n-1)d$ 电子的能量相差不大的缘故。铜族元素最稳定的氧化数分别为：Cu 为+2,如 $CuSO_4$ 和 $CuCl_2$ 等；Ag 为+1,如 $AgNO_3$ 和 AgCl 等；Au 则为+3,如 $AuCl_3$ 和 Au_2O_3 等。例如,由铜的电势图可知,Cu^+/Cu 的 $E^\ominus$ 大于 Cu^{2+}/Cu^+ 的 $E^\ominus$,所以在水溶液中 Cu^+ 容易歧化变成 Cu^{2+} 和 Cu。在高温条件下情况则不同,黑色的 CuO 加热到 1026℃以上分解为红色的 Cu_2O。也就是说,在水溶液中 Cu(Ⅱ)稳定,而高温时则是 Cu(Ⅰ)稳定。

$$Cu^{2+} \xrightarrow{0.153V} Cu^+ \xrightarrow{0.521V} Cu$$

(3) ⅠA,ⅡA族易形成离子型化合物,不易形成配合物。而ⅠB,ⅡB族化合物很多为共价型并容易形成配合物,杂化轨道不仅有 sp,sp^2 和 sp^3,还可以有 dsp^2 和 sp^3d^2 等。其中 sp^3 四面体形和 dsp^2 平面四边形最为常见。

总之,铜族元素与碱金属元素差别较大,与其他 d 区元素相似多一些,而锌族元素的性质更接近碱土金属元素的。

*11.4 f 区 元 素

11.4.1 镧系元素

1. 镧系元素通性

位于周期表下方的 15 个镧系元素,挤在第六周期第ⅢB族的同一格子内,常用符号 Ln 作为镧系 15 个元素的总代表。它们的价层电子构型为 $4f^{1\sim14}5d^{0\sim1}6s^2$。$4f$ 轨道的能量略低于 $5d$,所以自铈(Ce)开始,随原子序数增加,电子依次填入 $4f$,只有钆($_{64}$Gd)新增电子进

入 $5d$,从而保持 $4f^7$ 的半充满,这样的电子排布符合 Hund 规则。

镧系元素的常见氧化数为+3,只有 $_{63}$Eu 和 $_{70}$Yb 容易形成+2 的氧化数,$_{58}$Ce 和 $_{65}$Tb 则容易形成+4 氧化数,这是因为 2 个或 4 个电子参与成键之后,有 f^7 或 f^{14} 壳层的形成。如镧与 O_2 作用都生成 La_2O_3,而 Ce 与 O_2 则生成 CeO_2,因为 Ce(Ⅳ)比 Ce(Ⅲ)更稳定。能以氧化数为+4 的状态稳定存在于水溶液的镧系离子只有 Ce^{4+},其氧化性很强,$Ce^{4+}+e \rightleftharpoons Ce^{3+}$ 的 $E^\ominus=1.45V$ 和 ClO_4^-/Cl^- 的 $E^\ominus$ 差不多,它可定量地使 Fe^{2+} 氧化为 Fe^{3+},用 Ce^{4+} 为氧化剂的定量分析方法叫做"铈量法"。Ln 在 300~400℃ 和 H_2 可以生成 LnH_2,但 EuH_2 和 YbH_2 为离子型氢化物,而其他 LnH_2 则为金属型氢化物,具有导电性,其实,这类金属氢化物中 Ln 的氧化态还是+3,因为还有一个电子占据导带成离域状态,所以能导电。

镧系金属都是活泼金属,它们的标准电极电势 $E^\ominus(Ln^{3+}/Ln)$ 都低于-2.0,其中只有 $E^\ominus(Eu^{3+}/Eu)=-2.0 V$。而在碱性介质中,$E^\ominus(Ln(OH)_3/Ln)$ 在-2.9~-2.7 之间,说明无论在酸性还是碱性介质中 Ln 都是活泼金属。

与 d 区元素离子相似,镧系元素离子的颜色也非常丰富。d 区元素离子的颜色主要来源于 d 轨道分裂,发生 d-d 跃迁;而镧系元素的颜色主要源于 f 轨道分裂,即 f-f 跃迁。由于 f 轨道深处内层,很少受到外界环境(如配体和溶剂)的影响,因此镧系离子的颜色和吸收光谱都相当稳定,可以用于定性和定量分析。此外,镧系元素 3 价阳离子的颜色呈现有趣的规律性,自 $_{57}La^{3+}$ 至 $_{71}Lu^{3+}$,其颜色由无色→有色→无色→有色→无色不断变化。以 $_{64}$Gd 为中点,分别向原子序数增加和减少两个方向移动时,颜色变化很相似,但由于镧系元素电子能级的复杂性,至今对这种颜色变化尚无明确的规律性解释。

镧系金属离子中,除了 La^{3+},Ce^{4+} 和 Lu^{3+} 的核外电子排布是全空或全满,具有反磁性之外,其他离子都有未成对电子,因此都具有顺磁性。由于镧系元素内层 f 电子的能级受外界环境变化的影响较小,因此镧系合金或化合物可作为优良的磁性材料。例如 Nb-Fe-B 永磁材料以及其他许多磁性材料中都应用了镧系元素。

2. 镧系收缩现象

镧系元素的原子半径与离子半径随原子序数的增加而缓慢减小的现象称为镧系收缩现象,如图 11-1 所示。由于镧系元素的电子几乎是依次填入内层的 $4f$ 轨道,而 f 轨道对外层电子的屏蔽效应显著,导致镧系元素的原子半径随原子序数增加缓慢下降,由 57 号元素 La 至 71 号元素 Lu,原子(金属)半径由 188pm 降低为 173pm。这是镧系元素物理化学性质相近的主要因素。由图 11-1 中还可以看到 Eu 和 Yb 的原子半径显著大于其他各元素。

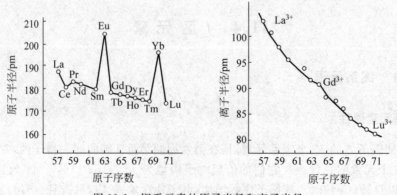

图 11-1 镧系元素的原子半径和离子半径

镧系收缩现象不仅影响到镧系元素,也使位于镧系元素后面ⅣB族的$_{72}$Hf(铪)和$_{40}$Zr(锆)、ⅤB族的$_{73}$Ta(钽)和$_{41}$Nb(铌)与ⅥB族的$_{74}$W(钨)和$_{42}$Mo(钼)的原子半径差不多相等。原子序数相差32,而原子半径却变化不大,导致这些第五周期、第六周期的同族元素性质非常相似,在自然界共生,难于分离,见表11-11。第六周期位于La后面的$_{72}$Hf,$_{73}$Ta,$_{74}$W,$_{75}$Re,$_{76}$Os等金属都具有密度大、熔点高、硬度大等特点,这也是因为受镧系收缩的影响,其核电荷增大,半径增加却很少,原子间作用力增强的缘故。这就是所谓的镧系收缩效应。

表 11-11 镧系收缩对于过渡元素金属半径的影响

ⅣB	原子半径/pm	ⅤB	原子半径/pm	ⅥB	原子半径/pm
$_{40}$Zr	160	$_{41}$Nb	146	$_{42}$Mo	139
$_{72}$Hf	159	$_{73}$Ta	146	$_{74}$W	139

总之,镧系15种元素以相似性为主,在自然界共生,因此镧系元素的分离是复杂而艰巨的工作。但它们也有微小的差异,可利用它们氧化还原能力的不同或溶解度的不同进行分离。化学家在19世纪初就发现了一种新元素,取名铈土,其实它是镧系元素的混合物。经历了几代人的努力,到20世纪初才把它们一一分离开来。时至今日,镧系元素已经在激光、磁记录、机电、合金、催化等领域有着广泛的应用。

11.4.2 锕系元素

15种锕系元素位于第七周期ⅢB族,在镧系的下面。它们的性质和镧系相似,存在锕系收缩现象;3价金属离子的颜色从无色→有色→无色,依次变化。

与镧系元素相比,锕系元素的核外电子排布更复杂。镧系元素的特征氧化数是+3,但是锕系元素则没有这么规律。锕系元素的主要氧化数除了+3之外,+2,+4和+5都比较常见。这主要由于5f电子比4f电子更容易失去,从而易于形成高价稳定离子。

锕系元素都是放射性元素,位于$_{92}$U之后的元素称为超铀元素。普通的化学反应涉及的是原子核外电子重排,而放射性化学反应则涉及原子核内中子和质子的重新组合,即核化学反应。

"稀土元素"是化学家们经常使用而又没有统一定义的化学术语。目前倾向性的看法是:由于ⅢB族元素钇(Y)钪(Sc)与镧系元素在自然界中常共生于某些矿物之中,它们之间也有许多相似之处,故称镧系元素与钇、钪为稀土元素,以 RE 表示。"稀土"这一名词起源于它们的矿物稀散,人们对它们的开发、研究和应用都比较晚,它们的氧化物和氢氧化物难溶于水,具有一定的"土性"。其实,稀土元素并不稀有,大部分稀土元素在地壳中的丰度比银多10倍以上。目前稀土元素的相关研究和应用蓬勃发展,已扩展到科学技术的各个方面,尤其现代一些新型功能性材料的研制和应用,稀土元素已成为不可缺少的原料。目前,我国在稀土超导材料的研究方面取得了许多有意义的突破。我国稀土资源十分丰富,并且矿种全,类型多,有很高的综合利用价值,我国的稀土产量已跃居到世界第一位。

本 章 小 结

元素化学的内容非常丰富和繁杂。元素周期表中的元素按照价层电子构型分为 s,p,d,ds,f 共5个区,本章概要介绍了每个区元素及其化合物的主要特点和变化规律。内容包括 s 区元素的氧化物、氢氧化物、氢化物及盐类的晶体类型、溶解度、热稳定性、氢氧化物的碱性,p 区元素的氧化还原性、含氧酸的酸性、含氧酸盐的热稳定性与用途,d 区元素氧化态的多样性。简单介绍了 Cr,Mn,ⅠB,ⅡB 元素及其化合物的性质,以及 f 区元素的性质和镧系收缩现象。

问题与习题

11-1 解释下列现象:
(1) CsF 虽有最高的离子性,但 CsF 熔点却较低。
(2) 碱土金属比相应的碱金属的熔点高、硬度大。
(3) $BeCl_2$ 为共价化合物,而 $MgCl_2$,$CaCl_2$ 等为离子化合物。
(4) $Mg(OH)_2$ 溶于 NH_4Cl 溶液,而不溶于 NaOH 溶液。

11-2 碱金属及其氢氧化物为什么不能在自然界中存在?

11-3 解释为什么 $CuSO_4$ 水溶液呈蓝色,而 $ZnSO_4$ 水溶液呈无色。

11-4 为什么 Na_2O_2 常被用作制氧剂?

11-5 为什么 O_2 为非极性分子而 O_3 为极性分子?

11-6 比较下列物质在水溶液中的酸性强弱:H_4SiO_4,$HClO_4$,C_2H_5OH,NH_3,NH_4^+,HSO_4^-。

11-7 H_3BO_3 和 H_3PO_3 化学式相似,为什么 H_3BO_3 为一元酸而 H_3PO_3 为二元酸?

11-8 解释下列物质的酸性变化规律:
(1) HClO>HBrO>HIO;
(2) $HClO_4$>$HClO_3$>$HClO_2$>HClO。

11-9 完成并配平下列方程式:
(1) 向酸性 $K_2Cr_2O_7$ 溶液中加入 H_2O_2 生成绿色溶液;
(2) 高锰酸钾在酸性、碱性、中性介质中与 Na_2SO_3 反应;
(3) Cu 在潮湿的空气中被缓慢氧化;
(4) 锌溶于氢氧化钠溶液。

11-10 已知下列电对的电极电势,计算锰的两种氰合配离子的标准稳定常数的比值:
$Mn^{3+} + e^- \longrightarrow Mn^{2+}$　　　　　　$E^\ominus = 1.49V$
$[Mn(CN)_6]^{3-} + e^- \longrightarrow [Mn(CN)_6]^{4-}$　　$E^\ominus = -0.244V$

11-11 在试图通过 Cu^{2+}(aq)和 I^-(aq)作用制备 CuI_2 的反应中,却得到了 CuI(s)和 I_3^-(aq)。请简要说明发生这种变化的原因。

11-12 试陈述何为镧系收缩效应。

11-13 试从原子的电子结构比较镧系元素和锕系元素的异同。

11-14 写出下列金属在过量的氧气中燃烧,生成的产物:锂,钠,钾,镁,钡,铯。

11-15 完成并配平下列反应方程式:

(1) $Na_2O_2 + Na =\!=\!=$

(2) $Na_2O_2 + CO_2 =\!=\!=$

(3) $Na_2O_2 + MnO_4^- + H^+ =\!=\!=$

(4) $BaO_2 + H_2SO_4(稀,冷) =\!=\!=$

11-16 某溶液中含有 $MgCl_2$ 和 $BaCl_2$,试设计一实验方案将 Mg^{2+} 和 Ba^{2+} 分离。

11-17 完成并配平下列反应方程式:

(1) $I^- + IO_3^- + H^+ =\!=\!=$

(2) $MnO_2 + NaBr + H_2SO_4 =\!=\!=$

(3) $HBrO_3 + HBr =\!=\!=$

(4) $F_2 + H_2O =\!=\!=$

11-18 由海水提碘的生产中,可以用 MnO_2 做氧化剂将 I^- 氧化为 I_2,试写出有关离子反应方程式。

11-19 回答下列问题:

(1) 比较高氯酸、高溴酸、高碘酸的酸性和氧化性;

(2) 比较氯酸、溴酸、碘酸的酸性和它们的氧化性。

11-20 溶液中含有 Fe^{3+} 和 Co^{2+},如何将它们分离开并加以鉴定?

第 12 章 化学与现代科学

物质是人类文明发展的基础。化学是在分子、原子水平上研究物质组成、结构、性质变化及其内在联系和外界条件的科学。它通过揭示一定尺度范围内，物质的形成及其变化规律，为人们认识、利用和改造自然提供了强有力的武器。材料科学、能源科学和信息科学是现代社会发展的三大支柱，作为一门中心的科学，化学与社会发展的各个层面都有密切的联系。本章选用一些典型事例，从不同的侧面，介绍了化学与材料科学、能源科学和信息科学这三大学科之间的相互交叉与重要关系。

12.1 化学与材料科学

材料是具有可供应用的物理、化学性质的物质，它是人类赖以生存和发展的重要基础。材料也被称为"发明之母"。化学既是材料科学的重要基础，也是材料科学发展的先导和动力。人类文明发展的历史，某种程度上，也可以说是人类发现、研究、制造和利用材料的历史。从图 12-1 中不同材料在相应的历史发展时期所占的比例变化中可以发现：青铜和铸铁冶炼技术的出现，催生了古代农业文明；近代钢铁工业的兴起，带动了第二次工业革命；20 世纪有机聚合物材料的蓬勃发展，极大地丰富了人们的日常生活；而先进功能陶瓷和新型复合材料的不断涌现，将为未来社会的高速发展注入无限活力。在材料发展的每一个重要阶段，"处处都闪耀着化学的光辉"。

然而，20 世纪之前，人们对材料的研究和利用主要依赖于对长期经验、技巧的继承和积累，应该说这个过程是相当缓慢的。主要原因在于人们还没有能够从科学意义上，对材料科学的整体结构形成系统的认识，同时也缺乏对相关自然科学知识的系统把握。正是因为这一点，19 世纪热力学、电磁学、化学原子论的理论成果和三大发现（X 射线、放射性、电子）的问世，对 20 世纪材料科学与技术的发展起到了不可估量的推动作用。特别值得一提的是，1913 年玻尔把量子化概念引入了原子结构理论，从而为后人成功地揭示微观物质世界的基本规律，加深对材料力、声、光、电、磁、热现象，以及物质内部的种种相互作用、结构、缺陷的认识，创建物质微观结构的理论体系，奠定了极其重要的理论和实验基础。材料的功能是由材料的组成、结构和制备技术所共同决定的，而研究物质的组成、结构和合成技术正是化学探讨的中心内容。现代化学理论体系的不断完善和先进实验技术的飞速发展，不仅为人们探索丰富多彩的材料世界提供了重要手段，而且也促进了无数新材料的诞生和众多新兴产业的形成和发展。下面我们将从物质结构理论入手，简要介绍固体物质的微观结构与性能之间的相互关系，为系统地了解和掌握化学与材料的相关知识打下良好的基础。

第12章 化学与现代科学

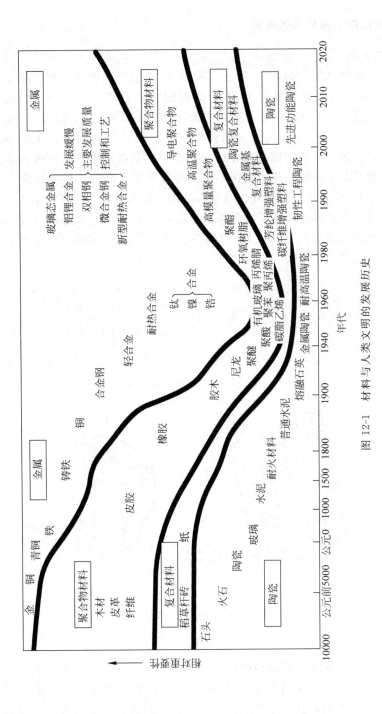

图 12-1 材料与人类文明的发展历史

12.1.1 固体物质的结构

1. 固体的晶体结构与晶体缺陷

1) 单晶与多晶

在现代化学搞清楚物质的分子、原子结构以前,人们就开始注意到:自然结晶状态下,天然矿物的外型与其微观结构间存在着密切的内在联系。1669 年,丹麦学者斯蒂诺(N. Steno)根据天然水晶(SiO_2 的结晶体)的外型中(图 12-2)a 面和 c 面夹角固定呈 134°44′,b 面和 c 面夹角固定呈 120°00′,a 面和 b 面夹角固定呈 141°47′这类特殊现象,大胆地提出了结晶体晶面角守恒定律。该定律的核心是:自然界中,具有相同外型构造的结晶体的内部,一定是由同一种结晶单元所构成的。这一思想的提出比人们最终弄清楚物质分子、原子结构的时间早了 200 多年,也被称为现代结晶学的理论基础。后续的研究证实:分子、原子或离子以一定的几何方式排列形成了这些基本的结晶单元——俗称"晶胞"。晶胞的周期性排列决定了固体物质的结晶形态,14 种布拉维晶格是分子、原子或离子以一定的几何方式排列构成结晶体晶胞的基本结构。

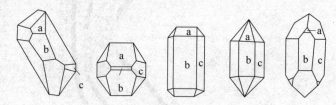

图 12-2　天然水晶(SiO_2)的外型特征

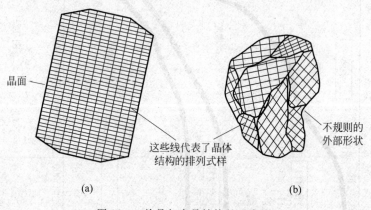

图 12-3　单晶与多晶结构的示意图
(a) 单晶;(b) 多晶

通常,我们可以把构成晶胞结构中的分子、原子或离子看作是几何结构中的结点。在宏观物质结构中(图 12-3),如果这些结点排列的周期结构,从原子尺度到宏观尺度范围都是完全一致的,则称这类物质具有单晶结构(也称为单晶材料)。天然水晶、金刚石、红宝石和蓝宝石等都是典型的单晶材料。单晶材料的主要特点是:

(1) 具有特定的结晶学外形;
(2) 主要物理性质(力、热、声、光、电等)的各向异性;

(3) 整个单晶材料内部,不同尺寸区域的组分、结构具有一致性;
(4) 具有固定的熔点。

结点周期性排列的区域称为晶粒。如果这些结点排列的周期结构在物质内部仅限于从原子尺度到一定的尺寸范围,不同物质结构中的晶粒尺寸从几十纳米到几十微米不等,不同晶粒的周期结构间存在着空间取向的差异,晶粒与晶粒之间有明显的边界(称为晶界),则称这类物质具有多晶结构(也称为多晶材料)。日常生活中所能看到的绝大多数金属、陶瓷(如碳钢、铝合金,日用陶瓷等)都是多晶材料。

2) 典型的晶体结构

无论固体物质属于单晶或多晶结构,按其结点上分子、原子或离子的相互作用类型的不同,典型的晶体结构可以分为离子晶体、原子晶体、金属晶体、分子晶体和混合键型晶体 5 种主要类型。

(1) 离子晶体

在离子晶体的晶格结点上交替排列着正、负离子。由于正、负离子间有很强的离子键(静电引力)作用,所以离子晶体通常会有较高的熔点和硬度。由于晶体结点上的离子仅在结点附近做有规则的热振动,而不能自由移动,因此离子晶体的导电性一般较差。离子晶体中离子极化受晶体对称性的制约,晶体中存在极轴(对称分布者除外)时,离子极化是不对称的,晶体中会出现自发极化,在晶体宏观物理性质方面表现为极性。晶体的压电效应、热释电效应等都与晶体的自发极化有关。在外场影响下,离子晶体也会呈现出极化现象,晶体极化是形成一些特殊物理效应的根源,特别是一些晶体的非线性极化现象,就会引起一系列的特殊效应(如电光、变频等),这些效应已经在激光调制、倍频等高技术领域得到越来越广泛的应用。

在离子晶体中,离子排列形式受到离子半径、离子电荷和电子层结构的影响。其中,正、负离子半径比(r^+/r^-)是决定离子晶体结构类型的关键参数。表 12-1 中列出了离子晶体结构中离子配位多面体类型与离子半径比的关系。下面将介绍几种典型的离子晶体结构。

表 12-1 配位数与正、负离子半径比(r^+/r^-)的关系

r^+/r^-	配位数	负离子配位多面体形状
0~0.15	2	直线形
0.15~0.225	3	平面三角形
0.225~0.414	4	正四面体
0.414~0.732	6	正八面体
0.732~1	8	正六面体
1	12	立方或六方密排

① CsCl 晶体

CsCl 晶体的晶胞结构属立方晶系(图 12-4)简单立方结构。在 CsCl 晶胞中,1 个 Cs^+ 离子处于立方体的中心,立方体的 8 个顶角被 Cl^- 离子所占据。由于立方体每个顶角结点上的离子为相邻的 8 个晶胞所共有,所以在一个 CsCl 晶胞中共有一个 Cs^+ 离子和一个 Cl^- 离子,两种离子的配位数均为 8。常见的属于 CsCl 晶体结构类型的还有 RbCl,CsBr,CsI,NH_4Cl 和 NH_4Br 等物质。

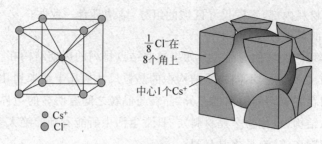

图 12-4　CsCl 晶体的晶胞结构

② NaCl 晶体

NaCl 晶体的晶胞结构属立方晶系(图 12-5)面心立方结构。在 NaCl 晶胞中,1 个 Na^+ 离子处于立方体的中心位置,12 个 Na^+ 离子处于立方体的 12 条棱的中心位置,而立方体的 8 个顶角和 6 个面的中心位置被 Cl^- 离子所占据。与 CsCl 的晶胞结构相似,由于位于立方体每个顶角结点上的离子为相邻的 8 个晶胞所共有,位于立方体每个面中心的离子为相邻的 2 个晶胞所共有,而位于立方体每条棱的中心位置结点上的离子为相邻的 4 个晶胞所共有,所以,在一个 NaCl 晶胞中共有 4 个 Na^+ 离子和 4 个 Cl^- 离子,两种离子的配位数均为 6∶6。常见的属于 NaCl 晶体结构类型的还有 LiF,KCl 和 KBr 等物质。

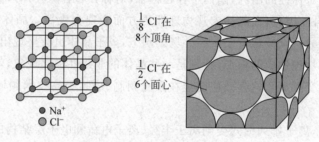

图 12-5　NaCl 晶体的晶胞结构

③ CaF_2 晶体

CaF_2 晶体的晶胞结构属立方晶系(图 12-6)的面心立方结构。在 CaF_2 晶胞中,8 个 Ca^{2+} 离子处于立方体的 8 个顶角位置,6 个 Ca^{2+} 离子处于立方体的 6 个面心位置,而 8 个 F^- 离子处于晶胞内 8 个 $\frac{1}{8}$ 立方体的中心位置。与 CsCl 和 NaCl 的晶胞结构相似,由于位于立方体每个顶角上的离子为相邻的 8 个晶胞所共有,位于立方体每个面心位置上的离子为

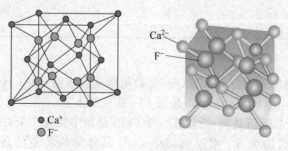

图 12-6　CaF_2 晶体的晶胞结构

相邻的 2 个晶胞所共有,而处于晶胞内 8 个 $\frac{1}{8}$ 立方体中心位置的 8 个 F^- 离子为同一晶胞独有,所以,在一个 CaF_2 晶胞中共有 4 个 Ca^{2+} 离子和 8 个 F^- 离子,每个 Ca^{2+} 离子周围有 8 个 F^- 离子;而每个 F^- 离子周围有 4 个 Ca^{2+} 离子;两种离子的配位数分别为 8:4。常见的属于 CaF_2 晶体结构类型的还有 PbF_2,BaF_2,SrF_2 和 ZrO_2 等物质。

(2) 原子晶体

在原子晶体的晶格结点上排列着一个个中性同种原子或电负性相差较小的原子,相邻原子的电子运行轨道相互重叠,原子核之间的电子云密度增加,电子云同时受到彼此靠近的成键原子的原子核吸引,并为两者所共用。共用电子的数目一般是成双的,分为单键、双键和叁键。少数情况下也有共用一个或三个电子的,称为单电子键或叁电子键。通常将两个以上原子共用多个电子所形成的共价键称为多电子共价键。受原子轨道的空间取向的影响,以共用电子对方式形成的共价键具有方向性和饱和性。由共价键结合结构基元所组成的晶体,称为原子(或共价键)晶体。由于原子间是以强大的共价键相互作用,且价电子均局限在成键原子之间的一定范围内运动,因此原子晶体一般都具有熔点高、硬度大、导电性差等特点。典型的原子晶体有金刚石和 β-方石英晶体等。

① 金刚石晶体

金刚石晶体是典型的原子晶体,其晶胞结构属立方晶系(图 12-7)。在立方晶胞中的每个碳原子,首先形成 4 个简并的 sp^3 杂化轨道,与周围相邻但不共面的另外 4 个碳原子通过 C—C 共价键结合。共价键键长为 154pm,键角为 $109°28'$。整个晶体形成一个在三维空间无限延伸的大分子。在金刚石晶胞中,C 原子除占据立方体 8 个顶角和 6 个面心位置外,还占据了立方晶胞内 8 个 $\frac{1}{8}$ 立方体中的 4 个中心位置。被占据的 4 个 $\frac{1}{8}$ 立方体的中心,沿金刚石立方晶胞的几何中心呈对称分布。结构中每个 C 原子配位数均为 4:4。金刚石结构中

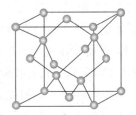

图 12-7 金刚石晶体的晶胞结构

C 原子间超强的共价键作用和在晶胞中的特殊占位方式使其具有超高的导热性、耐热性和超强的硬度。金刚石是天然物质中已知的最硬和熔点最高的晶体,经加工后可以成为名贵的钻石或超硬的切割刀具。常见的属于金刚石晶体结构类型的还有 Si,Ge 和灰锡等物质。

② β-方石英晶体

β-方石英也称为白硅石,是 SiO_2 石英晶体家族结构中特殊的一类,也是石英(SiO_2)晶体的高温结构类型。β-方石英的晶胞结构属立方晶系(图 12-8)。它相当于将金刚石立方晶胞中的 C 原子占据的结点位置全都变为 Si 原子。与金刚石结构不同的是:在 β-方石英晶体结构中,Si 原子通过 sp^3 杂化轨道与 O 原子组成 Si—O 四面体,Si—O 共价键的键角也是 $109°28'$。在构成晶胞时,Si—O 四面体之间彼此以顶角相连,每一个 Si 原子被位于四面体各顶角的 4 个 O 原子所包围,其配位数均为 4:4;而每一个 O 原子则与相邻的两个 Si 原子相连,其配位数为 2。β-方石英是一类典型的原子晶体结构,常见的属于这一结构类型的还有 BeF_2 等物质。

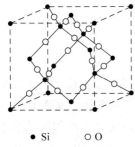

图 12-8 β-方石英晶体的晶胞结构

(3) 金属晶体

与非金属元素相比,金属元素的原子更容易失去电子形成正离子。在金属晶体中,金属原子释放出来的电子,可以游移于正离子之间,在很大的范围内自由活动,这些电子被称为自由电子。自由电子不局限于某一个固定的正离子,而是可以和全部正离子相互作用形成键合,这种键合力称为金属键。金属晶体一般被看作是由大量的"沉浸在自由电子海洋里的金属离子"所构成的,所以金属键是没有饱和性和方向性的。

金属晶体与离子晶体不同之处在于:离子晶体中有正、负两种离子,而金属晶体中却只有正离子,负离子的作用由自由电子来代替。金属键也不同于共价键,金属中的自由电子,并不像共价键那样为某些特定原子所共有,而是属于整个晶体中的所有金属离子,只不过是在一瞬间围绕某一原子运动而已。

由于存在大量运动着的自由电子,金属晶体通常会有很高的电导率与热导率,较好的金属光泽和可加工性。由于金属键没有方向性和饱和性,而金属原子一般也只有少数核外价电子(自由电子)能用来成键。常见的金属晶体的晶胞结构主要有体心立方、面心立方和密排六方 3 种方式。

① α-Fe 体心立方金属晶体

α-Fe 金属晶体的晶胞结构属立方晶系(图 12-9)体心立方结构。在 α-Fe 金属晶体的晶胞中,Fe 原子占据了立方体的 8 个顶角和体心的位置,由于位于立方体的每个顶角的 Fe 原子为 8 个相邻的晶胞所共用,而位于立方体体心位置的 Fe 原子为该晶胞所独有,则在一个 α-Fe 金属晶体的晶胞中包含有 2 个 Fe 原子。在 α-Fe 金属晶体结构中,每个 Fe 原子与 8 个相邻的 Fe 原子相互接触,因而在体心立方结构中 Fe 原子的配位数为 8。由于单质金属晶体是由同种原子所构成,采用等径刚性圆球模型来代替实际的 Fe 原子,通过晶胞结构中等径刚性圆球体积的和与晶胞体积之比,可以计算出体心立方晶胞中原子的空间利用率。代入具体数值不难算出:体心立方结构中,Fe 原子的空间利用率为 68.02%,而在晶胞中另有 31.98% 的空间是没有原子占据的各类间隙。α-Fe 体心立方结构是单质金属晶体中常见的结构类型。属于这一结构的单质金属有 W,Mo,Nb,Li,Na,K,Rb,Cs,Ba 和 V 等。

图 12-9 α-Fe 体心立方晶体的晶胞结构

② Cu 面心立方金属晶体

Cu 金属晶体的晶胞结构属立方晶系(图 12-10)面心立方结构。在 Cu 金属晶体的晶胞中,Cu 原子占据了立方体的 8 个顶角和 6 个面心的位置。由于位于立方体的每个顶角的 Cu 原子为 8 个相邻的晶胞所共用,而位于立方体面心位置的 Cu 原子为 2 个相邻的晶胞所共用,则在一个 Cu 金属晶体的晶胞中包含有 4 个 Cu 原子。在 Cu 金属晶体结构中,每个 Cu 原子与 12 个相邻的 Cu 原子相互接触,因而在面心立方结构中,Cu 原子的配位数为 12。

采用等径刚性圆球模型同样可以计算出晶胞中 Cu 原子的空间利用率为 74.06%，而在晶胞中有 25.94% 的空间没有为原子所占据。Cu 金属晶体的面心立方结构也是单质金属晶体中常见的结构类型，属于这一结构的单质金属有 Au，Ag，Pb，Pt，Al，Pd，Rh，Ir，Sr 和 γ-Fe 等。

图 12-10　Cu 面心立方晶体的晶胞结构

③ Os 密排六方金属晶体

Os 金属晶体的晶胞结构属六方晶系(图 12-11)的密排六方结构。在 Os 金属晶体的晶胞中，Os 原子占据了六方体的 12 个顶角，2 个底心和 3 个体心的对称位置。由于位于六方体的每个顶角 Os 原子为 12 个相邻的 6 个晶胞所共用，位于六方体底心的 2 个原子为相邻的 2 个晶胞所共用，而 3 个对称体心位置的 Os 原子为该晶胞所独有，在一个 Os 金属晶体的几何晶胞中应该包含有 6 个 Os 原子。通常为了简化计算，在考虑密排六方晶胞中的原子数时，一般只取其几何六方体的三分之一。因而，Os 金属晶体的密排六方单胞结构中一般认为仅包含有 2 个 Os 原子。在 Os 金属晶体结构中，每个 Os 原子与 12 个相邻的 Os 原子相互接触，因而在密排六方结构中 Os 原子的配位数也为 12。采用等径刚性圆球模型可以计算出晶胞中 Os 原子的空间利用率也为 74.06%。在晶胞中同样也有 25.94% 的空间为没有原子占据的各类间隙。Os 金属晶体的密排六方结构也是单质金属晶体中常见的结构类型，属于这一结构的单质金属有 Mg，Be，Hf，Tc，Zn，Re，Sc，Y 和 Cd 等。

图 12-11　Os 密排六方晶体的晶胞结构

④ 金属晶体中的密堆积结构

对比面心立方和密排六方结构可以发现，当将金属原子的排列代之以等径刚性圆球的紧密堆积时，半径相等的圆球以最紧密方式排列的一层(图 12-12(a))中的每一个球，都与 6 个相邻的球相切，从而在每一个球的周围都形成 6 个三角形间隙。为了保证球体的紧密堆积，第二层球应放在第一层的间隙上，并占据其中的 3 个间隙(图 12-12(b))。当再在第二层上堆积第三个密堆积层时，会有两种不同的堆积方法：第一种方法是将第三层上的每一个球的几何位置正好放在第一层对应球的正上方，这样的密堆积就成了 ABABAB… 的密排结构(图 12-13)。密排六方结构沿 c 轴方向的密堆积就是 ABABAB… 的密排结构。第二种

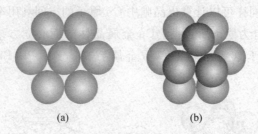

图 12-12　等径刚性球的密堆积方式

方法是将第三层与第一层、第二层的几何位置都错开,即将第三层放在第一层未被第二层占据的另外 3 个间隙的位置上,至第四层球时才正好和第一层球的几何位置完全重复,这样的密堆积就成了 ABCABC…的密排结构(图 12-14)。面心立方结构沿立方体对角线方向的密堆积就是相应的 ABCABC…的密排结构。面心立方和密排六方结构的不同之处在于它们的宏观对称性的差异。两者晶胞结构中的原子配位数均为 12∶12,原子空间利用率同是 74.06%,因而面心立方和密排六方结构都是原子的最密堆积结构。

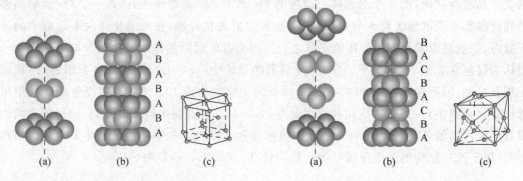

图 12-13　密排六方晶胞的密堆积　　　　图 12-14　面心立方晶胞的密堆积

原子的密堆积结构多出现在金属晶体中,但并不仅仅局限于单质金属晶体。对于其他类型的晶体,只要其晶格结点上的原子、分子或离子可以被看作是圆球形的,均有可能在其晶体结构中形成一定形式的几何密堆积。但是,对于结构复杂的原子、分子或离子,它们在晶体结构中的堆积方式将在很大程度上取决于这些粒子的自身形状。

(4) 分子晶体

在分子晶体的晶格结点上排列着由单原子分子或以共价键结合的有限分子(包括极性和非极性分子),范德华力的作用,是使这些分子形成晶体的主要因素。从分子间的作用方式来看,范德华力的作用形式和金属键极为相似,在某些极性分子间还可能存在着氢键。分子晶体中每个原子周围的配位数变化较大,空间取向分布也没有一定的规律,这表明分子晶体结构中范德华力的作用是比较弱的。在分子晶体中一般都采用尽可能的密堆积结构,具有较低的熔点、较大热膨胀系数和较小升华热。惰性元素分子,在足够低的温度下凝聚而成的晶体是典型的分子晶体,也是单独研究范德华力的最好素材。下面介绍的是两种典型的分子晶体。

① 蒽分子晶体

蒽分子晶体(图 12-15)的晶胞结构属三斜晶系底心三斜结构。晶胞结点上的蒽分子是由 3 个苯环经过平面缩合而成的。分子中有 14 个电子构成的大 π 键,大 π 键与蒽分子不处于同一个平面内,而是位于蒽分子平面的上方。在蒽分子晶体晶胞中,蒽分子占据晶胞的 8 个顶角和上下底心位置。由于处于顶角位置的 8 个蒽分子为 8 个相邻晶胞所共用,而处于上下底心位置的 2 个蒽分子为 2 个相邻晶胞所共用,所以,每个蒽分子晶体的晶胞中含有 2 个蒽分子。由于蒽分子晶体中分子间相互作用较弱,通常情况下蒽分子晶体较脆,体积压缩率也比较大。

② CO_2 分子晶体

CO_2 分子晶体(图 12-16)俗称"干冰",其晶胞结构属立方晶系。在 CO_2 分子晶体的晶胞中,直线型的 O—C—O 分子以 C 原子为中心排列在立方晶胞的顶角和面心位置,形成了以 O—C—O 分子的中心为结点的立方密堆积排列。同时,直线型 O—C—O 分子的轴线总是尽可能地沿平行于立方体对角线的方向排列,使分子本身能尽量适应非球形对称的紧密堆积,整个 CO_2 分子晶体体系趋于稳定。CO_2 分子晶体中相邻分子的 O 原子间距约为 320pm。

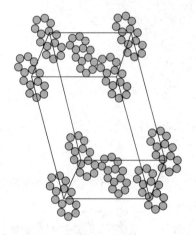 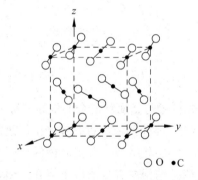

图 12-15 蒽分子晶体的晶胞结构　　　图 12-16 CO_2 分子晶体的晶胞结构

(5) 混合键型晶体

在已介绍的几种键型的晶体中,除了氢键不可能在晶体中单独存在以外,其他 4 种键型均可以在晶体结构中单独存在。一般情况下,人们将只由一种键型结合而成的物质,称为单键型物质,所形成的晶体称为单键型晶体。许多化合物中包含有不同的键型,它们所形成的晶体称为多键型晶体。特别值得关注的是,部分化合物的键型介于离子键与共价键或金属键与共价键之间的过渡状态,还有许多晶体的化学键很难被界定是属于何种键型。属于这些类型的键型统称为混合键,而具有混合键型的晶体称为混合键型晶体。这里将讨论两种典型的混合键型晶体。

① 离子键与共价键混合的中间键型晶体

立方硫化锌(ZnS)晶体的键型就属于中间过渡型键型。立方硫化锌(图 12-17)的晶胞属于立方晶系,闪锌矿结构。根据前面讨论的离子晶体的配位规则,闪锌矿结构中,Zn^{2+} 离子和 S^{2-} 离子的半径比值为 0.40,因而 Zn^{2+} 离子和 S^{2-} 离子的配位,配位数应为 4:4。进一步研究发现,闪锌矿具有类似于金刚石晶胞的结构,不同的是,在闪锌矿晶胞结构中,S^{2-} 离子占据了立方体的 8 个顶角和 6 个面心位置,Zn^{2+} 离子占据了立方体晶胞内 8 个 $\frac{1}{8}$ 立方体中的 4 个中心位置。占据的 4 个 $\frac{1}{8}$ 立方体沿闪锌矿立方体晶胞的几何中心呈对称分布。总体上 Zn^{2+} 离子和 S^{2-} 离子的配位数为 4:4,服从典型离子晶体的配位规则。更加深入的研究发现,Zn^{2+} 离子和 S^{2-} 离子间距离的明显缩短是源于其共用电子对的结果。值得一提的是,以 Zn^{2+} 离子为中心,4 个共用电子对分别朝向四面体的 4 个顶角方向形成 4 个共价键。这样,根据所得到的实验结果来判断,立方硫化锌的闪锌矿结构的键型既不属于典型的离子键,也不属于完全的共价键,而是属于一种介于离子键与共价键之间的过渡类型。离子键与共价键共存于同一晶体的成因,可以用离子极化来解释,由于离子极化的结果,正、负离子的电子云间相互穿插,从而形成了离子键与共价键的中间过渡状态。

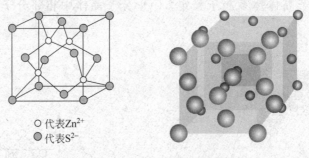

○ 代表Zn^{2+}
● 代表S^{2-}

图 12-17　立方 ZnS 晶体的晶胞结构

② 共价键与金属键混合的中间型键晶体

石墨(C)晶体的键型也是属于中间过渡型键型。石墨(C)晶体(图 12-18)的晶胞结构属于六方晶系,层状结构。石墨晶体的层间具有良好的导电性,说明其结构中有自由电子存在。但在垂直于层面的方向上,石墨却是非导体。究其原因是,在石墨(C)晶体结构中,C 原子首先以 sp^2 杂化的方式形成 3 个简并的杂化轨道,每个 C 原子与相邻的 3 个 C 原子形成 3 个 σ 共价键,键长为 142pm,键角为 120°00′,形成正六边形的网状平面结构。与此同时,C 原子核外另外一个未参与 sp^2 杂化的 $2p$ 电子的轨道方向垂直于已形成的正六边形的网状平面结构。不同 C 原子的 $2p$ 电子轨道方向相互平行,可以在网状平面结构的层间形成一个由无数 $2p$ 电子构成的大 π 键。形成大 π 键的电子不局限于任何一个原子,而是可以活动于由正六边形的空间网状平面结构形成的层间,其行为类似于金属晶体中的自

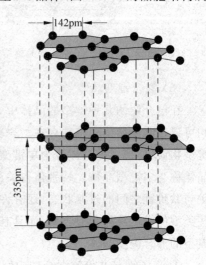

图 12-18　石墨晶体的晶体结构

由电子形成的金属键。由于石墨晶体的层内作用以共价键和金属键为主,而层间的作用主要是依靠范德华力,所以,石墨晶体的层间距较大(335pm),导致石墨层间易于滑动而产生解理,石墨本身具有良好的自润滑性。与石墨晶体结构类型相同的 BN 晶体也具有类似的特性。

3) 晶体缺陷

晶体的结晶学理论认为,理想晶体结构的主要特征是其结点(分子、原子或离子)排列的周期性。但实际晶体中的分子、原子或离子总是或多或少地偏离严格的点阵式排列的周期性,晶体中会出现各种各样的缺陷,它们会直接影响晶体的物理、化学性质。晶体缺陷的种类繁多,为了更好地区分和研究不同类型的晶体缺陷,人们把晶体缺陷分为点、线、面和体缺陷等不同类型。下面将就晶体缺陷的特征及其与晶体性质的关系进行探讨。

(1) 晶体的点缺陷

① 热缺陷

晶体中常见的点缺陷主要是点阵空位、间隙原子、杂质原子和原子周期序列错位等。在离子晶体中,点缺陷还常常伴随电子结构缺陷,如点缺陷俘获电子或空穴造成的色心等。点缺陷间交互作用还可能造成结构更复杂的缺陷,如点缺陷对、点缺陷群等。晶体结构中,由于热起伏而产生的点阵空位、间隙原子或离子,统称为晶体热缺陷,也称为晶体的本征点缺陷。下面以 NaCl 型离子晶体为例,讨论两种典型的本征点缺陷结构。

弗伦克尔(Frenkel)缺陷:当一个理想的 NaCl 型离子晶体处于高温时,离子的平均热振动能量将随之增加,振幅相应增大。不同离子具有的能量分布遵循麦克斯韦(Maxwell)分布规律。其中,少数具有比平均能量大的离子,在其能量足够大时,就可能离开原来所占据结点的平衡位置,转移到晶格的间隙位置上,从而在晶体结构中形成一个离子空位和邻近的一个间隙离子(图 12-19)。这种在晶体结构中同时产生一对间隙离子和离子空位的点缺陷,称为弗伦克尔缺陷。它常见于正离子半径远小于负离子半径或晶体结构较为松散的离子晶体中。

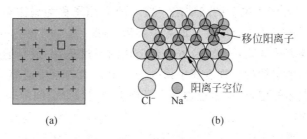

图 12-19 弗伦克尔缺陷

肖特基(Schottky)缺陷:如果在 NaCl 型离子晶体表面上的离子受热激发而离开晶体表面,在离子离开的位置上,就产生了一个空位。稍后,晶体内部的一个离子就会跑到晶体表面接替该空位,从而在晶体内部形成一个离子空位。若是一个正离子移动到晶体外部,则在晶体内部将形成一个正离子空位;若是一个负离子跑到晶体表面填充空位,则在晶体内部形成一个负离子空位(图 12-20)。宏观上看来,就像离子空位从晶体表面向其内部迁移一样,这种空位称为肖特基缺陷。

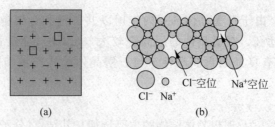

图 12-20 肖特基缺陷

② 杂质缺陷

晶体中的杂质缺陷大致可分为两类，一类是取代杂质原子或离子缺陷，第二类是间隙杂质原子或离子缺陷(图 12-21)。

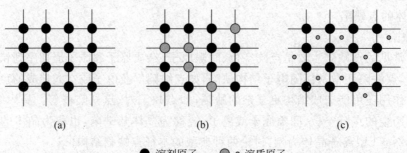

图 12-21 晶体中的杂质缺陷形成示意图
(a) 单质金属的晶格；(b) 取代杂质原子或离子缺陷；(c) 间隙杂质原子或离子缺陷

取代杂质原子或离子缺陷：半导体晶体的掺杂制备过程，是典型的形成取代杂质原子或离子缺陷的过程。若在单晶硅中，有目的地掺入微量的 B 原子，每个 B 原子比 Si 原子少 1 个价电子，在 B 取代 Si 的结构中，将出现带负电荷的点缺陷，掺入的 B 原子称为受主杂质；若在单晶硅中，有目的地掺入微量的 P 原子，每个 P 原子比 Si 原子多 1 个价电子，在 P 取代 Si 的结构中将出现带正电荷的点缺陷。掺入的 P 原子称为施主杂质。施主杂质与受主杂质在硅单晶中所构成的掺杂半导体的导电类型不同。

间隙杂质原子或离子缺陷：金属晶体的合金化制备过程，一般是通过形成间隙杂质原子或离子缺陷的过程来实现的。在金属中掺入的合金元素的原子或离子，一般不是直接取代金属晶体晶格结点上的位置，而是通过进入晶格中的间隙形成间隙原子或离子。

③ 非定比化合物

大多数的离子晶体结构中存在着非定比化合物，金属合金固溶体晶体的组成通常也是非定比的。非定比化合物主要有两方面的含义：

一是纯粹化学意义上的非定比化合物，如 FeO_{1+x}，FeS_{1+x} 等化合物，一般这类化合物所构成的物相是均一的。

二是从晶体结构上来看，组成原子或离子的比例偏离整体化合物成分，但偏离的幅度很小，采用普通化学分析或 X 射线衍射分析很难发现。需要通过相应的光学、电学和磁学等性质的研究才能发现。

如果一种结晶物质能够稳定地存在于某组分可以发生变化的条件下，它必须具有能够得到或失去原子或离子，同时保持晶体电中性的能力。这样在其微观结构中就可能存在着

3种情况,即原子或离子取代、原子或离子间隙和原子或离子空位。原子或离子取代可形成组分可变的固溶体,而原子或离子间隙和原子或离子空位缺陷均可形成非定比化合物。

从化合物组成的非定比性来分类,主要有如下几种类型:

缺负离子非定比化合物,化学式为 MY_{1-x},其中 M 为金属离子,Y 为负离子,$0<x<1$;

缺金属离子非定比化合物,化学式为 $M_{1-x}Y$;

间隙型非定比化合物,化学式为 $M_{1+x}Y$;

取代型非定比化合物,化学式为 $M_{1-2x}M'_{2x}Y$ 或 $MY_{1-2x}Y'_{1-2x}$。

(2) 晶体的线缺陷

晶体中的线缺陷也称为位错,是比较常见的一类晶体结构缺陷。位错理论在许多情况下是研究晶体中其他缺陷的基础,多数情况下,使用它可以解释晶体其他缺陷形成的原因。对单晶完整性的评价,往往也需要借助于晶体中位错密度的大小来度量。晶体中位错的存在直接影响到晶体的力学性质(如塑性、机械强度等)。同时,位错对晶体的一系列物理、化学性质(如晶体生长、表面吸附、催化、扩散、脱溶沉积等)也会产生明显的影响。作为一种结构缺陷,当然也会严重影响晶体的电、磁、光、声、热等物理性质。

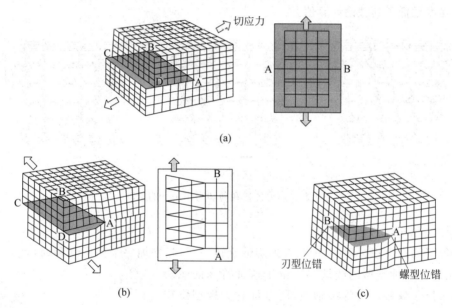

图 12-22 位错的分类

(a) 刃型位错;(b) 螺型位错;(c) 混合型位错

晶体中位错缺陷的基本类型有刃型位错(图 12-22(a))和螺型位错(图 12-22(b));同时并存以上两种位错成分的,称为混合型位错(图 12-22(c))。

① 刃型位错

理想的完整晶体是由一层一层原子或离子面紧密堆积而成的。如果原子面在堆积过程中,其中的一个原子面中断在晶体内部,这样在此原子面的中断处,就出现了一个垂直于纸面的线性位错缺陷(图 12-23)。由于缺陷处于该中断原子面的端面处,在整个晶体结构中形似一把嵌入的刀刃,故称为刃型位错(简称刃位错)。刃位错是晶体结构中最常见的线缺陷之

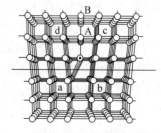

图 12-23 刃型位错的原子排布

一,由于缺少了半个原子面,位错刃边(也称位错线)处所在的垂直于半个原子面的晶面称为滑移面,刃位错和其所在的滑移面合并称为晶体的滑移系。

当外界在平行于滑移面方向上,作用于晶体的剪切应力大于一定数值时,刃位错的半个原子面(即刃位错的位错线)就会沿外力作用的方向,在滑移面上做相对移动(图 12-24(a), (b), (c))。移动的终点是晶体的外表面,并最终在晶体的外表面形成宽度为一个原子面的台阶。晶体内部成千上万个刃位错移动到晶体表面的结果使晶体产生塑性变形。金属晶体结构中通常存在着大量的刃位错,它们在外界应力作用下,在各自滑移系中的移动,使金属晶体具有了塑性变形的能力。图 12-25 是金属 Zn 单晶体在受拉伸应力时产生的刃位错移动与塑性变形模型。金属晶体晶胞结构不同,其可能拥有的滑移系数量也不尽相同。在常见的金属晶体结构中,面心立方晶胞所包含的滑移系数量最多,因而面心立方金属一般具有较强的塑性变形能力。相比之下,密排六方晶胞所包含的滑移系数量最少,其塑性变形能力较差,具有体心立方结构的金属的塑性变形能力居中。同时,刃位错在滑移面上发生相对移动时,半个原子面上的原子是逐层断开与相邻原子间的化学键的,所以位错线在滑移面上移动时所需的能量,远低于同时断开移动方向上所有化学键时所需的能量,从而导致金属材料的屈服强度远低于其理论计算值。

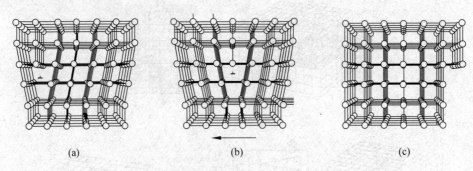

图 12-24　刃位错在剪切力作用下的运动

② 螺型位错

当原子面在堆积过程中,围绕着螺旋轴旋转一周,就增加一个面网间距时,就会在螺旋轴处,出现另一种类型的线缺陷。由于这种特殊的线缺陷对应于原子螺蜷面的螺旋轴线,所以称它为螺型位错(简称螺位错)。与刃位错相似,螺位错在外应力作用下,在滑移面上的移动,同样会对金属晶体的塑性变形有所贡献。不同的是,刃位错移动时,形成的台阶方向与位错线移动方向垂直;而螺位错移动时形成的台阶方向与位错线移动方向平行(图 12-26)。除此之外,在气相或溶液中生长出的晶体表面,常常可以观察到螺旋式的生长台阶(图 12-27),这也是螺位错存在的宏观特征。晶体生长时,由于螺位错在晶体表面形成的特殊扭折,其周围的原子螺蜷面,在晶体表面上必有一个螺蜷线终止的台阶。晶体生长过程中,原子或分子沿台阶填充上去,而台阶永远不会消失,晶体生长得以延续,故晶体结构中的螺位错,对晶体生长的连续性发挥了重要作用。

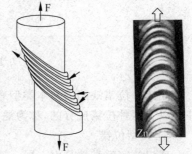

图 12-25　金属晶体中的刃位错与塑性变形模型

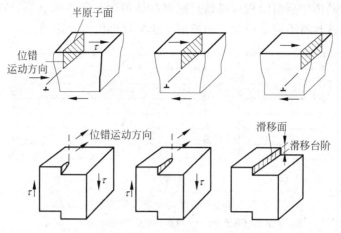

图 12-26 刃位错与螺位错移动形成的台阶方向

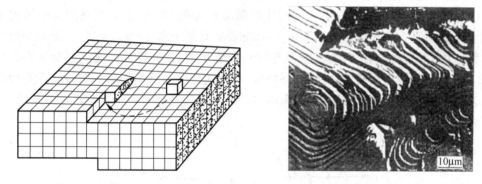

图 12-27 螺位错结构与合金中的晶体生长台阶

③ 混合型位错

混合型位错具有刃位错和螺位错的双重结构,它对于晶体结构和材料性能的影响也兼有两者的混合特征。由于它的作用机制比较复杂,这里就不再展开讨论了。

(3) 晶体的面缺陷

晶体中的面缺陷按照面缺陷两侧原子面的几何关系可分为 3 类,即层错、孪晶界面和小角度晶界。

① 层错

所谓晶体堆垛的层错,是指晶体结构中由于正常堆积顺序的差错而导致晶体结构在局部出现的二维缺陷。以面心立方结构为例,在其密堆积结构中(图 12-28(a),(b),(c))抽出或插入一层密排面时,就产生了一个二维的原子面层错。当在堆积正常层序中抽去一层时,形成的是抽出型层错;而在正常层序中插入一层时,形成的则是插入型层错。不难看出,无论是在原子面的抽出还是插入处,晶体层错附近的原子面的密堆积次序都发生了相应的变化。原来的 BACBACBA 结构分别变成了 BAB<u>A</u>CBA(抽出)和 AC<u>AB</u>ACBA(插入),即在二维层错原子面附近,面心立方结构的密堆积转变为密排六方结构的密堆积。由于这种结构的变化并不改变原子的配位数,只改变原子的次近邻位置关系,所以,整个晶体的晶格几乎不产生畸变。晶体中层错结构可以通过控制晶体的生长条件来获得，改变层错数量和结构类型可以为制备具有不同量子效应的新型功能材料提供重要途径。

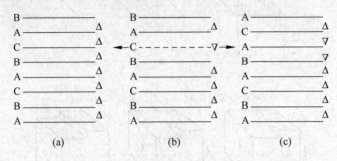

图 12-28　面心立方结构中密堆积原子面的层错
(a) 正常堆积原子序；(b) 抽出一层层序；(c) 插入一层层序

② 孪晶界面

孪晶界面是指晶体结构中，分布于这一界面两侧的晶格结点排布，以这一界面为基础互成对称关系的结构。同样以面心立方的密堆积结构为例（图 12-29），当其结构中出现孪晶时，孪晶界面上所有原子的第一近邻关系（即配位数和原子间距）均没有改变，而只是第二近邻关系发生了相应的变化。因此，孪晶界面是低能量面，在外界温度或其他能量方式作用下，容易产生界面位置的移动。功能材料中铁电和铁磁畴在外场作用下的畴壁运动就是类似于孪晶界面的行为。具有热弹性马氏体的合金在温度变化时产生的共格可逆相变，是使这类材料具有形状记忆效应的根源。

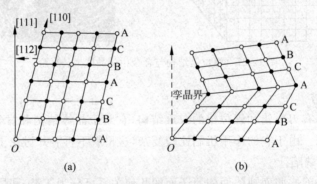

图 12-29　面心立方结构中密堆积原子面的孪晶结构
(a) 孪晶化前；(b) 孪晶化后

③ 小角度晶界

在晶体结构中，常常存在着一些取向差很小的结晶区域，这些区域的界面称为小角度晶界或亚晶界。小角度晶界与多晶结构中晶界的主要不同点在于，多晶结构中不同晶粒之间的结晶取向差较大。多晶结构中的晶界也被形象地称为大角度晶界。小角度晶界的界面一般是由一系列位错的堆积所构成（图 12-30），它是较普遍地存在于晶体结构中的一种重要的面缺陷，对于晶体结构的完整性有较大的影响。

(4) 晶体的体缺陷

不论是从气相、溶液或是从熔体、熔盐中生长的晶体，由于生长过程中的物理、化学条件的变化,往往都会在结构中形成一些宏观或亚微观的三维缺陷,这些三维缺陷统称为晶体的体缺陷。这些缺陷通常有包裹体、气泡、开裂和生长条纹等不同类型,它们的存在对晶体的各种物理性能有直接的影响。例如,晶体中的气泡、开裂和生长条纹等缺陷,会严重地影响晶体的结构完整性,在制备高质量单晶材料时应严格避免这些缺陷的出现。而在部分晶体结构中有意识地引入一些特殊的包裹体结构,会给晶体材料的光学性质带来出人意料的结果。

综上所述,晶体中的各类缺陷是对分子、原子或离子周期性排列的几何完整性的破坏。有针对性地系统研究和深入探讨缺陷本身的形成条件,及其对晶体物理、化学性质的影响,对于探索、制备新型功能材料,具有十分重要的借鉴作用。

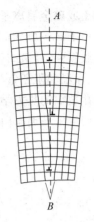

图 12-30　晶体结构中的小角度晶界

2. 固体的非晶结构与非晶材料

固体物质的另一种结构形式称为非晶结构(也称为无定型结构),非晶结构中各相邻结点上的分子、原子或离子之间的配位关系,服从相互间的化合价比,而不再体现晶体结构中,结点排列长程有序的周期性和对称性。具有非晶结构的材料称为非晶材料,它们的主要特点是:

(1) 没有特定结晶学外形,在一定温度下易于加工、变形;
(2) 主要物理性能(力、热、声、光、电等)各向同性;
(3) 材料内部原子、分子或离子排列没有长程有序或周期性结构;
(4) 没有固定的熔点,只有在一定温度范围内的"软化区"。

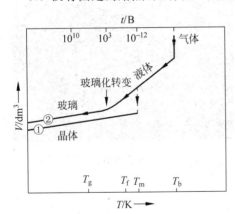

图 12-31　固液相转变时的体积变化

图 12-31 是物质在固液相转变时的温度-体积曲线,其中 T_m 为熔点,T_g 和 T_f 分别为固态玻璃开始软化和完全转化为液相的温度。从固液相转变时的体积变化可以看出,形成固态结晶结构时,物质的体积会明显收缩。分析原因是:结晶过程一般都是相对缓慢的过程,液相中的分子、原子或离子有充分的时间,通过缓慢释放自身的热能(结晶潜热)而形成周期性的长程有序结构。相比之下,形成玻璃结构时,固相体积收缩不明显,主要原因是冷却速度较快,液相中的分子、原子或离子没有充分的时间释放自身的热能,因而只能形成缺乏周期性和对称性的非长程有序结构,即非晶结构。因此,非晶结构是热力学状态不稳定的亚稳结构,在一定的条件下会自发地向热力学稳定结构(结晶结构)转变。

硅酸盐玻璃是典型的非晶材料。近年来通过快速加热/冷却的方式,已制备出多种类型的金属或非金属非晶材料。与典型的石英(SiO_2)晶体结构相似(图 12-32),硅酸盐玻璃结构中的每一个 Si 原子仍然与相邻的 4 个 O 原子形成 Si—O 四面体结构。不同的是,玻璃结构中不同的 Si—O 四面体之间的连接不再有周期性和对称性。在 SiO_2 玻璃组分中加入适量的碱土或碱金属离子,可以大大降低硅酸盐玻璃的软化温度 T_g,有利于玻璃制品的加工成型。由于 Si—O 四面体结构对于可见光波段光线能量吸收较弱,对红外和紫外波段光线能量吸收较强,建筑结构中常用的硅酸盐玻璃不仅可以有效地"遮风挡雨",而且可以同时实现透光、保温和阻断紫外线辐射的多种功能,是名副其实的结构/功能一体化材料。当然,由于硅酸盐玻璃的热力学稳定性较差,经过一段时间的使用后,会出现玻璃的"发霉"现象,原因就是产生了玻璃态向结晶态的转化,从而导致玻璃的透光率下降。

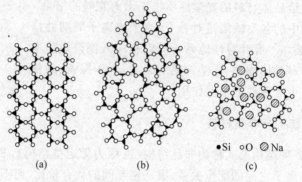

图 12-32 石英晶体与玻璃的微观结构示意图
(a) 石英晶体结构;(b) 石英玻璃结构;(c) 硅酸盐碱金属玻璃结构

采用快速冷却方式也可以将普通金属制备成金属非晶材料。由于在金属非晶材料的微观结构中,金属原子的排列不再具有面心立方、体心立方或密排六方等周期性结构,因而也就没有了普通金属结构中大量存在的位错和滑移系,从而大大削弱了金属材料的塑性变形能力。宏观上表现为金属非晶材料的屈服强度大幅度地提升,力学性能明显改善。普通碳钢制成具有非晶结构的"钢毛"(图 12-33),其抗拉强度可以提高 7 倍以上,"钢毛"可以直接掺入建筑混凝土中使用,在改善混凝土承载结构的同时,还可以大量减少金属材料的用量。具有普通磁带宽度和厚度的非晶金属铝带,甚至可以承受吊起一个成年人的重量。

图 12-33 非晶结构的"钢毛"

12.1.2 典型材料的组分、结构与性能的关系

从材料研究与应用的发展过程来看,任何一种新材料的设计、制备、加工与应用都需要从基本的物质结构入手,弄清材料的微观结构及制备技术对其物理、化学性质的影响。不断丰富的化学理论体系和先进的合成制备技术,帮助人们克服了许多长期未能解决的材料难题。下面从几个侧面来了解化学在材料科学发展史上发挥的重要作用。

1. "强化"的轻金属——Al 合金

Al 元素在地壳中的储量十分丰富,约占总质量的 8%。但由于 Al 的化学性质活泼,在自然界中多以化合物(Al_2O_3)的形式存在。很长一段时间,人们一直没有找到有效的办法,把它还原成单质的金属。18 世纪,H. Davis 发现了这个元素,给它命名为 Al。1825 年丹麦物理学家 H. Oersted 才成功地把它还原出来。1886 年美国科学家 C. Martin Hall 发明了熔盐电解法(Hall 法)制取金属 Al 的新技术,从而使 Al 的大规模生产成为现实。和其他金属相比,Al 是一种轻金属,密度($2.7g \cdot cm^{-3}$)仅为铁($7.8g \cdot cm^{-3}$)的 1/3。但是,由于金属 Al 属于面心立方,结构中存在着数量众多的滑移系,在外力作用下极易产生塑性变形。据测定,单质 Al 的抗拉强度只有 48MPa,相当于普通碳钢的(约 500MPa)1/10。因此,虽然单质 Al 很容易加工,但由于其"轻而不强"的自身特性,使单质 Al 在金属结构材料中并不占有明显优势。早期市场上的 Al 制成品多为炊具、装饰或包装材料。据文献记载,用来烧水的 Al 茶壶曾经是打开 Al 金属应用市场的主要产品。20 世纪初开始,对 Al 的合金强化和时效硬化成为冶金和化工领域的一个热门研究课题。所谓合金强化,是在单质 Al 中加入适量的 Cu,Mn,Si,Mg,Fe 和 Zn 等元素,通过使单质 Al 金属晶格形成一定程度的变形(俗称晶格畸变),来加大其结构中原有滑移系开动的难度,从而达到改善 Al 合金强度的目的。由于晶格中能够固溶的合金元素的量往往是有限的,过大的晶个畸变会导致 Al 合金变脆,这一方法的应用受到一定的限制。在此基础上发展起来的时效硬化技术,则是把特殊组分的 Al 合金(如 Al-Cu,Al-Cu-In 等)加热到一定温度以上进行"熔解处理",使这一合金处在均匀的单相状态,然后进行快速的"淬火"冷却,保持它的单相结构。此后,再在室温或稍高的温度下进行合金的时效处理。近年来,材料学家利用合金化和时效硬化两种手段的结合,已经成功地把 Al 合金的抗拉强度提高到了 700MPa。这样一来,Al 合金的比强度(强度/密度)达到了 2.64×10^6 cm,是普通碳钢(0.64×10^6 cm)的 4 倍多。这也就意味着,要达到同样的抗拉强度,Al 合金的用量只需要碳钢的 1/4,从而使 Al 合金作为一种结构材料的应用具有了极大的优势。

2. 新世纪的"宠儿"——纳米材料

1) 纳米材料的分类

纳米材料是当今世界材料研究的热点。纳米材料研究所关注的主要对象是在三维结构中,至少有一维的尺寸处于 0.1~100nm 范围,并具有与常规材料明显不同的特殊物理、化学性质的结晶态固体物质,以及它们的结构解析、性能表征、制备技术和应用方式等。

纳米材料按其三维结构的形式不同(图 12-34)可分为:

(1) 零维纳米材料:三维方向的尺寸都是在纳米量级,常见的有纳米颗粒、球体、微粒等,这也是纳米材料研究中最为活跃的领域。

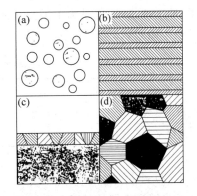

图 12-34 纳米材料的结构示意图
(a) 零维纳米材料;(b) 调质膜纳米材料;
(c) 多晶膜纳米材料;(d) 三维纳米体材料

(2) 一维纳米材料：只有两个维度方向的尺寸是纳米量级，常见的有纳米纤维、纳米管、棒、线及其阵列等，也包括部分具有纳米量级孔洞的特殊材料，如分子筛等。

(3) 二维纳米材料：只在一个维度方向上具有纳米量级的尺寸，常见的有纳米薄膜、多层调质复合膜等。

(4) 三维纳米材料：显微结构中晶粒尺寸均为纳米量级的块状固体，常见的有纳米块状金属、陶瓷与复合材料等。

根据材料的组分不同，可以将纳米材料分为纳米金属材料、纳米非金属材料、纳米有机高分子材料和纳米复合材料四大类。

根据材料的性能和应用领域的不同，也可以将纳米材料分为更多不同的类型，如纳米结构材料、纳米磁性材料、纳米催化材料、纳米生物材料和纳米光学材料等。

2) 纳米材料的特性

通常情况下，宏观物质的尺寸变化对其物理、化学性质的影响不大，但当固体物质的尺寸减小到纳米量级时，就会显示出明显不同于宏观尺寸物质的物理、化学特性。正是由于这些纳米量级的固体物质具有一系列的特殊性质，才使得纳米材料独具魅力，被誉为 21 世纪最有活力的新材料。纳米材料的主要特性有：

(1) 表面效应

固体物质尺寸减小到纳米量级时，其表面原子所占整个纳米粒子原子数的比例随粒子半径的减小而急剧增加(图 12-35)，表 12-2 中详细列出了几个典型尺寸纳米粒子中表面原子所占的百分比。不难看出，随着粒径变小，纳米粒子的比表面积会显著增大，表面原子所占的百分比迅速提高。由于纳米粒子的表面原子的化合

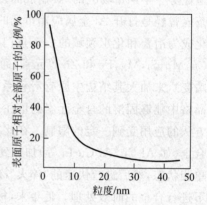

图 12-35　纳米粒子表面原子百分数与粒径的关系

价通常都没有达到饱和，在表面会形成大量的悬空键，从而使纳米粒子具有很高的表面活性。比如，小到一定尺寸的 Fe 纳米粒子裸露在空气中时会产生"自燃"，就是因为其结构中存在着大量的表面原子的缘故。纳米粒子在溶液或其他介质中表面极易吸附一定数量的分子、原子或离子，也是为了平衡表面大量未饱和的悬空键；未经表面处理的纳米粒子非常容易产生团聚，其原因也是纳米粒子的表面效应。

表 12-2　典型尺寸纳米粒子中表面原子所占的百分比

粒子直径 d/nm	1	5	10	100
原子总数/个	约 30	约 1×10^3	约 1×10^4	约 1×10^6
表面原子百分比	100%	40%	20%	2%

(2) 小尺寸效应

当纳米粒子的粒径与光波波长、德布罗意波波长以及超导态的相干长度或透射深度等物理特征尺寸相当或更小时，可以引起其一系列宏观物理性质的变化，这一特征就是纳米粒子的小尺寸效应。纳米粒子的小尺寸效应通常可表现在以下几个方面：

① 磁性的变化

伴随着纳米粒子的粒径减小,铁磁性颗粒的磁畴将会由多畴变为单畴状态,使反转磁化模式由壁移转变为转动,从而使其矫顽力大幅升高。当粒子尺寸进一步减小时,铁磁性物质的纳米粒子会表现出超顺磁性。利用这些特性可以制成具有高存储密度的磁记录磁粉,大量应用于磁带、磁盘、磁卡的生产;利用超顺磁性纳米粒子制成的磁性液体,经表面接枝改性后,可用于细胞分离和动态密封等高技术领域。

② 电学性能的变化

一方面,电子在超细纳米粒子中运动的平均自由路径会受到颗粒粒径的限制,因此,纳米粒子的尺寸越小,其介电损耗会越高;另一方面,纳米粒子粒径的减小却有助于超导材料的表面声子谱的软化和电子-声子耦合强度的提高,从而使具有纳米结构的超导材料具有更高的临界转变温度 T_c,有利于超导材料的实用化。

③ 力学性质的变化

采用纳米粉体制成的纳米块体陶瓷材料的脆性会明显降低,并具有一定的塑性变形能力。采用机械冲击的加工方法,在普通金属(如 Cu,Al 及其合金等)的表面制成一层纳米量级厚度的超细晶粒层,可以大幅度提高金属材料的力学强度。

④ 光学性质的变化

金属纳米粒子对可见光的反射率极低,通常会低于 1%,对太阳光谱几乎完全吸收,大约在几个 μm 的厚度就可以完全消光。因此,纳米粒子的粒径越小,颜色会越深,超细的纳米粉体也常被称为太阳黑体。利用纳米粒子的这个特性,可以制备高效率的光/热、光/电转换材料,也可应用于红外敏感元件、红外隐身器件的研制。

⑤ 热学性质的变化

超细化后的纳米粒子的熔化温度会明显低于固态晶体的熔点,而且温度降低的幅度与粒子的尺寸大小直接相关。研究发现,当粒子尺寸小于 10nm 时,熔化温度降低的幅度尤为显著。图 12-36 是金属 Au 纳米粒子的熔化温度与粒径的关系。正常情况下,块体 Ag 的熔点约为 943K,而纳米 Ag 粉的熔化温度却低于 373K。因此,用纳米 Ag 粉制成的导电浆料,在制作非导电材料(如介电电容器介电材料、压电陶瓷等)的电极时,可以采用低温烧成或免烧的工艺,从而

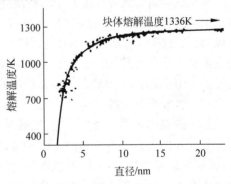

图 12-36　金属 Au 的纳米粒子的熔化温度与粒径的关系

大幅节约生产成本,提高器件的成品率。以纳米粉体制备的纳米块体陶瓷材料,可以使通常需要 1000K 以上才能烧结的材料,在 500K 以下就可以达到所需要的密度。

(3) 量子尺寸效应

纳米粒子超小的尺寸,可以使在宏观尺寸的块体材料中连续的能带发生分裂,分裂后分立的能级和能级间距随颗粒尺寸的减小而增大。当纳米粒子的尺寸小到一定程度时,其能级可以是完全分裂的。当纳米粒子能级间距超过其热能、电场能或磁场能的平均能级间距时,就会呈现出一系列与宏观物质截然不同的反常特性,这一现象称为纳米粒子的量子尺寸效应。例如,由于量子尺寸效应,原本导电的金属在制成纳米粉体时会变为绝缘体;半导体

纳米粒子的能级间距展宽后,其光能量吸收峰的位置也会向高频方向发生"蓝移"。

3) 纳米材料的相关应用

(1) 纳米磁性材料

纳米磁性材料包括磁记录材料和磁性液体。磁记录材料中应用最多的是铁氧体纳米粉体(γ-Fe_2O_3)以及包覆 Co,Cr,Mn 的纳米磁性粉体和纳米金属磁性粉体。磁性纳米粒子具有单畴结构和很高的矫顽力,用作磁记录材料可以明显提高信噪比,改善图像质量。磁性液体是由纳米粉体包覆一层长链的有机表面活性剂,再分散于特定有机溶剂中形成稳定的磁性液体。磁性液体可以在外磁场作用下发生整体运动,因此具有其他液体所没有的磁控特性,可用于不同用途的常规动态密封场合,也可用于航空、航天失重时极端条件下的动态密封,在机械、电子、精密仪器、宇航等领域有着广泛的应用前景。

(2) 纳米催化材料

纳米粒子的比表面积大,表面活性中心多,是作为高效催化剂的重要前提。纳米催化材料被誉为"第四代催化剂"。作为催化剂使用时,纳米粒子超大的比表面积,可以显著地提高催化效率。例如,以粒径小于 300nm 的 Ni 和 Cu-Zn 合金的纳米粉体为主要成分制成的催化剂,可以使有机物氢化的效率提高 10 倍。纳米 Fe,Ni 与 γ-Fe_2O_3 制成的复合陶瓷,可以替代传统的汽车用贵金属尾气催化剂。具有锐钛矿结构的纳米 TiO_2 是很好的光催化剂,可广泛应用于室内装修有机物污染的去除和工业废水中有机物的分解。近来,日本科学家提出了采用纳米光催化剂来分解 H_2O 的设想,并在实验室研究中获得突破,为新型 H_2 能源的获取提供了一种全新的途径。

(3) 纳米生物材料

采用纳米磷酸钙骨水泥 (CPC)制成的人造骨骼具有很好的生物相容性,植入人体后与肌体组织的结合性能良好,不会产生异物感,并且可以随着时间的推移,逐渐降解为人体新组织形成的营养成分。将适量的纳米羟基磷灰石(HA)粉体直接施放于肿瘤组织的周围,诱使疯狂的癌细胞大量吞噬无机纳米粉体,从而阻塞癌细胞的生理通道,最终导致癌细胞停止分裂并直至死亡。相比之下,羟基磷灰石纳米粉体的组分对于正常的人体组织不会造成明显伤害。

(4) 纳米光学材料

纳米微粒的光学非线性效应、光吸收、光反射、光传输过程中的能量损耗,都与其尺寸有着十分密切的关系。纳米 Al_2O_3,Fe_2O_3,SiO_2,TiO_2 的复合粉与一定尺寸的高分子纤维混合,所制成的复合涂层,对红外波段的电磁波有很强的吸收效应,对工作在这一波段的红外探测器有很好的屏蔽作用。海湾战争中频繁执行空袭任务的 F-117 A 型战斗机,其机身外表就涂覆了一层特殊的纳米隐身材料,从而能够巧妙地逃避雷达的监视,表现出超强的战场生存能力。

有理由相信,伴随着纳米材料结构研究的不断深入和纳米材料制备技术的不断提高,更多宏观物质所没有的新特性,将会在未来的新型纳米材料的研究与应用过程中诞生。

3. 璀璨的激光晶体材料

激光是 20 世纪中叶人类的又一项重大发明,它的出现已经为当今科学技术和国防建设的发展、人们日常生活水平的提高带来了巨大的影响。众所周知,普通光的产生源于物质内部粒子能级的跃迁。原子或分子是具有一定分立的"能态"或能级的,当原子处于一种高能态时,它就有跃迁到较低能态的倾向,并同时释放出光子。光子的能量或波长取决于这两个能级之间的能量差,光的这种产生方式称为自发辐射。激光的发光原理则不一样,激光介质中,处于激发态(高能态)的原子在受到光子的刺激时,才会引发它跃向较低的能级并释放出光子。产生刺激的光子和受激辐射的光子具有相同的波长、相位和振动方向。这样受激辐射所产生的光是单色的相干光,可以具有很高的能量密度。图 12-37 是激光产生的原理图,其中的激光介质是产生激光的核心物质,它必须包含有能够产生受激辐射的核心——发光中心离子。虽然单晶、半导体、气体或染料溶液都可以作为激光介质,但由于单晶材料结构完整性好,抗激光损伤能力强,因此在大功率密度激光器中,激光晶体发挥着无可替代的作用。

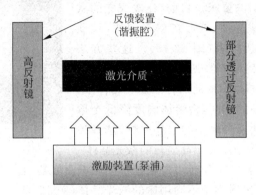

图 12-37 激光器原理示意图

早在 1960 年,世界上诞生了第一台固体激光器(图 12-38),所采用的激光介质是掺 Cr^{3+} 的红宝石($Cr^{3+}:Al_2O_3$)激光棒。激光棒的基质是 Al_2O_3 单晶,其晶格中一部分 Al^{3+} 的结点位置被掺杂的 Cr^{3+} 离子所取代,正是这些取代的 Cr^{3+} 离子构成了红宝石的发光中心。红宝石的发光是一个三能级两步的过程(图 12-39)。工作时,泵浦闪光灯(激励装置)给处于较低能级(E_0)的离子足够的激发能量,使 Cr^{3+} 离子纷纷跃升到较高的 E_2 和 E_3 上。由于晶体自身的特殊结构,E_2 和 E_3 的能级可以扩展成较宽的能带,以吸收大量的 Cr^{3+} 离子。受激后的 Cr^{3+} 离子在 E_2 和 E_3 能级稍停片刻,便会跳回到中间能量较低的 E_1 的亚稳态能级上。这是一种自发的跃迁,这个过程中并不发光。伴随时间的延长,亚稳态能级 E_1 上会聚集大量的受激的 Cr^{3+} 离子。这时,如果当照射到处于亚稳态能级 E_1 上的 Cr^{3+} 离子上的光子波长正好合适时,Cr^{3+} 离子就会离开亚稳态能级 E_1 而跃迁到基态能级 E_0 上,并同时

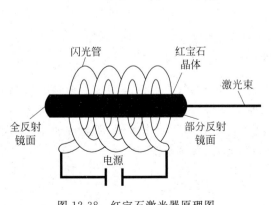

图 12-38 红宝石激光器原理图

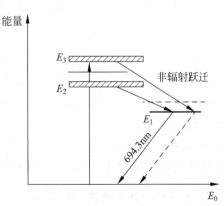

图 12-39 红宝石中的 Cr^{3+} 能级示意图

发射出一道强光。这种光在光学谐振腔内再经过千万次的振荡、放大后,激光器就可以发出激光。激光的波长取决于 E_1 和 E_0 能级之间的能量差,对于红宝石激光器来说,它发出的是波长等于 694.3nm 的鲜红色可见光激光。从激光产生的过程来看,制备性能优异的激光材料,寻找合适的基质晶体和掺杂发光中心离子是两个非常重要的前提。但是,在单晶结构中均匀地掺入适量的发光中心离子,同时还要尽可能地降低单晶结构中的晶体缺陷数量,对于材料体系的选取、晶体制备和掺杂技术的完善都提出了极高的要求。目前,比较成熟的激光晶体制备技术是提拉法晶体(或改进的提拉法,如顶部籽晶法、泡生法等)生长技术(图 12-40)。这些方法的共同点是:首先,将高纯原料按所需比例在贵金属坩埚中熔化,选用具有特定结晶学取向的籽晶插入熔体中,在不断地旋转和提拉籽晶的同时,将熔体温度降低至熔点附近。根据基质晶体和掺杂离子的结晶习性,选择控制好拉速和籽晶转速,就可以生长出高质量的激光晶体。

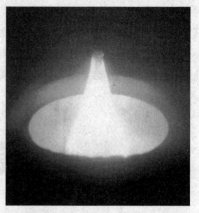

图 12-40 提拉法制备激光晶体

采用这一技术,材料科学工作者可以根据不同频率激光器的发光要求,通过改变基质晶体和掺杂离子,就能研制出适用于不同用途的激光晶体(图 12-41)。例如,掺 Ti^{3+} 的蓝宝石晶体($Ti^{3+}:Al_2O_3$)所制成的激光器的波长可以在 $0.66\sim1.10\mu m$ 之间连续调节。掺 Nd^{3+} 的 $Y_3Al_5O_{12}$(简称 YAG)晶体($Nd^{3+}:Y_3Al_5O_{12}$ 或 $Nd^{3+}:YAG$)目前已能实现商品化生产,晶体最大尺寸达到 $\phi(100\sim150)\times(400\sim500)(mm)$。$Nd^{3+}:YAG$ 具有热导率高、熔点高、机械强度高、抗光损伤阈值高、性能可靠和发光寿命长等优点,其综合性能指标在众多激光晶体中独占鳌头。Nd:YAG 晶体制成的激光器的工作波长为 $1.06\mu m$,具有功率高、线宽窄、波长合适等特点,在材料加工、临床手术、军用测距和诱发激光核聚变等领域已获得广泛的应用。

   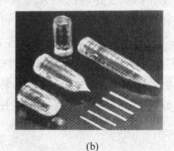

(a)   (b)

图 12-41 丰富的激光晶体

(a) 红宝石和蓝宝石激光晶体;(b) $Nd^{3+}:YAG$ 激光晶体

激光晶体自 20 世纪 60 年代出现以来,短短 40 年时间,人们已经用 350 多种基质晶体和 20 多种激活离子,在近 70 个跃迁波段上实现了受激辐射。目前已开发成功的激光晶体的种类超过 200 种,能适应在低温、室温和高温环境下的不同工作条件,所制成的激光器的工作频率已覆盖从紫外($0.17\mu m$)到中红外($5.15\mu m$)的频率范围。

4. 能替代金属的先进陶瓷材料

20 世纪中叶开始,新型陶瓷材料的探索热潮中涌现出一大批具有优异力、电、声、光、磁和热学性能的新型多种功能材料。例如,通过对以强共价键为主要特征的氮化物陶瓷的研究,已成功地制备出具有高强度、耐磨损、耐高温的六方 Si_3N_4 陶瓷。它可以替代传统的硬质合金材料,用做金属加工的切削刀具和涡轮增压发动机的增压涡轮盘等。具有良好的可加工性、绝缘性和自润滑性的六方 BN 陶瓷俗称"白石墨"(结构见图 12-42),但与石墨不同的是它并不导电,因而可用作绝缘场合的润滑与密封材料。具有良好导热性的 AlN 陶瓷具有很好的绝缘性,已被广泛用做集成电路衬底上的散热片。最有代表性的例子是,通过在 ZrO_2 高温陶瓷组分中加入 Y_2O_3 做稳定剂,已经能够使 ZrO_2 这种传统的脆性陶瓷,在保持有较高力学强度的条件下,出现了塑性变形,从而实现了为陶瓷材料增韧的目的。增韧后的 ZrO_2 陶瓷,不仅可以替代传统的高碳钢和不锈钢用作日常的家用刀、剪等切割工具,而且可以用作发动机的壳体、汽缸和活塞等高温部件。以陶瓷为主要结构的发动机能够承受高温,工作时不再需要像普通金属结构的发动机那样,必须有冷却水冷却,从而实现动力系统结构设计的升级换代。

在世界能源日益短缺的今天,核能已成为许多国家主要的能源来源。目前,国际上大量使用的核反应堆为压水堆,堆心盛装核燃料 UO_2 的结构组件(堆心)通常采用 Zr 金属来制成。在已知的金属元素中,Zr 的中子吸收截面比较小,对于反应堆内中子的吸收强度较弱,不至于扼杀堆内的链式反应。同时,Zr 金属也具有一定的可加工性和合适的高温强度。图 12-43 是大亚湾核电站使用的堆心结构,它由一组平行的 Zr 金属管构成,每根 Zr 管的长度为 4m,直径约 9mm,壁厚为 0.57mm。这样又长又细又薄的 Zr 管的加工要求十分精密,不仅轧管生产是一个设备复杂、难度很大的系统,而且由于天然 Zr 矿中往往伴生有金属 Hf,Zr 和 Hf 的物理、化学性质极其相似,Zr 和 Hf 的分离历来是令化学和冶金工作者"头痛"的难题。更可怕的是 Hf 金属的中子吸收截面远大于 Zr,会严重影响堆内的链式反应。所以,反应堆心选用的 Zr 金属,必须尽可能彻底地实现 Zr 和 Hf 的分离,才能满足作为堆心使用时所必须具备的低中子吸收性能的要求。由于目前国际上能掌握这种堆心用 Zr 金属管制造技术的公司寥寥无几,核反应堆的生产技术一直控制在少数国家手中。同时,堆心盛装的核燃料 UO_2 还需要进行定期的人工更换,常会给反应堆的运行带来难以预料的安全隐患。

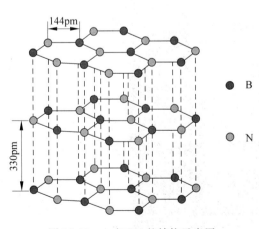

图 12-42 六方 BN 的结构示意图

图 12-43 压水堆燃料组件

针对压水堆堆心制造和使用过程中的困难,我国科学家开发了全新的高温气冷反应堆,这种高温气冷堆的燃料元件,采用了非金属材料的包覆结构,从根本上解决了金属材料作为燃料组件时,遇到的分离提纯、加工和使用过程中的一系列难题。由于高温气冷堆的堆心温度更高,堆心中主要采用高纯度、高密度和高强度的"三高"石墨,这样就有效地回避了金属材料的中子吸收截面问题。燃料元件的外层结构为空心的石墨球,直径 60mm。每一个石墨球中盛装着 8300 个直径为 0.9mm 的 UO_2 小球颗粒。为了阻断 UO_2 小球颗粒间的直接接触,在每一个小球颗粒的外面,通过有机物热解和涂覆方式,交替制备了热解 C 层和 SiC 陶瓷层。陶瓷层的厚度和结构如图 12-44 所示,热解 C 层和 SiC 陶瓷层可以保证高温下 UO_2 小球颗粒的结构稳定,不会破坏堆心内的中子流密度。同时,由于高温气冷堆中,燃料元件会依据反应需要,在准备区、反应区和冷却区之间,通过重力作用实现由上而下的定向运动(图 12-45)。这种工作方式,不仅避免了定期更换燃料时可能出现的安全隐患,而且通过燃料元件的运动,可促使石墨球内部,以热解 C 层和 SiC 陶瓷层包覆的燃料小球颗粒间的相对运动,使 UO_2 燃料中的链式反应进行得更加彻底,有效地提高了燃料的利用率。目前,在一个 10MW 高温气冷堆中,一次需要装载 27500 个燃料元件球,共包含 22825 万个 UO_2 小球燃料颗粒。这些燃料颗粒直径的误差、球形(椭圆度)、包覆层的厚度和密度都可以符合严格的设计要求。陶瓷包覆燃料元件的研制成功,为我国自主开发研制新型核能利用技术,奠定了重要的物质基础,也使我国的高温气冷堆研究走在了世界的前列。

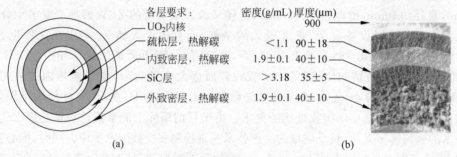

图 12-44　高温气冷堆燃料颗粒的陶瓷包覆结构
(a) 示意图;(b) 实物照片

图 12-45　高温气冷堆运行模型

12.2 化学与能源科学

能源是现代社会不可缺少的组成部分,它为人类所从事的各种经济活动提供了原动力。伴随着20世纪人口的急剧增长,生活水平的提高,交通运输的发达,为全球能源的发展带来前所未有的巨大压力。目前,全球能源消耗的主体来源仍然是化石燃料(煤、天然气、石油等),它占全球能源总供应量的80%以上。在未来新型能源(太阳能电池、燃料电池、二次电池等)的开发利用方面,化学科学历来就有得天独厚的学科优势。

12.2.1 廉价能源的"收集器"——太阳能电池

太阳一年送达地球表面的能量约为 8.1×10^{13} kW,是人类同期所需消耗能量的1万倍以上。但是,太阳照到地球上的能量的分散度很大,能量密度很小,只有 $1kW \cdot m^{-2}$。通常,只有通过光伏作用的方式,才能有效地将太阳能转换成电能加以利用,这种能够将太阳能转化成电能的装置就是太阳能电池。图12-46是太阳能光伏电池的基本原理。在太阳能电池结构中,起核心作用的是产生光伏效应的半导体材料,电池能量转化的效率主要取决于形成p-n结的半导体材料的禁带宽度。通常,照射在电池表面的太阳能,并不能够全部转化为电子的能量。以Si半导体为例,它的禁带宽度为1.12eV,在太阳光的照射下,只有那些能量超过禁带宽度1.12eV的光子,才能激发电子-空穴对,实现光电转换。图12-47所示为典型半导体材料的禁带宽度。实验表明,对于单一半导体材料的太阳能电池,最佳的禁带宽度应该为1.4eV,为了提高太阳能电池的光电转换效率,有些电池设计中采用两种半导体材料,以便可以吸收较多的光子能量。

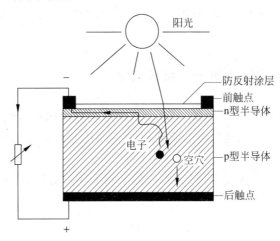

图12-46 太阳能光伏电池的基本原理

目前,实际使用的太阳能电池多采用Si半导体材料,但无论是单晶、多晶或非晶结构的Si半导体,纯度是影响其转换效率的关键指标。一般用于太阳能电池的Si半导体原料材料的纯度需达到99.9999%以上,因而必须采用特殊的化学提纯技术才能实现。当今以"西门子法"为代表的Si半导体原料的成熟提纯技术,主要为国际上的五大公司所垄断,它们决定了整个Si半导体太阳能电池的市场价格走向。

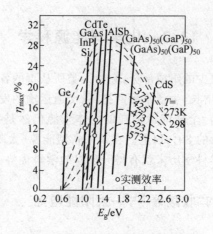

图 12-47　典型半导体材料的禁带宽度

近年来,采用湿化学、物理气相沉积(PVD)和化学气相沉积(CVD)等技术,人们先后合成出具有不同禁带宽度和太阳能转化效率(η)的化合物半导体材料。目前研究最多的太阳能半导体材料是两大类:一类是光电转化效率低但价格便宜的材料,如非晶 Si(效率10%)、多晶 Si(效率14%)、CdS 或 CdTe(效率13%)和 Cu(In,Ge)Te(效率17%),这类材料具有广阔的民用市场;另一类则是转化效率高(20%~30%)但价格较贵的单晶 Si,GaAs 和 GaInP 等材料,它们在航空航天和国防高技术领域发挥着重要作用。可以预见,在未来新型组装液晶有机层太阳能材料(大面积,可湿法制备),高分子杂化光伏材料(廉价),分子太阳能电池材料(用线性叶绿素分子有序组装),晶态 GeC 合金材料(具有较好的禁带宽度和转化效率),染料敏化纳米 TiO_2 太阳能电池材料,共轭高分子光伏材料和高效Ⅲ~Ⅴ族化合物半导体材料的研究与应用中,新的化学理论和先进的合成制备技术,将会有更多施展的机会。

12.2.2　清洁能源的希望——燃料电池

燃料电池是一种直接将化学能转变为电能,不需要经过热机燃烧过程的高效能源转化装置。图 12-48 是 H_2 燃料电池的结构示意图,在这一电池结构中,H_2 作为燃料是还原剂,O_2 是氧化剂。

在阳极(也称负极)处提供燃料 H_2,使 H 原子在催化剂催化下变成 H^+ 离子,并放出电子(e^-),其反应为

$$H_2 \xrightarrow{催化} 2H^+ + 2e^- \tag{12-1}$$

在阴极(也称正极)提供 O_2,使 O 原子在催化剂催化下接受电子(e)和 H^+ 离子,化合成 H_2O,其反应为

$$\frac{1}{2}O_2 + 2H^+ + 2e^- \xrightarrow{催化} H_2O \tag{12-2}$$

H_2 燃料电池的总的反应方程为

$$H_2 + \frac{1}{2}O_2 \xrightarrow{催化} H_2O \tag{12-3}$$

燃料电池的优点很多:

(1) 能量的转换效率很高,理论上可大于 90%;
(2) 装置简单,无噪声和机械转动部分;
(3) 燃料容易获得,无污染性废物排放。

目前已问世的几类燃料电池中,一种质子交换膜型 H_2 燃料电池(PEMFC),由于其结构简单,易于实现商品化生产等特点而备受青睐。PEMFC 的结构如图 12-49 所示。电池的核心部分是位于中心的质子交换膜,以及两侧与之紧密结合的催化膜,这两部分质量的好坏是决定 PEMFC 能否正常工作和能量转化效率的关键。质子交换膜是采用特殊化学方法制成的,具有多孔结构的全氟磺酸类高分子膜,它独特的孔道结构只允许质子(H^+)通过,而其他稍大的分子和离子都无法通过。由于特殊的制备工艺和成分,这种膜结构还能够在氧化或还原气氛中保持长期的化学稳定性。图 12-49 中的质子交换膜放大部分的两侧深色区域是一种特殊的 Pt/C 复合催化剂。它的作用是加速电极处的电化学反应,促使 H_2 分子变成 H^+ 或促使 O_2 分子变成 O^{2-},并与 H^+ 结合生成 H_2O。这里的催化剂 Pt 粒子平均直径一般为 2nm,通过特殊的化学方法,可以将其均匀地分散在直径约 10nm 的碳粒载体的表面,最终形成 Pt/C 复合粉粒。新开发的催化复合结构,把 Pt 的用量减少到原来的 2.5%~5%,大大地降低了 PEMFC 电池的成本,加速了 PEMFC 的工业化和实用化进程。可以预见,以 PEMFC 为动力的电动汽车能在 5~10 年内大量上市,为交通运输工具的能源利用和环境改善带来重大突破。

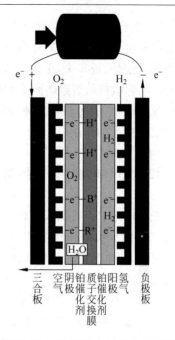

图 12-48 H_2 燃料电池结构示意图

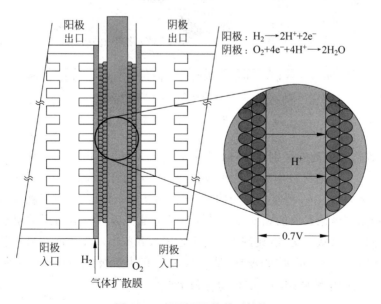

图 12-49 PEMFC 的截面结构

H_2 燃料电池虽然具有很多无法取代的优点,但从目前 H_2 燃料的来源主要靠电解 H_2O 获取的角度来看,H_2 燃料电池未来的应用领域也会受到一定的局限。为此,除了以 H_2 为燃料的电池外,近年来,根据能源种类的不同,国际上还先后开发了可以以天然气、净化煤气和 CO 等为燃料的熔融碳酸盐燃料电池(MCFC)和固体氧化物燃料电池(SOFC)。与 H_2 燃料电池相比,它们的燃料品种来源更广,电池的输出功率更大,可以在未来新的能源技术革命中发挥更大的作用。

12.2.3 电能的"高效存储器"——锂离子二次电池

光伏电池只能在白天工作,而大多数的社会和家庭照明用电却是在夜晚;电动汽车启动时,短时间内需要提供强大的电流,而燃料电池却是在汽车启动后才能进入正常工作状态。因此,蓄电装置的效率和性能,对于新一代的能源技术的应用有着极为重要的影响。可以进行充放电的蓄电池称为二次电池,传统的二次电池一般采用较重的铅蓄电池。相比之下,锂(Li^+)离子二次电池在质量能量密度($W·h·kg^{-1}$)和体积能量密度($W·h·L^{-1}$)方面都具有非常明显的优势(图 12-50)。

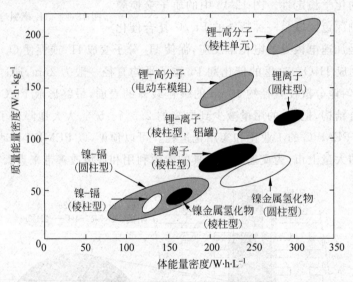

图 12-50 几种二次电池的能量密度

锂电池和锂离子电池的区别在于,前者用采用金属锂(Li)作为负极,而后者用一种可容纳(插入)锂(Li^+)离子的材料作负极。理论上,采用 Li 金属制备的二次电池具有最好的能量密度,但由于金属 Li 存在严重的安全问题,在目前技术条件下,还难以找到合适的解决办法。因此,目前二次电池发展的主要方向是锂离子电池。这种电池所用的电极材料称为插层化合物,其特殊的层状结构,能允许 Li^+ 自由地嵌入和脱出。在目前商品化使用的锂离子次电池中(图 12-51),作为正极(阴极)的是 Li_xCoO_2,作为负极的(阳极)的则是 Li_yC_6,中间有可以让 Li^+ 导通的电解质结构。二次电池放电时,

负极反应为

$$Li_yC_6(石墨结构的碳中插入 Li^+) \longrightarrow C_6 + yLi^+ + ye^- \tag{12-4}$$

正极反应为

$$Li_xCoO_2 + yLi^+ + ye^- \longrightarrow Li_{x+y}CoO_2 \tag{12-5}$$

在这个过程中,电子经外电路形成电流,Li^+则从负极通过微孔隔板中的电介质流向正极。充电时的过程正好与此相反(图 12-52)。锂离子电池也被形象地称为"摇椅电池"。

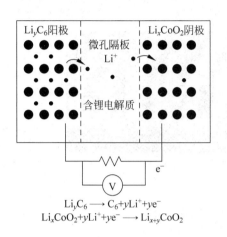

图 12-51 锂(Li^+)离子二次电池的原理图

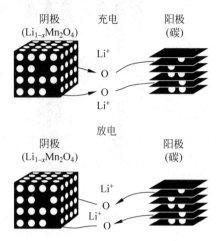

图 12-52 锂离子电池的充放电过程

12.3 化学与信息科学

计算机技术以惊人的速度发展,从一种单纯的快速计算工具,发展成为能够高速处理数字、符号、文字、语音、图像的信息传递和综合处理智能系统,计算机与网络、激光通信的结合,更是使信息的传输发生了革命性的变化。从信息科学以往的发展过程来看,化学不仅能为信息科学提供种类繁多的新型功能材料,而且能为新型信息器件的加工和应用,提供重要的技术支撑。

12.3.1 半导体加工的"钥匙"——光刻胶

20 世纪是信息技术革命兴起和蓬勃发展的重要阶段。集成电路的体积已缩小到当年晶体管体积的几百万分之一,硅集成电路的加工需要经过氧化、光刻、掺杂、镀膜、退火等复杂过程,其中的光刻是加工过程的关键环节。若要在 Si 基片上做出宽度只有头发丝的千分之一的电路图案,并在适当的区域进行掺杂以制备半导体器件,必须首先在 Si 基片上进行精细的光刻。光刻技术离不开一种至关重要的物质——光刻胶。光刻胶是一类采用复杂化学方法合成的,具有特殊性能的高分子物质,分为负胶和正胶两类。负胶的主要性质是:当它没有被紫外光照射之前,可以溶解于某种溶剂;而受到紫外光照射之后,它发生"硬化"后即不再被该溶剂溶解。正胶与负胶正好相反,当它没有被紫外光照射之前不溶解于某种溶剂;受到紫外光照射之后,它发生"软化"而可以被该溶剂溶解。正是因为有了这类神奇的高分子物质,才使得集成电路的精细加工技术的实现成为可能。光刻胶的分辨率、感光度等性能,直接影响到光刻的质量,因而成为集成电路工业最为关注的关键性指标。光刻技术的发展是与光刻胶的研究与开发的进程密不可分的。近年来,随着集成电路的线宽逐渐向 100nm 以下尺度发展,精度更高的电子束蚀刻技术开始被大量采用,图 12-53 是多束电子束蚀刻装置的示意图。

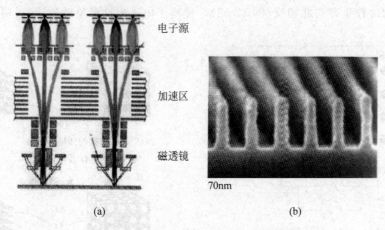

图 12-53　Si 半导体的电子束刻蚀技术
(a) 电子束蚀刻系统;(b) 利用电子束蚀刻制备的 70nm 线条

12.3.2　叹为观止的"折射率设计和工程"——光导纤维

光导纤维简称光纤,它是跨洋越海的国际通信主干网络的承载者。在 1960 年发现激光以后,作为信息传递的新方式,传输介质成为激光信息传递的主要障碍。前期的研究证实:激光在空气中传输的损耗巨大。研究发现,如果采用高纯度的熔石英玻璃(SiO_2 纯度高于 99.9999%)为基础,将其拉制成直径为 $0.02\mu m$ 的光导纤维,则激光将从纤维的表面通过而不需经过纤维的内部,从而大幅度地降低了激光的传输损耗。熔石英玻璃的提纯技术一直是化学与材料科学工作者共同的攻关方向。如果能在高纯的熔石英玻璃纤维上包覆一层折射率更低的物质,光导纤维的内芯就可以允许具有比原来 $0.02\mu m$ 更大的直径,从而可以降低制造难度,提高光纤的力学强度。目前市场上商品化的光纤都是采用的包覆式结构。光纤的工作原理见图 12-54,它是靠内芯与外包覆层的折射率的差别,把激光约束在光纤之内的。一般来说,光纤芯部的材料设计的折射率大,光在其中的传播速度会慢一些,越向外的材料折射率越小,光速也越快,这样就能弥补内外光程的差别,使信号不至于展宽失真。在实际的纤维制造时,首先制备高纯度的熔石英玻璃作为芯料,并用化学方法在芯料中沉积一定量的 Ge,以提高其折射率;再根据需要在芯料外层,包覆上折射率低于芯料的玻璃或其他折射率大小适合的物质;最后制成折射率按设计分布变化的包覆结构"光纤棒"。选择合适的高温拉制工艺,就可以将这种"光纤棒"拉制成所需尺寸的光纤,并在光纤结构中获得原来设计好的折射率分布截面。这种利用化学成分来

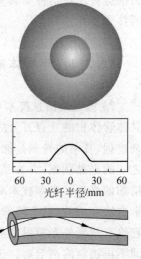

图 12-54　光纤的工作原理

调整光纤折射率匹配结构的技术,被形象地称作"折射率设计和工程"。

信息产业是 21 世纪世界经济发展的重要支柱,信息技术的发展水平是一个国家综合国力的体现,化学及相关学科的发展已成为信息技术进步的基础和先导,它们将在新世纪的信息产业发展中发挥更大的推动作用。

本 章 小 结

本章介绍了化学与材料科学、能源科学和信息科学交叉发展的相关内容。从固体微观结构理论入手,讨论了固体物质的典型晶体与非晶结构类型。以三大学科发展中的典型实例,分析了化学对相关学科发展的推动作用。学习本章内容,有助于进一步加强对所学化学及相关学科基础理论知识的掌握与理解,为在今后的学习和实际工作中,更加灵活地运用所学知识提供有益的启示。

本章重点介绍了固体物质微观结构理论的相关知识,包括:
(1) 单晶与多晶材料
(2) 非晶结构与非晶材料
(3) 晶体的主要结构类型
离子晶体
原子晶体
金属晶体
分子晶体
混合键型晶体
(4) 晶体缺陷
点缺陷:弗伦克尔缺陷和肖特基缺陷
线缺陷:刃型位错、螺型位错和混合型位错
面缺陷:层错、孪晶界与小角度晶界
体缺陷:包裹体、气泡、开裂和生长条纹等
(5) 晶体结构中的密堆积
面心立方:CABCABCABC…
密排六方:BABABABAB…

问题与习题

12-1 结晶态的固体物质有哪两种结构形式?简述单晶材料的主要特点。

12-2 典型的晶体结构主要有几种类型?

12-3 金属晶体结构中密堆积方式有几种?密堆积结构中原子的配位数和空间占有率各是多少?

12-4 晶体的本征点缺陷有几种类型?各自的特征是什么?

12-5 晶体的线缺陷有几种类型?举例说明线缺陷对材料性能的影响。

12-6 简述晶体缺陷与材料结构、性能的关系。

12-7 什么是固体物质的非晶结构？简述非晶材料的主要特点。

12-8 简述纳米材料的分类方式。

12-9 什么是纳米材料的表面效应？它对纳米材料的性能有何影响？

12-10 简要介绍几种典型陶瓷材料的结构与性能的关系。

12-11 当今国际上对太阳能电池用半导体材料的研究开发主要有哪两大类？

12-12 H_2 燃料电池的优点是什么？试写出 H_2 燃料电池的电极反应式和总反应式。

12-13 锂电池和锂离子电池的主要区别是什么？为什么锂离子电池也被称为"摇椅电池"？

12-14 简述光纤的"折射率设计和工程"的主要内容。

参 考 文 献

[1] 唐有棋,王夔. 化学与社会[M]. 北京:高等教育出版社,1997.
[2] 华彤文,杨骏英. 普通化学原理[M]. 3 版. 北京:北京大学出版社,2005.
[3] 周公度. 结构与物性[M]. 2 版. 北京:北京大学出版社,2000.
[4] 浙江大学普通化学教研组. 普通化学[M]. 5 版. 北京:高等教育出版社,2002.
[5] 刘国,白广美,廖松生. 大学化学[M]. 北京:清华大学出版社,1985.
[6] 浙江大学. 无机及分析化学[M]. 北京:高等教育出版社,2003.
[7] 徐光宪,王祥云. 物质结构[M]. 2 版. 北京:高等教育出版社,1987.
[8] 苏勉曾. 固体化学导论[M]. 北京:北京大学出版社,1987.
[9] 戴安邦,等. 配位化学(无机化学丛书第十二卷)[M]. 北京:科学出版社,1987.
[10] 沈同,王镜岩. 生物化学[M]. 2 版. 北京:高等教育出版社,1993.
[11] 杨维荣,于岚,张晓端. 环境化学[M]. 北京:高等教育出版社,1991.
[12] 郑成法,毛家骏,秦启宗. 核化学及核技术应用[M]. 北京:原子能出版社,1990.
[13] 高鸿. 分析化学前沿[M]. 北京:科学出版社,1991.
[14] 赵藻藩,周性尧,张悟铭,等. 仪器分析[M]. 北京:高等教育出版社,1990.
[15] Brown T L,Lemay H E,Bursten B E. CHEMISTRY:The Central Science[M]. 5th ed. New Jersey:Prentice Hall,Inc. ,1991.
[16] Brady J E. GENERAL CHEMISTRY:Principle & Structure[M]. 5th ed. New York:John Wiley & Sons Inc. ,1990.
[17] Bodner G M,Pardue H L. CHEMISTRY:An Experimental Science[M]. New York:John Wiley & Sons Inc. ,1989.
[18] 宋天佑,程鹏,王杏乔. 无机化学(上、下)[M]. 北京:高等教育出版社,2004.
[19] Lide D R. CRC Handbook of Chemistry and Physics[M]. 71th ed. CRC Press,Inc. ,1990—1991.
[20] 张克从. 近代晶体学基础[M]. 北京:科学出版社,1998.
[21] 李恒德,师昌绪. 中国材料发展现状及迈入新世纪对策[M]. 济南:山东科学技术出版社,2003.
[22] 朱裕贞,顾达,黑恩成. 现代基础化学[M]. 2 版. 北京:化学工业出版社,2004.
[23] Brown T L,LeMay Jr H E,Bursten B E. Chemistry—The Central Science[M]. 8th ed. Pearson Education North Asia Limited and China Machine Press,2002.
[24] Askeland D R,Phule P P. Essential of Materials Science and Engineering[M]. 北京:清华大学出版社,2005.
[25] 陈贻瑞,王建. 基础材料与新材料[M]. 天津:天津大学出版社,2001.
[26] 唐小真. 材料化学导论[M]. 北京:高等教育出版社,2003.
[27] 李言荣,恽正中. 材料物理学概论[M]. 北京:清华大学出版社,2001.
[28] William D,Callister Jr. Fundamentals of Materials Science and Engineering[M]. 5th ed. New York:John Wiley & Sons,Inc. ,2001.
[29] 钱逸泰. 结晶化学导论[M]. 2 版. 合肥:中国科学技术大学出版社,2002.
[30] 陈敬中. 现代晶体化学——理论与方法[M]. 北京:高等教育出版社,2001.
[31] 《材料科学技术百科全书》编委会. 材料科学技术百科全书[M]. 北京:中国大百科全书出版社,1995.
[32] 尚久芳,等译. 兰氏化学手册[M]. 北京:科学出版社,1991.

附　录

附录1　标准热力学数据(298.15K)

化学式(状态)	$\Delta_f H_m^\ominus/(kJ \cdot mol^{-1})$	$\Delta_f G_m^\ominus/(kJ \cdot mol^{-1})$	$S_m^\ominus/(J \cdot mol^{-1} \cdot K^{-1})$
氢(hydrogen)			
$H_2(g)$	0	0	130.57
锂(lithium)			
$Li(s)$	0	0	29.12
$Li^+(aq)$	−278.49	−293.30	13.39
$Li_2O(s)$	−597.94	−561.20	37.57
$LiCl(s)$	−408.61	−384.38	59.33
钠(sodium)			
$Na(s)$	0	0	51.21
$Na^+(aq)$	−240.12	−261.89	58.99
$Na_2O(s)$	−414.22	−375.47	75.06
$NaOH(s)$	−425.61	−379.53	64.45
$NaCl(s)$	−411.65	−384.15	72.13
钾(potassium)			
$K(s)$	0	0	64.18
$K^+(aq)$	−252.38	−283.26	102.51
$KOH(s)$	−424.76	−379.11	78.87
$KCl(s)$	−436.75	−409.15	82.59
铍(beryllium)			
$Be(s)$	0	0	9.50
$BeO(s)$	−609.61	−580.32	14.14
镁(magnesium)			
$Mg(s)$	0	0	32.68
$MgO(s)$	−601.70	−569.44	27.91
$Mg(OH)_2(s)$	−924.54	−833.58	63.18
$MgCl_2(s)$	−641.32	−591.83	89.62
$MgCO_3(s)$	−1095.79	−1012.11	65.69
钙(calcium)			
$Ca(s)$	0	0	41.42
$CaO(s)$	−635.09	−604.04	39.75
$Ca(OH)_2(s)$	−986.09	−898.56	83.39
$CaSO_4(s)$	−1434.11	−1326.88	106.69
$CaCO_3$(方解石,s)	−1206.92	−1128.84	92.88

续表

化学式(状态)	$\Delta_f H_m^\ominus/(kJ \cdot mol^{-1})$	$\Delta_f G_m^\ominus/(kJ \cdot mol^{-1})$	$S_m^\ominus/(J \cdot mol^{-1} \cdot K^{-1})$
锶(strontium)			
Sr(s)	0	0	52.30
$SrCO_3$(s)	−1220.05	−1140.14	97.07
钡(barium)			
Ba(s)	0	0	62.76
Ba^{2+}(aq)	−537.64	−560.74	9.62
$BaCl_2$(s)	−858.56	−810.44	123.68
$BaSO_4$(s)	−1469.42	−1362.31	132.21
硼(boron)			
B(s)	0	0	5.86
B_2O_3(s)	−1273	−1194	53.97
H_3BO_3(s)	−1094.33	−969.01	88.83
BCl_3(g)	−427.2	−388.72	290.10
BF_3(g)	−1137.00	−1120.35	254.01
BN(s)	−254.39	−228.45	14.81
铝(aluminum)			
Al(s)	0	0	28.33
$Al(OH)_3$(无定形)	−1276.12	—	—
Al_2O_3(s,刚玉)	−1675.69	−1582.39	50.92
碳(carbon)			
C(石墨)	0	0	5.74
C(金刚石)	1.897	2.900	2.377
CO(g)	−110.525	−137.15	197.56
CO_2(g)	−393.51	−394.36	213.64
硅(silicon)			
Si(s)	0	0	18.83
SiO_2(石英,s)	−910.94	−856.67	41.84
$SiCl_4$(g)	−657.01	−617.01	330.62
SiH_4(g)	34.31	56.90	202.84
SiC(s,β)	−65.27	−62.76	16.61
Si_3N_4(s,α)	−743.50	−642.66	101.25
锡(tin)			
Sn(s,白)	0	0	51.55
Sn(s,灰)	−2.09	0.126	44.14
SnO_2(s)	−580.74	−519.65	52.3
铅(lead)			
Pb(s)	0	0	64.81
PbO(s,红)	−218.99	−188.95	66.73
PbO(s,黄)	−215.33	−187.90	68.70
PbS(s)	−100.42	−98.74	91.21

续表

化学式(状态)	$\Delta_f H_m^\ominus/(kJ\cdot mol^{-1})$	$\Delta_f G_m^\ominus/(kJ\cdot mol^{-1})$	$S_m^\ominus/(J\cdot mol^{-1}\cdot K^{-1})$
氮(nitrogen)			
$N_2(g)$	0	0	191.50
$NO(g)$	90.25	86.57	210.65
$NO_2(g)$	33.18	51.30	239.95
$NO_3^-(aq)$	−207.36	−111.34	146.44
$NH_4^+(aq)$	−132.51	−79.37	113.39
$NH_3(aq)$	−80.29	−26.57	111.29
$NH_3(g)$	−46.11	−16.48	192.34
磷(phosphorus)			
$P(s,白)$	0	0	41.09
$P(s,红)$	−17.5	−12.13	22.80
$P_4O_{10}(s)$	−2984.03	−2697.84	228.86
$PH_3(g)$	5.44	13.39	210.12
$PCl_3(g)$	−287.02	−267.78	311.67
$PCl_5(g)$	−374.9	−305.0	364.6
氧(oxygen)			
$O_2(g)$	0	0	205.03
$O_3(g)$	142.67	163.18	238.82
$H_2O(l)$	−285.83	−237.18	69.91
$H_2O(g)$	−241.82	−228.59	188.72
$H_2O_2(l)$	−187.78	−120.42	109.6
$H_2O_2(aq)$	−191.17	−134.03	143.9
硫(sulfur)			
$S(s,斜方)$	0	0	31.80
$S(s,单斜)$	0.33	—	—
$SO_2(g)$	−297.04	−300.19	248.11
$SO_3(g)$	−395.72	−371.08	256.65
$H_2S(g)$	−20.63	−33.56	205.69
氟(fluorine)			
$F_2(g)$	0	0	202.67
$HF(g)$	−271.12	−273.22	173.67
氯(chlorine)			
$Cl_2(g)$	0	0	222.96
$HCl(g)$	−92.31	−95.30	186.80
$Cl^-(aq)$	−167.16	−131.26	56.48
$ClO^-(aq)$	−107.11	−36.82	41.84
溴(bromine)			
$Br_2(l)$	0	0	152.23
$Br_2(g)$	30.91	3.14	245.35
$HBr(g)$	−36.40	−53.43	198.59
$Br^-(aq)$	−121.55	−103.97	82.42

续表

化学式(状态)	$\Delta_f H_m^\ominus/(kJ \cdot mol^{-1})$	$\Delta_f G_m^\ominus/(kJ \cdot mol^{-1})$	$S_m^\ominus/(J \cdot mol^{-1} \cdot K^{-1})$
碘(iodine)			
$I_2(s)$	0	0	116.14
$I_2(g)$	62.44	19.36	260.58
$HI(g)$	26.48	1.72	206.48
$I^-(aq)$	−55.19	−51.59	111.29
钪(scandium)			
$Sc(s)$	0	0	34.64
钛(titanium)			
$Ti(s)$	0	0	30.54
$TiO_2(s,金红石)$	−939.73	−884.50	49.92
钒(vanadium)			
$V(s)$	0	0	28.91
$V_2O_5(s)$	−1550.59	−1419.63	130.96
铬(chromium)			
$Cr(s)$	0	0	23.77
$Cr_2O_3(s)$	−1139.72	−1058.13	81.17
$CrO_4^{2-}(aq)$	−881.19	−727.85	50.21
$Cr_2O_7^{2-}(aq)$	−1490.34	−1301.22	261.92
锰(manganese)			
$Mn(s,\alpha)$	0	0	32.01
$MnO_2(s)$	−520.03	−465.18	53.05
$MnO_4^-(aq)$	−541.4	−447.2	191.2
铁(iron)			
$Fe(s)$	0	0	27.28
$Fe^{2+}(aq)$	−89.12	−78.87	—
$Fe^{3+}(aq)$	−48.53	−4.60	—
$Fe(OH)_2(s)$	−569.02	−486.60	87.86
$Fe(OH)_3(s)$	−822.99	−696.64	106.69
$FeS(s,\alpha)$	−95.06	−97.57	67.4
$Fe_2O_3(s)$	−824.25	−742.24	87.40
$Fe_3O_4(s)$	−1118.38	−1015.46	146.44
钴(cobalt)			
$Co(s,\alpha)$	0	0	30.04
镍(nickel)			
$Ni(s)$	0	0	29.87
铜(copper)			
$Cu(s)$	0	0	33.15
$Cu(OH)_2(s)$	−449.78	—	—

续表

化学式(状态)	$\Delta_f H_m^\ominus/(kJ \cdot mol^{-1})$	$\Delta_f G_m^\ominus/(kJ \cdot mol^{-1})$	$S_m^\ominus/(J \cdot mol^{-1} \cdot K^{-1})$
CuO(s)	−157.32	−129.70	48.63
CuSO$_4$(s)	−771.36	−661.91	108.78
CuSO$_4 \cdot$ 5H$_2$O(s)	−2279.65	−1880.06	300.41
银(silver)			
Ag(s)	0	0	42.55
Ag$^+$(aq)	105.58	77.12	72.68
Ag$_2$O(s)	−31.05	−11.21	121.34
Ag$_2$S(s,α)	−32.59	−40.67	144.01
AgCl(s)	−127.07	−109.80	96.23
AgBr(s)	100.37	−96.90	107.11
AgI(s)	−61.84	−66.19	115.48
Ag(NH$_3$)$_2^+$(aq)	−111.89	−17.24	245.18
金(gold)			
Au(s)	0	0	47.40
[Au(CN)$_2$]$^-$(aq)	242.25	285.77	171.54
[AuCl$_4$]$^-$(aq)	−322.17	−235.22	266.94
锌(zinc)			
Zn(s)	0	0	41.63
ZnO(s)	−348.28	−318.32	43.64
镉(cadmium)			
Cd(s,γ)	0	0	51.76
CdS(s)	−161.92	−156.48	64.85
汞(mercury)			
Hg(l)	0	0	76.02
Hg(g)	61.32	31.85	174.85
Hg$_2$Cl$_2$(s)	−265.22	−210.78	192.46
CH$_4$(g)	−74.85	−50.6	186.27
C$_2$H$_6$(g)	−83.68	−31.80	229.12
C$_2$H$_6$(l)	48.99	124.35	173.26
C$_2$H$_4$(g)	52.30	68.24	219.20
C$_2$H$_2$(g)	226.73	209.20	200.83
CH$_3$OH(l)	−239.03	−166.82	127.24
C$_2$H$_5$OH(l)	−277.98	−174.18	161.04
C$_6$H$_5$COOH(s)	−385.05	−245.27	167.57
C$_{12}$H$_{22}$O$_{11}$(s)	−2225.5	−1544.6	360.2

数据摘自:参考文献[19]D-51~D-120,其中,单位中 J 和 kJ 由 cal 和 kcal 换算而来。

附录 2 一些有机物的标准摩尔燃烧热（298.15K）

分子式（状态）和名称			$\Delta_c H_m^\ominus /$ (kJ·mol^{-1})	分子式（状态）和名称			$\Delta_c H_m^\ominus /$ (kJ·mol^{-1})
CH_4	(g)	甲烷	−890.3	CH_3OH	(l)	甲醇	−726.6
C_2H_2	(g)	乙炔	−1299.6	C_2H_5OH	(l)	乙醇	−1366.7
C_2H_4	(g)	乙烯	−1411.0	$(CH_2OH)_2$	(l)	乙二醇	−1192.9
C_2H_6	(g)	乙烷	−1559.9	$C_3H_8O_3$	(l)	甘油	−1664.4
C_3H_8	(g)	丙烯	−2058.5	C_6H_5OH	(s)	苯酚	−3062.7
C_3H_8	(g)	丙烷	−2220.0	$HCHO$	(g)	甲醛	−563.6
C_4H_{10}	(g)	正-丁烷	−2878.5	CH_3CHO	(g)	乙醛	−1192.4
C_4H_{10}	(g)	异-丁烷	−2871.6	CH_3COCH_3	(l)	丙酮	−1802.9
C_4H_8	(g)	丁烯	−2718.6	$CH_3COOC_2H_5$	(l)	乙酸乙酯	−2254.2
C_5H_{12}	(g)	戊烷	−3536.1	$(C_2H_5)_2O$	(l)	乙醚	−2730.9
正-C_nH_{2n+2}	(g)		−4.184(57.909+157.443n)	$HCOOH$	(l)	甲酸	−269.9
正-C_nH_{2n+2}	(l)	$n=5\sim20$	−4.184(57.430+156.263n)	CH_3COOH	(l)	乙酸	−871.5
正-C_nH_{2n+2}	(s)		−4.184(21.90+157.00n)	$(COOH)_2$	(s)	草酸	−246.0
C_6H_6	(l)	苯	−3267.7	C_6H_5COOH	(s)	苯甲酸	−3227.5
C_6H_{12}	(l)	环己烷	−3919.9	$C_{17}H_{35}COOH$	(s)	硬脂酸	−11274.6
C_7H_8	(l)	甲苯	−3909.9	$(COOCH_3)_2$	(l)	草酸甲酯	−1678.0
C_8H_{10}	(l)	对二甲苯	−4552.9	CCl_4	(l)	四氯化碳	−156.1
$C_{10}H_8$	(s)	萘	−5153.9	$CHCl_3$	(l)	三氯甲烷	−373.2
CH_3Cl	(g)	氯甲烷	−689.1	$C_6H_5NH_2$	(l)	苯胺	−3397.0
C_6H_5Cl	(l)	氯苯	−3140.9	$C_6H_5NO_2$	(l)	硝基苯	−3097.8
CS_2	(l)	二硫化碳	−1075.3	$C_6H_{12}O_6$	(s)	葡萄糖	−2815.8
$(CN)_2$	(g)	氰	−1087.8	$C_{12}H_{22}O_{11}$	(s)	蔗糖	−5648.4
$CO(NH_2)_2$	(s)	尿素	−632.0	$C_{10}H_{16}O$	(s)	樟脑	−5903.6

数据摘自：印永嘉.物理化学简明教程（上册）.北京：人民教育出版社，1965，并按 1cal＝4.184J 换算。

附录3 标准摩尔键能(298.15K)

键型	$\Delta_b H_m^\ominus$/(kJ·mol^{-1})	键型	$\Delta_b H_m^\ominus$/(kJ·mol^{-1})	键型	$\Delta_b H_m^\ominus$/(kJ·mol^{-1})	键型	$\Delta_b H_m^\ominus$/(kJ·mol^{-1})
H—H	435.9	C=O	748.9(酮)	Si—Cl	380.7	Ge—F	464.4
H—F	564.8	C—F	485.3	Si—Br	309.6	Ge—Cl	338.9
H—Cl	431.4	C—S	272.0	P—H	330.5	Ge—Ge	157.3
H—Br	366.1	C—Cl	338.9	P=O	510.4	As—H	292.9
H—I	298.7	C—Br	284.5	P—F	489.5	As—F	464.4
Be—Cl	456.1	C—I	217.6	P—P	214.6	As—Cl	292.9
B—H	331*	N—H	390.8	P—Cl	328.4	Se—H	276.1
B—C	372.4	N—N	163.2	P—Br	266.5	Se—O	423**
		N=N	409				
B—N	443.5	N≡N	944.7	S—H	347.3	Se—F	284.5
B—O	535.6	N—O	200.8	S—O	521.7**	Se—Cl	242.6
B—F	644.3	N=O	631.8	S—F	318.0	Se—Se	184.1
B—Cl	456.1	O—H	462.8	S—S	297.1	Br—O	200.8
C—H	413.0	O—O	196.6	S—Cl	255.2	Br—Br	192.9
C—C	345.6	O=O	498.3	Cl—O	251.0	Zr—Cl	485.3
C=C	610.0	O—F	189.5	Cl—Cl	242.1	Zr—O	765.7
C≡C	835.1	F—F	154.8	Cl—F	251*	Sn—Cl	318.0
C—N	304.6	Si—H	318.0	Ti—Cl	427	I—I	150.9
C=N	615.0	Si—C	290*	Ti—O	662**	I—O	241*
C≡N	889.5	Si—O	432*	Ti—N	464**	Hg—Cl	225.9
C—O	357.7	Si—F	564.8	Ge—H	288.3	Hg—Hg	17.2**
C=O	736.4(醛)	Si—Si	176.6	Ge—O	662**		

加"*"的数据摘自 Linus Pauling and Peter Pauling, Chemistry, Appendix V, 1975；加"**"的数据摘自 Handbook of Chemistry and Physics, 66th. ed.；其他数据均摘自 Lange's Handbook of Chemistry, 11th. ed.；后两者都按 1cal=4.184J 换算。加"**"的数据为气态双原子分子的离解能。

附录4 一些溶剂的 K_b 和 K_f

溶 剂	t_b/℃	K_b/(℃·kg·mol^{-1})	t_f/℃	K_f/(℃·kg·mol^{-1})
水	100	0.52	0	1.86
乙酸	118	2.93	17	3.90
苯	80.0	2.53	5.5	5.10
环己烷	81	2.79	6.5	20.2
三氯甲烷	60.19	3.82		
樟脑	208	5.95	178	40.0
苯酚	181.2	3.6	4.1	7.3
氯仿	61.26	3.63	−63.5	4.68
硝基苯	210.9	5.24	5.67	8.1

数据主要摘自：W. L Masterton 等. 化学原理. 华彤文等译. 北京：北京大学出版社，1980。

附录 5 一些化学反应的活化能

反应	催化剂	$E_a/(\text{kJ}\cdot\text{mol}^{-1})$
$2HI \rightleftharpoons H_2+I_2$	无	183
	Au	105
	Pt	58
$2NH_3 \rightleftharpoons N_2+3H_2$	无	330(近似值)
	W	163
$2N_2O \rightleftharpoons 2N_2+O_2$	无	245
	Au	121
$2NO_2 \rightleftharpoons 2NO+O_2$	无	112
$2NOCl \rightleftharpoons 2NO+Cl_2$	无	98.7
$2H_2O_2 \rightleftharpoons 2H_2O+O_2$	无	75.3
	过氧化氢酶	23
$SO_2+\frac{1}{2}O_2 \rightleftharpoons SO_3$	无	251.0*
	Pt	62.76*
$CH_3CHO \rightleftharpoons CH_4+CO$	无	190
	I_2 蒸气	136
$C_2H_5OC_2H_5 \rightleftharpoons C_2H_6+CO+CH_4$	无	224

加"*"的数据摘自：傅献彩，陈瑞华.物理化学，下册，第367页，北京：人民教育出版社，1979年修订本；其余数据摘自：J.G.斯塔克等.化学数据手册.杨厚昌译.北京：石油工业出版社，1980。

附录 6 弱酸弱碱的离解常数

常见弱酸的离解常数（298.15K）

弱酸	化学式	电离平衡	$K_a^\ominus$
草酸	$H_2C_2O_4$	$H_2C_2O_4 \rightleftharpoons H^+ + HC_2O_4^-$	$(K_{a1}^\ominus)5.9\times10^{-2}$
		$HC_2O_4^- \rightleftharpoons H^+ + C_2O_4^{2-}$	$(K_{a2}^\ominus)6.4\times10^{-5}$
亚硫酸	H_2SO_3	$H_2SO_3 \rightleftharpoons H^+ + HSO_3^-$	$(K_{a1}^\ominus)1.3\times10^{-2}$
		$HSO_3^- \rightleftharpoons H^+ + SO_3^{2-}$	$(K_{a2}^\ominus)5.6\times10^{-8}$
磷酸	H_3PO_4	$H_3PO_4 \rightleftharpoons H^+ + H_2PO_4^-$	$*(K_{a1}^\ominus)7.1\times10^{-3}$
		$H_2PO_4^- \rightleftharpoons H^+ + HPO_4^{2-}$	$*(K_{a2}^\ominus)6.3\times10^{-8}$
		$HPO_4^{2-} \rightleftharpoons H^+ + PO_4^{3-}$	$*(K_{a3}^\ominus)4.2\times10^{-13}$
氢氟酸	HF	$HF \rightleftharpoons H^+ + F^-$	6.7×10^{-4}
亚硝酸	HNO_2	$HNO_2 \rightleftharpoons H^+ + NO_2^-$	4.5×10^{-4}
蚁酸	HCOOH	$HCOOH \rightleftharpoons H^+ + HCOO^-$	1.8×10^{-4}
醋酸	CH_3COOH	$CH_3COOH \rightleftharpoons H^+ + CH_3COO^-$	1.8×10^{-5}
碳酸	H_2CO_3	$H_2CO_3 \rightleftharpoons H^+ + HCO_3^-$	$(K_{a1}^\ominus)4.2\times10^{-7}$
		$HCO_3^- \rightleftharpoons H^+ + CO_3^{2-}$	$(K_{a2}^\ominus)4.8\times10^{-11}$
氢硫酸	H_2S	$H_2S \rightleftharpoons H^+ + HS^-$	$*(K_{a1}^\ominus)1.0\times10^{-7}$
		$HS^- \rightleftharpoons H^+ + S^{2-}$	$*(K_{a2}^\ominus)1.0\times10^{-19}$
氢氰酸	HCN	$HCN \rightleftharpoons H^+ + CN^-$	4.0×10^{-10}

常见弱碱的离解常数(298.15K)

弱 碱	化 学 式	电 离 平 衡	$K_b^\ominus$
甲胺	CH_3NH_2	$CH_3NH_2 + H_2O \rightleftharpoons CH_3NH_3^+ + OH^-$	4.2×10^{-4}
氨	NH_3	$NH_3 + H_2O \rightleftharpoons NH_4^+ + OH^-$	1.8×10^{-5}
联氨	N_2H_4	$N_2H_4 + H_2O \rightleftharpoons N_2H_5^+ + OH^-$	9.8×10^{-7}
苯胺	$C_6H_5NH_2$	$C_6H_5NH_2 + H_2O \rightleftharpoons C_6H_5NH_3^+ + OH^-$	4.0×10^{-10}

数据均摘自：王致勇．无机化学原理，附录六，北京：清华大学出版社，1984。

＊摘自：Ralph H. Petrucci, et al. General Chemistry.（影印版）北京：高等教育出版社，2004。

附录7 配离子不稳定常数的负对数值

($pK_{\text{不稳}}^\ominus = -\lg K_{\text{不稳}}^\ominus$)

(括号内的数字为配位体的数目，温度在室温附近，浓度单位为 $mol \cdot L^{-1}$)

中心体	CN^-	CNS^-	Cl^-	Br^-	I^-	NH_3	en[①]	Y[①]
Fe^{3+}	42 (6)	3.36 (2)	1.48 (1)	−0.30 (1)				24.23 (1)
Fe^{2+}	35 (6)		0.36 (1)				9.70 (3)	14.33 (1)
Co^{3+}						35.2 (6)	48.69 (3)	36 (1)
Co^{2+}		3.00 (4)				5.11 (6)	13.94 (3)	16.31 (1)
Ni^{2+}	31.3 (4)	1.81 (3)				8.74 (6)	18.33 (3)	18.56 (1)
Ag^+	21.1 (2)	7.57 (2)	5.04 (2)	7.33 (2)	11.74 (2)	7.05 (2)	7.70 (2)	7.32 (1)
Cu^+	24.0 (2)	5.18 (2)	5.5 (2)	5.89 (2)	8.85 (2)	10.86 (2)	10.8 (2)	
Cu^{2+}			0.1 (2)	0.30 (2)		13.32 (4)	20.00 (2)	18.7 (1)
Zn^{2+}	16.7 (4)	1.62 (1)	0.61 (2)			9.46 (4)	10.83 (2)	16.4 (1)
Cd^{2+}	18.78 (4)	3.6 (4)	2.80 (4)	3.7 (4)	5.41 (4)	7.12 (4)	10.09 (2)	16.4 (1)
Hg^{2+}		21.23 (4)	15.07 (4)	21.00 (4)	29.83 (4)	9.46 (4)	23.3 (2)	21.80 (1)
Sn^{2+}			2.24 (2)	1.81 (2)				22.1 (1)
Pb^{2+}			2.44 (2)	1.9 (2)	4.47 (4)			18.3 (1)
Al^{3+}								16.11 (1)
Na^+								1.66 (1)
Ca^{2+}								11.0 (1)
Mg^{2+}								8.64 (1)

① en——1,2-乙二胺，Y——1,2-乙二胺-N,N,N',N'-四乙酸。

数据摘自：参考文献[32]中表5-14和表5-15。

附录 8　溶度积常数 $K_{sp}^{\ominus}$ (298.15K)

阳离子	阴离子										
	OH^-	S^{2-}	Cl^-	Br^-	I^-	SO_4^{2-}	CO_3^{2-}	$C_2O_4^{2-}$	PO_4^{3-}	CrO_4^{2-}	$[Fe(CN)_6]^{4-}$
Cr^{3+}	6.7×10^{-31} (灰绿)	完全水解	—	—	—	—	完全水解	—	2.4×10^{-23} (绿)	—	—
Mn^{2+}	1.9×10^{-13} (白)	2.5×10^{-10} (无定形)	—	—	—	—	1.8×10^{-11} (白)	1.1×10^{-15} (白)	—	—	8.0×10^{-13} (白)
Fe^{3+}	4×10^{-38} (棕)	1×10^{-88} (黑)	—	—	—	—	部分水解	—	1.3×10^{-22} (浅黄)	—	3.3×10^{-41} (蓝)
Fe^{2+}	8.0×10^{-16} (白)	6.3×10^{-18} (黑)	—	—	—	—	2.11×10^{-11} (白)	3.2×10^{-7} (白)	—	—	—
Co^{2+}	1.6×10^{-15} (粉红)	4.0×10^{-21} (α,黑)	—	—	—	—	1.4×10^{-13} (粉红)	—	2×10^{-35} (紫)	—	1.8×10^{-15} (绿)
Ni^{2+}	2.0×10^{-15} (浅绿)	3.0×10^{-16} (α,黑)	—	—	—	—	6.6×10^{-9} (浅绿)	4×10^{-10}	5×10^{-31} (浅绿)	—	1.3×10^{-15} (浅绿)
Ag^+	2.0×10^{-8} (Ag_2O,棕)	6.3×10^{-50} (黑)	1.8×10^{-10} (白)	5.0×10^{-13} (浅黄)	8.3×10^{-17} (黄)	1.4×10^{-5} (白)	8.1×10^{-12} (白)	3.4×10^{-11} (白)	1.4×10^{-16} (黄)	1.1×10^{-12} (砖红)	1.6×10^{-41} (白)
Cu^+	1.0×10^{-14} (Cu_2O,红)	2.5×10^{-48} (黑)	1.2×10^{-6} (白)	5.3×10^{-9} (白)	1.1×10^{-12} (白)	—	—	—	—	—	—
Cu^{2+}	2.2×10^{-20} (浅蓝)	6.3×10^{-37} (黑)	—	—	—	—	1.4×10^{-10} (绿蓝)	2.3×10^{-8} (浅蓝)	1.3×10^{-37} (浅蓝)	3.6×10^{-6}	1.3×10^{-16} (红棕)

续表

阳离子	阴离子									
	OH⁻	S²⁻	Cl⁻	Br⁻	I⁻	SO₄²⁻	CO₃²⁻	C₂O₄²⁻	PO₄³⁻	CrO₄²⁻	[Fe(CN)₆]⁴⁻
Zn^{2+}	1.2×10^{-17} (白)	1.6×10^{-24} (α,白)	—	—	—	—	1.4×10^{-11} (白)	2.7×10^{-8} (白)	—	—	4.0×10^{-16} (白)
Cd^{2+}	2.5×10^{-14} (白)	8.0×10^{-28} (黄)	—	—	—	—	5.2×10^{-12} (白)	9.1×10^{-8} (白)	2.5×10^{-33} (白)	—	3.2×10^{-17} (白)
Hg^{2+}	3×10^{-26} (HgO,红)	1.6×10^{-52} (黑)	—	—	—	—	部分水解	—	—	—	—
Hg_2^{2+}	2.0×10^{-24} (Hg₂O,黑)	1.0×10^{-47} (黑)	1.0×10^{-8} (白)	5.6×10^{-23} (白)	4.5×10^{-29} (绿)	7.4×10^{-7} (白)	8.9×10^{-17} (浅黄)	2.0×10^{-13} (白)	4.0×10^{-13} (Hg₂HPO₄,白)	2.0×10^{-9} (棕红)	8.5×10^{-21} (灰白)
Pb^{2+}	1.2×10^{-15} (白)	8.0×10^{-28} (棕黑)	1.6×10^{-5} (白)	4.0×10^{-5} (白)	7.1×10^{-9} (黄)	1.6×10^{-8} (白)	7.4×10^{-14} (白)	4.8×10^{-10} —	8.0×10^{-43} (白)	2.8×10^{-13} (黄)	3.5×10^{-15} (白)
Mg^{2+}	1.8×10^{-11} (白)	—	—	—	—	—	3.5×10^{-8} (白)	—	$10^{-23}\sim10^{-27}$ (白)	—	—
Ca^{2+}	5.5×10^{-6} (白)	—	—	—	—	9.1×10^{-6} (白)	2.8×10^{-9} (白)	4×10^{-9} —	2.0×10^{-29} (白)	7.1×10^{-4} (黄)	—
Ba^{2+}	—	—	—	—	—	1.1×10^{-10} (白)	5.1×10^{-9} (白)	1.6×10^{-7} —	3.4×10^{-23} (白)	1.2×10^{-10} (黄)	—
Al^{3+}	1.3×10^{-33}	2×10^{-7}	—	—	—	—	—	—	—	—	—
Sn^{2+}	1.4×10^{-28}	1.0×10^{-25}	—	—	—	—	—	—	—	—	—

数据摘自:参考文献[32]中表5-6。物质的颜色摘自:周仙劲.常用试剂与金属离子反应.北京:冶金工业出版社,1959。

附录9　标准电极电势(298.15K)

(按 $E^{\ominus}$ 值由小到大编排)

电对	电对平衡式 氧化态 + ne^- ⇌ 还原态	$E^{\ominus}$/V
Li^+/Li	$Li^+(aq) + e^- \rightleftharpoons Li(s)$	-3.0401
K^+/K	$K^+(aq) + e^- \rightleftharpoons K(s)$	-2.931
Ba^{2+}/Ba	$Ba^{2+}(aq) + 2e^- \rightleftharpoons Ba(s)$	-2.912
Ca^{2+}/Ca	$Ca^{2+}(aq) + 2e^- \rightleftharpoons Ca(s)$	-2.868
Na^+/Na	$Na^+(aq) + e^- \rightleftharpoons Na(s)$	-2.71
Mg^{2+}/Mg	$Mg^{2+}(aq) + 2e^- \rightleftharpoons Mg(s)$	-2.372
Al^{3+}/Al	$Al^{3+}(aq) + 3e^- \rightleftharpoons Al(s)$	-1.662
Ti^{2+}/Ti	$Ti^{2+}(aq) + 2e^- \rightleftharpoons Ti(s)$	1.630
Mn^{2+}/Mn	$Mn^{2+}(aq) + 2e^- \rightleftharpoons Mn(s)$	-1.185
Zn^{2+}/Zn	$Zn^{2+}(aq) + 2e^- \rightleftharpoons Zn(s)$	-0.7618
Cr^{3+}/Cr	$Cr^{3+}(aq) + 3e^- \rightleftharpoons Cr(s)$	-0.744
$Fe(OH)_3/Fe(OH)_2$	$Fe(OH)_3(s) + e^- \rightleftharpoons Fe(OH)_2(s) + OH^-(aq)$	-0.56
S/S^{2-}	$S(s) + 2e^- \rightleftharpoons S^{2-}(aq)$	-0.4763
Fe^{2+}/Fe	$Fe^{2+}(aq) + 2e^- \rightleftharpoons Fe(s)$	-0.441
Cd^{2+}/Cd	$Cd^{2+}(aq) + 2e^- \rightleftharpoons Cd(s)$	-0.403
$PbSO_4/Pb$	$PbSO_4(s) + 2e^- \rightleftharpoons Pb(s) + SO_4^{2-}(aq)$	-0.3588
Co^{2+}/Co	$Co^{2+}(aq) + 2e^- \rightleftharpoons Co(s)$	-0.28
H_3PO_4/H_3PO_3	$H_3PO_4(aq) + 2H^+(aq) + 2e^- \rightleftharpoons H_3PO_3(aq) + H_2O(l)$	-0.276
Ni^{2+}/Ni	$Ni^{2+}(aq) + 2e^- \rightleftharpoons Ni(s)$	-0.257
AgI/Ag	$AgI(s) + e^- \rightleftharpoons Ag(s) + I^-(aq)$	-0.1522
Sn^{2+}/Sn	$Sn^{2+}(aq) + 2e^- \rightleftharpoons Sn(s)$	-0.1375
Pb^{2+}/Pb	$Pb^{2+}(aq) + 2e^- \rightleftharpoons Pb(s)$	-0.1262
Fe^{3+}/Fe	$Fe^{3+}(aq) + 3e^- \rightleftharpoons Fe(s)$	-0.037
H^+/H_2	$2H^+(aq) + 2e^- \rightleftharpoons H_2(g)$	0
$AgBr/Ag$	$AgBr(s) + e^- \rightleftharpoons Ag(s) + Br^-(aq)$	0.071
HgO/Hg	$HgO(s) + H_2O + 2e^- \rightleftharpoons Hg(l) + 2OH^-(aq)$	0.098
Sn^{4+}/Sn^{2+}	$Sn^{4+}(aq) + 2e^- \rightleftharpoons Sn^{2+}(aq)$	0.151
Cu^{2+}/Cu^+	$Cu^{2+}(aq) + e^- \rightleftharpoons Cu^+(aq)$	0.153

续表

电对	电对平衡式 氧化态 + ne^- ⇌ 还原态	$E^\ominus$/V
AgCl/Ag	$AgCl(s) + e^- \rightleftharpoons Ag(s) + Cl^-(aq)$	0.222
Hg_2Cl_2/Hg	$Hg_2Cl_2(s) + 2e^- \rightleftharpoons 2Hg(l) + 2Cl^-(aq)$	0.268
Cu^{2+}/Cu	$Cu^{2+}(aq) + 2e^- \rightleftharpoons Cu(s)$	0.3419
$[Fe(CN)_6]^{3-}/[Fe(CN)_6]^{4-}$	$[Fe(CN)_6]^{3-}(aq) + e^- \rightleftharpoons [Fe(CN)_6]^{4-}(aq)$	0.36
O_2/OH^-	$O_2(g) + 2H_2O(l) + 4e^- \rightleftharpoons 4OH^-(aq)$	0.401
Cu^+/Cu	$Cu^+(aq) + e^- \rightleftharpoons Cu(s)$	0.521
I_2/I^-	$I_2(s) + 2e^- \rightleftharpoons 2I^-(aq)$	0.5355
MnO_4^-/MnO_4^{2-}	$MnO_4^-(aq) + e^- \rightleftharpoons MnO_4^{2-}(aq)$	0.558
MnO_4^-/MnO_2	$MnO_4^-(aq) + 2H_2O(l) + 3e^- \rightleftharpoons MnO_2(s) + 4OH^-(aq)$	0.595
BrO_3^-/Br^-	$BrO_3^-(aq) + 3H_2O(l) + 6e^- \rightleftharpoons Br^-(aq) + 6OH^-(aq)$	0.61
O_2/H_2O_2	$O_2(g) + 2H^+(aq) + 2e^- \rightleftharpoons H_2O_2(aq)$	0.695
Fe^{3+}/Fe^{2+}	$Fe^{3+}(aq) + e^- \rightleftharpoons Fe^{2+}(aq)$	0.771
Ag^+/Ag	$Ag^+(aq) + e^- \rightleftharpoons Ag(s)$	0.7996
ClO^-/Cl^-	$ClO^-(aq) + H_2O(l) + 2e^- \rightleftharpoons Cl^-(aq) + 2OH^-(aq)$	0.841
NO_3^-/NO	$NO_3^-(aq) + 4H^+(aq) + 3e^- \rightleftharpoons NO(g) + 2H_2O(l)$	0.957
Br_2/Br^-	$Br_2(l) + 2e^- \rightleftharpoons 2Br^-(aq)$	1.066
IO_3^-/I_2	$2IO_3^-(aq) + 12H^+(aq) + 10e^- \rightleftharpoons I_2(s) + 6H_2O(l)$	1.20
MnO_2/Mn^{2+}	$MnO_2(s) + 4H^+(aq) + 2e^- \rightleftharpoons Mn^{2+}(aq) + 2H_2O(l)$	1.224
O_2/H_2O	$O_2(g) + 4H^+(aq) + 4e^- \rightleftharpoons 2H_2O(l)$	1.229
$Cr_2O_7^{2-}/Cr^{3+}$	$Cr_2O_7^{2-}(aq) + 14H^+(aq) + 6e^- \rightleftharpoons 2Cr^{3+}(aq) + 7H_2O(l)$	1.232
O_3/OH^-	$O_3(g) + H_2O(l) + 2e^- \rightleftharpoons O_2(g) + 2OH^-(aq)$	1.24
Cl_2/Cl^-	$Cl_2(g) + 2e^- \rightleftharpoons 2Cl^-(aq)$	1.358
PbO_2/Pb^{2+}	$PbO_2(s) + 4H^+(aq) + 2e^- \rightleftharpoons Pb^{2+}(aq) + 2H_2O(l)$	1.455
MnO_4^-/Mn^{2+}	$MnO_4^-(aq) + 8H^+(aq) + 5e^- \rightleftharpoons Mn^{2+} + 4H_2O(l)$	1.507
$HBrO/Br_2$	$2HBrO(aq) + 2H^+(aq) + 2e^- \rightleftharpoons Br_2(l) + 2H_2O(l)$	1.596
$HClO/Cl_2$	$2HClO(aq) + 2H^+(aq) + 2e^- \rightleftharpoons Cl_2(g) + 2H_2O(l)$	1.611
$PbO_2/PbSO_4$	$PbO_2(s) + SO_4^{2-}(aq) + 4H^+(aq) + 2e^- \rightleftharpoons PbSO_4(s) + 2H_2O(l)$	1.682
H_2O_2/H_2O	$H_2O_2(aq) + 2H^+(aq) + 2e^- \rightleftharpoons 2H_2O(l)$	1.776
$S_2O_8^{2-}/SO_4^{2-}$	$S_2O_8^{2-}(aq) + 2e^- \rightleftharpoons 2SO_4^{2-}(aq)$	2.010
O_3/H_2O	$O_3(g) + 2H^+(aq) + 2e^- \rightleftharpoons O_2(g) + H_2O(l)$	2.076
F_2/F^-	$F_2(g) + 2e^- \rightleftharpoons 2F^-(aq)$	2.866

数据摘自：参考文献[19]D-155～D-158。

附录 10 原子共价半径 r

pm

IA	IIA	IIIB	IVB	VB	VIB	VIIB	VIII			IB	IIB	IIIA	IVA	VA	VIA	VIIA	0
H ~30																H ~30	He
Li 123	Be 89											B 88	C 77	N 70	O 66	F 64	Ne
Na 157	Mg 136											Al 125	Si 117	P 110	S 104	Cl 99	Ar
K 203	Ca 174	Sc 144	Ti 132	V 122	Cr 117	Mn 117	Fe 117	Co 116	Ni 115	Cu 117	Zn 125	Ga 125	Ge 122	As 121	Se 117	Br 114	Kr
Rb 216	Sr 192	Y 162	Zr 145	Nb 134	Mo 129	Tc 127	Ru 125	Rh 125	Pd 128	Ag 134	Cd 141	In 150	Sn 140	Sb 141	Te 137	I 133	Xe
Cs 235	Ba 198	La 169	Hf 144	Ta 134	W 130	Re 128	Os 126	Ir 127	Pt 129	Au 134	Hg 144	Tl 155	Pb 154	Bi 152	Po 153	At	Rn

镧系	La 169	Ce 165	Pr 165	Nd 164	Pm 163	Sm 166	Eu 185	Gd 161	Tb 159	Dy 159	Ho 158	Er 157	Tm 156	Yb 170	Lu 156

除 H 外，数据摘自：参考文献[32]，氢的原子半径取其在各种共价化合物中半径的平均值。

附录 11 元素的第一电离能 I_1

单位：$kJ \cdot mol^{-1}$

H 1310																	He 2370
Li 519	Be 900											B 799	C 1090	N 1400	O 1310	F 1680	Ne 2080
Na 494	Mg 736											Al 577	Si 786	P 1060	S 1000	Cl 1260	Ar 1520
K 418	Ca 590	Sc 632	Ti 661	V 648	Cr 653	Mn 716	Fe 762	Co 757	Ni 736	Cu 745	Zn 908	Ga 577	Ge 762	As 966	Se 941	Br 1140	Kr 1350
Rb 402	Sr 548	Y 636	Zr 669	Nb 653	Mo 694	Tc 699	Ru 724	Rh 745	Pd 803	Ag 732	Cd 866	In 556	Sn 707	Sb 833	Te 870	I 1010	Xe 1170
Cs 376	Ba 502	La 540	Hf 531	Ta 577	W 770	Re 762	Os 841	Ir 887	Pt 866	Au 891	Hg 1010	Tl 590	Pb 716	Bi 774	Po 812	At	Rn 1040
Fr 381	Ra 510	Ac 669	Th 674														

数据摘自：[英]J.G.斯塔克.化学数据手册.杨厚昌译.北京：石油工业出版社,1980。

附录 12 元素周期表

元素周期表（原子量录自1997年国际原子量表，以 $^{12}C = 12$ 为基准。原子量末位数的准确度加注在其后括号内。商品 Li 的原子量范围为 6.94～6.99。）

标注说明：
- 原子序数 → 19
- 元素符号 → K 钾 ← 元素名称（注：*的是人造元素）
- 红色指放射性元素
- 外围电子的构型 → $4s^1$
- 原子量 → 39.0983
- 括号指可能的构型

周期	IA	IIA	IIIB	IVB	VB	VIB	VIIB	VIII			IB	IIB	IIIA	IVA	VA	VIA	VIIA	0
1	1 H 氢 $1s^1$ 1.00794(7)																	2 He 氦 $1s^2$ 4.002602(2)
2	3 Li 锂 $2s^1$ 6.941(2)	4 Be 铍 $2s^2$ 9.012182(3)											5 B 硼 $2s^22p^1$ 10.811(7)	6 C 碳 $2s^22p^2$ 12.0107(8)	7 N 氮 $2s^22p^3$ 14.00674(7)	8 O 氧 $2s^22p^4$ 15.9994(3)	9 F 氟 $2s^22p^5$ 18.9984032(5)	10 Ne 氖 $2s^22p^6$ 20.1797(6)
3	11 Na 钠 $3s^1$ 22.989770(2)	12 Mg 镁 $3s^2$ 24.3050(6)											13 Al 铝 $3s^23p^1$ 26.981538(2)	14 Si 硅 $3s^23p^2$ 28.0855(3)	15 P 磷 $3s^23p^3$ 30.973761(2)	16 S 硫 $3s^23p^4$ 32.066(6)	17 Cl 氯 $3s^23p^5$ 35.4527(9)	18 Ar 氩 $3s^23p^6$ 39.948(1)
4	19 K 钾 $4s^1$ 39.0983(1)	20 Ca 钙 $4s^2$ 40.078(4)	21 Sc 钪 $3d^14s^2$ 44.955910(8)	22 Ti 钛 $3d^24s^2$ 47.867(1)	23 V 钒 $3d^34s^2$ 50.9415(1)	24 Cr 铬 $3d^54s^1$ 51.9961(6)	25 Mn 锰 $3d^54s^2$ 54.938049(9)	26 Fe 铁 $3d^64s^2$ 55.845(2)	27 Co 钴 $3d^74s^2$ 58.933200(9)	28 Ni 镍 $3d^84s^2$ 58.6934(2)	29 Cu 铜 $3d^{10}4s^1$ 63.546(3)	30 Zn 锌 $3d^{10}4s^2$ 65.39(2)	31 Ga 镓 $4s^24p^1$ 69.723(1)	32 Ge 锗 $4s^24p^2$ 72.61(2)	33 As 砷 $4s^24p^3$ 74.92160(2)	34 Se 硒 $4s^24p^4$ 78.96(3)	35 Br 溴 $4s^24p^5$ 79.904(1)	36 Kr 氪 $4s^24p^6$ 83.80(1)
5	37 Rb 铷 $5s^1$ 85.4678(3)	38 Sr 锶 $5s^2$ 87.62(1)	39 Y 钇 $4d^15s^2$ 88.90585(2)	40 Zr 锆 $4d^25s^2$ 91.224(2)	41 Nb 铌 $4d^45s^1$ 92.90638(2)	42 Mo 钼 $4d^55s^1$ 95.94(1)	43 Tc 锝 $4d^55s^2$	44 Ru 钌 $4d^75s^1$ 101.07(2)	45 Rh 铑 $4d^85s^1$ 102.90550(2)	46 Pd 钯 $4d^{10}$ 106.42(1)	47 Ag 银 $4d^{10}5s^1$ 107.8682(2)	48 Cd 镉 $4d^{10}5s^2$ 112.411(8)	49 In 铟 $5s^25p^1$ 114.818(3)	50 Sn 锡 $5s^25p^2$ 118.710(7)	51 Sb 锑 $5s^25p^3$ 121.760(1)	52 Te 碲 $5s^25p^4$ 127.60(3)	53 I 碘 $5s^25p^5$ 126.90447(3)	54 Xe 氙 $5s^25p^6$ 131.29(2)
6	55 Cs 铯 $6s^1$ 132.90545(2)	56 Ba 钡 $6s^2$ 137.327(7)	57—71 La—Lu 镧系	72 Hf 铪 $5d^26s^2$ 178.49(2)	73 Ta 钽 $5d^36s^2$ 180.9479(1)	74 W 钨 $5d^46s^2$ 183.84(1)	75 Re 铼 $5d^56s^2$ 186.207(1)	76 Os 锇 $5d^66s^2$ 190.23(3)	77 Ir 铱 $5d^76s^2$ 192.217(3)	78 Pt 铂 $5d^96s^1$ 195.078(2)	79 Au 金 $5d^{10}6s^1$ 196.96655(2)	80 Hg 汞 $5d^{10}6s^2$ 200.59(2)	81 Tl 铊 $6s^26p^1$ 204.3833(2)	82 Pb 铅 $6s^26p^2$ 207.2(1)	83 Bi 铋 $6s^26p^3$ 208.98038(2)	84 Po 钋 $6s^26p^4$	85 At 砹 $6s^26p^5$	86 Rn 氡 $6s^26p^6$
7	87 Fr 钫 $7s^1$	88 Ra 镭 $7s^2$	89—103 Ac—Lr 锕系	104 Rf* 钅卢 $(6d^27s^2)$	105 Db* 钅杜	106 Sg* 钅喜	107 Bh* 钅波	108 Hs* 钅黑	109 Mt* 钅麦	110 Uun*	111 Uuu*	112 Uub*						

镧系

57 La 镧 $5d^16s^2$ 138.9055(2)	58 Ce 铈 $4f^15d^16s^2$ 140.116(1)	59 Pr 镨 $4f^36s^2$ 140.90765(2)	60 Nd 钕 $4f^46s^2$ 144.24(3)	61 Pm 钷 $4f^56s^2$	62 Sm 钐 $4f^66s^2$ 150.36(3)	63 Eu 铕 $4f^76s^2$ 151.964(1)	64 Gd 钆 $4f^75d^16s^2$ 157.25(3)	65 Tb 铽 $4f^96s^2$ 158.92534(2)	66 Dy 镝 $4f^{10}6s^2$ 162.50(3)	67 Ho 钬 $4f^{11}6s^2$ 164.93032(2)	68 Er 铒 $4f^{12}6s^2$ 167.26(3)	69 Tm 铥 $4f^{13}6s^2$ 168.93421(2)	70 Yb 镱 $4f^{14}6s^2$ 173.04(3)	71 Lu 镥 $4f^{14}5d^16s^2$ 174.967(1)

锕系

89 Ac 锕 $6d^17s^2$	90 Th 钍 $6d^27s^2$ 232.0381(1)	91 Pa 镤 $5f^26d^17s^2$ 231.03588(2)	92 U 铀 $5f^36d^17s^2$ 238.0289(1)	93 Np 镎 $5f^46d^17s^2$	94 Pu 钚 $5f^67s^2$	95 Am* 镅 $5f^77s^2$	96 Cm* 锔 $5f^76d^17s^2$	97 Bk* 锫 $5f^97s^2$	98 Cf* 锎 $5f^{10}7s^2$	99 Es* 锿 $5f^{11}7s^2$	100 Fm* 镄 $5f^{12}7s^2$	101 Md* 钔 $(5f^{13}7s^2)$	102 No* 锘 $(5f^{14}7s^2)$	103 Lr* 铹 $(5f^{14}6d^17s^2)$

习题答案

第1章 物质的状态

1-4　0.031kPa；

1-5　6.78×10^2g；

1-6　P_4；

1-7　$x(Ne)=0.068, x(O_2)=0.254, x(CO_2)=0.678, P_{总}=147.5kPa, p(Ne)=10.0kPa,$
$p(O_2)=37.5kPa, p(CO_2)=100.0kPa$；

1-8　$p(丙烷)=56.9kPa, p(丁烷)=43.1kPa$；

1-9　293cm³；

1-12　(1) $p=4.76\times10^4$kPa，

(2) 7.28×10^4kPa，与(1)比较压力增大，是因为在很高压力下，气体分子占有体积引起的；

1-15　$\rho(C_2H_4,s) > \rho(C_2H_4,l)$；

1-16　升华；

1-17　(1) 液相区(上)，气相区(下)，(2) 升华，(3) A→B；(s)→(l)→(g)相；

1-18　不是；因为20℃，1atm在气相区。

第2章 溶液

2-13　(1) 12.1mol·L⁻¹，(2) 16.1mol·kg⁻¹，(3) $x(HCl)=0.225, x(H_2O)=0.775$；

2-14　$x(溶质)=0.036, x(水)=0.964$；

2-15　$b=1.90$mol·kg⁻¹，$c=1.83$mol·L⁻¹；

2-16　$b=2.92$mol·kg⁻¹，$c=2.57$mol·L⁻¹；

2-17　11.45kPa；

2-18　$x(苯)=0.328$；

2-19　$p^{\ominus}(苯)=171.94$kPa；

2-20　(3) 下降最多；

2-21　$t_f = -3.72$℃；

2-22　$t_f = -1.03$℃；

2-23　8；

2-24　-0.19℃；

2-25　$M=163$；

2-26　$t_b=53.82$℃；

2-27　$M=34$；

2-28　333.3g；

2-29　$n=6, C_6H_{12}O_6$；

2-30　$M=175$；

2-31　$M=104$；

2-32　$\Pi=1.7\times10^3$kPa；

2-33　$c=0.303$mol·L⁻¹；

2-34　$M=5735$；

2-35　(1) $M=252$，(2) $t_f=-0.015$℃，(3) $\Delta p=4.5\times10^{-4}kPa=0.45$Pa；

2-36　$h=48$m。

习题答案

第 3 章 化学热力学初步

3-12 (1) 0J, (2) −240J, (3) 130J, (4) −400J;

3-13 299J·℃$^{-1}$;

3-14 (1) −2338kJ·mol^{-1}, (2) −2338kJ·mol^{-1};

3-15 (1) −3257kJ·mol^{-1}, (2) −3261kJ·mol^{-1}, (3) 42.5kJ·mol^{-1};

3-16 −4334.4kJ·mol^{-1};

3-17 −238.5kJ·mol^{-1};

3-18 −289.6kJ·mol^{-1};

3-19 −818.2kJ·mol^{-1};

3-20 −283.5kJ·mol^{-1};

3-21 −ΔT=4977℃,能熔化 Fe;

3-22 49.3kJ·mol^{-1};

3-23 $\Delta_r H_m^\ominus$=−128kJ·mol^{-1}, $\Delta_r U_m^\ominus$=−120.6kJ·mol^{-1};

3-24 (1) $\Delta_r H_m^\ominus$ 小, (2) 等, (3) $\Delta_r U_m^\ominus$ 小;

3-25 (2) 正确;

3-26 (1) ΔS>0, (2) ΔS<0, (3) ΔS<0, (4) ΔS<0, (5) ΔS≈0;

3-27 (3);

3-28 (1) 109J·mol^{-1}·K^{-1}, (2) 22J·mol^{-1}·K^{-1};

3-29 (1) 180.5kJ·mol^{-1}, 24.77J·mol^{-1}·K^{-1},
(2) 200℃: 168.8kJ·mol^{-1}, 2500℃: 111.8kJ·mol^{-1}, 3500℃: 87.0kJ·mol^{-1};

3-30 332K;

3-31 (1) $\Delta_r H_m^\ominus$ = −241.82kJ·mol^{-1}, $\Delta_r S_m^\ominus$ = −44.37J·mol^{-1}·K^{-1}, $\Delta_r G_m^\ominus$ = −228.59kJ·mol^{-1},
(2) 低温自发,高温非自发, (3) 5450K;

3-32 (1) > −818.12kJ·mol^{-1}, (2) > −5796.7kJ·mol^{-1}, (3) > −212.55kJ·mol^{-1},
(4) > −788.95kJ·mol^{-1}

3-33 (1) −823.3kJ·mol^{-1}, −181.12J·mol^{-1}·K^{-1}, (2) −769.3kJ·mol^{-1}, (3) 不利;

3-34 1111K;

3-35 $T_{1转}$=839K, $T_{2转}$=698K, (2)式 $T_{转}$ 低;

3-36 −1015.5kJ·mol^{-1};

3-37 (1) −228.45kJ·mol^{-1}, (2) −109.15kJ·mol^{-1}, (3) 84.29kJ·mol^{-1}, $T_{转}$=833.6K;

3-38 (2) 100.58kJ·mol^{-1}, 175.86J·mol^{-1}·K^{-1}, $\Delta_r G_m^\ominus$=48.17kJ·mol^{-1}, (3) $T_{转}$=572K;

3-39 (1) ΔG_1=301.4kJ·mol^{-1},非自发, (2) 467.97kJ·mol^{-1}, 558.02J·mol^{-1}·K^{-1},高温自发,
(3) $T_{转}$=839K;

3-40 (1) $\Delta_r H_m^\ominus$=−1.897kJ·mol^{-1}, $\Delta_r S_m^\ominus$=3.363J·mol^{-1}·K^{-1}, $\Delta_r G_m^\ominus$=−2.900kJ·mol^{-1},自发, (2) 因为反应极慢。

第 4 章 化学平衡

4-6 75%;

4-7 2×10^{-3}, 8.2%;

4-8 97.83%, 99.99%;

4-9 逆向;

4-10 −92.28kJ·mol^{-1}, −46.14kJ·mol^{-1};

4-11 332K;

4-12 6.66×10^2 kPa;

4-13 2.06；

4-16 $-116.7\text{kJ}\cdot\text{mol}^{-1}$，$2.9\times10^{20}$；

4-17 99.6℃。

第5章 化学动力学基础

5-12 (2) $8.26\times10^{-4}\cdot\text{mol}^{-1}\cdot\text{L}^{-1}\cdot\text{s}^{-1}$；

5-13 (1) A：2级，B：1级，总级数：3，(2) $k=6.00\times10^{-2}(\text{mol}^{-1}\cdot\text{L}^{-1})^{-2}\cdot\text{s}^{-1}$；

5-14 (1) A：1级，B：2级，C：0级，总级数：3，(2) $k=50.0(\text{mol}\cdot\text{L}^{-1})^{-2}\cdot\text{s}^{-1}$；

5-15 (1) CO：1级，Cl_2：1级，总级数：2级，(2) $\bar{k}=1.31\times10^{-28}\text{mol}^{-1}\cdot\text{L}\cdot\text{s}^{-1}$；

5-16 (1) 6.7s，(2) $c(AB)=0.375\text{mol}\cdot\text{L}^{-1}$；

5-17 (1) $k=0.066\text{min}^{-1}$，(2) $t=21.0\text{min}$；

5-18 (1) $t_{1/2}=5.8\times10^2\text{a}$，(2) $t=1.7\times10^3\text{a}$；

5-19 (1) 1级，(2) $k=6.25\times10^{-4}\text{s}^{-1}$，(3) $v=9.06\times10^{-4}\text{mol}\cdot\text{L}^{-1}\cdot\text{s}^{-1}$，$\bar{v}=9.00\times10^{-4}\text{mol}\cdot\text{L}^{-1}\cdot\text{s}^{-1}$；

5-20 2级，$k=0.011\text{mol}^{-1}\cdot\text{L}\cdot\text{s}^{-1}$；

5-21 1级，$k=7.0\times10^{-3}\text{s}^{-1}$；

5-22 1级，$t_{1/2}=1.1\times10^8\text{s}$；

5-23 $E_a：53\sim106\text{kJ}\cdot\text{mol}^{-1}$，$E_a=70\text{kJ}\cdot\text{mol}^{-1}$；

5-24 $k_2=1.4\times10^{-2}\text{mol}^{-1}\cdot\text{L}\cdot\text{s}^{-1}$；

5-25 $E_a=1.4\times10^2\text{kJ}\cdot\text{mol}^{-1}$；

5-26 $v_2=0.0176\text{mol}\cdot\text{L}^{-1}\cdot\text{s}^{-1}$；

5-27 $E_a=1.3\times10^2\text{kJ}\cdot\text{mol}^{-1}$；

*5-28 (2) $E(逆)=270\text{kJ}\cdot\text{mol}^{-1}$，(3) A—B⋯C⋯D；

*5-29 (2) $E_a(逆)=3.0\text{kJ}\cdot\text{mol}^{-1}$，(3) O—N⋯Cl⋯Cl。

第6章 酸碱平衡和沉淀溶解平衡

6-19 4倍；

6-20 $4.0\times10^{-2}\text{mol}\cdot\text{L}^{-1}$；

6-21 $1.29\times10^{-6}\text{mol}\cdot\text{L}^{-1}$；

6-22 5.43×10^{-4}；

6-23 CH_3NH_2；

6-24 7.9×10^{-4}；

6-25 8.9g；

6-26 10.33；

6-27 7.50；

6-28 3.0克；

6-29 (1) $0.20\text{mol}\cdot\text{L}^{-1}$，(2) 基本不变；

6-30 78g；

6-31 20mL，26.8g；

6-32 9.56；

6-33 4.92；

6-34 (1) 2.16，(2) 6.60，(3) 12.21；

6-35 (1) 8.87，(2) 5.13，(3) 11.66；

6-38 (1) 2.0×10^{-3};(2) 2.6×10^{6},(3) 2.9×10^{11},(4) 9.8×10^{11};

6-39 Ag^{+}:$2.3 \times 10^{-9} mol \cdot L^{-1}$,$NH_3$:$1.4 mol \cdot L^{-1}$,$[Ag(NH_3)_2]^{+}$:$0.05 mol \cdot L^{-1}$;

6-40 $[Ag(NH_3)_2]^{+}$:$1.4 \times 10^{-8} mol \cdot L^{-1}$,$[Ag(S_2O_3)_2]^{3-}$:$0.10 mol \cdot L^{-1}$,$NH_3$:$1.2 mol \cdot L^{-1}$,$S_2O_3^{2-}$:$2.0 mol \cdot L^{-1}$;

6-41 (1) $6.3 \times 10^{-5} mol \cdot L^{-1}$,$0.8 mg/100g(水)$,(2) $6.5 \times 10^{-5} mol \cdot L^{-1}$,$2.2 mg/100g(水)$,(3) $7.1 \times 10^{-7} mol \cdot L^{-1}$,$0.022 mg/100g(水)$;

6-42 2.49×10^{-2};

6-43 (1) $1.3 \times 10^{-5} mol \cdot L^{-1}$,(2) $1.8 \times 10^{-8} mol \cdot L^{-1}$,(3) $1.8 \times 10^{-8} mol \cdot L^{-1}$,(4) $4.5 \times 10^{-2} mol \cdot L^{-1}$;

6-44 (1) $Q = 9.0 \times 10^{-10}$,有沉淀;(2) $Q = 3.24 \times 10^{-15}$,无沉淀。

6-45 AgI 先沉淀,AgCl 最后沉淀,当 AgCl 沉淀时,I^- 已沉淀完全,Br^- 没有沉淀完全;

6-46 Fe^{3+}:$6.8 \times 10^{-5} mol \cdot L^{-1}$,$SCN^-$:$0.80 mol \cdot L^{-1}$,$[Fe(SCN)_2]^+$:$0.10 mol \cdot L^{-1}$。

第 7 章 氧化还原反应与电化学

7-8 $(-)Pb(s)|PbSO_4(s)|H_2SO_4(aq)|PbSO_4(s)|PbO_2(s)(+)$;

7-13 (1) $E^{\ominus} = -0.8114V$,(2) $E_{电池}^{\ominus} = 1.2124V$;

7-23 (1) $1.405V$,$-813.4 kJ \cdot mol^{-1}$,(2) $0.0286V$,$-2.76 kJ \cdot mol^{-1}$,(3) $0.097V$,$-18.7 kJ \cdot mol^{-1}$,(4) $0.1308V$,$-25.2 kJ \cdot mol^{-1}$;

7-24 (1) $1.4971V$,(2) $0.8480V$;

7-25 $1.112V$,$0.816V$,$0.401V$;

7-26 $0.0207V$;

7-27 $0.0089V$;

7-28 $1.1422V$;

7-29 (1) $2.01V$,(2) $2.05V$;

7-30 (1) $0.1922V$,(2) $1.3335V$,(3) $0.4098V$,(4) $0.9268V$;

7-32 $pH = 3$:$E(MnO_4^-/Mn^{2+}) = 1.2228V$,$pH = 6$:$E(MnO_4^-/Mn^{2+}) = 0.9387V$;

7-36 8.36×10^{-17};

7-37 $0.3822V$;

7-38 (2) $E^{\ominus}(Fe(CN)_6^{3-}/Fe(CN)_6^{4-}) = 0.3566V$,不能;

7-40 (1) 6.88×10^{10},(2) 1.08×10^{-10};

7-41 (1) $0.52V$。

第 9 章 分子结构与化学键理论

9-13

	中心原子价层电子对数	杂化类型	分子或离子的几何构型	σ	π	分子极性
CS_2	2	sp	直线形	2	$2\pi_3^4$	无
NO_2	3	sp^2	V 形	2	π_3^4	有
ClO_2^-	4	sp^3	V 形	2 个配位键		有
I_3^-	5	sp^3d	直线形	2		无
NO_3^-	3	sp^2	平面三角形	3	π_4^6	无
BrF_3	5	sp^3d	T 形	3		有
PCl_4^+	4	sp^3	正四面体	4		无
BrF_4^-	6	sp^3d^2	平面正方形	4		无
PF_5	5	sp^3d	三角双锥	5		无

9-15

分子轨道排布式	键级	磁性
$O_2(\sigma_{1s})^2(\sigma_{1s}^*)^2(\sigma_{2s})^2(\sigma_{2s}^*)^2(\sigma_{2px})^2(\pi_{2py})^2(\pi_{2pz})^2(\pi_{2py}^*)^1(\pi_{2pz}^*)^1$	2	顺磁性
$O_2^{2-}(\sigma_{1s})^2(\sigma_{1s}^*)^2(\sigma_{2s})^2(\sigma_{2s}^*)^2(\sigma_{2px})^2(\pi_{2py})^2(\pi_{2pz})^2(\pi_{2py}^*)^2(\pi_{2pz}^*)^2$	1	反磁性
$O_2^-(\sigma_{1s})^2(\sigma_{1s}^*)^2(\sigma_{2s})^2(\sigma_{2s}^*)^2(\sigma_{2px})^2(\pi_{2py})^2(\pi_{2pz})^2(\pi_{2py}^*)^2(\pi_{2pz}^*)^1$	1.5	顺磁性
$O_2^+(\sigma_{1s})^2(\sigma_{1s}^*)^2(\sigma_{2s})^2(\sigma_{2s}^*)^2(\sigma_{2px})^2(\pi_{2py})^2(\pi_{2pz})^2(\pi_{2py}^*)^1$	2.5	顺磁性

9-21　(1) 390.84 kJ·mol^{-1}, (2) 157.38 kJ·mol^{-1}。

第11章　元素化学概论

11-6　$HClO_4 > HSO_4^- > NH_4^+ > H_4SiO_4 > C_2H_5OH > NH_3$；

11-10　2.5×10^{29}；

11-16　SO_4^{2-}；

11-17　(1) $5I^- + IO_3^- + 6H^+ \Longrightarrow 3I_2 + 3H_2O$,

　　　(2) $MnO_2 + 2NaBr + 3H_2SO_4 \Longrightarrow MnSO_4 + Br_2 + 2NaHSO_4 + 2H_2O$,

　　　(3) $HBrO_3 + 5HBr \Longrightarrow 3Br_2 + 3H_2O$,

　　　(4) $2F_2 + 2H_2O \Longrightarrow 4HF + O_2$；

11-18　$2I^- + MnO_2 + 4H^+ \Longrightarrow 2H_2O + I_2 + Mn^{2+}$；

11-19　酸性：$HClO_4 > HBrO_4 > H_5IO_6$，氧化性：$HBrO_4 > H_5IO_6 > HClO_4$,

　　　酸性：$HClO_3 > HBrO_3 > HIO_3$，氧化性：$HBrO_3 > HClO_3 > HIO_3$；

11-20　氨水。